中亚土壤地理

张建明　胡双熙　周宏飞
А. С. Сапаров　Р. К. Кузиев

等 编著

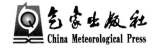

气象出版社
China Meteorological Press

内容简介

本书是对中亚干旱区土壤地理研究成果全面集成的总结性专著。全书共分三编。第一编分 4 章,分别阐述了中亚地区的土壤形成条件、土壤发生过程、土壤分类和分布规律。第二编分 8 章,在土类(亚类)的水平上讨论了主要土壤类型形成过程、剖面特征和理化性质。第三编 1 章,以哈萨克斯坦为例讨论了土壤肥力与作物生产力的关系以及合理施肥问题。

本书较为系统地总结了中亚地区土壤发生、分类和主要土壤类型的特征。该书资料丰富、结构合理,可供从事资源、环境、生态、自然地理和土壤地理科研、教学及生产部门的工作者参考。

图书在版编目(CIP)数据

中亚土壤地理 / 张建明等编著. —北京:气象出版社,2012.12
(亚洲中部干旱区生态系统评估与管理)
ISBN 978-7-5029-5635-6

Ⅰ. ①中… Ⅱ. ①张… Ⅲ. ①干旱区－土壤地理－中亚 Ⅳ. ①S159.36

中国版本图书馆 CIP 数据核字(2012)第 287719 号

Zhongya Turang Dili

中亚土壤地理

张建明 等 编著

出版发行:气象出版社

地　　址:北京市海淀区中关村南大街 46 号	邮政编码:100081
总 编 室:010-68407112	发 行 部:010-68409198
网　　址:http://www.cmp.cma.gov.cn	E-mail:qxcbs@cma.gov.cn
责任编辑:李太宇　王亚俊	终　审:周诗健
封面设计:博雅思企划	责任技编:吴庭芳
印　　刷:北京地大天成印务有限公司	
开　　本:787 mm×1092 mm　1/16	印　张:20
字　　数:512 千字	
版　　次:2013 年 12 月第 1 版	印　次:2013 年 12 月第 1 次印刷
定　　价:110.00 元	

序　一

　　自工业革命以来,以全球变暖为主要特征的全球气候环境变化问题日益突出,这种变化已经并将继续对自然生态系统和人类社会经济系统产生重大影响,成为人类可持续发展最严峻的挑战之一。中亚位于欧亚大陆的中心,远离海洋,气候干旱,受西风环流、北冰洋高纬气团和印度洋暖湿气流的交错作用,使得该区域温度、湿度变化较大,极端气候事件频发,生态系统脆弱,是全球变化的敏感区域。研究发现,近百年来,中亚区域地表温度呈现加速上升趋势,平均增温 0.74℃,显著高于全球百年平均值。由此,导致了天山和阿尔泰山区的冰川面积持续减小,近 40 年缩减了15%~30%,区域水系统、农业系统和生态系统都发生了明显变化。

　　生态与环境问题一直是中亚各国政府关切的重要问题,中亚生态系统灾变——咸海生态危机更引起了国际社会的高度关注,联合国、上海合作组织以及中国政府都提出了相应的应对计划。2011 年 9 月,上海合作组织峰会发布了联合开展中亚区域生态系统保护的倡议。研究全球变化对中亚生态系统的影响和对策,对保障我国和中亚区域的国际生态安全、经贸通道的安全和发展意义重大,并可促进上海合作组织应对气候变化的科技合作

　　《亚洲中部干旱区生态系统评估与管理》系列专著汇集了国内外 40 多家科研院校百余名科研工作者,是上海合作组织成员国第一次大型资源与环境科技合作研究成果。该系列专著对中亚区域基本气候和自然地理特征、生态系统变化规律进行了评估,内容丰富,科学性强,在我国尚属首次,具有重要的科学和实用价值,对研究全球气候变化条件下中亚地区生态系统的响应与适应特点,维护该区域生态安全具有重大的科学意义,对建设丝绸之路经济带具有重要参考价值。

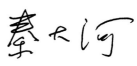

2013 年 12 月 4 日

序　二

　　新疆和中亚是亚欧内陆干旱区的主体,集中了全球 90％的温带荒漠,是世界上独一无二的巨大温带荒漠生态系统,该区域独特的山地－绿洲－荒漠生态系统格局具有全球意义。亚欧内陆干旱区主要受西风环流以及北冰洋高纬气团、印度洋暖湿气流的影响,形成显著区别于非洲、美洲和大洋洲的水热组合,使其生态系统对全球气候变化响应过程独特而复杂。同时,该区域的植物是中亚植物区系与青藏、蒙古和古地中海的交汇区,对温度、水分变化十分敏感。

　　中亚区域生态系统十分脆弱,气候变化和人类活动影响极易引起生态系统的变化,甚至发生重大的生态灾难。中亚五国之间以及与新疆之间国际跨界河流交错,生态系统和自然地带相连贯通,局部的生态系统变化,亦可导致国际性生态问题。中亚咸海的逐步消亡成为世界著名的区域性跨国生态灾难。近年来降水和温度的变化,导致了该区域生态系统对全球变化的响应表现出更大的不确定性和复杂性,极端灾害事件更易发生。因此,深入开展全球变化背景下中亚生态系统变化和管理研究,对保障该区域生态安全、促进社会经济的可持续发展具有重大意义。

　　2012 年我和项目组成员一起考察了中亚的巴尔喀什湖流域和咸海流域,深切感受到中亚国家对生态系统保护和修复的热切期望。《亚洲中部干旱区生态系统评估与管理》系列专著凝聚了哈萨克斯坦、吉尔吉斯斯坦、乌兹别克斯坦、塔吉克斯坦、土库曼斯坦众多科学家以及国内 18 家科研院校百余名科技工作者三年多的研究成果,是国际上首次对这一区域生态系统评估和管理的系统性研究成果。该系列专著对中亚区域气候、植物、动物、土壤、土地覆被变化进行了综合分析和评估,提出了中亚生态系统管理的对策和建议,资料和数据翔实,观点明确,具有重要的科学意义和应用价值,对该区域生物多样性保护、生态系统安全保障和促进上海合作组织生态与环境合作具有重大意义。

傅伯杰

2013 年 12 月 5 日

前　言

　　中亚位于欧亚大陆腹地,是典型的大陆性干旱气候,占世界干旱区面积的三分之一。地理上广义的中亚地区是指里海以东的亚洲腹地地区,包括中亚五国(哈萨克斯坦、吉尔吉斯斯坦、塔吉克斯坦、乌兹别克斯坦和土库曼斯坦)以及中国、蒙古、俄罗斯、阿富汗、伊朗的部分地区。而通常意义上的中亚地区是指上述中亚五国,土地面积约 400 万 km²,人口 5890 万。

　　中亚是全球变化的敏感地带,全球变化对中亚生态与环境产生了重大影响,生态与环境问题一直是中亚各国政府关切和研讨的重要问题,也是历届上海合作组织峰会研究的焦点,全球变化导致区域生态与环境问题对中亚社会－经济系统的影响是深远的。研究表明,中亚地区自 20 世纪初以来气温在持续上升,天山和阿尔泰山区的冰川面积持续减小,近 40 年已经缩减 15%～30%,导致了区域水系统、农业系统和生态系统的变化。同时,20 世纪初开始的大规模土地开垦引起的咸海生态危机等生态环境问题,更加剧了该地区生态与资源的竞争局面。因此,研究全球气候变化背景下的中亚地区资源与生态环境问题,对该区域生态环境保护与改善、社会经济的可持续发展意义重大,将为上海合作组织成员国生态保护与资源开发提供科学支持。

　　2010 年科技部设立了国家国际科技合作项目"中亚地区应对气候变化条件下的生态环境保护与资源管理联合调查与研究"、中国科学院－国家外国专家局设立了创新团队项目"中亚生态系统样带研究"、联合国 UNDP 资助项目"亚洲中部干旱区典型区域应对气候变化的生态系统管理",由新疆维吾尔自治区科技厅组织,中国科学院新疆生态与地理研究所牵头承担,联合国内 17 家科研院校,包括:新疆大学、新疆农业大学、新疆师范大学、新疆农业科学研究院、新疆林业科学研究院、新疆畜牧科学研究院、新疆社会科学院、中国气象局乌鲁木齐沙漠气象研究所、新疆遥感中心、中亚科技经济信息中心、中国科学院地理科学与资源研究所、中国科学院南京地理与湖泊研究所、中国科学院寒区旱区环境与工程研究所、中国科学院深圳先进技术研究院、中国科学院遥感应用研究所、浙江大学、兰州大学。中亚国家参加本项目研究的合作单位 26 家,包括:哈萨克斯坦土壤与农业化学研究所、哈萨克斯坦植物研究所、哈萨克斯坦动物研究所、哈萨克斯坦地理研究所、哈萨克斯坦林业研究所、哈萨克斯坦国立大学、哈萨克斯坦农业大学、吉尔吉斯斯坦地质研究所、吉尔吉斯斯坦水问题研究所、吉尔吉斯斯坦奥什大学、吉尔吉斯斯坦农业大学、吉尔吉斯斯坦国立大学,乌兹别克斯坦遗传研究所、乌兹别克斯坦土壤研究所、乌兹别克斯坦灌溉与水问题研究所、乌兹别克斯坦植物与动物研究所、乌兹别克斯坦国立大学,塔吉克斯坦地质研究所、塔吉克斯坦植物研究所、塔吉克斯坦动物研究所、塔吉克斯坦国立大学、塔吉克斯坦农业大学、塔吉克斯坦农业科学院、塔吉克斯坦水问题研究所,土库曼斯坦沙漠与动植物研究所、土库曼斯坦国立大学。

经过三年多的合作研究,中国科学家与中亚国家科学家共同完成了前述三个项目资助的系列专著的编写,采取项目首席领导下的总主编、卷主编、章主笔负责制,共撰写专著18部(中文、英文、俄文):中亚自然地理、中亚地质地貌、中亚土壤地理、中亚环境概论、中亚植物资源及其利用、中亚野生动物生态现状与保护管理(英文)、中亚生态系统演变与数据挖掘(英文)、中亚干旱生态系统对全球变化响应的模型模拟(英文)、中亚经济地理概论、中亚土地利用与土地覆被变化、气候变化对山地生态系统的影响(中文、俄文)、吉尔吉斯斯坦自然地理(中文、俄文)、哈萨克斯坦土壤与土地资源(中文、俄文)、乌兹别克斯坦水资源及其利用(中文、俄文),每部专著均有数十万字。本系列专著阐明了中亚区域气候、植物、动物、土壤和生态系统变化状况,预测了未来不同情境下生态系统变化趋势,提出了气候变化背景下中亚区域生态系统和自然资源管理的对策。

中亚干旱区资源和生态研究是一项长期的工作,本次出版的系列科学专著是对该区域气候变化下生态保护与资源管理的首次系统阐述,为中亚地区的可持续发展提供科技支撑。本项研究得到了国家科技部、中国科学院、新疆人民政府的大力支持和新疆科技厅精心的组织以及中外同行的大力协作和全体研究人员的不懈努力,研究成果是一项集体劳动的结晶,在此一并致谢。因是首次系统研究中亚资源和环境问题,难免存在不足之处,敬请指正。

2013 年 11 月 28 日

本卷前言

土壤圈处于地球大气圈、水圈、生物圈、岩石圈和人类智慧圈相互作用的界面，土壤的物质组成与性状、土壤圈的物质能量循环对生态与环境变化、自然资源持续利用、人类社会生存和发展具有重要的影响。

土地资源是人类生存的基础资源之一，也是人类经济社会可持续发展的主要资源因素。中亚土壤的形成、演变过程及其属性，对中亚地区的自然地理环境和国民经济发展起着重要作用。

近年来，中国与中亚各国的科学技术项目合作，经济贸易往来不断加深。在上海合作组织框架内开展了多方面的合作和交流，取得了丰硕的成果。为了使欧亚各国相互合作更加深入，经济联系更加紧密，发展空间更加广阔，共同建设"丝绸之路经济带"的区域间大合作，有必要重新认识中亚地区在区域间大发展中的重要地位和作用，有必要重新认识了解中亚自然地理环境的形成、演变过程及其对区域间经济可持续发展的重要价值和意义。以路为轴，以地为纸，以合作友好为画笔，一幅欧亚友好合作的"丝绸之路经济带"的宏大画卷必将跃然纸上。

全书共分为 14 章。第 1 章由胡汝骥、王亚俊完成；第 2～5 章由张建明、胡双熙根据相关文献编辑完成；第 6～14 章由张建明、周宏飞、胡双熙、吉力力·阿不都外力、А. С. Сапаров、Р. К. Кузиев、В. Е. Сектименко 完成。张建明、胡双熙对全书进行了统稿和编辑。中国科学院新疆生态与地理研究所文献中心的吴淼等在基础资料整理、翻译，兰州大学资源环境学院吕荣芳等在资料收集、整理等方面做了大量工作，为按时完成本书提供了保障。气象出版社李太宇编审为本书的出版做了很多工作，在此表示衷心感谢。

本书是在国家科技部国际合作重大项目"中亚地区应对气候变化条件下的生态环境保护与资源管理联合调查与研究（项目编号：2010DFA92720）"和中国科学院、国家外国专家局创新团队项目"干旱区特殊生态过程样带研究"及联合国 UNDP 资助项目"亚洲中部干旱区典型区域应对气候变化的生态系统管理"的资助下完成的。感谢国家科技部、中国科学院和外国专家局、联合国 UNDP 及中国科学院新疆生态与地理研究所的大力支持，感谢兰州大学资源环境学院地球系统科学研究所的领导和同事们的热心帮助和大力支持。由于时间仓促和作者经验不足，书中难免出现差错，敬请指正。

作者

2013 年 10 月

目　录

第二编　土壤类型及主要性状

第三编　土壤资源保护及利用

第 1 章　中亚的地理位置与特征

1.1　地理位置

中亚(中亚细亚),意指亚洲(亚细亚洲)的中部地区。

关于"中亚"这一地理概念在学术界认识并不统一。在西文中有 Central Asia(中亚)、Inner Asia(内亚),Hinterland of Asia(亚洲腹地)等;在俄语中有 Средняя Аэия(中亚)和 Центральная Азия(中央亚细亚)。

根据联合国教科文组织最初的定义,"中亚"一词所指的范围是西起里海、东到大兴安岭,北自阿尔泰山、萨彦岭,南至喜马拉雅山的区域。包括阿富汗、巴基斯坦和伊朗的北部,印度西北部,塔吉克斯坦、土库曼斯坦、乌兹别克斯坦、吉尔吉斯斯坦和哈萨克斯坦的全部,中国的新疆、西藏、青海、甘肃河西走廊、宁夏北部和内蒙古全部及蒙古国西南部地区(胡振华,2006)。

有定义"中亚"范围西起里海、伏尔加河,东到中国的边界,北以咸海与额尔齐斯河的分水岭,并延伸至俄罗斯西伯利亚大草原的南部,南到伊朗、阿富汗的边界,包括哈萨克斯坦南部、乌兹别克斯坦、土库曼斯坦、吉尔吉斯斯坦和塔吉克斯坦全部。其地势东南高,西北低。中亚西部是图兰低地,有卡拉库姆沙漠、克孜勒库姆沙漠。北部和东北部是图尔盖台地和丘陵。平原地带海拔 $-28 \sim 300$ m,部分洼地低于 -132 m(卡拉吉耶洼地)。中部海拔最高处阿克套山 922 m。在东南部是天山山系和帕米尔—阿赖山地,最高峰海拔 7495 m,是中亚地区的"水塔",河湖水系的源地。沿西南边界有科佩特山脉。

也有认为"中亚"范围,不仅包括上述五国的全境,还包括中国干旱区及蒙古国西南部。即西起里海、伏尔加河,东至中国贺兰山—乌鞘岭以西,北到咸海与额尔齐斯河的分水岭,并延伸至俄罗斯西伯利亚大草原南部和蒙古国西南部,南到阿富汗、伊朗边界,并延伸至中国昆仑山、祁连山。中亚西部是图兰低地,有卡拉库姆沙漠和克孜勒库姆沙漠相连。其北部与东北部是图尔盖台地和哈萨克丘陵。东部有准噶尔盆地、塔里木盆地和河西走廊。有塔克拉玛干沙漠、古尔班通古特沙漠。天山山脉横亘于中部,将其分割成生态地理环境明显差异的东西两部分。

对"中亚",还有把哈萨克斯坦排除在外的划分法。即中亚四国:乌兹别克斯坦、土库曼斯坦、吉尔吉斯斯坦和塔吉克斯坦。

本书所介绍的中亚仅限于中亚五国,即哈萨克斯坦、乌兹别克斯坦、土库曼斯坦、吉尔吉斯斯坦和塔吉克斯坦。地理位置:$46°45'28.13'' \sim 87°21'47.81''$E,$35°5'2.24'' \sim 52°33'30.49''$N(图 1.1)。

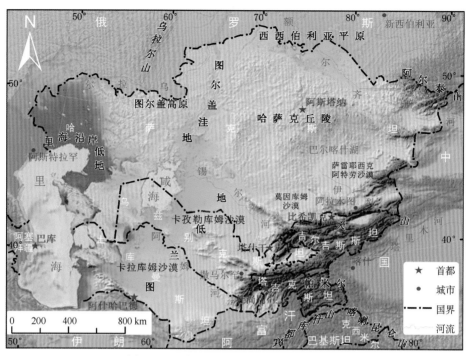

图 1.1　研究区范围(阿布都米吉提,2013)

1.2　生态地理基本格局

中亚五国是陆地北半球温带、暖温带面积最大的世界干旱区,即亚洲中部干旱区的重要组成部分。同时,它又是世界上生态与环境十分脆弱,自然资源和能源相对富集的区域。总体上看,中亚五国的地势东南高耸,西北低下,其中塔吉克斯坦境内的帕米尔高原海拔 4000~7500 m,是中亚五国的制高点。帕米尔高原与分布在吉尔吉斯斯坦和哈萨克斯坦东部天山山脉相连结,犹如一条高大而又十分宽厚的"山墙",绵延在中亚五国的东部边缘。它阻挡着西风气流,同时,截获丰富的水分,形成中亚五国唯一水源补给地区(图 1.2)。而广泛分布在海拔 200~400 m 平原盆地中的荒漠绿洲,主要依赖于山区河流出山口径流量维持生机。这样,山地森林草原—盆地平原绿洲寓于荒漠,并与荒漠共存的一幅别致的生态地理系统画卷,构成了中亚五国生态地理基本格局(陈曦等,2013)。

1.2.1　高差悬殊的山盆地貌

亚洲中部地区的干旱地理环境由来已久,是由多种因素综合作用形成的。地质时期,强烈而又频繁的构造运动及其所产生的大型地质构造框架,为中亚五国地理环境的形成创造了先决条件。在大地构造上,亚洲中部干旱区具有若干个大型的前震旦纪古老地块和中生代地槽褶皱带,并有印度板块不停顿的向北撞击欧亚大陆板块,新构造运动活跃。前者长期处于稳定状态,而后者则是构造运动频繁演绎,经过多期(次)强烈的构造活动,在中亚五国境内产生了许多大型的地质架构,呈现出面积很大的内陆盆地和谷地,以及规模宏伟而又壮观的山系和高原,从而形成山系与山系相接,盆地、谷地与山系相间的特殊地貌景观。

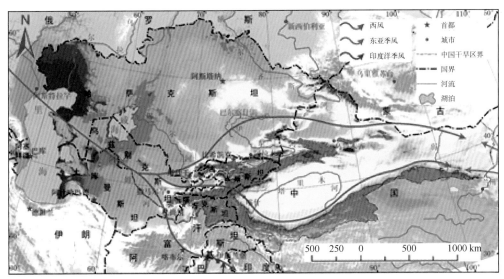

图 1.2　亚洲中部干旱区大气环流形势图(胡汝骥,2013)

地处中亚五国东南部的帕米尔高原是该地区地势最高的区域(海拔 6000～7500 m)。天山山脉与帕米尔高原相接,横亘于中亚五国的东部边界,同时,与东北边界的阿尔泰山相连,构成一道巨大的屏障,阻挡并拦截大量西风气流携带的水汽,在山区形成丰富的降水(雪),构成中亚五国的水源供应基地。在这些大山系间还有费尔干纳盆地、伊赛克湖盆地、楚河谷地(又名碎叶河谷地)、阿赖谷地、恰特卡尔谷地、塔拉斯谷地、瓦赫什河谷地和伊犁河谷地等,以及阿姆河和锡尔河等的尾闾湖沼低地,还有咸海西南面的萨雷卡梅什洼地(有称盆地),低于海平面-38 m;图兰低地位于阿姆河三角洲,最低处卡拉吉耶洼地,海拔-132 m。有卡拉库姆沙漠、克孜勒库姆沙漠。除里海、咸海(又名阿拉尔海)、巴尔喀什湖、斋桑泊、田吉兹湖和萨瑟科尔湖等大湖外,在哈萨克斯坦西北部的图尔盖地区分布着数以千计的小湖泊(吉力力·阿不都外力等,2012)。纵观上述,中亚五国海拔 200～400 m 干旱台地和平原上的河湖水体均来自于山区河流补给。造成中亚五国干旱和极干旱区的一个重要原因,在于上述诸大山系受大陆板块撞击而大幅度隆升,成为层层屏障,阻挡了太平洋和印度洋湿润气流的侵入,微弱的湿润气流只能来自遥远的大西洋和北冰洋以及沿途的地中海,并由西风携来本地区。

这样,在大气环流和大地质地貌的共同作用下,中亚五国的主要地貌无不打上干旱的印记,沙漠、戈壁、劣地随处可见,呈现出一派荒漠地貌景观(图 1.3)。

1.2.2　典型的山地气候环境

(1)中亚五国深居欧亚大陆腹地,在地球气候系统中属西风气候区。高空西风带从北冰洋和大西洋输送来微弱的湿冷水汽,受境内垂直地形(山脉与高原)的拦截,为气流动力抬升运动及降水的形成创造了条件,降水集中分布在该区域东南、东和东北部的帕米尔—阿赖山系、天山山脉和阿尔泰山的迎风山坡。如费尔干纳的山前地带,吉尔吉斯与乌兹别克斯坦的交界地段,降水 425 mm;向上海拔 1000 m 处降水 700 mm 以上;海拔 1700 m 处降水 1000 mm 以上;海拔 2740～3100 m,降水 1100 mm 左右。再往上年降水量可达 2 000 mm。据 G. F. Glazyrin

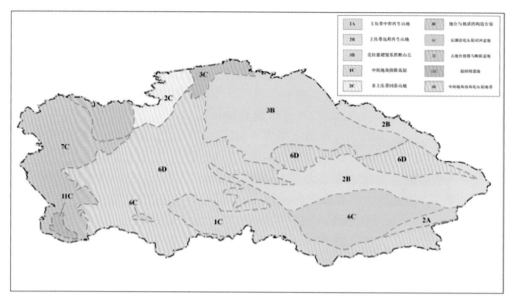

图 1.3　中亚地貌图(杨发相,2013)

(2012)的研究[1],阿姆河中上游年降水量有 3000 mm。天山、阿尔泰山的降水量也遵循随海拔高度的升高而递增的规律。天山、阿尔泰山的森林—草原带降水量达 1000 mm 左右(胡汝骥,2004)。

(2)应该指出,受山地效应的影响,高大的周边山脉屏蔽了山系内部地区,锋面云在翻越山岭时消失,背风坡、谷地、盆地和峡谷的降水量急骤减少,广袤的内天山较少降水(胡汝骥,2013),以至于许多山间盆地和谷地(阿克奇拉克、阿克赛、卡腊科尔等)以气候干旱著称。这些盆地的降水量比迎风坡少约 100 mm。伊赛克湖盆地的年降水量为 200~400 mm,而且南(242 mm)北(399 mm)相差较大,干旱程度明显。

(3)受青藏高原冬季风——反气旋环流的影响,吉尔吉斯和塔吉克斯坦东南部冬季低纬暖湿气流(印度洋暖湿气流)与中高纬度的干冷气流(北冰洋)汇合,从而降水增多(图 1.4)。塔吉克斯坦降水在 160 mm 以上,吉尔吉斯斯坦 100 mm 左右,哈萨克斯坦东南部降水在 90 mm 左右,中北部为 45 mm 左右,伊犁河谷和额尔齐斯河谷在 30 mm 以上。同时,受地中海气候的影响,中亚五国自西南到东北,冬春季降水量明显大于夏秋季,以夏季最小,并且降水总量自西向东逐渐减少。

(4)中亚广大平原盆地地区水热不同期是又一大气候特征。由图 1.5 可见,中亚年平均气温与年降水分布在地理上完全相反。在平原地区,特别在夏季,乌兹别克斯坦和土库曼斯坦及哈萨克斯坦南部降水量不足 15 mm,而平均气温则分别高达 27 ℃和 24 ℃,天气干燥炎热蒸散强烈,人类经济社会活动完全依赖于山区河流出山径流维系,大陆性气候特征显明(黄秋霞,2013)。应该指出,乌兹别克斯坦和土库曼斯坦冬季平均气温在 0 ℃以上,哈萨克斯坦南部接近 0 ℃,这有利于荒漠植物生长和人类社会活动。土库曼斯坦是中亚五国气温较高的地区,年

---

① Glazyrin G F. The influence of deglaciation on the runoff in Central Asia. Cryosphere of Eurasian Mountains:The International Conference Devoted to the Opening of the Central Asia Regional Glaciological Centre as a Category 2 Centre under the auspices of UNESCO:Almaty,2012:54.

平均气温在15 ℃以上,乌兹别克斯坦次之。哈萨克斯坦年平均气温与纬度高低成正比。塔吉克斯坦西部年平均气温-3 ℃以下,吉尔吉斯斯坦东南部在0 ℃以下。

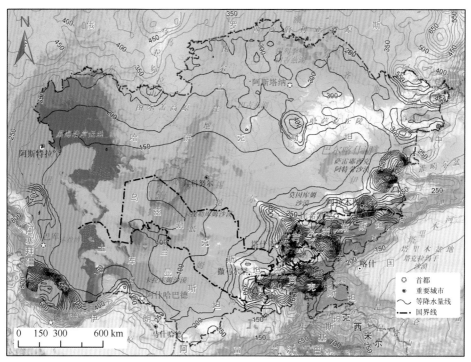

(根据日本气象局人文自然气象研究所的同化栅格数据0.25°,1950—2007修正而成,等值线间隔为50 mm)

图1.4 亚洲中部干旱区降水量等值线

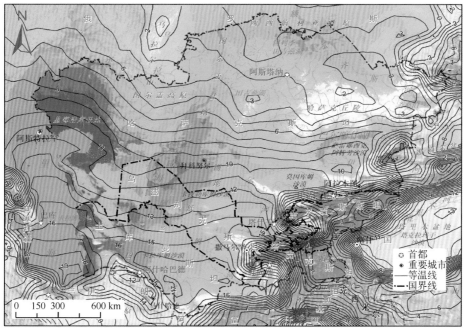

(据普林斯顿大学水文系下载的全球气温同化栅格数据(0.5°,1948—2006)处理而成,等值线间隔为1℃)

图1.5 1971—2000年中亚年平均气温平均分布

（5）光热资源丰富，但不稳定。中亚五国气温年较差小，但日较差大，一般在 20～30 ℃。灾害天气气候种类繁多。主要有干旱、寒潮、大风、沙（盐）尘暴、低温冷冻、霜冻、冰雹、暴风雪、暴雨山洪泥石流和干热风等。

综上所述，中亚五国降水和气温在空间分布和时间演变上，既表现出地区整体性，又有其独立性。土库曼斯坦和乌兹别克斯坦及哈萨克斯坦南缘的沙漠地区，是中亚五国最为干旱的地区，也是气温最高，蒸散旺盛的地区，夏季炎热，冬季温暖。塔吉克斯坦和吉尔吉斯斯坦位于青藏高原西侧，受高原动、热力作用的影响，冬季和春季降水多，而夏季降水少，是中亚五国较为湿润的地区，气温变化幅度相对较小。哈萨克斯坦大陆性气候特征较为明显，降水西多东少，主要在夏季。气温变化幅度较大，西暖东冷，西部最高气温降低，最低气温升高（胡汝骥等，2002）。中亚五国整体气温年较差小。

1.2.3　独特的内陆水分循环模式

基于中亚五国特殊的地理位置、地形及气候环境，降水高度集中在山区、盆地平原谷地降水稀少且不能产生地表径流，山区河流出山口径流量成为决定盆地平原谷地一切生命赖以生存的主要因素。

中亚五国的河流都源自于山区，没有通向大洋的通道（除额尔齐斯河）。河水出山口后，除被引用发展绿洲灌溉经济外，大多潜水于平原河流的尾闾形成湖泊，少量消失于荒漠和盐沼。这样就构建成一个完整的以流域为单元的内陆水分循环系统（图 1.6）。这个系统是在全球水分循环的大背景下进行的，因此，每一条流域在陆地是封闭的，而且都拥有自身的径流形成区（山区产流区）、自己的天然河道和自己在盆地平原的尾闾水体，即内陆湖沼水域。而在空中是开放的，即返回的路径是自己定常的大气底层的山谷环流。它们携带水汽、盐粒、尘埃微粒和孢子花粉、昆虫幼体，甚至其他生物物质，由盆地平原输送到山区。

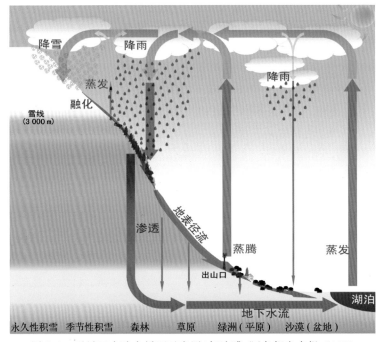

图 1.6　干旱区内陆水循环示意图（胡汝骥、阿布都米吉提，2013）

中亚五国的淡水总量约 $10000 \times 10^8 \, m^3$ 以上。根据联合国粮农组织 2004 年关于中亚五国实际水资源量的统计,为 $2213 \times 10^8 \, m^3$,而且分布极不均匀。哈萨克斯坦、吉尔吉斯斯坦和塔吉克斯坦水资源总量相对较多,而土库曼斯坦和乌兹别克斯坦很少,其总量分别为 $163 \times 10^8 \, m^3$ 和 $14 \times 10^8 \, m^3$(表 1.1),属缺水国家。其用水主要依赖发源于塔吉克斯坦的阿姆河和发源于吉尔吉斯斯坦的锡尔河。由此可以说,是这两条河流把中亚五国联系在一起了。

表 1.1　中亚五国水资源

国家	平均降水量 /mm	地表水资源量 /$\times 10^8 \, m^3$	地下水资源量 /$\times 10^8 \, m^3$	重复计算量 /$\times 10^8 \, m^3$	水资源量 /$\times 10^8 \, m^3$	出入境水量 /$\times 10^8 \, m^3$	可利用水量 /$\times 10^8 \, m^3$	人均水资源量 /m^3
哈萨克斯坦	804	693	161	100	754	342	1096	7307
吉尔吉斯斯坦	1065	441	136	112	465	−259	206	4039
塔吉克斯坦	989	638	60	30	668	−508	160	2424
土库曼斯坦	787	10	4	0	14	233	247	4333
乌兹别克斯坦	923	95	88	20	163	341	504	1937
合计		1877	449	262	2064	149	2 213	3788

由图 1.7 可以看出,中亚五国有大小河流上万条,1000 km^2 以上的大河流近 10 条,主要是锡尔河、阿姆河、乌拉尔河、额尔齐斯河、伊犁河、楚河和捷詹河等。其中锡尔河源于帕米尔高原,流经乌兹别克斯坦、塔吉克斯坦和哈萨克斯坦 3 国,经过图兰低地最后注入咸海。全长 3019 km,流域面积 $2.19 \times 10^5 \, km^2$,河口多年平均流量 1060 m^3/s,年均径流量 $336 \times 10^8 \, m^3$;阿姆河是中亚流程最长、水量最大的内陆河,源于帕米尔高原东南部海拔 4900 m 的高山雪冰地带,是咸海的两大水源之一。上源位于阿富汗境内,沿克孜勒库姆沙漠和卡拉库姆沙漠之间的

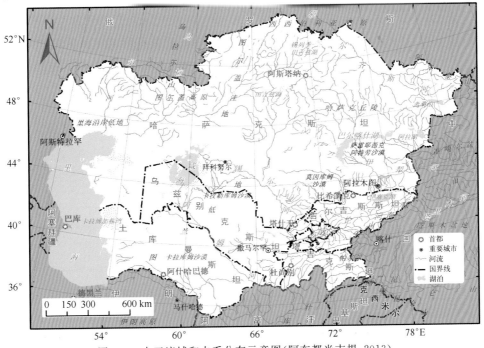

图 1.7　中亚流域和水系分布示意图(阿布都米吉提,2013)

乌、土两国交界地带蜿蜒穿行,于乌兹别克斯坦的木伊纳克附近入咸海;河流分布极不均匀。吉尔吉斯斯坦、塔吉克斯坦和哈萨克斯坦东北部山系和高原相连,对西风气流具有抬升和拦截作用,使得降水集中形成于山区,丰富的雪冰水资源孕育了众多河流和湖泊,河网密集,成为中亚地区径流形成区域。土库曼斯坦、乌兹别克斯坦和哈萨克斯坦中、南部为平原、低地和沙漠,河网密度稀疏(姚海娇,2013)。

综上所述,中亚河流的主要特征可归纳为以下几点。

第一,中亚内陆河流众多,除额尔齐斯河汇入鄂毕河注入北冰洋外,其余均为内陆河系。河流源于山区,流出出山口后部分被引用于灌溉而河流消失于荒漠－绿洲。大部分河流最后注入低地,形成大小不等,形态各异的湖泊湿地。如伊塞克湖(Issyk-Kul)位于吉尔吉斯斯坦东北部的天山山脉北麓的伊塞克湖盆地,属内陆咸水湖,为天山构造陷落形成,由 118 条河流组成。伊塞克湖东西长 178 km,南北宽 60 km,面积约 6236 km²,湖容 1 738 km³,湖面海拔 1608 m,平均水深 278 m,最深 668 m,湖水盐度 5.8‰,是高山不冻湖。在世界高山湖中,面积仅次于南美洲的喀喀湖,但湖深居第一位;巴尔喀什湖位于哈萨克斯坦共和国东部,是一个堰塞湖,湖面海拔 340 m,湖区狭长,东西长 605 km,南北宽 9~74 km,湖水水面面积在 $1.8 \times 10^4 \sim 1.9 \times 10^4$ km²。湖水很浅,最深为 26 m,蓄水量 112×10^4 m³;咸海位于哈萨克斯坦和乌兹别克斯坦之间,海拔 53 m,南北长 435 km,东西宽 290 km,总面积 6.8×10^4 km²,平均水深 13 m,最深处 64 m。里海是世界上最大的湖泊,属海迹湖,位于中亚西部和欧洲东南端,西面为高加索山脉。海域狭长,南北长约 1200 km,东西平均宽 320 km。总面积约 3.86×10^5 km²,相当全世界湖泊总面积(2.70×10^6 km²)的 14%,里海最深达 1024 m,平均水深 184 m,湖水蓄积量达 7.6×10^4 m³。里海在中亚地区区域交通运输网以及石油和天然气的生产中具有重要地位。

第二,中亚主要河流均源出于天山山脉和帕米尔西坡受湿润气流作用的极地雪冰地域。那里终年降雪,积雪覆盖大地,同时形成冰川。据不完全统计,冰川总面积约 16768 km²,储水量达 19000×10^8 m³。雪冰融水成为河流的主要补给来源,尤其是积雪融水补给比例更大。

第三,中亚主要河流径流的季节性变化明显,但年径流 C_v 值小,径流量相对稳定。河流有春汛和夏汛,而且夏汛较大。冬季寒冷漫长,多数河流有结冰期,且有凌汛发生。中亚主要河流源于山区,河道上游谷深,落差大,水流湍急,但水能资源丰富;中下游,特别是在下游地势平坦、落差小,流速平缓,湖泊湿地发育。在哈萨克斯坦境内拥有数以万计的湖泊湿地(吉力力·阿不都外力等,2012)。

第四,中亚主要河流都为跨境河流。由北到南,乌拉尔河为俄罗斯与哈萨克斯坦的跨境河;伊犁河为中国和哈萨克斯坦的跨境河;楚河－塔拉斯河是吉尔吉斯斯坦和哈萨克斯坦的跨境河,锡尔河是吉尔吉斯斯坦、乌兹别克斯坦、塔吉克斯坦和哈萨克斯坦四国的跨境河流;阿姆河跨吉尔吉斯斯坦、塔吉克斯坦、乌兹别克斯坦和土库曼斯坦四国;捷詹河－哈里河是阿富汗、土库曼斯坦和伊朗的跨境河。

中亚五国同位于亚洲中部干旱区特定的山地森林草原－盆地平原绿洲寓于荒漠,并与荒漠共存的自然生态地理格局之中。由于各国在地理格局中的地理位置不同,乌兹别克斯坦和土库曼斯坦及哈萨克斯坦南部分布在盆地平原绿洲荒漠地带,降水稀少,本身不产生径流,水资源完全依赖于吉尔吉斯斯坦和塔吉克斯坦,即山地森林草原带,所产生的河流出山口径流量。这样,导致了国家间水资源利用矛盾。但是,也为中亚五国团结一致发展社会经济、共同富裕提供了物质基础。

1.2.4　多样性的生物区域

　　基于中亚五国的地理位置、地质演变和气候变迁过程,这里既分布有第三纪,甚至是白垩纪的孑遗——古地中海干热环境下的物种,而且随着第四纪以来,周边喜马拉雅山、喀喇昆仑山、昆仑山和天山山体的隆升,荒漠半荒漠植物占据了广大平原盆地,发育了中亚五国大批特有属和特有种,极大地丰富了种质与基因资源。

　　中亚五国景观类型差异显著。西部主要是贫瘠和多石的图尔盖高原(250～300 m)和广阔的图兰低地;沙漠分布于南部和中部。在不同的生态地理环境影响下,中亚温带荒漠植被带里,自北向南依次被分为哈萨克荒漠—草原植被区、中亚北部温带荒漠区和南部荒漠区(图1.8)。在这个植被带里,发育了砾石质荒漠植物、沙质荒漠植物和稀疏灌木及河谷林(又称"土加依林")。耸立在中亚五国东南部的帕米尔世界屋脊,向北、东延伸的天山山系破坏了中亚温带荒漠植被带的东移步伐。几大山系的隆起改变了大气环流的运行过程和降水的分布模式,出现了植被类型随山地海拔高度的上升而交替变化形成的山地垂直带谱(图1.9)。

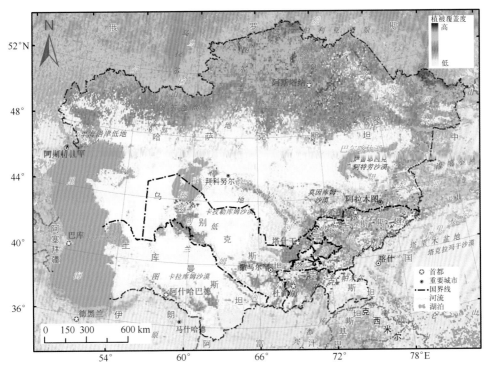

图 1.8　中亚植被覆盖度(阿布都米吉提,2013)

　　山地多样的生态地理环境条件,孕育了丰富的物种多样性,尤其是植物多样性。其典型垂直带谱结构自山麓平原至山顶依次是:温带荒漠带——山地(灌丛)草原带——山地落叶阔叶林带——山地暗针叶林带(有时缺失)——亚高山草甸带——高山灌丛草甸带——高山垫状植被带。在费尔干纳山、恰特卡尔山、塔拉斯山、准噶尔阿拉套山、外伊犁山、吉尔吉斯山地的北坡,其主要特征是中山带发育有落叶阔叶林。在天山西部,落叶阔叶林以野胡桃林为主,在北部则以野苹果林为主(李世英,1966;中国科学院新疆综合考察队,1978;林培钧等,2000)。在恰特卡尔山和塔拉斯山,落叶阔叶林呈不连续的斑块状,与草原植被镶嵌形成山地森林草原带。因此,中亚山地成为世界 34 个生物多样性研究热点地域之一。

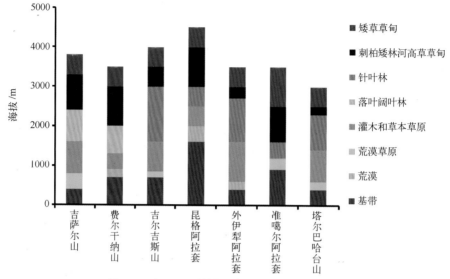

图 1.9　中亚地区植被垂直带谱(胡汝骥,2013)

　　据不完全统计,中亚地区的植物区系包含 127 科、1279 属和 9346 种(包括亚种)。其中,具有属的多样性最丰富的 10 个科分别是:菊科(181 属)、十字花科(113 属)、禾本科(111 属)、伞形科(103 属)、豆科(53 属)、紫草科(41 属)、石竹科(37 属)、毛茛科(29 属)、玄参科(22 属)和蓼科(19 属)。

　　对于物种的多样性而言,最丰富的前 10 科是:菊科(1520 种)、豆科(1097 种)、禾本科(640种)、十字花科(491 种)、伞形科(418 种)、石竹科(360 种)、紫草科(248 种)、玄参科(238 种)、毛茛科(218 种)和蓼科(163 种)。上述 10 个科中包括了中亚植物区系中 55.43% 的属。此外,仅有 4.44% 的科中含有单属。

　　中亚植物资源丰富。有药用植物 2014 种,其中,野生种类 1451 种,农药植物 120 种以上。食用植物中,野生果树种类 103 种,大型食用真菌 200 种以上。维生素植物 50 种以上。油料植物近 100 种。蜜源植物多达 500 余种。具有观赏价值和绿化环境的植物的资源中,防护林树种 80 种以上,固沙植物 100 余种之多,观赏植物超过 300 种,仅野生花卉就有 180 种。该区天然野生牧草有 230 种。其中数量大、质量高的种类占 13.04%,计有 382 种。有 500～600 种木本植物,包括 100～150 种树木,其余为灌木、乔木等,如针叶林物种西伯利亚冷杉(*Abies fabri*)和雪岭云杉(*Picea asperata*)、梭梭(*Haloxylon ammodendron*)和白梭梭(*Haloxylon persicum*)。该区代表性的类群,包括沙拐枣属(*Calligonum*)、柽柳属(*Tamarix*)、黄耆属(*Astragalus*)、枸子属(*Cotoneaster*)、蔷薇属(*Rosa*)和山楂属(*Crataegus*)等。植物种质资源中,野生谷类作物的近缘种有 87 种、野生果树近缘种 70 余种。同时,适应极端环境的耐盐、抗旱和耐寒耐病虫的种质资源也十分丰富。

1.3　社会经济概况

　　根据哈萨克斯坦、吉尔吉斯斯坦、土库曼斯坦、塔吉克斯坦和乌兹别克斯坦五国的统计资料显示,1993 年 7 月中亚地区的总人口为 5.23×10^7 人,到 2010 年 7 月达 6.28×10^7 人,平均每年增加 6.88×10^5 人,年平均增长率约为 0.48%,人口增长缓慢。中亚地区人口密度为 16 人/km^2,其中乌兹别克斯坦共和国的人口密度较高,为 64 人/km^2,人口密度最低的是哈萨克斯坦共和国,为 6 人/km^2。中亚是世界上民族成分最复杂的地区之一,这里分布着 100 多个民族。中亚各国的主体民族是乌兹别克人、哈萨克人、土库曼人、吉尔吉斯人、塔吉克人,俄罗斯人在中亚占很大比例。

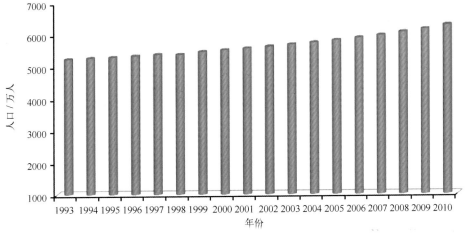

图 1.10　中亚 1993—2010 年总人口变化情况(万人)

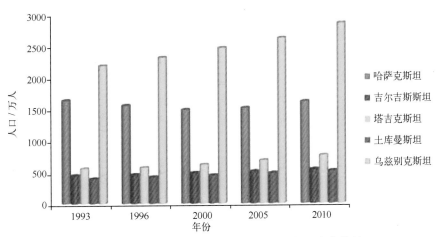

图 1.11　中亚各个国家主要年份的人口总数的变化情况

注:数据来源于中亚地区各个国家统计年鉴单位:万人

　　根据已有的数据资料对中亚五个国家的总人口现状进行分析,截至 2010 年 7 月 1 日,哈萨克斯坦全国总人口达到了 1.61×10^7 人,比 1993 年减少了 2.5×10^5 人,人口数量在独联体国家中位居第 4 位,前 3 位分别为俄罗斯、乌克兰和乌兹别克斯坦;塔吉克斯坦全国总人口为

7.62×10^6 人,与 1993 年相比,增加了 2.04×10^6 人;2010 年吉尔吉斯斯坦全国总人口数量达到了 5.41×10^6 人,仅比 1993 年增加了 8.90×10^5 人;2010 年 7 月乌兹别克斯坦全国人口数为 2.85×10^7 人,比 1993 年增加了 6.65×10^6 人,是五个国家中近 20 年来人口数量增长最快的国家,人口数量在独联体国家中位居第 3 位,仅次于俄罗斯和乌克兰;2010 年 7 月土库曼斯坦全国总人口数为 4.61×10^6 人,比 1993 年增加 1.19×10^6 人。从图 1.11 中的数据可以看出,在这五个国家中,乌兹别克斯坦的人口最多,其次是哈萨克斯坦;在 1993—2010 年,只有哈萨克斯坦的人口数量总体上呈现减少趋势,其他国家的人口数量呈现增加的趋势,只是各个国家人口总数增加的幅度不同,其中乌兹别克斯坦人口增加的幅度最大,吉尔吉斯斯坦人口数增加的幅度最小,17 年间仅增加了 8.90×10^5 人。

中亚地区有丰富的能源、矿产资源,被称为 21 世纪的战略能源和资源基地。从成矿特点来看,阿尔泰山、天山山脉为世界著名的金属成矿带,同时也是能源和有色金属的主要产地。特别是哈萨克斯坦,矿产品种比较齐全,其中煤探明储量为 1.77×10^{11} t。此外,中亚地区产出许多世界级的特大型矿床,如穆龙套、库木托尔、科翁腊德、卡利马克尔、杰兹卡兹甘等,矿种涵盖有色金属、贵金属、油气资源等(李恒海等,2010)。

中亚各国经济发展以农业为主,农业又以种植业和畜牧业为主。种植业主要以粮食(小麦、玉米和水稻)、油料和棉花这三类土地密集型产品为主,其他较重要的作物是甜菜及蔬菜瓜果。中亚五国普遍重视粮食生产,强调粮食自给,中亚五国的小麦产量占全球的 3.2%,其中哈萨克斯坦和乌兹别克斯坦分别列全球小麦生产国第 15 位和 24 位。中亚五国是世界重要的棉花产区之一,2004 年棉花播种面积占世界总播种面积的 7.21%,占世界棉花产量的 7.5%。棉花是乌兹别克斯坦、土库曼斯坦和塔吉克斯坦农业的支柱产业,均占大田作物面积的 1/4 以上,分别列世界产棉量第 6、11 和 14 位。乌兹别克斯坦的棉花种植面积自 1992 年至今平均保持在 1.50×10^6 hm² 左右,播种面积占同期世界棉花播种总面积的 5%,棉花以中绒陆地棉和长绒棉为主。

第一编

土壤的形成、分类与分布

第 2 章　土壤形成条件

　　土壤是母质在气候、生物、地形和时间等因素综合作用下逐渐发育形成的。自人类利用土壤从事农业生产开始,人为因素也干预了土壤的形成和发展,并且随着人类社会的发展而日益深刻和广泛。

　　土壤和大气之间连续进行着水分和热量交换,所以,气候是直接和间接影响土壤形成过程的基本因素。生物因素在形成土壤的诸因素中是主导因素,自然土壤与自然植被有着很强的对应性。不同的地貌单元特征对土壤的形成起了重要的控制作用。地形的改变往往是导致土壤改变的重要因素。成土母质是决定土壤发育与土壤肥力特性的重要基础。

　　土壤是一个独立的历史自然体,是人类赖以生存的最基本的生产资料。人们在从事农业生产过程中,通过一系列农业技术措施对土壤进行了不断的改造和培育。此外,人类在改造自然的过程中,通过改变某些自然条件而间接地促使土壤发生变化,这也是人类活动对土壤形成的重要影响方式。

　　中亚自然条件复杂,影响土壤形成的因素很多。本章拟就对土壤的发生和形成过程影响较大的气候、地质地貌与成土母质、水文及水文地质、植被和人为作用加以讨论。

2.1　气候

　　气候是土壤形成的重要自然条件。特别是降水、温度和大风,不但影响土壤发生过程中物理、化学及生物过程的方向和强度,还控制着生物的生长和分布,形成相应的生物气候带;并通过某些生物物质的变化,在一定程度上影响着土壤的发育过程。

2.1.1　中亚气候的基本特点

　　亚洲中部干旱区深居大陆腹地,海洋上空的气流很难进入本地区,加上天山山脉和帕米尔高原对太平洋和印度洋水汽的阻挡,使中亚地区受海洋的影响极小,微量的水汽只能来自遥远的大西洋和北冰洋,大部分地区呈现典型的温带大陆性干旱、半干旱气候。气候特征表现为:

2.1.1.1　降水量

　　中亚干旱区年平均降水量不足 150 mm(图 2.1),且分布极不平衡,山区多于盆地、平原。费尔干纳盆地为 100～200 mm,图兰平原为 100～200 mm;天山北坡为 400～600 mm,天山南坡、帕米尔中山带 200～300 mm。四季降水分布不均匀,雨雪主要降落在山区和山麓,而山区的雨雪主要集中在 6—8 月(夏季),大部分地区的降水也集中在夏季,占年降水量的 50% 以上,个别地区超过 70%。

2.1.1.2　气温

　　中亚干旱区年平均气温盆地平原高,山区低。天山山区、阿尔泰山区小于 4℃,并且随海拔增加而降低(图 2.2)。1 月平均气温:费尔干纳盆地为 2～3℃;天山北坡为 −15～−20℃,

天山南坡为－10～－12.5℃;7月平均气温:费尔干纳盆地为24～27℃;天山、阿尔泰山一般都小于10℃,高山雪线以上仍然是冰雪世界。

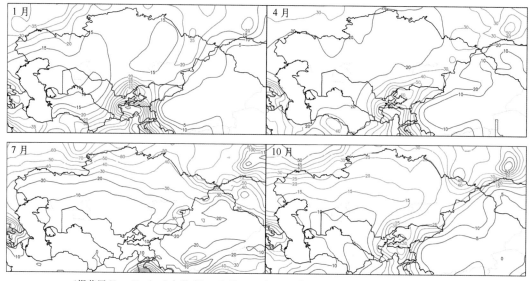

(据英国 East England 大学 Climatic Research Unit 的 1971—2000 年的气温和降水资料)

图 2.1　中亚四季降水量分布图(单位:mm)

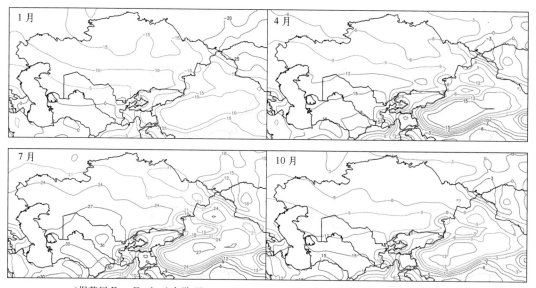

(据英国 East England 大学 Climatic Research Unit 的 1971—2000 年的气温和降水资料)

图 2.2　中亚四季气温分布图(单位:℃)

2.1.1.3　风

亚洲中部干旱区风速受地形的影响极大(李江风,1991;胡汝骥,2004)。当空气通过山口、峡谷时,流线加密,风速增强(狭管效应)。气流经过起伏的地形、地物,能量消耗,风速降低,因而,在广大的中、低山区,年平均风速仅1～2 m/s。高山、山脊地区接近自由空气,一般风速较大。由于地形阻挡,气流产生绕流,在背风处形成风速较小的区域。

2.1.1.4　日照

亚洲中部干旱区全年日照时数达 2500～3500 h；天山、阿尔泰山云多，日照时数比盆地少。月平均日照百分率为 59%～75%，最高值多出现在秋高气爽的 8—10 月。

2.1.1.5　太阳辐射

中亚地区空气干燥，云量少，晴天多，年平均太阳辐射量达 160～210 W/m²。

2.1.1.6　蒸发量

中亚地区蒸发量的分布规律为：山区小平原大，盆地边缘小，盆地腹部大，风速小的地区蒸发量小，风速大的地区蒸发量大。山区在 1500 mm 以下，高山区为 1000 mm 左右。

2.1.2　荒漠区土壤形成的气候特征

哈萨克斯坦荒漠区涵盖了全国最热与最干燥的区域。区域内气候呈典型的大陆性特征，干旱是中温带内陆荒漠所固有的特性（Шашко Д. И.，1962）。主要为：大气降水量稀少（低于 200 mm），高蒸发率，云量少，光照和 0℃ 以上积温时间长，这使得土壤的水分缺乏，水热情势对比明显。

表 2.1 中是土壤生物气候区的气候指标对比，表 2.2 为按生物气候区的各站点气候指标（荒漠区 50 个站，荒漠草原区 20 个站）。这些数据揭示了荒漠草原区与荒漠区主要的地带区域性气候特征、土壤形成过程中的能量平衡和土壤水热差异。

无论是荒漠区还是荒漠草原区，主要的气候指标从西到东、从北向南的分布均呈规律性变化；它们是欧亚内陆中部温带地貌和大气循环（形成）的先决条件。所有荒漠区的年均气温从西部边缘（托波利，肯杰尔利）的 7～12℃ 到东部的 2～6℃，夏季气温（7 月）25～27℃ 和 22℃，冬季（1 月）为 −3～−12℃ 和 −12～−15℃。年内月均气温变化幅度在西部为 30～37℃，东部为 37～42℃。无霜期由西部的 160～220 d 到 120～150 d。有效积温从 2600～3600℃·d 到 3200～4000℃·d 的情况下，气温超过 10℃ 以上的持续时间在北部为 150～180 d，在南部为 160～200 d。

表 2.1　哈萨克斯坦荒漠草原区和荒漠区主要气候指标对比（多年平均值变幅）

主要气候指标		浅栗色土壤的荒漠草原区	北部荒漠褐土亚带	中部荒漠灰褐土亚带
平均气温/℃	年	1.7～7.2	3.5～11.2	5.3～11.8
	1 月	−11.0～18.9	−3.2～16.7	−2.6～15.6
	7 月	20.2～24.5	22.5～26.8	22.1～28.3
持续时间/d	无霜期	106～171	121～217	146～219
其中平均温度	<0℃	166～129	85～157	70～135
	>0℃	198～235	204～280	220～294
	>5℃	170～202	178～232	192～242
	>10℃	138～170	149～192	163～199
	>15℃	94～135	106～152	127～158

（续表）

主要气候指标		浅栗色土壤的 荒漠草原区	北部荒漠褐土亚带	中部荒漠灰褐土亚带
平均气温的积温 /℃·d	<0℃	−1002～2246	−864～1757	−179～1494
	>0℃	2647～3674	3072～4284	3513～4475
	>5℃	2561～3585	3000～4159	3430～4349
	>10℃	2313～3343	2753～3854	3186～4030
	>15℃	1705～2398	2303～3374	2707～3536
降水量/mm	年	202～271	120～181	98～171
	冬季	39～52	27～49	27·-48
	春季	46～72	34～50	31～70
	夏季	50～108	31～55	17～49
	秋季	41～76	27～46	22～54
降水量/mm	寒冷期	66～91	49～79	46～79
	温暖期	122～190	71～113	48～107
	>10℃	80～146	31～80	24～96
夏季13时的平均相对湿度/%		29～39	24～37	24～29
相对湿度<30%的天数/d		72～119	79～140	116～189
积雪厚度/cm		14～31	4～30	3～17
有雪天数/d		93～148	60～133	47～106
积雪出现时段/月-日		10-19～11-28	10-30～12-05	11-05～12-04
积雪消退时段/月-日		3-23～4-24	3-19～4-11	3-2～3-23
冬季存在不稳定积雪/%		无	3～17	12～40
冻土深度/cm		55～62	—	28～45
>10℃期间的水热系数		0.6～1.1	0.2～0.4	0.1～0.3

　　荒漠区年降水量既存在多年周期波动，也存在明显的年内波动。在北部，年均降水量为150～180 mm，南部是100～160 mm。在这种条件下，无论是在荒漠区的北部还是在南部，湿度最小的地区是咸海沿岸的北部和东部（120～130 mm）、巴尔喀什湖沿岸北部和西部（100～140 mm）、曼格什拉克平原与南乌斯秋尔特（约100 mm）。该区域的降水季节分布也不平衡。比如，在包括了较凉爽的夏季（30%～35%）在内的北部年内温暖期的降水量平均约占全年总量的55%～65%，而在南部，不考虑东部和东南部边缘地带（托布列夫－梅斯，准噶利亚），主要降水发生在冬－春季节（60%～70%）。在气温超过10℃时期内的水热系数变化从荒漠区中部的0.2～0.4到南部的0.1～0.3。该数据接近罗波娃（Лобова Е.В.，1977）等人获取的干旱气候系数。这一系数是罗波娃等对基于褐土和灰褐土的世界严重干旱区所得出的，为0.15～0.3。

　　夏季高蒸发量是荒漠区气候特征的另一个重要指标。在北部，这一指标平均达800～1000 mm，南部为1100～1200 mm，超过年降水量约10倍。祖别诺克（Зубенок Л.И.，1977）对哈萨克斯坦和中亚荒漠所做的研究得出了相似的数据。

表 2.2　哈萨克斯坦荒漠区和荒漠草原区主要气候指标（多年平均值）

土壤生物气候区/气象站	平均气温/℃ 年度	1月	7月	积温/℃·d ≥0	≥5	≥10	≥15	无霜期	温度持续时间/d (℃) >0	≥5	≥10	≥15	降水/mm 年度	冬季	春季	夏季	秋季	平均温度>10℃	水热系数
南里海沿岸																			
古里耶夫	7.6	-10.4	24.9	3820	3743	3497	3088	177	236	204	172	140	172	44	43	47	38	75	0.3
托波利	7.0	-11.9	25.1	3675	3598	3377	2920	165	228	199	170	134	187	—	—	—	—	75	0.3
高雷	7.0	-12.3	25.3	3704	3625	3401	2978	168	227	198	169	136	136	—	—	—	—	—	—
托卢拜	6.9	-12.2	25.5	3666	3584	3357	2949	159	226	197	167	135	175	36	38	55	46	80	0.3
新乌什塔干	7.7	-10.7	25.2	3763	3677	3440	2982	170	235	202	171	135	177	—	35	—	—	91	0.4
日拉亚科萨	8.2	-10.2	25.5	3881	3800	3579	3142	186	236	205	176	142	149	35	35	46	33	75	0.3
科斯恰基尔	8.3	-10.4	26.3	3961	3884	3638	3205	182	236	207	175	141	137	35	34	38	30	61	0.2
普罗尔瓦	8.6	-8.8	25.8	3923	3835	3601	3179	184	240	206	176	143	159	37	36	45	41	70	0.3
北咸海沿岸 北部荒漠褐土亚带																			
阿雅克库姆	6.9	-13.8	25.9	3772	3699	3480	3034	160	238	200	171	136	133	30	41	33	29	59	0.2
萨科萨乌里斯卡娅	7.0	-13.8	26.8	3921	3854	3647	3279	172	226	200	173	144	120	27	34	32	27	48	0.2
咸海	7.0	-13.4	26.1	3824	3754	3524	3123	174	226	200	171	139	123	32	34	27	30	43	0.2
前乌拉尔-南穆格德扎尔斯卡斯																			
恰特卡尔	5.5	-15.4	25.0	3566	3492	3272	2871	159	218	191	164	132	171	34	50	45	42	72	0.3
杰列鲁克	1.8	-15.4	24.5	3408	3335	3096	2663	145	214	188	157	124	171	39	45	45	42	71	0.3
阿克图木苏克	7.8	-11.1	26.5	3967	3893	3676	3229	173	232	206	177	143	149	33	53	31	32	58	0.2
南阿图尔干																			
普尔基兹	5.3	-15.5	25.0	3560	3493	3275	2883	159	217	191	163	132	161	33	42	45	41	71	0.3
塔乌尔	5.3	-15.6	25.2	3578	3505	3279	2882	145	217	191	162	132	156	33	40	43	40	68	0.3
哈萨克斯坦中部																			
卡尔萨科帕	3.9	-15.4	23.0	3123	3053	2859	2352	139	207	181	152	115	160	34	46	45	35	73	0.3
杰兹萨甘	4.3	-16.1	24.0	3300	3237	3013	2565	128	210	186	157	122	150	37	39	44	30	63	0.3
科克塔斯	4.6	-14.1	22.6	3145	3071	2814	2303	131	206	188	155	115	174	37	49	49	39	80	0.4
莫因特	3.5	-16.7	22.5	3072	3000	2753	2283	121	209	182	150	113	145	36	36	50	23	67	0.3
别克奎阿塔	5.0	-13.3	22.5	3223	3146	2907	2398	151	218	190	158	119	172	49	45	44	34	65	0.3
坦恶克	4.3	-16.2	22.7	3233	3165	2888	2364	123	241	217	193	157	191	35	51	55	50	—	0.4

（续表）

土壤生物气候区/气象站	平均气温/℃			积温/℃·d				无霜期	温度持续时间/d (℃)				降水/mm					平均温度 >10℃	水热系数
	年度	1月	7月	≥0	≥5	≥10	≥15		≥0	≥5	≥10	≥15	年度	冬季	春季	夏季	秋季		
高寒-山间																			
阿克苏列阿特	1.7	-20.4	21.3	2901	2840	2593	2046	118	204	181	149	106	223	39	55	91	38	134	0.4
托波列夫-梅斯	2.3	-26.2	22.2	3077	2942	2722	2276	156	206	178	146	114	145	19	39	49	38	82	0.3
曼格什拉克																			
佛尔特舍甫琴科	11.1	-3.2	25.6	4284	4159	3854	3351	217	280	232	192	152	152	32	37	44	39	72	0.3
图希别尔克	10.4	-5.2	25.8	4201	4098	3840	3374	197	260	222	188	151	181	—	—	—	—	82	0.3
中央荒漠灰褐土亚带																			
曼格什拉克																			
青杰尔利	11.6	-3.1	26.6	4448	4330	4026	3536	208	282	236	196	157	121	32	36	17	22	42	0.1
科萨奥达	11.8	-2.6	25.5	4475	4349	4030	3513	219	294	242	199	158	107	32	36	17	22	31	0.1
乌斯秋尔特																			
杜肯	9.2	-7.8	26.8	4061	3981	3728	3283	168	241	210	177	143	141	33	48	31	29	56	0.2
比涅乌	9.6	-8.2	27.2	4196	4120	3885	3442	187	243	214	183	148	160	—	—	—	—	66	0.2
萨姆	8.9	-9.1	27.0	4087	4010	3773	3357	175	239	210	179	146	135	28	43	31	34	54	0.2
克孜勒库姆-哈-达尔契斯卡娅																			
卡拉贝克	8.8	-10.7	27.6	4148	4073	3851	3419	176	240	211	182	148	104	31	33	15	25	30	0.1
齐力克-拉巴特	9.7	-9.1	28.3	4333	4254	4030	3637	179	245	215	186	155	98	28	31	15	24	29	0.1
锡尔河																			
克孜勒奥尔达	9.0	-9.3	25.7	4079	3997	3766	3323	178	244	214	184	149	114	42	39	12	21	27	0.1
奇利	10.0	-7.2	26.1	4236	4146	3883	3450	177	256	222	188	154	139	—	—	—	—	24	0.1
楚-穆雍库姆																			
兹利哈	8.6	-10.8	27.6	4123	4042	3827	3408	174	239	209	180	147	128	48	45	13	22	30	0.1
乌兰别里	8.7	-10.6	25.7	4016	3942	3721	3278	159	242	212	183	148	170	44	70	26	30	57	0.3
卡姆卡雷库里	9.1	-11.8	27.2	4200	4114	3900	3471	168	245	213	185	151	139	30	64	23	22	445	0.1
别特帕克-达拉																			
别尔喀帕特帕拉	7.0	-12.9	25.6	3724	3653	3419	2974	153	230	202	171	136	140	36	50	30	24	49	0.2
北巴尔喀什沿岸																			
巴巴塔什	5.3	-15.2	24.2	3455	3383	3159	2700	159	220	192	163	127	127	36	33	33	25	48	0.2
奇加纳克	7.0	-14.0	25.1	3773	3697	3468	3008	170	231	203	174	138	134	34	44	28	28	48	0.2
布鲁塔尔	7.1	-12.8	24.6	3753	3681	3441	2968	181	234	207	176	139	98	—	—	—	—	35	0.2
南巴尔喀什沿岸																			

（续表）

土壤生物气候区/气象站	平均气温/℃			积温/℃·d				无霜期	温度持续时间/d（℃）				降水/mm					平均温度 >10℃	水热系数
	年度	1月	7月	≥0	≥5	≥10	≥15		≥0	≥5	≥10	≥15	年度	冬季	春季	夏季	秋季		
阿加什-阿亚克	6.0	−15.6	25.2	3685	3616	3377	2915	146	227	200	169	133	—	—	—	—	—	—	—
奈曼-苏耶斯	5.9	−15.5	23.8	3565	3497	3214	2707	146	230	206	169	129	158	38	51	34	35	59	0.3
巴卡纳斯	7.4	−13.2	25.4	3843	3771	3525	3018	156	236	210	178	138	181	38	62	43	38	74	0.3
马泰	6.2	−15.0	24.6	3667	3598	3364	2851	153	229	203	173	133	197	44	62	44	47	76	0.3
巴尔喀什-阿拉湖 准噶利亚	6.2	−15.2	22.1	3513	3430	3186	2714	151	237	207	175	138	171	27	41	49	54	96	0.3
浅栗色土壤荒漠草原带																			
里海沿岸																			
乌尔达	7.2	−11.0	24.4	3674	3585	3343	2898	171	235	202	170	135	229	47	50	73	59	105	0.9
扎姆别特	5.0	−13.9	23.7	3298	3220	2988	2543	147	215	187	157	122	239	42	59	69	69	111	0.8
恰帕耶沃	5.4	−13.6	23.6	3339	3265	3032	2582	155	288	189	159	124	263	50	63	74	76	122	0.7
福尔曼诺沃	5.9	−12.8	24.1	3423	3343	3105	2697	156	211	191	160	128	233	45	55	68	65	106	1.1
卡拉纠宾斯基	5.4	−13.8	23.9	3369	3296	3063	2613	151	216	189	159	124	204	52	49	50	53	85	1.1
下乌拉尔																			
帕米尔	4.5	−15.0	23.7	3264	3198	2976	2540	140	211	185	156	115	246	52	60	71	63	116	0.8
乌伊尔	6.0	−13.4	24.5	3522	3450	3220	2786	160	220	194	164	121	212	52	51	53	56	80	1.1
阿克纠宾	4.0	−15.6	23.0	3140	3071	2833	2377	133	208	182	152	116	228	41	61	66	60	110	0.8
南图尔盖																			
阿曼格尔利德	3.0	−17.3	22.7	3050	2969	2738	2299	138	207	178	148	114	216	41	51	62	62	102	0.9
图尔盖	4.1	−17.0	24.1	3357	3282	3083	2665	156	211	185	159	126	202	47	48	59	48	88	1.1
哈萨克斯坦中部																			
别尔克利克	2.1	−17.4	21.3	2788	2713	2453	2003	114	198	170	142	104	257	41	53	108	55	152	0.6
扎纳阿尔卡	2.7	−16.0	21.5	2809	2730	2488	1989	113	203	173	142	103	230	44	63	74	49	112	0.8
科克图伊库里	2.6	−15.4	20.8	2724	2648	2382	1870	111	201	173	140	99	248	41	72	76	59	123	0.7
扎雷克	2.8	−13.7	20.2	2647	2661	2333	1760	120	202	170	138	95	—	—	—	—	—	—	0.6
乌尊布拉克	3.2	−14.3	20.9	2843	2773	2537	1971	—	204	178	148	104	238	40	46	92	60	133	—
阿亚古兹	1.7	−18.9	20.5	2753	2683	2397	1827	106	204	176	137	94	254	40	64	85	65	131	0.6
恰卡斯卡娅	2.3	−16.4	20.9	2760	2682	2428	1906	114	202	174	141	100	258	39	64	92	63	137	0.6
詹吉斯托别	2.9	−15.4	21.3	2871	2797	2524	2013	124	206	179	144	104	271	45	64	102	60	146	0.6
卡拉阿乌尔（阿拜）	2.9	−14.1	20.3	2718	2643	2466	1705	125	205	177	141	96	245	37	61	103	44	144	0.6
楚-巴尔哈苏	3.0	−15.6	21.4	2701	2624	2324	1779	121	208	179	145	103	221	39	53	88	41	133	0.6

在荒漠区北部(托波利、伊尔吉兹、莫因特、托波列夫—梅斯),气温超过 5℃和土壤湿度高于致枯萎水平的春季植物生长期开始于 4 月上旬;在南部则始于 3 月下旬并持续 2～2.5 个月(Шувалов C. A. ,1966)。在这一时期,降水通常为 40～70 mm,并与冬季水分的储备一起对土壤增湿起到一定的作用,保证了荒漠植物的正常生长。春季的积温条件(3000～4000℃ · d)对于强化生物化学的发生和土壤形成过程创造了必要的先决条件。

荒漠区的夏季持续时间可达 3.5～4 个月。在气温高于 15℃和土壤水分低于枯萎湿度的夏季生物休眠期持续时间可至 9 月第二旬末和第三旬初。期间降水为 10～50 mm。这一降水量在高温与相对低的湿度情况下,蒸发很快。植物生长期缩短,一年生植物枯死,多年生植物叶片掉落,土壤变干至干燥空气水平,土壤的成土过程几乎完全停止;仅在间或有暴雨的条件下,观察到有生物过程的爆发现象。

荒漠区的秋季(气温 15～5℃)通常时间持续不长,只有极个别年份中在该季有植物生长期恢复的现象。秋季的降水通常为 20～50 mm,这使得地表很早就变得非常干燥,以至于土壤的水分储备很低。

冬季,几乎各地均进入日均气温低于 0℃的生物休眠期,在积温为 -130～ -2200℃ · d 时,北部这一时段持续 120～150 d,南部为 70～130 d。期间降水平均为 30～50 mm。冬季严寒持续时间最长的是在荒漠区的中部和东部(130～160 d,积温为 -1100～ -2200℃ · d);持续时间较短且温度相对温和的地区是在西部和西南区,为 70～120 d(积温为 -200～ -800℃ · d)。冬季积雪较少(10～20 cm),南部边缘区降雪经常不稳定,时常伴有化冻和薄冰现象。冻土深度不超过 0.6～1.2 m(Левицкая З. П. ,1976)。

荒漠区土壤保湿率在一年中的多数时间都较低,且多限于冬季和春季的降水。根据列维茨卡娅的数据(1973),至植物生长初期前的褐土与灰褐土表层 0.5 m 的多年平均有效水分不超过 40～50 mm,缺 40%～50%;秋季为 25～40 mm,缺 60%～70%。多年周期性持续的空气干燥和土壤干旱,限制了夏秋时期深度范围内岩石的化学侵蚀与成土冲刷。

据对荒漠区土壤水热保障率的分析表明,地带性土壤(褐土)的区域亚型(褐土、灰褐土)自身亦具有一定的特性,体现了一系列形态学和生物学的土壤指标。

季莫和罗佐夫(Димо B. H. ,Розов H. H. ,1974)根据 0.2 m 深土壤大于 10℃的有效温度数量和负温度的持续时间(低于 0℃),在荒漠区划分出极温热土(里海沿岸、里海—咸海、咸海—巴尔喀什区域)与温冻土(哈萨克斯坦中部区域)等岩相亚型。

2.2　地貌及成土母质

地质构造发展的历史,塑造了中亚地区地貌的基本轮廓,导致水热状况和地表物质的重新分配,从而影响到土壤形成的各个方面。

中亚五国位于中国西部与新疆接壤的区域,由西伯利亚板块、哈萨克斯坦—准噶尔板块、东欧板块和青藏—中伊朗板块组成。该区可分为图兰地块和 3 条近东西方向延展的巨型造山系,自北而南依次为:乌拉尔—蒙古造山系、高加索—昆仑—秦岭造山系、特提斯—喜马拉雅造山系。该区主体属于中亚造山带,南部边缘(如土库曼斯坦南部边缘)属于特提斯—喜马拉雅造山系,总体格局是在造山带及造山带间夹古陆或微古陆(肖文交等,2013)。

2.2.1　地貌的基本轮廓和主要类型

中亚地貌类型多种多样,主要有两类,即山地地貌类型和盆地(平原)地貌类型(陈曦,

2010)。山地随着海拔升高、外营力急剧变化,形成不同的地貌类型,又因山地位于不同的地理位置和相邻地区的环境状况,而呈现出地貌组合的明显差异。盆地(平原)地貌类型反映出强烈的干旱区地貌特征,在干旱自然环境背景下,地貌是风沙作用和干燥风化剥蚀作用的产物,以大面积的沙漠和戈壁(包括盆地边缘砾石戈壁和盆地中基岩被风化剥蚀的石质劣地)最为典型。山系主要有天山、昆仑山(包括帕米尔高原、阿尔金山)、阿尔泰山、阿赖山等。大型盆地主要有天山山系与吉萨尔-阿赖山系之间的费尔干纳盆地,天山山系与里海之间的图兰平原,里海沿岸平原(新疆维吾尔自治区科学技术委员会,1992;胡汝骥,2004;2011)。

2.2.1.1　主要山系

1)天山山系　天山山系是亚洲中部最大的山系,西起乌兹别克斯坦的克孜尔库姆沙漠以东,经哈萨克斯坦、吉尔吉斯斯坦,进入我国延伸至哈密以东的戈壁之中。整个山系大体上呈东西向展布,总长度达 2500 km(图 1.2)(谢自楚等,1996;胡汝骥,2004)。天山山系在古生代晚期褶皱成山,中生代和新生代剥蚀夷平而成准平原,在喜马拉雅运动和新构造运动时期,发生强烈断块隆升,形成宏伟的巨大山系。由于山系内部深大断裂的长期活动,使天山山系形成了山地与山间盆地和谷地相间的地貌特征(中国科学院新疆地理研究所,1986;王树基,1998;胡汝骥,2004)。

横亘于亚洲中部干旱区的天山山体,雄浑壮丽,群峰之巅,终年戴着雪冠,身着绿铠,挺立于海拔不足千米,平坦而又广阔、炎热而又十分干燥的戈壁-荒漠原野上,显得格外壮观。它以高大而又浑厚的身躯,拦截了西风环流带来的水汽(图 1.2),托木尔峰(天山山脉的主峰,海拔 7435.3 m)-汗腾格里山结发育了天山山系最大的现代雪冰作用中心,构成独具一格的高山极地雪冰景观,犹如一座耸立在瀚海之中的寒凉而湿润的"绿色岛屿",生机盎然,哺育着众多的河川和溪流,成为亚洲中部干旱区内陆河的发祥地。

2)阿尔泰山系　阿尔泰山系是亚洲中部跨中国、蒙古、俄罗斯、哈萨克斯坦等国的巨大山系,呈西北-东南走向,总长度约 2000 km,宽 200～350 km。阿尔泰山系为一褶皱断块山地,山体范围和走向主要受西北向大断裂控制,地貌与构造基本吻合。沿西北向断裂发生的差异升降运动,致使山系层状地貌非常明显,出现多级夷平面。在自然地貌上,阿尔泰山系主要为森林-草原景观。受北冰洋气流的影响,西部山区降水较多,森林茂密,云杉(*Picea asperata*)、落叶松(*Larix gmelinii*)、冷杉(*Abies fabri*)和桦、杨等的针阔叶林分布广泛。东部山区降水逐渐减少,森林面积减少,主要以草原为主(中国科学院额尔齐斯河流域科学考察组,1991)。

3)吉萨尔-阿赖山系　吉萨尔-阿赖山系在中亚南部,其西部和中部是土耳其斯坦山脉、泽拉夫尚山脉和吉萨尔山脉,东部为与北面前沿山脉相连的阿赖山脉。海拔高度 5621 m。主要的山脊呈典型的高山地貌;常年积雪和冰川覆盖着(最大的是泽拉夫尚冰川,长 25 km);在阿赖山脉的北山上和土耳其斯坦山脉及其他山上是平台。沿着山坡自上而下垂直分布着五个地带——短命植物暂时长有中亚苦蒿(*Artemisia absinihium*)的半荒漠山前平原地带、不规则的丘陵地带、冰川雪原地带、悬崖峭壁地带。有扎阿明山林自然保护区和拉米特自然保护区(新疆维吾尔自治区科学技术委员会,1992)。阿赖山位于吉尔吉斯斯坦(奥什州)和塔吉克斯坦之间(大部分在吉尔吉斯斯坦),长 400km,东北-西南走向,最高峰海拔 5539 m,冰川总面积达 811 km²。山体由厚层的砂质土岩和结晶片岩组成。北坡平缓,南坡陡峭,山顶有积雪和冰川。山前地带为沙漠,坡地为草原和桧柏(*Sabina chinensis*)林,3000m 以上为高山草地。

吉萨尔山在乌兹别克斯坦和塔吉克斯坦境内,是泽拉夫尚河和阿姆河的分水岭,长约 200 km,
海拔高达 4643 m。

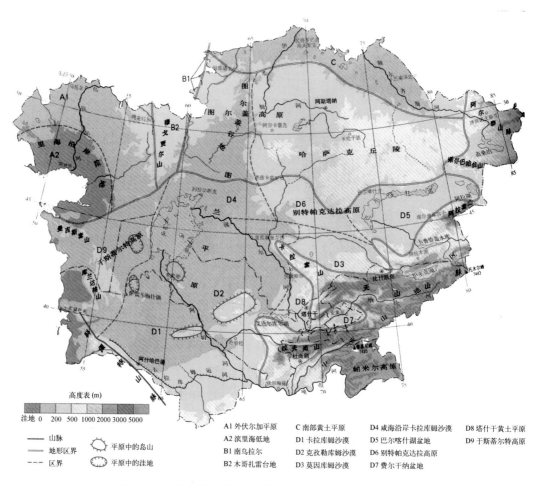

A1 外伏尔加平原　　C 南部黄土平原　　D4 咸海沿岸卡拉库姆沙漠　　D8 塔什干黄土平原

A2 滨里海低地　　　D1 卡拉库姆沙漠　　D5 巴尔喀什湖盆地　　　　D9 于斯蒂尔特高原

B1 南乌拉尔　　　　D2 克孜勒库姆沙漠　D6 别特帕克达拉高原

B2 木哥扎雷台地　　D3 莫因库姆沙漠　　D7 费尔干纳盆地

图 2.3　中亚地貌区划图(改编自世界自然地理图集,2009)

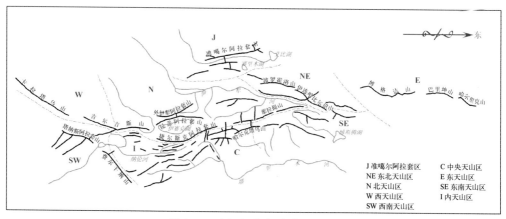

J 准噶尔阿拉套区　　C 中央天山区

NE 东北天山区　　　E 东天山区

N 北天山区　　　　SE 东南天山区

W 西天山区　　　　I 内天山区

SW 西南天山区

图 2.4　天山山系(胡汝骥,2004)

2.2.1.2 主要盆地

盆地平原地貌外营力主要是在干旱气候条件下的物理风化、物质移动、流水侵蚀、堆积及更为广泛的风力堆积和吹蚀，常有超过 5 m/s 的起沙风。因此，地表组成物质粗糙而贫瘠，以砂为主的沙漠、以砾石为主的戈壁、以基岩为主的低山丘陵占据主导地位。山麓倾斜平原上有部分黄土分布，荒漠植被覆盖度较好，绿洲分布其间(王树基，1998)。

1)费尔干纳盆地 费尔干纳盆地又称费尔干纳谷地，是天山和吉萨尔－阿赖山的山间盆地，呈三角形，面积 2.2×10^4 km²，位于乌兹别克斯坦、塔吉克斯坦和吉尔吉斯斯坦三国的交界地区，大部分在乌兹别克斯坦东部，部分在塔吉克斯坦、吉尔吉斯斯坦境内。盆地东西长 300 km，南北 170 km，海拔 330～1000 m，盆地东部高，向西徐缓倾斜。从山而下的小溪穿行于丘陵之间，灌溉着连绵不断的肥沃绿洲，盆地中央布满盐碱滩和沙丘。费尔干纳盆地冬季温和，夏季炎热，降水量很少，尤以盆地西部最干燥。1 月平均气温为 2～3℃，7 月为24～27℃。年平均降水量为 100～500 mm。锡尔河及其他河流(索赫河、伊斯法拉河等)流经此盆地。大费尔干纳灌溉渠、南费尔干纳灌溉渠形成了渠道网，还有凯拉库姆水库，是灌溉种植业、养蚕业和葡萄种植业的重要产区(新疆维吾尔自治区科学技术委员会，1992)。

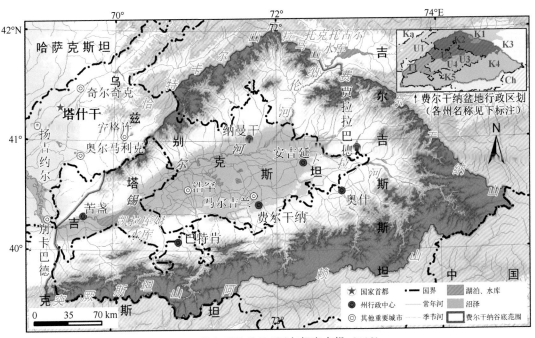

图 2.5 费尔干纳盆地(阿布都米吉提，2012)

2)图兰平原 图兰平原又称图兰低地，是哈萨克斯坦西南部和乌兹别克斯坦、土库曼斯坦西北部的广袤低地。北起哈萨克丘陵，东接天山山脉和帕米尔高原，南抵伊朗高原北部之科佩特山脉，西临里海，面积 1.5×10^6 km²。在第三纪前，曾被古地中海所淹没，第三纪后才抬升为陆地，今日的里海和咸海就是海侵的遗迹。因此这一地区地势低洼，大部分海拔不足 100 m，有不少地区低于海平面。地势自东向西逐渐降低，东部海拔多在 200～300 m，中部广大地区为 100～200 m，里海东岸的卡拉吉耶低地海拔－132 m。图兰平原属温带大陆性气候，多为温带荒漠气候。由于远离海洋，深居内陆地区，故气候干旱，冬季寒冷，夏季炎热，冬夏温差大,年降水量 100~200 mm。有大面积沙漠分布,沙漠面积约占本区面积的 1/2,荒漠草原、盐沼广布。较大的沙漠主要位于土库曼斯坦境内的卡拉库姆沙漠和地跨乌兹别克斯坦、哈萨克斯坦的克孜勒库姆沙漠(新疆维吾尔自治区科学技术委员会,1992)。

2.2.2　成土母质的发生类型

中亚地貌条件复杂,成土母质类型繁多。山区以残积物、坡积物分布最广,部分山地迎风坡有黄土分布。平原地区的成土母质则主要为洪积物、冲积物、砂质风积物以及各种黄土状沉积物。在古老灌溉绿洲内,分布有灌溉淤积物。此外,尚有湖积物、冰碛物等。

2.2.2.1　残积物

残积物是基岩就地风化的产物。在中亚的干旱气候条件下,风化作用弱,多为砂砾质或粗骨质,而且愈向剖面深处粗骨成分愈多。残积层的厚度通常只有几十厘米,超过 1 m 的不多。由于基岩性质及其所处的水热条件不同,遭受风化作用的程度也有差异。处于相对湿润条件下的阿尔泰山中山带的片麻岩和花岗岩残积物,风化作用就进行得比较强烈,除粗骨部分自表层向下有所增加外,粒径小于 0.01 mm 的物理性黏粒多占到细土部分的 30%~45%,其中小于 0.001 mm 的黏粒占 10%~20%;粗粉砂(0.01~0.05 mm)、细砂(0.05~0.25 mm)和中砂(0.25~0.5 mm)各占 10%~20(25)%,而在干旱和极端干旱条件下形成的残积物,粗骨成分所占比例就相当大。如形成于准噶尔盆地北部和西北部第三纪剥蚀高平原上的残积物,在剖面上部 30~50 cm 范围内,粒径大于 1 mm 的粗骨部分占全土重的 20%~30%,乃至下部增至 40%~50%;细土部分中,中、细砂占到 40%~60% 以上。形成于嘎顺戈壁古生代岩层上的残积物,不仅粗骨部分所占比重大,而且在细土部分中细砂常占到 60%~80%。

根据基岩残积物在矿物组成上的特点及其对土壤形成所产生的不同影响,可大致分为以下四种类型:①以酸性岩为主的结晶岩和变质岩残积物,广泛分布于各山体中央核心部分;②石灰岩及其他石灰质岩石残积物,主要分布于天山西部山地的中山带及低山残丘上;③砂岩和砂砾岩残积物,主要分布于各山区的前山带;④页岩、泥岩和粉砂岩残积物,多呈零星分布。

2.2.2.2　坡积物

坡积物是在水流和重力的双重作用下形成的。以比较湿润的山坡分布较为广泛,并常以混合型的坡积-残积物的形式存在,是淋溶土、半淋溶土的主要成土母质。在干旱的低山、丘陵,虽然也有明显的坡积现象,但坡积层的厚度及分选程度要比湿润山坡小得多。坡积物的机械组成常因附近基岩类型和搬运距离的不同而有很大差别,既有石砾质和砂质的,也有壤质的。壤质坡积物多见于森林、草原带,近似于黄土状沉积物,但常夹有少量的碎石块。

除上述较典型的坡积物外,在坡度较陡的高寒山区,还广泛分布着主要在重力作用下形成的土滑堆积物和倒石堆。土滑堆积物形成于寒冷而较湿润的高山带,是在夏季土体表层首先解冻融化而其下仍为坚硬冻土层的情况下,发生在高山陡坡上的一种类似坡积物的特殊堆积物,它对高山草甸土的形成影响较大。倒石堆主要见于天山和阿尔泰山的冰雪活动带以下,形成高山冰雪带向高山草甸土的明显过渡。倒石堆的形成主要是岩块的强烈崩塌所致,其上生长有各种低等植物,在大比例尺土壤调查和制图上一般都作为裸岩单独划出。

2.2.2.3　洪积物

洪积物在中亚广大的山前平原、山间盆谷地和河流上游广泛分布,是棕钙土、灰棕漠土和棕漠土的主要成土母质。洪积物通常是厚度很大、分选程度很差、质地很粗、复杂而又不均一的洪水沉积物,并有明显的透镜体层理。但是,由于沉积环境的不同,在层理和机械组成上往往差别很大,可据此分为粗粒的和细粒的两种洪积相。

粗粒洪积相占据洪积锥的上部,主要由大量的石块和砂砾组成,细土物质很少,并具有十分明显的斜交层理。在垂直剖面上,一般是愈向深处颗粒愈粗。在剖面上部 20～30 cm 内,粗骨部分多占全土重的 20%～30%以上,向下逐渐增至 40%～50%甚或 70%～80%。在细粒部分中,细砂和中砂常占到 70%～90%。

细粒洪积相分布在洪积锥前端和边缘微倾斜的平原部分。它与粗粒洪积相同出一源,不仅有着发生上的密切联系,而且是逐渐过渡的。其特点是粗骨成分少,机械组成比较均一,常以细砂为主;虽然石砾和粗砂间层仍相当发达,但一般都比较薄,且多呈透镜体逐渐尖灭于细土层之中。其质地与地域性条件密切相关。

2.2.2.4　冲积物

由河流运积而成,其主要特征是分选度高,并具有明显的沉积层理。在中亚地区,不仅有广泛分布于现代冲积平原上的较新冲积物,而且有大面积分布于古老冲积平原上的古老冲积物。前者多发育成草甸土,而后者则大部分为沙丘所覆盖。

中亚地域辽阔,水系众多,不仅各河流的源流环境,如地质地貌、生物气候等各不相同,而且同一河流在不同的发育阶段和不同的地段都有着不同的沉积条件和沉积方式,因而也就形成了各种岩性、岩相和颗粒成分互不相同的冲积物。

2.2.2.5　黄土和黄土状沉积物

除坡积、洪积的以外,中亚地区还广泛分布有风成的、冲积的、湖积的、冰成的和混合成因的黄土和黄土状沉积物。这些沉积物分布的宽度非常不一致的,有的仅限于山麓平原、山间谷坡,有的可伸向低山和中山带。

黄土和黄土状物质是深厚的、乳黄色的、含碳酸盐的粉砂壤土,没有明显的层理,多孔性,且有比较疏松的结持性。黄土状物质不一定全部具有这种特征,特别是层理的表现。

黄土和黄土状物质在机械组成上具有一系列的共同特点:几乎完全没有＞1 mm 的粗砂粒级,而中砂粒级(1～0.25 mm)也很少,一般不超过 5%;大多数以中壤为主,物理性黏粒的含量约在 30%～45%,但也有为轻壤或重壤的。前者出现在山前平原上部,而后者见于山前平原下部,说明了这些黄土和黄土状物质的洪积或冲积起源;粗粉砂粒级的含量相当高,通常是 20(30)%～40(50)%,而黏粒粒级则愈向平原下游愈高,由 10(15)%～20(30)%。

2.2.2.6　砂质风积物

在中亚平原地区内分布很广,根据相关资料,中亚地区沙漠面积约占 22%,但砂质沉积物上土壤形成的特点还缺乏研究。中亚的沙漠主要发育于第四纪冲积物之上,砂粒粒径有 70%以上都在 0.25～0.10 mm 之间,表现出高度的分选性。由于砂质风积物的起源不同,沙丘的堆积形式和沙层结构等性质也有不同。起源于冲积平原上的沙地,一般沙层疏松,沙源丰富,沙丘高度也大。起源于洪积平原上的沙地,多呈大、小、疏、密不等的沙土包出现。起源于湖积平原的沙地,分布面积很小,主要见于里海东岸,与冲积起源的沙地有很相类似之处。残积起源的沙地,其颗粒大小和颜色等都取决于当地基岩风化物的特性(图 2.6、图 2.7)。

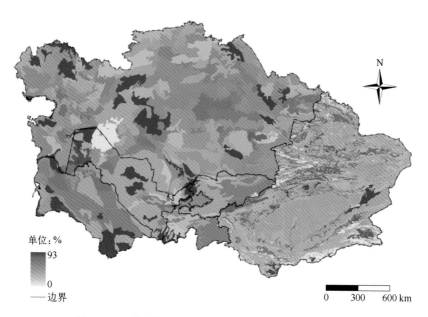

图 2.6 亚洲中部土壤砂土含量分布图(罗格平,2013)

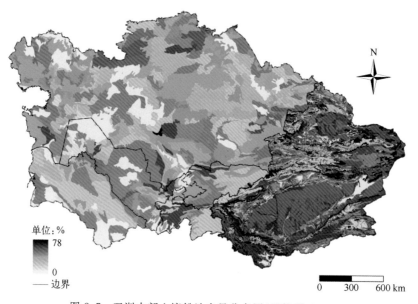

图 2.7 亚洲中部土壤粉沙含量分布图(罗格平,2013)

2.2.2.7 其他成土母质

1)农业灌溉淤积物 农业灌溉淤积物是由于灌溉水中悬浮的黏粒、粉砂粒和砂粒在灌溉地中淤积的结果,它在中亚地区古老灌溉绿洲的土壤形成中起着巨大的作用,而成为现代土壤的真正成土母质。厚度可达 1~2 m 或更厚,除灌溉水中的悬浮物质外,土粪、垃圾和清理渠道的废物等也都参加到这种淤积过程中,因而其中也经常出现瓦片、砖块、炭渣及其他文化遗物的侵入体。长期耕种过程中周期性的平地使整个灌溉淤积层的机械组成和物理结持性相当一致(图 2.8)。

　　农业灌溉淤积物的形成除与灌溉耕种年代的古老性和灌溉耕种的特点有关外,其机械组
成在很大程度上取决于灌溉系统的水文特点及其动态,也就是灌溉水的浑浊程度、流速及悬浮
物质的组成,因而在灌溉淤积物的组成和性质方面,虽然具有很多的共同特点,但是也表现出
明显的地方性差异。在多数情况下,它是重壤质和中壤质淤积物,当然有些地方也遇到轻质的
淤积物(图 2.9)。

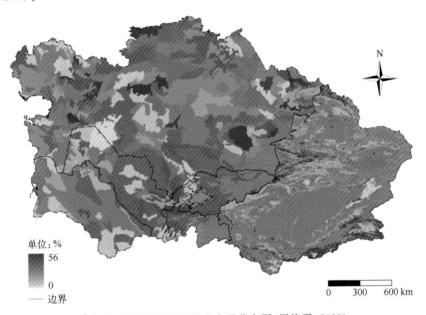

图 2.8　亚洲中部土壤粘黏含量分布图(罗格平,2013)

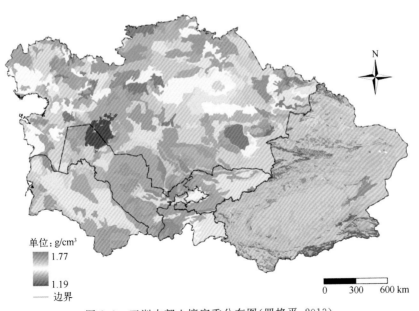

图 2.9　亚洲中部土壤容重分布图(罗格平,2013)

2）湖相沉积物　中亚地区湖泊沉积的范围很广,这些沉积物常带有淤泥沼泽相的特点,机械组成较细,且含盐较重,因此对其上发育的土壤形成过程影响很大。

3）冰碛物和冰水沉积物　冰碛物主要分布于高山谷地和山地平坦面上,古代巨大的冰川沉积也有时分布到低山及其山麓带。由于冰川槽谷中的底碛、侧碛和终碛常受到后期冰川和流水的切割,以致形成冰碛阶地,或残存于谷坡之上,而成为山地草甸带、山地森林带和山地草原带的成土母质。至于冰水沉积物则往往堆积于高山之麓,而参加到山前冲积层的形成中去。

表 2.3　中亚干旱区分布最广泛的成土岩粒度成分

| 取样深度 /cm | 吸收水分 /% | HCl处理过程损耗/% | 粒级成分/% | | | | | | | | |
| | | | >3 mm | 沙 | | | 粉沙 | | | 黏粒 | |
				3~1 mm	1.0~0.25 mm	0.25~0.05 mm	0.05~0.01 mm	0.01~0.005 mm	0.005~0.001 mm	<0.001 mm	<0.01 mm
里海沿岸低地											
0~10	—	8.5	—	—	—	36.3	17.9	2.4	15.3	19.6	37.3
10~20	—	13.5	—	—	—	24.1	11.5	12.2	13.0	25.7	50.9
23~33	—	21.5	—	—	—	18.8	17.5	8.9	10.4	22.9	42.2
40~50	—	25.3	—	—	—	9.9	25.4	5.4	6.5	27.5	39.4
70~80	—	22.7	—	—	—	无	12.6	13.2	11.8	39.6	64.6
100~110	—	22.3	—	—	—	2.8	20.0	4.2	13.4	37.2	54.8
130~140	—	22.6	—	—	—	17.6	5.8	11.9	7.4	34.6	53.9
160~170	—	15.2	—	—	—	44.2	13.4	1.5	4.8	20.9	27.1
190~200	—	18.7	—	—	—	37.0	14.1	2.3	5.2	22.6	30.1
640~655	—	9.1	—	—	—	72.9	2.4	3.6	1.9	10.1	15.6
曼格什拉克低山											
0~10	2.4	—	—	0.2	0.2	22.4	35.1	9.9	20.5	11.7	42.1
20~30	2.6	—	—	0.3	0.5	45.6	8.4	7.2	18.1	19.9	45.2
45~55	2.2	—	—	18.5	0.3	22.5	25.4	4.4	13.2	16.6	34.2
90~100	2.6	—	—	13.9	3.0	18.2	18.3	7.7	15.3	23.6	46.6
114~160	—			碎　　　石　　　沙　　　砾							
乌斯秋尔特高原											
0~4	0.6	—	1.6	3.8	1.2	10.1	39.2	14.7	20.5	10.5	45.7
4~10	1.0	—	1.2	2.1	1.1	9.7	39.1	15.9	20.2	11.9	48.0
13~23	1.8	—	2.5	6.2	2.2	15.1	28.8	14.7	14.8	18.2	47.7
30~40	7.0	—	13.0	6.0	8.5	30.4	29.9	25.2	凝结		25.2
45~100　石灰岩板											
下乌拉尔高原											
0~20	1.8	2.5	0.9	5.0	4.6	48.1	13.8	5.5	8.2	12.3	25.8
23~33	4.2	6.0	0.1	1.0	3.8	40.3	5.7	2.6	14.8	25.8	43.2
40~50	2.8	15.9	—	—	2.9	43.2	10.5	0.6	3.5	23.4	27.5

（续表）

取样深度 /cm	吸收水分 /%	HCl处理过程损耗/%	粒级成分/%								
				沙			粉沙			黏粒	
			>3 mm	3～1 mm	1.0～0.25 mm	0.25～0.05 mm	0.05～0.01 mm	0.01～0.005 mm	0.005～0.001 mm	<0.001 mm	<0.01 mm
65～75	2.4	11.2	0.2	1.0	3.6	55.4	6.1	0.8	1.9	20.0	22.7
90～100	2.4	13.4	—	—	1.7	45.3	9.4	2.0	3.4	24.8	30.2
120～130	2.0	9.5	2.5	8.0	11.3	49.6	7.2	0.3	2.9	11.2	14.4
图尔盖高原											
0～10	1.0	—	—	—	0.4	64.3	19.0	4.6	8.1	3.6	16.3
25～35	6.0	—	—	0.5	0.2	25.5	18.1	4.2	12.1	40.4	56.7
40～50	4.6	—	—	—	0.2	25.9	20.0	9.3	13.4	31.2	53.9
100～110	3.1	—	—	—	0.2	25.4	20.9	5.4	6.0	22.1	33.5
克孜勒库姆古冲积平原											
0～10	0.8	—	—	—	0.9	30.5	14.5	3.9	8.3	2.9	15.1
15～25	1.6	—	—	—	1.1	67.1	8.4	12.2	10.5	1.7	24.4
35～45	1.0	—	—	—	—	34.0	31.2	13.9	14.3	6.6	34.8
65～75	1.4	—	—	—	—	0.7	40.2	20.0	21.0	18.1	59.1
100～110	1.8	—	—	—	—	41.6	3.6	3.9	26.6	21.3	51.8
150～160	2.2	—	—	—	—	14.5	15.4	14.0	35.9	20.2	70.1
190～200	1.2	—	—	—	0.0	83.0	9.8	3.1	2.1	1.2	6.4
别特帕克—达拉高原											
0～5	1.2	—	8.3	3.0	13.7	54.5	14.8	3.4	6.0	4.6	14.0
5～14	1.2	—	7.3	4.0	13.2	27.4	39.6	1.0	10.2	4.6	15.8
20～30	1.6	—	5.4	4.0	15.6	34.5	27.1	1.2	6.3	11.3	18.8
40～50	2.8	—	10.8	9.0	27.2	37.7	5.6	1.2	3.4	15.9	20.5
120～130	7.8	—	—	—	4.9	40.1	26.4	7.4	21.2	4.1	32.7
哈萨克丘陵											
0～3	—	—	9.3	5.0	3.4	19.5	34.0	13.7	18.0	6.0	37.7
3～14	—	—	7.9	5.0	4.6	20.3	28.6	10.7	19.7	11.1	41.5
14～31	—	—	11.4	6.0	3.6	12.2	26.4	13.2	20.3	18.3	51.8
31～63	—	—	2.9	3.0	2.7	9.9	21.7	8.4	26.3	28.0	62.7
63～76	—	—	1.6	7.0	17.1	18.8	13.1	5.8	11.3	16.9	34.0
76～103	—	—	17.7	25.0	16.0	17.6	12.1	4.6	8.9	15.8	29.3
103～201	—	—	36.4	37.0	40.2	11.7	3.7	0.6	3.0	3.8	7.4
201～220	—	—	—	—	74.0	15.5	2.8	0.5	2.9	4.3	7.7
北巴尔喀什沿岸											
0～4	1.0	—	8.0	8.7	25.1	23.7	22.0	6.3	11.3	2.9	20.5

（续表）

取样深度/cm	吸收水分/%	HCl处理过程损耗/%	粒级成分/%								
				沙			粉沙			黏粒	
			>3 mm	3~1 mm	1.0~0.25 mm	0.25~0.05 mm	0.05~0.01 mm	0.01~0.005 mm	0.005~0.001 mm	<0.001 mm	<0.01 mm
5~12	0.4	—	—	4.6	25.5	26.8	17.5	8.4	11.8	5.4	25.6
15~20	2.2	—	6.0	3.9	35.2	17.5	17.6	3.5	9.0	13.3	25.8
30~40	1.4	—	28.0	5.7	27.3	22.1	15.3	6.0	9.9	13.7	29.6
90~100	2.4	—	18.0	55.1	9.5	7.6	7.7	2.2	6.9	11.0	20.1
巴尔喀什—阿拉湖盆地											
0~5	0.6	—	—	2.4	0.1	62.5	15.7	6.2	7.1	6.0	19.3
10~15	0.6	—	—	0.9	0.1	59.3	16.3	4.8	8.7	9.9	23.4
25~35	1.2	—	—	0.7	—	58.0	14.5	8.0	8.8	10.0	26.8
50~60	1.0	—	—	0.2	—	50.3	17.8	6.0	11.6	14.1	31.7
85~95	1.2	—	—	1.0	0.2	73.6	5.6	0.4	4.4	14.8	19.6
140~150	1.4	—	—	1.5	0.2	67.0	6.3	0.3	5.1	19.6	25.0

表 2.4　中亚干旱区主要流域的土壤水提取物分析/%

取样深度/cm	含盐量/%	碱度		Cl	SO₄	Ca	Mg	Na+K差数
		总 HCO₃	基于标准碳酸盐					
里海流域,褐砂质黏土								
0~10	0.113	0.018	无	0.006	无	0.002	无	0.087
		0.30		0.17		0.02		3.80
13~23	0.034	0.028	无	0.002	无	0.001	0.001	0.002
		0.46		0.05		0.04	0.03	0.10
24~34	0.062	0.035	无	0.008	0.001	0.006	无	0.012
		0.058		0.23	0.02	0.29		0.54
44~54	0.082	0.036	无	0.020	0.002	0.009	0.002	0.013
		0.60		0.56	0.05	0.44	0.19	0.58
70~80	0.116	0.065	无	0.011	0.008	0.004	0.002	0.026
		1.06		0.31	0.16	0.19	0.13	1.21
102~112	0.192	0.047	无	0.034	0.048	—	—	0.063
		0.78		0.95	1.01			2.74
130~140	0.574	0.022	无	0.274	0.103	0.023	0.013	0.166
		0.35		6.96	2.14	1.15	1.10	7.20
18~190	0.633	0.021	无	0.350	0.038	0.027	0.020	0.182
		0.35		9.88	0.68	1.37	1.63	7.91
220~230	0.554	0.024	无	0.292	0.041	0.022	0.016	0.161
		0.39		8.24	0.81	1.09	1.33	7.02

（续表）

取样深度 /cm	含盐量 /%	碱度		Cl	SO₄	Ca	Mg	Na+K 差数
		总 HCO₃	基于标准碳酸盐					
灰褐砂质黏土								
0~4	0.047	0.031	无	0.002	0.002	0.007	0.001	0.004
		0.51		0.06	0.04	0.35	0.08	0.18
4~10	0.136	0.028	无	0.002	0.068	0.026	0.003	0.009
		0.46		0.06	1.42	1.3	0.25	0.39
13~23	0.061	0.024	无	0.006	0.012	0.009	0.001	0.009
		0.39		0.17	0.25	0.45	0.08	0.38
30~40	1.092	0.017	无	0.018	0.741	0.283	0.016	0.017
		0.28		0.51	15.43	14.15	1.31	0.76
80~90	1.471	0.014	无	0.151	0.866	0.295	0.035	0.110
		0.23		4.26	18.04	14.85	2.88	4.8
咸海流域,龟裂型砂质黏土								
0~4	0.047	0.031	无	0.002	0.002	0.007	0.001	0.004
		0.51		0.06	0.04	0.35	0.08	0.18
4~10	0.136	0.028	无	0.002	0.068	0.026	0.003	0.009
		0.46		0.06	1.42	1.30	0.25	0.39
13~23	0.061	0.024	无	0.006	0.012	0.009	0.001	0.009
		0.30		0.17	0.25	0.45	0.08	0.38
30~40	1.092	0.017	无	0.018	0.741	0.283	0.010	0.017
		0.28		0.51	15.43	14.15	1.31	0.76
80~90	1.471	0.014	无	0.151	0.866	0.295	0.035	0.110
		0.23		4.26	18.04	14.85	2.88	4.80
龟裂型砂质黏土								
0~4	0.074	0.039	无	0.001	0.014	0.008	0.001	0.011
		0.64		0.03	0.29	0.40	0.008	0.48
7~12	0.094	0.066	0.004	0.001	0.005	0.008	0.004	0.010
		1.08	0.13	0.03	0.10	0.40	0.33	0.48
20~30	0.342	0.049	无	0.126	0.051	0.014	0.007	0.095
		0.80		3.55	1.06	0.70	0.58	4.13
40~50	1.390	0.019	无	0.190	0.746	0.179	0.029	0.227
		0.31		5.36	15.54	8.96	2.39	9.87
60~70	0.903	0.022	无	0.169	0.419	0.039	0.022	0.232
		0.36		4.76	8.73	1.95	1.81	10.00
80~90	1.210	0.027	无	0.236	0.559	0.073	0.036	0.279
		0.44		6.65	11.64	3.65	2.96	12.12

（续表）

取样深度 /cm	含盐量 /%	碱度		Cl	SO₄	Ca	Mg	Na+K 差数
		总 HCO₃	基于标准碳酸盐					
100～110	0.469	0.017	无	0.088	0.216	0.027	0.015	0.108
		0.28		2.48	4.46	1.35	1.23	4.64
140～150	0.112	0.029	0.004	0.016	0.033	0.006	0.002	0.026
		0.47	0.13	0.45	0.69	0.30	0.10	1.15
龟裂型砂质黏土								
1～5	0.138	0.085	0.014	0.003	0.014	0.006	0.004	0.026
		1.39	0.47	0.08	0.29	0.30	0.33	1.13
5～10	0.284	0.039	无	0.007	0.154	0.027	0.006	0.051
		0.64		0.20	3.21	1.35	0.49	2.21
15～25	0.938	0.024	无	0.021	0.617	0.213	0.011	0.052
		0.39		0.59	12.85	10.65	0.90	2.28
30～40	1.065	0.024	无	0.008	0.722	0.272	0.009	0.030
		0.39		0.22	16.04	13.60	0.74	1.31
70～80	0.056	0.024	0.001	0.003	0.014	0.008	0.001	0.006
		0.39	0.03	0.08	0.29	0.40	0.08	0.28
110～120	0.116	0.022	无	0.0014	0.060	0.014	0.008	0.008
		0.36		0.11	1.25	0.70	0.66	0.36
160～170	0.081	0.024	无	0.003	0.033	0.010	0.004	0.007
		0.39		0.08	0.69	0.50	0.33	0.33
巴尔喀什湖流域，灰褐砂质黏土								
0～8	0.157	0.105	无	0.001	0.010	0.004	0.005	0.032
		1.75		0.03	0.31	0.20	0.41	1.38
9～19	0.106	0.078	无	0.001	无	0.006	0.002	0.019
		1.28		0.03		0.30	0.16	0.85
20～30	0.085	0.058	无	无	0.005	0.004	0.002	0.016
		0.95			0.10	0.20	0.16	N.69
35～45	0.153	0.093	无	0.004	0.014	0.008	0.001	0.033
		1.52		0.11	0.29	0.40	0.08	1.44
100～110	0.077	0.038	无	0.003	0.014	0.006	0.002	0.013
		0.64		0.08	0.29	0.30	0.16	0.55
龟裂型土								
0～10	0.087	0.038	0.001	0.001	0.015	0.006	0.002	0.011
		0.62	0.03	0.028	0.031	0.30	0.16	0.43
20～30	0.330	0.096	0.011	0.069	0.030	0.05	0.001	0.088
		1.57	0.33	0.95	0.62	0.26	0.08	3.82

（续表）

取样深度 /cm	含盐量 /%	碱度		Cl	SO₄	Ca	Mg	Na+K 差数
		总 HCO₃	基于标准碳酸盐					
33~48	1.605	0.018	无	0.252	0.675	0.169	0.036	0.320
		0.29	0.002	7.10	14.0	8.46	2.95	13.92
100~110	0.255	0.048	0.07	0.066	0.018	0.001	0.001	0.068
		0.78		1.86	0.37	0.05	0.08	2.96

2.3　水文及水文地质

2.3.1　水文概况

亚洲中部干旱区内流区域面积广大,多内流河和内陆湖。干旱区主要依赖内陆河流出山口径流量维系山地森林—草原与盆地平原绿洲—荒漠间脆弱的生态系统平衡和经济社会可持续发展。其水分循环过程、水资源有效利用方式完全不同于湿润区域。盆地平原不产生径流,地表水、地下水同源于山区。干旱区在地球陆地上基本无地表径流和地下径流与全球大洋相通,而且也不与其他集水区域相连,在陆地上的物质、能量和信息流具有明显的局地性。它的每一个流域都有自己独立的径流形成区(山区),独立的水系和尾闾湖,以及恒定的大气低层环境系统;它的每一个流域就是一个以地表水和地下水相互依赖的生态功能单元,其中水流是纽带,连接相互分离的山区径流形成区与盆地平原径流散失或消耗区。以水分循环为主体,并与生物、生态系统紧密联系,构成一个独特而又完整的内陆河流域水分循环体系,以及相互作用的山地森林草原—盆地平原绿洲—荒漠生态系统(胡汝骥等,2011)。

河流特点:河流少,多为内流河;流量小,水能少;有春汛和夏汛两个汛期,夏汛较长;水源为高山雪冰融水和夏季降雨及季节性积雪补给;冰期主要在冬季;含沙量较高。流经沙漠的较大河流为灌溉农业的主要水源,如阿姆河、锡尔河、伊犁河等。短小的内陆河,由于水量用作灌溉或被蒸发,故常在中途没于沙漠中,如楚河、乌鲁木齐河等。分布在沙漠边缘的内陆河水量很小,变化很大,多为间歇性河,只在春秋降雨时偶有流水。此外,在沙漠广布的内陆干旱地区,还有大面积的无流区,这里年降水量一般在 200 mm 以下,有的在 100 mm 以下,由于天气炎热,蒸发旺盛,年蒸发总量一般在 1000 mm 以上,有的在 2000 mm 以上,也就是说,全年蒸发量大于降水量的 5~20 倍。在这些地区,降水到达地面,很快就被蒸发,地下水位也非常低,地面无水流存在,例如费尔干纳沙漠。亚洲中部干旱区远离海洋,降水稀少,气候极端干燥,特殊的自然地理位置,独特的山脉与盆地或谷地相间的地貌格局,加之优越的西风气流,在山地营造出了"极地雪冰境域"。高山流水汇聚于盆地、谷地,优良的水文地质条件,使地表水与地下水同潴于干旱平原,形成湖泊湿地景观。干旱区的湖泊以其独特的姿态和性格,参与全球自然系统的水分循环过程。较大的湖泊有咸海、巴尔喀什湖。

中亚荒漠河网稀少。许多河流的水源自山地流向荒漠,消耗于蒸发与灌溉,部分下渗至土壤。一些河流散流于荒漠,形成干河谷和三角洲。甚至有些比较大的河流也属这种类型,例如,楚河、萨雷苏河、泽拉夫尚河、穆尔加布河、捷詹河。在中亚和哈萨克斯坦,只有两条最大的河——阿姆河、锡尔河(图 2.10),穿过荒漠 1000 km 流入咸海。伊犁河、卡拉塔尔河流入巴尔喀什湖。

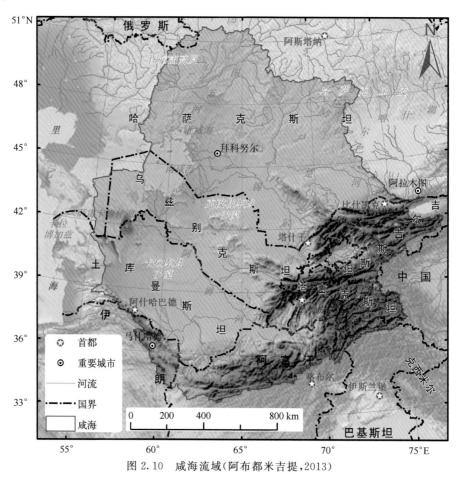

图 2.10 咸海流域(阿布都米吉提,2013)

阿姆河 阿姆河是中亚最大的河流,发源于阿富汗与克什米尔地区交界处兴都库什山脉北坡海拔约 4900 m 的维略夫斯基冰川,源头名瓦赫集尔河,瓦赫集尔河的下游称瓦罕河,瓦罕河与帕米尔河会合后叫喷赤河,喷赤河与瓦赫什河相汇后向西北流,进入土库曼斯坦后始称阿姆河。干流继续向西北流经阿富汗、土库曼斯坦、乌兹别克斯坦等国,最后汇入咸海。干流全长 1427 km,如果由喷赤河河源算起,则全长为 2540 km。阿姆河的主要补给来自融雪,雨水补给对河流径流的作用不大。地下水补给在该流域内占重要地位,常常超过年径流量的 30%。另外,流域的高度对径流的年内分配也有很大的影响。阿姆河流域的悬移质泥沙含量在中亚细亚河流中均居于前列,其年平均含沙量在克尔基城附近大约为 3.6 kg/m³,阿姆河流域面积约 5.35×10^5 km²,年径流量 4.30×10^8 m³,位于 34°30′~43°45′N、58°15′~75°07′E 之间,由北至南延伸 1230 km,由西向东延伸 1470 km,流域中有 2.27×10^5 km² 是位于帕米尔高原最高的山地部分,山脉平均高度达到了 5000~5500 m,个别高峰超过了 6000 m 甚至 7000 m。

瓦赫什河 瓦赫什河全长 524 km,流域面积约 3.91×10^4 km²,是由克泽尔河与牟克河汇合而成。牟克河源自费德钦坷冰川。克泽尔河与牟克河汇流后,称泽拉夫尚河原为阿姆河支流,但随流域低地内的灌溉发展而脱离了阿姆河。苏尔霍布河,在唯一的左岸大支流鄂毕兴高河注入后,始称瓦赫什河。瓦赫什河的河槽分成许多汊流,该河总落差 835m,径流主要由融雪和冰川补给,5~9 月的径流量占全年径流量的 77%,含沙量大约为 4.24 kg/m³。

锡尔河　锡尔河是中亚最长的河流,全长 3019 km。锡尔河有二源,右源纳伦河和左源卡拉河。纳伦河发源于中天山切尔斯凯伊阿拉套与阿克什俩克山区,河流由东向西流,在纳曼干东大约 20 km 处与卡拉河相汇后称锡尔河。干流先向西南流,至别卡巴德转向西北,最后在新霍皮奥尔斯克大约 75 km 处汇入咸海。河流先后流经吉尔吉斯斯坦、乌兹别克斯坦、塔吉克斯坦、哈萨克斯坦四国。锡尔河流域的径流形成主要来自流域的山区部分,其河水补给主要为融雪补给,少数为冰川和雨水补给。锡尔河的含沙量为 1~2 kg/m³,在洪水期达 6 kg/m³ 以上。锡尔河河水的矿化度相当高,平均大于 500 mg/L。锡尔河流域面积约 7.83×10⁵ km²,大致位于 40°03′~46°00′N,61°04′~77°06′E 之间。流域地势由东南向西北倾斜,东南为山地,西北为平原。

纳伦河　位于吉尔吉斯斯坦和乌兹别克斯坦境内,全长 807 km,流域面积约 5.84×10⁴ km²,是由大、小纳伦河汇流而成,在小纳伦河注入之前,称为大纳伦河。大纳伦河主要源流库姆托尔河发源于彼得洛夫冰川,冰川长 16.8 km;小纳伦河的主要源流布尔河发源于哲腾别尔山脉北坡冰川的许多小溪。纳伦河河水补给主要为融雪,上游则为冰川融雪型补给。

卡拉河　位于吉尔吉斯斯坦和乌兹别克斯坦境内,由发源于费尔干纳山脉和阿赖山脉坡地的卡拉库利贾河和塔尔河汇流而成,河流全长 180 km,流域面积约 2.86×10⁴ km²。卡拉河上游穿流在宽阔的、有很多河汊的河床里,到费尔干纳盆地以前,河流切过堪培拉瓦特峡谷后,流动在沼泽化了的河漫滩上,并分出一些汊流。卡拉河的河水补给为融雪,卡拉河的主要支流有左岸的库尔莎勃河,右岸的雅瑟河、库加尔特河和卡拉翁丘尔河。

里海　里海位于亚欧大陆腹部,是世界最大的湖,并且是咸水湖,属海迹湖。整个海域狭长,南北长约 1200 km,东西平均宽度 320 km,面积约 3.9×10⁵ km²。最浅的为北部平坦的沉积平原,平均深度 4~6 m。中部是不规则的海盆,西坡陡峻,东坡平缓,水深 170~788 m。南部凹陷,最深处达 1 024 m,整个里海平均水深 184 m,湖水蓄积量达 7.6×10¹² m³。

咸海　咸海旧译"阿拉海",位于哈萨克斯坦和乌兹别克斯坦之间。咸海面积约 4×10⁴ km²,水深 20~25 m,最深处达 61 m。历史上咸海海拔 53 m,南北最长 435 km,东西宽约 290 km,面积 6.8×10⁴ km²,平均深度 16 m,在西海岸最深处达 69 m。有中亚两大内流河阿姆河和锡尔河注入。北部和东部湖岸曲折,分布有许多小湖湾和沿岸岛屿,南岸为阿姆河口三角洲,西岸为陡岸。湖盆地区属极端干旱性气候,历史上受周期性干旱气候影响,湖水位变化较大。

出露的地下水对于荒漠开发与人类生活有很重要的意义。在山前平原形成连续的出露带,有时为承压水。离山越近地下水越深,深度可达几十米甚至上百米。越向荒漠中部地下水越少,在山前平原与图兰低地的过渡带,地下水以泉水形式出露地表(卡拉苏)。

古冲积平原地下水非常丰富,甚至形成连续的水层。地下水缓慢地流向里海盆地、咸海盆地、巴尔喀什湖以及其他小湖。

山前平原地下水大部分为淡水,在古冲积平原地下水有些咸味,南部区比北部区含盐量多一些。局部地方在含盐水层上分布有淡水透镜体。

在构造高原,不会形成连续地下水层,是裂隙水和断层水,淡水水质特别好。这些地方地下水埋深几米,常常可为自然植被所利用。在这些地方甚至沙地中可见到茂密的白梭梭(*Haloxylon persicum*)及其他灌木,在河谷可见到茂密胡杨(*Populus euphratica*)林及河漫滩草地。

2.3.2　影响土壤形成的水文地质特点

2.3.2.1　地表水年内季节分配悬殊

中亚地区各主要河流年际变化比较平稳,而年内季节性分配却差别很大。一般夏季水量占年水量 50%～70%,春、秋季各占 10%～20 %,冬季仅占 10% 以下,表现出水、热同步的特点,对发展绿洲灌溉农业十分有利。灌溉不仅能调节土壤水热状况,而且能促进土壤脱盐。但在春旱、夏旱严重的灌区,常因灌溉水不足,造成作物受旱和土壤返盐。而另一方面,由于径流年内分配十分集中,汛期洪水又常引起灾害发生。

2.3.2.2　水质具有明显的地带性分异和季节性变化

中亚地区主要河流的水质具有明显的垂直分布规律。各主要河流在山区的补给区内,一般均为淡水。河水沿山谷下流至山前倾斜平原上部,接纳了裂隙水和局部天然回归水,矿化度逐渐升高,但仍多为矿化度小于 0.5 g/L 的重碳酸盐型钙质水。只有当矿化度增至 0.5 g/L 以上时,硫酸根离子才迅速增加,阳离子中则多为钙、镁离子。到扇形地边缘和河流下游,由于接纳的天然回归水增多,矿化度可达到 1 g/L 以上,阴离子中硫酸根或氯离子跃居首位,阳离子中则以钠离子占优势。一般自山麓洪积—冲积扇至沙漠边缘,水质类型依次为重碳酸盐型水—硫酸盐型水—氯化物型水。在平原地区,河水矿化度随流程增长而增高。

2.4　植被

2.4.1　中亚地区植被的基本特征

中亚干旱区位于亚非荒漠东段,特殊的地域环境使其自然地理类型众多,独特和极端生境多样,在这样的生境下,植被"三向地带性"仍清晰可见,且明显地打上了"荒漠"的烙印,荒漠植被成为山地植被垂直带谱的基带,而且结构趋于简化,坡向分异显著。经过长期的演化,孕育了丰富的植物种质资源,其中盐生、旱生、短命植物和野生果树等在抵御逆境、提高光合作用和水分利用效率以及果树育种方面具有不可替代的优势,为人类提供了丰富的基因资源。在植被上,具有较发育的春雨型短命植物、类短命植物层片,以白梭梭(*Haloxylon persicum*)、梭梭(*Haloxylon ammodendron*)、沙拐枣(*Calligonum mongolicum*)、蒿类(*Artemisia*)、小蓬(*Nanophyton erinaceum*)、无叶假木贼(*Anabasis aphylla*)、东方猪毛菜(*Salsola orientalis*)、囊果碱蓬(*Suaeda physophora*)等中亚细亚荒漠成分为建群种;或者具有夏雨型一年生荒漠草类层片,以泡泡刺(*Nitraria sphaerocarpa*)、霸王(*Sarcozygium xanthoxylon*)、裸果木(*Gymnocarpos przewalskii*)、珍珠猪毛菜(*Salsola passerina*)、蒿叶猪毛菜(*Salsola abro-tanoides*)、白刺(*Nitraria tangutorum*)、合头草(*Sympegma regelii*)、戈壁藜(*Iljinia regelii*)等中亚成分为建群种。主要植被类型有:针叶林,如西伯利亚落叶松(*Larix sibirica*)、雪岭云杉(*Picea schrenkiana*)林、新疆五针松(*Pinus sibirica*)林等;阔叶林,如黑杨(*Populus nigra*)

林、旱柳(*Salix matsudana*)林、胡杨(*Populus euphratica*)林、灰杨(*Populus canescens*)林等;灌丛,如沙棘(*Hippophae rhamnoides*)灌丛、锦鸡儿(*Caragana sinica*)灌丛、沙地柏(*Sabina vulgaris*)灌丛等;荒漠,如梭梭荒漠、白梭梭荒漠、沙拐枣荒漠等;草原,如羊茅(*Festuca ovina*)草原、针茅(*Stipa capillata*)草原等;草甸,如早熟禾(*Poa annua*)草甸、芦苇(*Phragmites australis*)草甸、芨芨草(*Achnatherum splendens*)草甸。

在中亚荒漠可划分下列荒漠植被类型(不包括河谷):沙漠、沙砾石荒漠沙生乔—灌木(白梭梭、梭梭、头状沙拐枣(*Calligonum caputmedusae*)、密刺沙拐枣(*Calligonum densum*)、银砂槐(*Ammodendron bifolium*));第三纪高原砾石荒漠小灌木(木本猪毛菜(*Salsola arbuscula*)、准噶尔猪毛菜(*Salsola dshungarica*)、松叶猪毛菜(*Salsola laricifolia*)、盐生假木贼(*Anabasis salsa*));黄土荒漠短命、类短命植物(鳞茎早熟禾(*Poa bulbosa*)、短柱薹草(*Carex turkestanica*));亚黏土荒漠半灌木蒿草,局部有多年生禾草及类短命植物(冰草(*Agropyron cristatum*)、针茅);龟裂地苔藓、藻类(双缘衣、鳞叶藻),多种类苔藓与蓝绿藻类(微鞘藻)。

在盐土荒漠中喜沙灌丛(盐节木(*Halocnemum strobilaceum*)、盐穗木(*Halostachys caspica*)、里海盐爪爪(*Kalidium caspicum*)、多花怪柳(*Tamarix hohenackeri*))和一年生猪毛菜为主(猪毛菜、盐生草(*Halogeton glomeratus*)、碱蓬(*Suaeda glauca*))。

2.4.2　主要植被类型

植物的生长发育受地形、气候、土壤和人为因素等的影响,在特定条件下,显现出特有的景观与相对稳定的结构,在同一区域或同一海拔高度地带内,由于小环境的差异,往往有多种植物群落出现,每一植物群落有其建群种与伴生种。

中亚地域辽阔,高山、丘陵、平原、洼地、戈壁、沙漠等地貌类型齐全,为植物的生长和分布提供了多样性生境。山区因海拔高程的不同,引起水热条件的显著变化,因而反映出一定的植被带的垂直结构。平原区因受荒漠生境的深刻影响,植被的变化主要因土壤盐分和水分的不同而有差异。中亚干旱区的自然植被可大致分为以下主要类型:

2.4.2.1　高山垫状植被

雪线以下,除岩石或倒石堆覆盖地段外,发育着耐寒性强、根系发达、植株低矮,以垫状为主要生活型的植被,植物的种类贫乏,分布稀疏。本植被带气温低,土层薄、粗骨性强,植被稀疏,草层低矮,生物作用微弱,无明显的生草过程。

2.4.2.2　高山、亚高山草甸草原

在阿尔泰山和天山南北坡的高山、亚高山区,分布着以嵩草(*Kobresia myosuroides*)、珠芽蓼(*Polygonum viviparum*)、三穗薹草(*Carex tristachya*)、早熟禾等为主的浓密草层。阿尔泰山山地还有猫尾草(*Uraria crinita*)、细柄茅(*Ptilagrostis mongholica*)等的出现。天山北坡西部老鹳草(*Geranium wilfordii*)生长繁茂,构成浓密草层。植被覆盖度一般达80%~95%,湿润处可达100%。阴坡多高山、亚高山草甸土,有机质含量丰富,并具有10cm左右的生草层;阳坡多草原土,腐殖质层亦厚。因气候冷凉,一般仅作夏牧场利用。

2.4.2.3　高山、亚高山荒漠草原

主要出现在帕米尔高原海拔3 500m以上的广阔地带,气候干旱,陡峻的山脊一般为光秃的岩石,部分平缓的分水岭和山地准平原发育着高山漠土,细砾石夹杂其中,土壤干燥夹有石

片,有机质累积弱、含量少,部分地区尚有轻度盐渍化现象。主要植物委陵菜(*Potentilla chinensis*)、准噶尔棘豆(*Oxytropis songorica*)、驼绒藜(*Ceratoides latens*)遍布山麓坡地。羊茅、薹草(*Carex*)、蒿草等在泉源、洼地和河水浸润处组成小片草甸;珠芽蓼等多在谷地出现;野葱(*Allium chrysanthum*)、车前(*Plantago asiatica*)等在局部地区组成浓密草层,形成草甸,成为该地带生物累积最明显、产草量最高的优良牧场。距河岸较远的坡麓及其干沟谷地上,植物异常稀少,除准噶尔棘豆等草类外,仅有藏麻黄(*Ephedra saxatilis*)、驼绒藜分布,岩石缝隙中有锦鸡儿、忍冬(*Lonicera japonica*)等出现,植被稀疏,生物累积作用弱。

海拔 3000 m 以下的盆谷地,具有灌溉条件的地区,有少量农田分布,主要种植青稞、大麦。农田边缘草甸型植物增多,生长有大麦草、老鹳草、马先蒿、野麦等,沟谷坡地有忍冬、绣线菊(*Spiraea*)等灌木。

该植被带可分为三种类型的植被,即湿生低草本植被(以蒿草、薹草为主);旱生灌木、半灌木植被(以驼绒藜、锦鸡儿、麻黄(*Ephedra*)为主);干冷生低草本植被(以棘豆、委陵菜为主)。前者为生物累积作用较强的优良牧草,但面积不大,后者面积最大,因其草层低矮,仅能放牧羊群。

2.4.2.4　山地森林、草原

在阿尔泰山 1200～2400 m,天山北坡 1750～2500 m,南坡 2400～2900 m 的中山带,均为山地森林。在帕米尔山区 2800～3300 m 有小片森林分布。在阿尔泰山脉的灰色森林土上发育着以西伯利亚落叶松为主的明亮针叶林,次为新疆五针松、新疆云杉(*Picea obovata*)、西伯利亚冷杉(*Abies sibirica*)。天山山系发育着以雪岭云杉(*Picea schrenkiana*)和天山云杉为主的暗针叶林。林下植物有忍冬、小蘖叶蔷薇(*Rosa berberifolia*)、枸子(*Cotoneaster*)、绣线菊、蔷薇、山楂等多种灌木。草木植物种类繁多,林间草地尤为繁茂,主要有早熟禾、看麦娘(*Alopecurus aequalis*)、猫尾草、鸭茅(*Dactylis glomerata*)、羽衣草(*Alchemilla japonica*)等。地表常有苔藓、地衣和蕨类等。

2005 年中亚地区的森林面积为 $1.60 \times 10^7 \, hm^2$,森林覆盖率只有 4%。林间草地是优良的夏牧场。林区土壤湿润,酸碱度适中,有机质含量较高,降水丰沛,气候湿凉。

2.4.2.5　山地草原

广泛分布于各山地森林线以下的中低山及山间盆谷地,植物种类较多,由羊茅、针茅、蒿属等较低矮的草类组成建群种,早熟禾、异燕麦(*Helictotrichon schellianum*)、短芒三毛草(*Trisetum livinowii*)等常伴生其中,鹅观草(*Roegneria kamoji*)、猫尾草等时有出现,覆盖度 50%左右。河谷地上除禾草类众多外,小蘖叶蔷薇、绣线菊、锦鸡儿等灌木丛生,较湿润处有紫菀、蒲公英、山马蔺(*Iris ruthenica*)呈小片状分布。沟谷边缘有龙胆(*Gentiana*)、委陵菜、酸模(*Rumex acetosa*)亦有生长。

2.4.2.6　低山丘陵半荒漠

低山丘陵和山麓地带,受盆地干旱气候的影响,为荒漠与草原植被的过渡地带。它既有羊茅、针茅等草原植物代表种,也有猪毛菜、角果藜、小蓬、麻黄等荒漠代表种。白刺(*Nitraria tangutorum*)、中国沙棘(*Hippophae rhamnoides*)、锦鸡儿等荒漠灌丛也分布普遍,盐生植物中的碱蓬、琵琶柴(*Reaumuria soongorica*)、盐生假木贼等亦上升到此,潮湿低洼地甚至还出现盐角草(*Salicornia europaea*)、黄花矾松(*Limonium aureum*)等盐生植物。土壤多为棕钙

土或灰钙土。由于气候干旱,地形崎岖,坡度较大,造成植被稀疏,草层低矮,有机质积累少。

2.4.2.7　平原灌木荒漠植被

灌木荒漠广泛分布在广大洪积-冲积平原上。在大片灰漠土上,琵琶柴常呈纯群。河流沿岸,胡杨林地边缘,柽柳、铃铛刺(*Halimodendron halodendron*)、骆驼刺(*Alhagi sparsifolia*)组成灌丛,郁闭度达30%～70%。灌木荒漠林下伴生植物主要有刺针枝蓼(*Atraphaxis pungens*)、白刺、骆驼刺。草本植物有蒿属、二色矾松(*Limonium bicolor*)、蒙古鸦葱(*Scorzonera mongolica*)。

生长梭梭的土壤,干燥、紧实、粗骨性强,多为普通灰棕漠土,盐化程度较轻。琵琶柴地土层深厚,质地较轻,土壤受不同盐渍化程度的影响,多为盐化灰漠土。柽柳适应性强,单纯的柽柳(灌丛)土壤盐分较轻,一般硫酸盐多于氯化物。

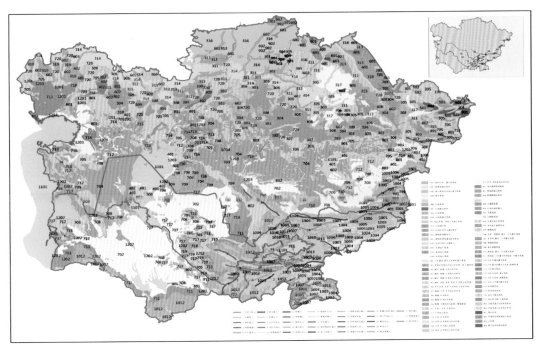

图 2.11　中亚植被分布图(张元明等,2013)

2.4.2.8　荒漠化草甸植被

主要分布在平缓地段和河谷阶地上。与草甸草本植被不同之处在于有大量荒漠、半荒漠植物代表种渗入草甸植被内。构成植被的草甸植物有拂子茅(*Calamagrostis epigeios*)、小獐毛(*Aeluropus pungens*)、窄颖赖草(*Leymus angustus*)、偃麦草(*Elytrigia repens*)、苦豆子(*Sophora alopecuroides*)。半荒漠植物有多种蒿属。盐生荒漠型的有猪毛菜、柽柳、白刺。灌木有铃铛刺、沙棘等。该植被分布的土壤多为盐化草甸土,少数地带为草甸灰漠土。大部地区已开垦为农田,尚有少部分为优良牧场和垦殖对象。土壤有轻度盐化现象,有机质含量较高,稍加改良即可利用。

2.4.2.9　盐化荒漠植被

盐化荒漠植被在广大平原上广为分布。其代表种主要有盐穗木、梭梭、有叶盐爪爪、柽柳等。北疆地区常出现对叶盐蓬(*Girgensohnia oppositiflora*)和木碱蓬(*Suaeda dendroides*)，同时在硫酸盐盐土上常有假木贼出现。盐穗木(*Halostachys caspica*)多出现在盐土上。梭梭为潮湿的盐土指示植物，在地下水位较高(1～2 m)的盐土地区都有分布，表土为盐层所覆盖，其盐层厚度可达 30cm 左右。盐角草为沼泽盐土指示植物，指示有间歇性积水或地下水位接近地表。其分布地土壤色泽深暗，富含有机质，通气性差，潜育层接近地表；表土质地较轻，硫酸盐含量多于氯化物。0～30 cm 土壤总盐量 22～27 g/kg，0～100 cm 可达 24～38 g/kg。碳酸根和重碳酸根的含量均低，一般分别为 0.01～0.09 g/kg 和 0.23～0.46 g/kg。当土壤碳酸根含量达到 0.3 g/kg 时，盐角草则难以生长。

灰绿碱蓬(*Suaeda glauca*)生境与盐角草相似，亦常为沼泽盐土指示植物。其分布地硫酸盐类高于氯化物。假木贼指示板结、坚硬、有类似碱土特征的土壤，质地较重，以中壤为主，土中有机质含量少，肥力不足。假木贼分布地，土壤盐分不很重，很难达到盐土标准。

柽柳适应力强，分布范围广，从轻度盐化土壤到盐土上都有分布。土壤盐分含量常随着柽柳种类和混生植物的不同而变化。柽柳纯群 0～100 cm 土壤含盐量一般为 16.3～54.7 g/kg，pH 值 7.5～9.6。

木碱蓬指示土壤干燥、坚硬、板结，有类似碱土特征的盐化土壤。0～100 cm 土壤总盐量 2.2～5.8 g/kg，pH 值可高达 9.0 左右。木碱蓬分布地碳酸盐含量较低。

总之，结皮盐土指示植物有盐穗木、梭梭，其中盐穗木分布的土壤以氯盐为主，梭梭分布的土壤以氯化物－硫酸盐为主，沼泽盐土指示植物以盐角草为主，灰绿碱蓬次之；碱化盐土则以假木贼和木碱蓬为主。柽柳、琵琶柴为"泌盐植物"；而盐穗木、梭梭、木碱蓬盐角草等则为"聚盐植物"；罗布麻(*Apocynum venetum*)、花花柴(*Karelinia caspia*)等可在盐渍土上生长，按其生物学特性可谓之"避盐植物"。

2.4.2.10　砂质荒漠植被

卡拉库姆沙漠年降水量不足 50 mm，气候炎热干燥，沙漠南缘有阿姆河、北缘有锡尔河流过，由于河水渗透成为沙漠中的地下水源，故在沙层较薄、沙丘低矮的地区有部分植物分布。河道两岸，生长有稀疏的柽柳、胡杨、骆驼刺和芦苇等，边缘地带水分条件较充足处有刺沙蓬(*Salsola ruthenica*)、盐生草等的分布。

2.4.3　荒漠区植被及其对土壤形成的影响

在上述气候条件下，最适合荒漠区景观形成的植被群落是猪毛菜－艾蒿和艾蒿－猪毛菜等耐干旱类群，艾蒿、木本猪毛菜、盐生假木贼等是主要形式，其投影盖度不超过 20%～30%。荒漠区北部主要是艾蒿和艾蒿－盐生假木贼群落；中部是木本猪毛菜和盐生假木贼－木本猪毛菜群落，南部荒漠的界线越过了哈萨克斯坦国界，这是(当地)包括短命植物。对于草原和荒漠草原景观而言，针茅、羊茅和冰草等禾本科以及多种荒漠区杂草完全掉落，被耐旱盐生植物、短命植物(早熟禾、早麦、阿魏、红甜菜等)等代替。

荒漠区植物地理被分为三种植物景观亚带(Соболев Л. Н.，1969)：1)草原猪毛菜－艾蒿北部荒漠亚带；2)猪毛菜－艾蒿中部荒漠亚带；3)短命植物南部荒漠亚带。

在北部草原荒漠亚带，艾蒿(*Artemisia argyi*)、盐生假木贼和针茅占优势，在较轻的质地上广泛分布着艾蒿和砂生草本植物层。对于中部荒漠亚带则是木本猪毛菜，图兰(别特帕克－达拉)、凯姆鲁德和杜申斯卡娅(乌斯秋尔特，曼格什拉克)艾蒿、盐生假木贼和塔斯盐生假木贼

（分布于碎石和石质生境）。在锡尔河、楚河和伊犁河古冲积平原还可见梭梭林和灌木丛。存在时间较短的荒漠被分为西天山和卡拉套山脉山前平原，以及克孜勒库姆沙漠南部。

北图兰艾蒿是沙漠植被的典型特征，在北部替代为龙蒿（*Artemisia dracunculus*）、梭梭、沙拐枣和大量的豆科灌木群落。在风成沙漠中，灌木扮演着重要角色，小灌木（半灌木）具有加固作用（Курочкина Л. Я.，1978）。

在哈萨克斯坦荒漠区，灰艾蒿（$35×10^6\,hm^2$）、盐生假木贼（超过 $10×10^6\,hm^2$）和梭梭（超过 $10×10^6\,hm^2$）群丛所占面积最大（Быков Б. А.，1975）。从非常贫瘠的里海沿岸（700 种）到荒漠植物最多样化的图兰低地（900 种），植被丰富度表现出增加的规律。

荒漠植物的生长期也可以看作是土壤生命的生物活动期，通常存在于短暂的春季和夏季之初。而在较长时期（夏、秋、冬）植被都处于生物和生物化学休眠状态。由于荒漠植被的稀疏，只有较少的有机质和化学元素在土壤形成中的生物循环被引入。全部的有机质均分布于地上和地下荒漠植物的组织中，其数量达 $1.50×10^4 \sim 1.60×10^4\,kg/m^2$。在此基础上，生物量的 60%～90% 进入植物根部，只有 10%～40% 位于植物的地表组织。根部的主要部分（50%～70%）停留在土壤表层 20～30 cm，20%～25% 至土层 50 cm 处，其余部分位于更深的部分（表 2.5）。

根据贝科夫（Быков Б. А.，1978）的数据，类短命灰艾蒿的生物生产量是 7700 kg/hm²，其中的 5600 kg 为根系生产量，2100 kg 为植物地上部分的生产量。盐生假木贼比灰艾蒿的生物产量少大约 2 倍，为 3800 kg/hm²，其中 650 kg 是地上部分的生产量，3150 kg 是地下部分的生产量。很明显，生物量的年增长量主要取决于根系（灰艾蒿为 73%，盐生假木贼为 83%）。

荒漠生物群落每年的枯枝落叶带入 30%～60% 的总有机质量（Родин Л. Е.，Базилевич Н. И.，1965；Ковда В. А.，1973）。

表 2.5　荒漠区植物的生物生产量（干物质量）　/$10^2\,kg·hm^{-2}$

植物群丛	位置	土壤类型	总生物量	地上部分	根部，层高 0.5 m	根部生产量与地上部分的比例
白艾蒿	里海沿岸低地	褐土	69	15	54	3.6
冰草—白艾蒿	同上	同上	41	14	27	1.9
灰艾蒿	里海沿岸低地	褐碱土	92	11	81	7.3
短命灰艾蒿	北咸海沿岸	褐土	163	38	125	3.2
盐生假木贼	曼格什拉克	灰褐碱土	64	20	44	2.2
猪毛菜	同上	同上	156	12	144	12
盐生假木贼—艾蒿	乌斯秋尔特	灰褐土	43	5	38	7.6
梭梭—灰艾蒿	南巴尔喀什湖沿岸	龟裂型土	124	28	96	3.4
梭梭—猪毛菜	同上	同上	70	12	58	4.8
半干盐生植物	锡尔河三角洲突出部	灰褐土	46.4	9	37	4.0

表 2.6　咸海—里海低地荒漠植物水萃取物成分

| 植物 | 100g 干物质中含量　/% | | | | | | | | |
	pH	硬化残渣	Cl	SO₄	Ca	Mg	K	Na	HCO₃
艾蒿	—	8.79	0.74	0.34	0.24	0.10	0.46	0.04	1.77
木地肤	7.15	27.12	8.15	10.5	0.41	0.50	1.50	7.50	1.14
	7.10	20.18	6.85	9.47	0.37	0.41	1.21	5.71	0.90
早熟禾	6.38	7.21	0.30	0.34	0.09	0.04	0.71	0.03	0.61
	6.81	4.21	0.22	0.38	0.12	0.06	0.92	0.04	0.80
盐节木	7.65	58.56	22.3	10.56	0.85	0.96	1.85	20.05	3.22
	7.50	45.61	16.17	6.31	0.71	0.71	1.80	18.67	2.15

　　根据博罗夫斯基与合作者的数据(Боровский В. М. ，Джамалбеков Е. У. ，Файзулина А. Х. ，Молдабеков А. Ш. ，Усачов А. Г. ，Туркова Т. П. ，1974)，在曼格什拉克褐土艾蒿植被和灰褐土猪毛菜—艾蒿的 1.56×10^4 kg/hm² 与 1.51×10^4 kg/hm² 总生物量中，每年枯枝萎叶带入约 50 kg/hm²，在生物循环过程中吸收 800～1000 kg/hm² 尘埃物质，随枯枝萎叶返回 310～390 kg/hm² 尘埃物质，35～50 kg/hm² 氮和 360～430 kg/hm² 化学元素，其中 31～34 kg/hm² Na_2O。生物系列元素随能量吸收衰减表现如下：褐土，$SiO_2 > K_2O > Al_2O_3 > Na_2O > CaO > SO_3 > Fe_2O_3 > Cl > MgO > P_2O > MnO$，灰褐土，$SiO_2 > CaO > K_2O > Na_2O > Fe_2O_3 > Al_2O_3 > SO_3 > MgO > Cl > P_2O_5 > MnO$。伴随着碱基的释放和腐殖质的形成，枯枝萎叶几乎完全被矿化。在同化的地上部分组织，荒漠植物生物量中含有大量的生物卤素——钠、氯和硫，在根部则积聚钙、钾和磷(Перельман А. И. ，1967)。

　　在生长期内的植物化学元素数量呈明显的变化。研究表明(Большев Н. Н. ，1972)，白艾蒿(*Aremisia argyi*)的地表和根部的溶胶含量从 4—6 月呈增加状态，至 9 月逐渐降低。在植物快速生长和发育期间，其地上组织的磷酸盐、钾和钠的水萃取物浓度增加，至 8 月前下降，之后于 9 月再次增加。氯的变化同样如此，在 4 月，植物中没有发现氯，到了 6 月却达到了其含量的最大值，而临近 8 月和 9 月又逐渐降低。很明显，氯元素受到了大气降水的冲刷。

　　植物剩余物的矿化在未经水冲刷的荒漠土壤条件下，伴随着长期的化学元素的生物积聚，特别是碱、氯化物和硫酸盐类表现明显。根据别尼科夫(Пеньков О. Г. ，1974)的研究，在溶解盐成分中，碱性阳离子碳酸氢盐在咸海—里海低地扩散最广的景观形成植物中起着主导作用，而碱性阳离子碳酸氢盐能够在矿化情况下促进土壤中盐碱过程的发育(表 2.6)。在其他学者的研究中也得出了类似的结论。

　　舒瓦洛夫对乌斯秋尔特高原的研究表明(Шувалов С. А. ，1949)，盐生假木贼以有机酸中碳酸盐、氯化物和碱盐等形式给予植物剩余物丰富的钠；艾蒿带到地表的主要形式是镁盐、钾盐和少量的钠；木本猪毛菜携带出的总盐要少数倍，质量组成接近艾蒿。

　　在生物循环过程中，主导性的干旱耐盐植被是荒漠土壤盐渍化和碱化的重要因素。复杂的生物气候条件给予荒漠土壤的形成一系列特殊性(形态、腐殖质类型、风化特征等)，使之不同于其他自然带(区)的成土过程。

2.5　土壤形成的人为因素

人为因素对土壤形成和演变所起的作用与自然条件同等重要,并且具有积极作用和破坏作用两个方面。土壤经过人类的长期生产活动,常可改变在土壤形成演变中起主导作用的某些因素及诸因素相互间的对比关系,在正确的农业技术条件下,可促进土壤向人类所需要的方向发展,改变或改善土壤理化、生物性状,并逐步减弱或消除土壤中某些障碍因素,提高土壤生产力。例如经过人类长期农业生产活动的影响,逐渐形成的灌漠土、灌淤土、潮土和水稻土等新土壤类型,都是由一个土类演变为另一个土类的典型例证。同样,由于某些不当的农业技术措施,也会导致土壤退化。如灌溉定额偏大、水库和渠道渗漏及灌排系统不配套、灌溉管理不善等原因,将抬高地下水位,产生土壤次生盐化、沼泽化等问题。

2.5.1　土壤开垦种植对土壤形成演变的影响

中亚地区有着悠久的农牧业发展历史。据考古资料和有文字记载,至少可以追溯到春秋战国时期。中亚五国现有耕地 2.74×10^7 hm²,其中在 20 世纪 50 年代以来开垦耕种的 $(1.20 \sim 1.27) \times 10^6$ hm²,现已大部分演变为人为土壤中的灌淤土和其他土类中的灌溉或灌淤亚类。

20 世纪 30 年代及其后的 50、60 年代,是中亚大规模开荒造田的盛期。开垦的土地大多在盐碱土、草甸土区和棕漠土、灰漠土区,部分在草原土和林灌草甸土区,这些土壤大都含有一定数量的易溶性盐类。因此,开荒造田的过程,实际是与土壤盐渍化作斗争的过程。在开垦时,一般都要经过平整地面、压盐或排水洗盐,把盐土或盐化土壤中的盐分压下去或通过排水系统排到垦区以外,致使垦区内的土壤产生脱盐过程,土壤得到改良;而在垦区外,特别是处在垦区下游的土壤,因接纳了上游地区排泄下来的易溶性盐类而次生盐渍化;这些都是促使土壤演变或转化的人为因素。

在正确的土壤开垦与长期利用中,可使原来盐土和盐化土壤演变为轻盐化土或非盐化土壤;使原来植被稀疏的灰漠土、棕漠土、残余盐土等荒地土壤演变为灌耕灰漠土、灌耕棕漠土、灌耕草甸土等。同时,土壤的开发利用也存在相反方向的问题,例如开垦自然肥力较高和植被茂密的草甸土、林灌草甸土以及黑钙土、栗钙土等,由于耕种措施不当或其他原因,引起土壤生态环境变劣,使其肥力下降,甚至在开垦以后又放弃耕种,导致自然植被受到破坏、土壤遭受侵蚀等等。

在土壤开垦利用中,通常有如下的演变规律:即原来自然肥力较高的土壤,特别是有机质含量在 $30 \sim 40$ g/kg 以上的土壤,经过开垦种植以后,有机质多有降低或显著下降;而原来有机质含量在 $10 \sim 20$ g/kg 或更低的土壤,经过开垦种植与培肥,如种植苜蓿或绿肥、实行草田轮作等合理措施,土壤肥力多有提高。

2.5.2　灌溉、耕作、施肥与土壤的演变

中亚地区的农业大部分是灌溉农业,灌溉用水量比较大,这与当地的气候干旱、雨量稀少以及土体中含有盐分有直接关系。

一般来说,老耕地灌溉用水量较小,新耕地灌溉用水量较大。引水灌溉对土壤形成的影响

主要有以下几方面。

2.5.2.1　改善土壤肥力

灌溉改善了干旱区土壤水分状况,不仅较好地满足作物的需水,而且显著提高了土壤养分的有效性,从而使其生物产量数倍增加,相应地也增加了土壤的有机质补给。其次,灌溉能改善土壤环境条件,调节土壤的水、气、热状况,增强土壤微生物和土壤酶的活性,加速土壤风化和熟化过程。此外,水的热容量较大,在合理的灌溉措施下,夏季可以降低土壤温度,而冬灌又可提高土壤温度,能对越冬作物和果树等起到保温防冻作用。

2.5.2.2　改变土壤物理性状

灌溉时土壤水分增多,停灌时水分又渐趋减少,这种频繁的干湿交替不仅加速了土层的物理风化和化学风化过程,而且改善了土壤结构,加快了土壤的熟化程度。灌水还可使耕层中的黏粒下移,如老耕地中常可见到耕层以下土层中有黏粒下移的现象。自耕层下移的黏粒通常以胶膜的形式存在于淀积层的结构面或孔穴壁上。

2.5.2.3　灌溉水引起土壤化学性质的变化

灌溉水可淋洗土壤中的易溶性盐类而导致土壤脱盐,使盐土演变为盐化土,并进而演变为非盐化土壤。此外灌溉水还可使土层中的石膏、碳酸钙、氧化铁、氧化锰等产生下移现象,并在土壤剖面下部形成脉纹状、斑点状、菌丝状石膏、石灰新生体,以及铁、锰斑纹等。它们虽与自然条件下所形成的新生体有很大的一致性,但从自然土壤、新垦土壤、人为土壤的对比研究中,可以看出灌溉水对上述土壤新生体的形成有较明显的促进作用。

2.5.2.4　耕作施肥对土壤的影响

耕地上每年都要进行各种耕作措施,包括犁地、耙地、平土、镇压和中耕等等,其对土壤的理化性状都有较大的影响。犁地可以改变土壤的地面状况和耕层土壤物质的分布,既能疏松土层,加强土体的风化过程,促进土壤的熟化程度;又可消灭田间杂草和病虫害,而被掩埋于地下的这些杂草、作物残茬枝叶以及窒息而死的病菌虫卵等又变为土壤的有机物质,经过腐殖化过程变为土壤腐殖质。

各种耕作措施是促进土壤熟化、提高土壤肥力、增加速效养分、加速土壤演变的一种重要人为条件。

施肥是提高土壤肥力的重要手段。肥料不仅增加土壤养分,同时还能改善土壤理化生物性状,促进土壤熟化,使瘠薄土壤向肥沃土壤演变,熟化度低的土壤向熟化度高的土壤演变,板结的土壤向疏松适度的土壤演变。因此,施肥是生产力不高的土壤向生产力较高的土壤发展的物质条件。施肥能促进土壤生态的良性循环,且能使作物产量大幅度提高,相应地留给土壤的作物残茬和枝叶也会增多,而这些根茎和残落物又成为土壤有机质的重要来源,通过微生物的腐殖化过程,形成了较多的腐殖质,改善土壤理化生物性状,使土壤肥力向更高发展。如此往复循环,使生土演变为熟土,进而演变为肥土。

总之,灌溉、耕作、施肥是加速土壤熟化和培肥地力的重要措施,是促进自然土壤向人为土壤演变的最基本的人为条件。

2.5.3　人为活动引起的土壤退化

人类违背自然规律,对土地经营不合理,常对土壤产生极大的破坏作用。例如由于人为措施不当所造成的土壤盐渍化、沼泽化、沙化、侵蚀、板结等，都能使土壤肥力下降，生态遭到破坏，从而降低它们应有的生产潜力。

2.5.3.1　土壤的次生盐渍化和沼泽化

土壤次生盐渍化和沼泽化与地下水位的抬高有密切关系。引起地下水位抬高的原因，最常见的有水库渗漏、渠道渗漏、田间渗漏。这些渗漏引起土壤的次生盐化和沼泽化。

2.5.3.2　土壤的沙化

在干旱地区地表植被层是防止土壤沙化的保障。而破坏地面的植被往往会引起风蚀和沙化。在中亚地区，过度放牧和人为破坏是大面积破坏地表植被、引起地面的风蚀和风积而使土壤沙化的主要原因。有些地区甚至大片农田为风积沙所掩没，有些地区则由于地表细土为大风吹走，小砾石残留地面形成砾幂。

2.5.3.3　土壤的侵蚀

土壤侵蚀包括水蚀和风蚀两种类型，在干旱地区这两种情况都存在。自然的侵蚀通常发生在无植被或植被稀少而坡度较大的荒漠山区和前山带。而人为活动引起的土壤侵蚀，主要发生在坡度较大的山前地区开垦，通常是引起土壤侵蚀的主要人为因素，致使这些被垦殖的旱地土壤，如旱作的黑钙土、栗钙土、棕钙土和灰钙土等在不合理的耕种条件下演变成各种侵蚀型土壤。

第3章　土壤形成过程

　　土壤形成过程是指土壤在形成和演变过程中,所经过的一系列物质、能量变化过程,即土壤在成土母质的基础上,土体内部产生物质和能量的转移与累积,并赋予各种土壤类型以不同的属性。这些属性反映出土壤各个不同的形成阶段的特性和特征。了解这些问题,就可理解土壤的形成和演变过程及其规律。

　　土壤的特性和特征是土壤内在属性的外在表现,是在各种形成过程中表现出的各种不同的鉴别标志,其中既有物质差异可供分析检验,又有形态特征可供野外调查时借以鉴别。凡是已经成为相对稳定的土壤属性,就成为人们认识土壤和鉴别土壤类型的重要标志。所以研究和应用土壤属性作为土壤分类的依据,就必须首先要研究和阐明土壤的形成和演变过程。在分析和研究土壤的形成和演变过程中,往往都是先从单一的土壤形成或演变过程谈起,然而实际上,土壤形成和演变过程都是十分复杂的,不可分割的。形成一种土壤不是单一的土壤形成过程,而往往是各种形成过程以特定的组合形式出现,其间既有相辅相成的,又有相互制约的,甚至还有彼此相悖的。因此,在研究土壤的形成过程时,不仅要了解土壤中各个单一的土壤形成过程对土壤的作用和影响,而且要了解各种土壤形成过程的相互联系、相互影响和相互作用的综合体现,才能彻底了解土壤形成的实质。

　　土壤的形成、演变与自然环境条件、人为条件对土壤的作用和影响同样有着极为密切的关系。由于中亚地区自然环境条件的复杂性和多样性,以及在干旱地区的干旱环境中灌溉农业的特殊性,因而中亚地区的土壤形成过程也就比较复杂。它既有形成自然土壤的各种基本过程,又有在自然土壤的基础上,形成人为土壤的各种基本过程,还有一些为干旱或极端干旱地区所特有的土壤形成过程。例如形成灌淤土的灌溉淤积过程;形成盐土的古代积盐过程和形成洪积盐土的洪水积盐过程;形成风沙土或埋藏土壤的风积过程以及形成侵蚀土壤的风蚀、水蚀过程等。

　　土壤的基本组成物质是矿物质和有机质。进入土壤中的有机物质随不同地带、不同植被和不同的生物产量、以及肥料的来源和投入量等不同而有很大的差异。例如在较湿润的山区,雨量较充沛,植被茂密,其生物生长量就远比那些较干旱的山区和荒漠平原区为高;此外,在实行草田轮作制和施用农家肥料较多的地段,其植被或农作物的生物产量一般都比多年连作和施用农家肥较少的地段为高。由于生物产量较高的地区或地段,每年归还给土壤的有机物质较多,因而在土壤中累积的有机质就必然增多。反之,则减少。与有机质相联系的矿物质也是与有机质一样,随着不同的条件而在变化,共同发生着各种不同的形成发展过程。

　　由于土壤形成条件的复杂性和多样性,目前还远远不能阐明所有这些土壤的形成过程的实质。在中亚干旱区内,在不同的土壤形成条件下,大致可以看到以下几种主要的土壤形成的基本过程。

3.1　基本土壤形成过程

3.1.1　荒漠化过程

荒漠化过程是中亚地区土壤形成过程中最主要的成土过程之一,其形式主要表现在:①成土母质除黄土状母质为细土物质外,其他母质,如残积物、坡积物、洪积物、冲积物等,多数为砂砾堆积物(文振旺等,1965);②土壤形成过程的气候干旱,降水稀少,蒸发强烈,风蚀严重(熊毅和李庆逵,1990);③植被多属小半灌木和荒漠类型,成分简单,覆盖稀疏(新疆荒地资源综合考察队,1985)。受独特的地貌单元与特殊的生物气候条件的影响,土壤形成的荒漠化过程中物质的移动和积累过程在很大程度上是取决于气候、成土母质类型及其风化特点,同时与成土年龄也有极为密切的联系。

在上述特殊的生物气候等条件下,土壤形成过程以荒漠化过程为主,其主要特点是:

3.1.1.1　有机质积累微弱

中亚漠境地区的植被极为稀疏,生长缓慢,每年以残落物形式进入土壤的有机质数量极其有限。在漠土的形成过程中,高等植物的作用颇为微弱,特别是有机质积累比较少。同时,漠境地区风多且大,残落在土壤表层的枯枝落叶易被风吹走;加之干热气候条件下,土壤有机质迅速矿化,使土壤有机质含量很低,一般最高不超过 10 g/kg,而且随干热程度的增强而趋于减少。如灰漠土、灰棕漠土表层有机质含量多分别在 9 g/kg 和 5 g/kg 左右,而棕漠土多在 5 g/kg 以下。

3.1.1.2　碳酸盐的表聚作用

漠境地区气候干旱,蒸发量远大于降水量,土壤水分运行以上行水为主,淋溶作用甚微。在风化和成土过程中形成的 $CaCO_3$ 和 $CaHCO_3$ 多就地积累下来,使土壤表层 $CaCO_3$ 含量微高于下层。在表层短暂降雨湿润后,随即迅速变干,使 $CaHCO_3$ 转变为 $CaCO_3$ 并放出 CO_2,从而胶结形成了孔状结皮层。

3.1.1.3　石膏和易溶盐的聚积

漠境气候和成土母质,使成土过程中石膏和易溶盐积聚,积累数量随干旱程度的增强而增强,且因土类而异。其积累强度顺序为灰漠土小于灰棕漠土小于棕漠土。在灰棕漠土、棕漠土中不仅出现较厚的石膏层,有时还会形成盐盘,易溶盐与石膏的含量分别可达 100~300 g/kg 与 300~400 g/kg,盐盘的组成成分中以氯化物为主。

3.1.1.4　紧实层有氢氧化铁和氧化铁浸染或铁质化现象

在漠境特殊的干热气候条件下,形成的富含黏粒的亚表层较为紧实,并多有鳞片状结构,而且呈鲜棕色或红棕色,甚至呈玫瑰红色。土壤化学组成表明鳞片状层或紧实层铁的含量较高。

3.1.1.5　砾石性强

除黄土状母质发育的灰漠土外,其他母质上发育的漠土,一般都是砾质薄层土。剖面厚度与砾石含量因母质与土类而异,但剖面厚度很少超过 1 m,有的仅 30 cm 左右,砾石含量达

10%～50%以上,并由灰漠土、灰棕漠土向棕漠土而递增。土壤颗粒在剖面中的分布虽因母质不同而有明显的差异,但有一个共同性,即砾幂以下就是亚表层,细土物质明显增高,再向下黏粒又逐渐减少。造成这种特点的原因是多方面的,直接发育在基岩上的土壤是风化作用的结果;而在沉积母质上的土壤则服从一般沉积规律,即愈向上细土愈多;之后经过长期风蚀,地表细土被吹走,砂砾残留下来,尽管剖面很薄,仍然表现出两头砂(砾)、中间黏的剖面特征。

3.1.2　有机质的累积过程

土壤有机质的累积过程,主要指地表生长的植物,在生长发育过程中,通过生物体的新陈代谢,给土壤表层不断提供有机物,在土壤微生物和土壤酶的作用下形成土壤腐殖质,并逐年累积增多的过程。

一般地,在水热条件适宜的地区或地段,特别是山区,地表通常生长着不同类型的自然植被,为土壤有机质的累积提供了条件。随着水热条件、植被密度和高度的增加,提供的有机物也越多,土壤有机质累积也明显。在土壤有机质累积明显的地区,通常地表生长着茂密的根系发达的植物,往往形成根系密集、盘结的生草层,进行着强烈的生草过程。例如森林区的凋落物层及草甸区、草原区以及高山和亚高山草甸区、草原区或草甸草原区土壤的生草过程都为土壤有机质的形成和累积提供了良好的物质条件。

3.1.3　钙的淋溶淀积过程

植物新陈代谢过程中产生的大量二氧化碳分压在降水的作用下,使土壤表层残存的钙、植物残体分解所释放的钙转变成重碳酸钙,随下降水流到剖面一定深度后,二氧化碳分压降低,重碳酸钙脱水变为碳酸钙淀积下来,形成钙积层,称为碳酸钙淋溶淀积过程。这是中亚地区钙层土纲、干旱(钙层)土纲、半淋溶土纲以及高山土纲大部分土类所具有的形成过程。

中亚的大部分地区降水稀少,淋溶极弱,土壤多系碳酸盐剖面。半干旱、半湿润、偏湿半湿润区,虽降雨量渐增,但土壤淋溶仍较弱,硅、铁、铝和土壤黏粒在剖面中基本未移动,或稍有下移,但大部分易溶盐类已从剖面中淋走。土壤溶液与地下水被土壤表层残存的钙与植物残体分解所释放的钙所饱和,在雨季呈重碳酸钙形态向下淋洗至剖面中下部,积累形成钙积层。钙积层出现的深度、厚度及含量除受母岩特性与地球化学沉积作用影响外,主要随降水量和植被类型而异。一般降水量多植被茂密钙淋溶深,钙积层出现的部位低而集中;降水量少植被稀疏钙淋溶浅,钙积层出现的部位则较高而不集中。

3.1.4　土壤灌淤与熟化过程

中亚地区自然条件比较复杂,农业生产环境表现出相当明显的地区性差异,而极端干旱的气候条件影响着大部分地区,没有灌溉,就没有农业,所以灌溉农业是土壤利用的主要方式。

发源于高山融雪水的众多内陆河流,泥沙含量较高($1.5\sim6$ kg/m³)。河水流入灌渠后,一部分泥沙沉积于渠道中,另一部分则随灌溉水直接进入农田。一般农作物灌水时,正是高山冰雪大量融化、河流泥沙含量高的季节,灌溉时这些淤积物淤积在原来自然土壤上,经过施肥、耕翻与原土上层相混。在长期灌淤、施肥、耕种的情况下,逐渐形成灌溉淤积层。

因此,灌淤过程实质上是灌溉淤积、施农家肥、耕翻的综合过程。灌淤过程形成的灌淤层有质地颜色较为均一、有机质和氮、磷、钾等养分沿剖面分布比较均匀、碳酸钙含量高且分布均匀、没有石膏累积特征等特征。

在利用初期,由于利用年限较短,耕作粗放,熟化程度相对不高,除在剖面上部形成不明显的耕作层外,耕种过程对原来自然土壤并没有产生特别明显的变化,仍保留原来自然土壤的许多特征。经过长期灌溉、耕种、施肥等耕种熟化过程,虽然在不同程度上仍然表现出耕垦以前原来自然土壤的某些特性,如碳酸钙剖面、原生碱化层等,都作为残余特征而存在,但在灌溉耕作施肥等农业措施的影响下,逐步形成了一系列新的重要形态和理化性状。如形成明显的耕作层、犁底层和心土层(故称为灌耕熟化过程)、土壤养分含量增加、淋溶过程明显等。

3.2 土壤形成过程的主要特点

为了把土壤形成过程更紧密地与生物一水热条件和地方性土壤形成因素联系起来,这里着重说明几种主要土壤类型系列(如温带草原土壤、温带和暖温带荒漠土壤等)上所表现出的几个基本过程的综合表现。应当清楚,在每一土壤类型系列中,各个基本过程所表现的程度(或强度)和形式是不同的,或者甚至在某种土壤类型系列中就根本不存在某种基本过程。换言之,某一基本过程在同一土壤类型系列中的不同土壤上,必然也会反映出它的典型性与过渡性,因此,应当把这些基本过程在不同配合下的综合表现作为土壤类型系列以及土壤类型系列中各种土壤的划分依据。

在中亚干旱区,可以初步分出以下几个土壤类型系列:属于高平地条件(自成条件)下的有温带草原土壤以及温带和暖温带荒漠土壤;属于受地下水(或部分地表水)控制的为一系列水成土壤;属于与盐渍化和脱盐作用相联系的为一系列的盐化—碱化土壤以及属于与人为耕种活动相联系的耕种熟化土壤。在山地条件下所产生的特殊土壤类型系列有山地森林植被下的土壤,有森林线以上在高山和亚高山条件下的草甸、草甸草原和草原土壤,以及在寒冷、干旱的高山和山原条件下的荒漠土壤。每一种土壤形成类型都是一系列基本过程的总和,在中亚干旱区的自然土壤形成过程中,荒漠土壤形成过程和盐化—碱化过程具有最广泛的代表性。

3.2.1 山地森林土壤形成过程

在中亚地区,山地土壤垂直带的特征严格服从于土壤水平地带的规律性,无论从北向南或从西向东,山地土壤垂直带的结构都表现出明显的差异。从水热和生物条件对山地土壤形成的影响来看,具有特殊意义的应该只是山地森林土壤以及森林带以上的高山、亚高山土壤和高山荒漠土壤;至于森林带以下的各类土壤(山地草原、半荒漠和荒漠类型),除山地地形条件所给予土壤的某些特性外,其土壤形成过程与平原地区的同类土壤基本上是相同的。

根据中亚山地土壤分布规律及其土壤形成特点,无论对于山地森林土壤或者高山和亚高山土壤,全部山地大致可归纳为以下几个大的组合:阿尔泰山地、天山北坡和西部天山。

在阿尔泰山区,形成于南泰加林下的生草弱灰化土只见于山地西北部,范围很小。由于这里已经是泰加林带的南缘,加以特殊寒冷、湿润的气候条件,虽然从总的土壤形成特点来看是接近于北方森林土壤类型,但无论是灰化过程和生草过程都表现很弱;而灰色森林土则对阿尔泰山地有着较广泛的代表意义,在山地的整个林带中都有较多的分布。除微弱的灰化特征外,生草过程有着强烈的表现,同时由于愈向东南,气候愈加干旱,土壤淋溶作用相对减弱,以致剖面底部有时还出现碳酸钙淀积层。从灰色森林土的化学性质和形态剖面来看,主要是由两个基本土壤形成过程(腐殖质积累过程和灰化过程)相结合的产物。

在天山北坡和西部天山,形成于云杉林(小部分为混交林)下的灰褐色森林土则具有更大的特色,完全没有灰化过程的表现,但腐殖质积累过程相当强烈,因而形成较厚的腐殖质层和较高的有机质含量;剖面中部的黏化过程很明显,同时由于较强的淋溶作用,碳酸钙都淋洗至 $50 \sim 60$ cm 以下才形成淀积层,在有些情况下甚至没有碳酸钙淀积层的表现。土体大部为盐基所饱和,代换量达 $20 \sim 50$ mg 当量/100 g 土。

在天山南坡,由于干旱程度进一步加强,云杉林的林相更形稀疏而不成带,只呈片段出现,其下形成更为特殊的碳酸盐灰褐色森林土亚类,除具有与灰褐色森林土一些共同的特点(没有灰化过程、明显的黏化过程等)外,腐殖质积累过程相对减弱,以致腐殖质层变薄,有机质含量减少,同时由于淋陆作用减弱,不仅出现稳定的碳酸钙淀积层,而且从腐殖质层下部即开始出现碳酸钙新生体,甚至从土表即有起泡反应。土体完全为盐基所饱和,代换量达 $40 \sim 60$ mg 当量/100 g 土。

3.2.2　草原土壤形成过程

典型的草原土壤形成过程所形成的是黑钙土和栗钙土,它们在中亚干旱区广泛分布,具有水平地带性意义。

草原土壤形成过程的主要特点是有明显的生物积累过程和钙化(主要是碳酸盐积累)过程,土壤剖面分化清晰。在以禾本科草本为主的草原和干草原植被下,土体上部进行着强烈的腐殖质积累过程,并且由黑钙土向栗钙土逐渐减弱,有机质含量相当高。土体中的碳酸盐普遍发生淋溶,并淀积在剖面的中、下部,而可溶性盐则全部淋失,也没有碱化特征。在土壤底层还有少量的石膏积聚,而黏粒和三氧化物则缺乏明显的移动。

随着从北向南或海拔高度的降低,由于干旱程度的增强和温度的升高,上述草原土壤形成过程也就出现明显的过渡性特征。生草过程显著削弱、钙化作用更强,且石膏积聚的层位及其含量也多少有所提高。

在草原与荒漠之间存在着过渡性的、在半荒漠(包括荒漠草原和草原化荒漠)条件下进行的土壤形成过程。它们表现出明显的地带性规律,这里的植被覆盖度进一步减小,且都出现有短命植物和旱生半灌木。棕钙土和灰钙土既具有比较典型的草原土壤形成过程的特征(如生草过程的表现、碳酸钙的淀积等),同时也具有荒漠过程的某些雏形(如微弱的残积黏化以及结皮和片状层的开始出现等),但按其中各个基本土壤形成过程的综合表现来看,还应属于土壤形成的草原系列,而不同于荒漠土壤形成过程。当然,在广阔的半荒漠范围内,特别是在棕钙土的分布区中,其本身所表现的过渡性也是很明显的。

在半荒漠的生物气候条件下,虽然棕钙土上的风化过程较浅,土壤形成过程较弱,发育剖面的厚度也不大(多小于 1 m),但棕钙土上的生物积累过程仍然相当明显,因而具有比较容易区分的腐殖质层;同时虽然这里气候已相当干旱,但土壤上部的淋溶作用还是比较显著,腐殖质层及其过渡层以下有明显的碳酸盐淀积层。随着干旱程度和荒漠化的增强,腐殖质层变薄、有机质含量降低、土壤结构变差,而且在表层还形成微弱的结皮层和片状结构。在剖面中、下部又常出现比较明显的石膏积累,但石膏积累的数量与成土年龄又密切相关。

分布在北部的棕钙土亚类,由于邻近草原,因而具有更多的草原土壤形成过程的特点,腐殖质的积累还相当明显,其下有呈棕色或褐棕色的过渡层,具有微弱黏化和铁质化的象征,从表层或 20 cm 左右开始有起泡反应,碳酸盐的最大聚积层一般在 30～60 cm。石膏的积聚常自 50～70 cm 开始。无明显碱化特征,但土层下部常有弱盐化现象。至于分布在南部的淡棕钙土亚类,则具有一定的荒漠土壤形成过程的特征。土表虽无真正的荒漠结皮,但已有弱发育的结皮层和片状结构,并且地表还显现多角形的垂直裂缝;同时,一方面仍有明显而较薄的(10～15 cm)腐殖质层,另一方面也表现出土壤的淋溶作用很弱,从表层开始即有起泡反应,碳酸钙最大积聚层位更高,石膏的积聚常自 35～70 cm 开始。土体一般无盐化现象且具有弱碱化特征。

　　灰钙土分布于山前平原的黄土状物质上,植被为具有短命植物的蒿属半荒漠。从生物气候条件对土壤形成的影响来看,灰钙土的腐殖质积累过程并不很明显,剖面分化也不太清晰,但碳酸钙则有较显著的下移现象,剖面上部碳酸钙含量不多,而下部 30 cm 以下则出现碳酸钙新生体。石膏出现的数量与成土年龄有关。地表没有明显的荒漠结皮特征,而在剖面上中部(10～20 cm)则表现出隐性黏化现象。因此,在中亚干旱区,黑钙土、栗钙土、棕钙土和灰钙土构成了相当完整的草原土壤形成系列。

3.2.3　荒漠土壤形成过程

　　荒漠土壤形成过程与草原土壤形成过程最基本的不同在于生物过程显著削弱。随着干热程度的增强,以禾本科草本植物或小半灌木－禾本科组成的草原、干草原和半荒漠让位给多年生的旱生小半灌木－灌木。荒漠地区的植被极为稀疏,覆盖度通常不到 5%(只有在过渡性的荒漠灰钙土上可达 10%～20%),在大部分沙漠地区甚至为不毛之地。这些稀少的高等植物,每年以凋落物形式进入土壤表层的数量极其有限。同时干热的气候条件引起土壤有机质的迅速矿质化,土壤表层的有机质含量通常在 0.5% 或 0.3% 以下,最高也不超过 1%,因此荒漠土壤形成过程中的生物作用是十分微弱而不明显的。

　　荒漠土壤形成过程中物质的移动和积累过程在很大程度上取决于不同的成土母质类型及其地面风化特点,同时与成土年龄(与地质历史有关)密切相关。荒漠土壤形成过程常常直接表现为水热条件对成土母质的作用,而生物因素并不是经常都起主导作用,这特别表现在粗骨性母质和细土母质的差别上。

　　荒漠地区风化壳(及其上所发育的土壤剖面)的重要特点之一是其厚度很薄,这与稀少的降水(透湿不深)所形成的弱度风化和土壤形成过程有密切的联系,其厚度通常 50～70 cm,或甚至小于 30 cm;风化时所形成的细土物质,通常以粗粉砂和细砂的粒级占优势,而黏土不多。在特殊的荒漠气候条件下,土壤水热状况的强烈对此促使荒漠土壤(无论是粗骨性母质或细土母质)的亚表层表现出明显的黏化和铁质化过程,塑造出土壤形态上特殊的浅红棕色或褐棕色的紧实层。罗赞诺夫(Розанов А. Н,1951)根据在中亚细亚对土内风化的研究,认为黏化既是风化壳形成的基础,也是土壤形成的基础,土内风化过程所表现出的黏化作用是就地形成的,即所谓残积黏化,其所形成的黏土产物没有向较深土层发生移动。干热荒漠气候条件下的水热对比状况和弱淋溶作用,促进了这一过程的发展,因为亚表层正是土壤水分和土壤温度能保持比较稳定的土层。中亚地区各种荒漠土壤的分析结果,同样证明在三氧化物沿剖面应有明显移动的情况下,紧实层中的黏粒含量有所增加,只有在某些被碱化过程所复杂化的情况下,才可发现三氧化物沿剖面的移动。至于含铁矿物风化的红色产物的积聚,也是决定亚表土紧实层形成的因素。洛博娃(Лобова Е. В,1960)已经证实,在水热条件相对较好(相对湿润、温度相对较高)而稳定的土层中,少水或无水的氧化铁发生相对的积累,同时铁的原生矿物愈丰富,则铁质化作用也愈强。这些铁质新生体以薄膜状涂染于土粒外围。中亚荒漠土壤在形态上所表现的铁质化作用也是很明显的,而且可以看出随着温度升高而愈形加强的现象,这与高温所引起的脱水过程有密切的联系。因此,黏化和铁质化都应该是荒漠土壤形成过程的最重要特征之一。

　　荒漠地区现代风化壳的另一重要特点是表现为它的"原始性"。中亚荒漠地区属于饱和的(或残余碳酸盐)硅铝性风化壳和氧化物－硫酸盐堆积风化壳类型。在中亚荒漠,风化和土壤形成过程中所形成的氧化物和硫酸盐,由于降水极少,以致不能把它们带到风化残积物本身以外,因而就地形成了广大地区的石膏残积风化壳和部分地区的石膏　氧化物风化壳。

　　碳酸盐(主要是碳酸钙)在土壤表层的聚积也是荒漠土壤形成过程的重要特征之一,这是钙化作用在荒漠地区的特殊表现形式,特别在少量碳酸盐母质上表现得最明显。只有在向荒漠过渡的地区(如荒漠灰钙土分布区)以及处在有临时性地表水流的条件下,土壤表层的碳酸钙才呈现微弱的淋溶作用。从碳酸钙的起源来看,一部分碳酸盐是成土母质就地风化的残积形成物,如发育在致密母岩上的荒漠土壤。在部分荒漠地区有生物形成的次生碳酸钙在表层积聚的情况(如琵琶柴(*Reaumuria soongonica*)群落下的荒漠灰钙土),因为那里高等植物生长较为繁茂。

　　荒漠土壤剖面中部的石膏化普遍存在,在粗骨性母质和细土母质上,石膏积累具有显著的不同。前者常常在结皮层或铁质化层以下普遍发生高度的富集,呈髯状、粗纤维状或蜂窝状,紧接于砾石背面或砾石之间,并显白色－乳黄色或被涂染成棕红色、玫瑰红色等;发育在细土物质上的石膏,一般聚积层位较深,数量也较少,且多呈白色或灰白色点状、粉末状、小结晶和晶簇状等,分散在细土粒之间。

　　中亚地区荒漠土壤中石膏形成的来源,可能有三个不同的途径,其一,分布在古老砾质洪积物上的石膏层,可能与长期的地表侧流有关;其二,分布在致密母岩残积物上的则是部分母岩就地风化的结果;其三,分布在细土母质上的部分石膏,还可能具有残遗水成的性质。荒漠土壤中石膏富集的程度,一方面与气候的干旱程度有关,另一方面也与母质类型和成土年龄有关。根据前者,可以看到石膏含量有从北向南和从西向东增多的规律;根据后者,则在古老残积风化壳和古老洪积扇上石膏较多,而较年轻的洪积物和冲积细土平原上则石膏较少。在中亚地区的干旱气候条件下,在火成岩和变质岩系的残积物上,通常都可以发现大量石膏的富集。

　　无论在细土母质或粗骨性母质上,易溶性盐分在剖面中、下部的聚集也具有很大的普遍性。其聚集位置通常是在石膏层以下或者与石膏层相结合,而盐分的含量则不等,可由 1%～2% 到 20%～30%,在后者的情况下,多数都形成坚硬的盐盘。易溶性盐分的含量通常随干旱程度的增强而增加,同时出现的层位也愈高。此外,也与区域的地质特点(如母质类型)和过去土壤形成的历史都有密切关系。

　　荒漠土壤形成过程不仅表现在上述的物质积累和移动上,而且也反映在土壤剖面形态的构造上。荒漠地带的气候状况导致以下特殊的发生土层的形成:(1)孔状结皮和结皮以下的片状层;(2)黏化和铁质化的红棕色紧实层;(3)石膏层。孔状结皮和结皮以下的片状层的形成,只有在荒漠地带的高平地条件下才能出现,而且它与荒漠土壤的碳酸盐性、弱腐殖化程度以及土壤表层的特殊水热状况有关。洛博娃(Лобова Е. В,1960)等认为,这种结皮形成的过程是由于表层短暂的湿润(湿润的程度小,而且不深)以后,随即迅速变干,并析出 CO_2;同时由于土表的高温促使 Na、Ca 的重硅酸盐转变为碳酸盐,从而胶结了所形成的孔壁,并且认为这种结皮不仅见于成熟的(发育完善的)荒漠土壤上,同样也见于岩生地衣下和龟裂土上。

一般荒漠土壤大致都具备上述几个主要发生土层,但是个别土层的缺失以及所表现的强度(或发育完善的程度)并不相同,这与荒漠土壤本身发育的阶段、母质特性(例如粗骨质的或细土质的)以及成土年龄等因素有关,这些特征也可作为荒漠土壤分类的重要依据。

在中亚地区,属于荒漠土壤类型系列的有荒漠灰钙土、灰棕色荒漠土、棕色荒漠土和龟裂土。其中灰棕色荒漠土和棕色荒漠土是最能分别代表两个土壤生物气候带(温带和暖温带)的荒漠土壤形成物,但主要是发育在粗骨性的石砾质母质上;荒漠灰钙土位于温带荒漠山前细土平原上,它反映荒漠土壤形成过程中温润相的特点,而龟裂土(包括龟裂性土)则是温带和暖温带荒漠条件下细土平原上年轻的土壤形成物。

灰棕色荒漠土发育于温带荒漠中最干旱的地区,而且粗骨性的母质是其重要的成土条件。土壤剖面构造不够稳定,表层有多孔结皮,其下为褐棕或浅红棕色的坚实层,黏化作用也比较明显,但由于母质粗,以致结皮下的片状层一般都不很明显或者甚至没有;碳酸钙通常以表层最多,石膏灰棕色荒漠土的石膏聚积层常出现在 $10\sim40$ cm,甚至可接近地表。和草原土壤形成过程最大的区别之一就是没有明显的腐殖质积累层,有机质含量都在 0.5% 以下。

荒漠灰钙土虽然与灰棕色荒漠土同样处于温带荒漠中,但由于位于山前地带,雨量较多,气候相对湿润,植被覆盖度也较高,加以母质多为黄土状物质,无论在物质移动和积累以及剖面形态方面,既表现出荒漠土壤形成的典型特征,也有向半荒漠(即接近向草原土壤形成过程)过渡的某些迹象。地表常具有多角形的裂缝,或只较明显的龟裂特征,土壤表层有发育良好的大孔状结皮和片状—薄片状结构层,其下通常为微带红棕色或褐棕色的紧实层,铁质化和黏化都较明显,但在有些地方为碱化过程所复杂化。腐殖质积累过程微弱,有机质含量 $0.6\%\sim1.0\%$。碳酸钙受到弱度淋溶,常在 $10\sim15$ cm 以下含量增高。石膏化也自 $30\sim40$ cm 以下开始,而且易溶性盐分的较大含量又多与石膏层相结合。

棕色荒漠土形成于暖温带极端干旱的荒漠性条件下。生物过程在土壤形成中缩小到极其微弱的程度,有机质含量都小于 0.5%,不少还在 0.3% 以下,同时水分在物质的风化、迁移和改造过程中的作用也很微小。因而使这类土壤保留着相当的"原始性"或"非生物性"。土壤剖面的发育厚度很小,不到 50 cm;地表通常有砾幕,土表有微弱发育的薄结皮(通常<1 cm,多为 $0.3\sim0.5$ cm),几乎无孔或小蜂窝状,这种薄结皮的形成常常只是极其短暂的,它在极稀少而短暂的暴雨之后,很容易发生,然后又遭受到风蚀,因而在没有为粗砂和砾石布满的地表,在风蚀时,即露出下面的浅红棕或浅棕色的薄黏化层,厚 $2\sim3(5)$ cm,并不经常都很紧实,有时也呈弱片状或假粒状,这与脱水石膏的存在有关,细粒形成物表现明显的粉砂性。再下即为呈各种形态而含量不同的石膏积聚层,或碎石块、砂粒与石膏相胶结,而在最干旱的情况下,在剖面下部(即自剖面深度 $20\sim25$ cm 以下)出现盐盘层,成为石膏盐盘棕色荒漠土。碳酸钙在剖面中的含量一般在 $10\%\sim15\%$,不见任何明显的碳酸钙新生体,大致在石膏最高层中有减少的趋势。在棕色荒漠土中出现如此大量的石膏和食盐,在如此干旱的荒漠条件下是不可能用自成土壤形成现象来解释的,必定是残余性质的,绝对年龄相当古老。只有在那些石膏含量不太多、厚度较小的情况下,才可能解释为荒漠地区风化和土壤形成过程中盐分积累的自成现象。

至于龟裂土(包括龟裂性土),虽然可以说它是通过所谓特殊的龟裂化过程形成的,但毕竟这种过程是具有严格的地带性意义的,它从属于整个荒漠土壤形成过程,而且龟裂土也必定是细土母质上发育的自成土壤形成物。当然,在多数情况下,龟裂土曾经经历过水成过程,但现在已作为残余特征而存在;只是由于成土年龄相对较短,使它还不具有上述荒漠土壤所必须具备的全部属性。从龟裂土的形态特点和理化性状来看,它无疑是属于荒漠土壤形成系列的,特别是荒漠结皮和结皮以下的片状层,更具有接近成熟的荒漠土壤的特点;可溶性盐分、碳酸钙以及石膏沿剖面的分布也都表现出荒漠土壤形成的雏形。

在中亚的荒漠气候条件下,成土母质的特性对土壤发育具有更重要的意义,生物因素的作用在各种土壤上相对地表现出程度上的不同。由于气候的干旱,致使荒漠土壤中无论过去或现代风化和土壤形成的产物大多能就地保存下来,所以母质条件、成土年龄以及地区的历史演变过程通常都是形成荒漠地区土壤多样性的重要因素,在现代土壤形成过程中,出现了棕色荒漠土、龟裂土、残余盐土和残余沼泽土四种自成土壤共存的局面。

3.2.3.1　荒漠土壤形成的主要特征

荒漠土壤发生特征和性质的确定首先是按照其年淋溶的相对深度(30～50 cm)和主要形式,时间段为春季和秋季的某些时期。在此情况下,物质迁移过程在土壤剖面的表现具有突出的季节性特点:短暂——春季,衰减——夏季和冬季。由于水分较少的春季迅速转为干燥夏季这一多年周期性的循环,在土壤表层形成易碎、多孔、板结的外壳,厚度 1～3 cm 至 5～10 cm,在壳下是鳞状纹理土层。该层是最具特征的荒漠成土形态指标的总和,在其他自然带的土壤中没有相似的特点。戈尔布诺夫(Горбунов Н. И. ,1974)认为,荒漠土壤中结壳的形成有助于高岭石、水云母和非结晶物质镞群矿物的生成和存在。

由于好氧生物过程的强化,还有数量不多的旱生半灌木和猪毛菜属的枯枝萎叶进入土壤,并迅速被矿化至最终的简单化合物,对丰富土壤的有机质有一定帮助。

荒漠土壤形成条件中,最普遍的是相对较薄的饱和碳酸盐低铝矾土的风化外壳型基体,该风化壳蓄积了氯化物和磷酸盐。由于物理风化过程的控制,土壤矿物量具有弱分散特性,以及在其沙尘粒级组分中具有优势地位,这种特性是在黏土成分含量普遍不高的情况下存在的。

X 光衍射和热成像研究表明,高分散(超细)矿物中荒漠土壤的黏粒中,水云母、绿泥石、高岭石、部分胶岭石、石棉和碎石英占优势(表 3.1)。在土壤中观察到,剖面内黏土矿物的分布具有一定的差异:上部水云母占优势,在较深处则是高岭土和绿泥石比重大。在褐土片状皮下地层有相当数量的混合矿物,在灰褐土中则是胶岭石。

表 3.1　荒漠草原与荒漠土壤黏粒组分(1＜μm)中黏土矿物含量

土壤地区	深度 /cm	水云母 /%	亚氯酸盐 /%	胶岭石 /%	高岭土 /%	混合层 /%	其他 /%
基岩残积层(淋溶层,下同)褐色砂质黏土 哈萨克丘陵	0～4	65.2	1.8	—	28.0	—	5.0
	4～9	60.0	5.0	—	20.0	10.0	5.0
	15～25	57.4	15.8	—	20.8	6	—
	30～40	50.3	22.7	—	27.0	—	—
	50～60	63.2	13.0	—	23.8	—	—
	75～85	55.6	10.8	—	33.6	—	—

(续表)

土壤地区	深度 /cm	水云母 /%	亚氯酸盐 /%	胶岭石 /%	高岭土 /%	混合层 /%	其他 /%
古残积层灰褐砂质黏土 喀拉克米尔高原	0~6	49.0	25.6	9.9	22.5	—	—
	6~16	55.4	16.0	24.3	10.2	—	—
	16~22	59.9	13.6	—	26.5	—	—
	24~34	74.1	6.7	8.3	10.9	—	—
	65~75	71.4	7.9	—	10.7	—	10.0
	90~100	75.6	4.6	—	9.8	—	10.0
萨尔玛石灰岩残积层灰褐 砂质黏土 乌斯秋尔特高原	0~5	54.6	16.9	—	24.5	—	4.0
	5~10	55.2	15.9	—	24.9	—	4.0
	10~15	56.3	15.6	—	28.1	—	—
	35~45	60.3	20.3	—	19.4	—	—
	55~65	65.5	12.7	—	21.8	—	—
古残积层浅栗钙砂壤 图尔盖高原	3~13	66.5	3.6	—	39.9	—	—
	16~26	64.2	—	—	35.8	—	—
	30~40	52.6	4.5	—	42.9	—	—
	53~63	38.8	3.8	—	57.4	—	—
	80~90	17.7	—	—	82.3	—	—

从获得的数据可判断,与荒漠草原区和草原区相比,荒漠区的成土过程中黏土矿物的破坏和变化强度明显较低;剖面化学物质的转移更加缓慢。

据微形态研究数据(Лобова Е. В.,1960),在荒漠土壤中,黏土物质的光定位确立在剖面的中部;上地层和剖面中部有较好的铁质表现,那里许多矿物覆盖有铁的氢氧化物薄膜。

综上所述,生物气候条件、母岩的组分和性质决定了以下荒漠成土的主要特征:土壤剖面中风化物和成土的弱转移,所有剖面的外表分层不显著;缺乏具有草原类型成土的草皮层,代之以多孔硬壳和片层状皮(壳下)下土层;较少的腐殖层和较低的富里酸有机质成分含量;低吸收量;矿物量的弱聚合度和沙尘组分;土壤剖面淤泥粒级的再分配,且在剖面中部伴随有更紧密的、明显的黏质和铁质化的褐色与粉褐色淀积层的形成。土壤中碳酸盐度、盐度普遍发达,部分碱度较弱。

3.2.3.2　作为荒漠成土发生类型的褐土

哈萨克斯坦荒漠土壤中重要且分布最广的地带型土壤是褐土,有两种亚型:北部荒漠褐土和中央(中部)荒漠灰褐土。

砂质黏土机械组分的褐土型总的发生形态指标是(表3.2):腐殖质层厚度(A+B)为33~34 cm,盐酸泡沫反应为表面或有时在上表层15~30 cm 处(褐土北部亚带轻壤),析出的碳酸钙上界与腐殖质层下界(26~35 cm)重合,存在于1m 厚的石膏和其他可溶盐剖面中。在土壤剖面的中部(15~30 cm)突出表现为密实的褐土层,通常是碳酸盐淀积层,丰富了作为季节迁移物质的含尘(粉状)和淤泥部分。

表 3.2　哈萨克斯坦荒漠草原与荒漠亚黏土(壤土)形态指标对比

| 土壤 | 样本数 | 腐殖质层厚度/cm | | HCl 泡沫化初始段/cm | 上界/cm | |
		A+B1	A+B2		碳酸盐	可溶盐
淡栗钙土	103	25~30	37	29	43	80~100
褐土	115	20~25	34	从地表(15~30)	35	60~80
灰褐土	73	15~20	33	从地表	26	50~70

　　从表 3.2 中可看出,浅栗钙荒漠草原土和褐色荒漠土剖面形态差别非常大。这证明了从荒漠区土壤到荒漠草原区土壤成土过程强度的逐渐增加,表现为腐殖质层总厚度的明显增长(A+B),碳酸盐和可溶盐层上界泡沫化深度降低。

　　大量类似的资料统计处理表明,上层亚黏土质褐色荒漠土类型的腐殖质含量为 1.1%~1.6%,其平均波动幅度 0.4%~1.8%,这主要取决于机械组分(表 3.3)。在荒漠土壤中总含量较少的情况下,腐殖质在剖面中的分布是均匀的,有时在个别深度有较弱的蓄积化现象,这与荒漠半灌木植物根系渗透的结构和深度特征相关。在荒漠草原淡栗钙土中,腐殖质平均含量为 2.1%,这一值是波动的,在不同类型亚黏土中的绝对值波动幅度为 1.5%~3.3%。最大量(蓄积)的腐殖质出现在地层上部清晰的草根土层,腐殖质剖面深处分布曲线呈圆锥形,无外壳。

表 3.3　哈萨克斯坦荒漠草原和荒漠土壤主要理化性质对比(平均指标)

土壤发生特征	地层	浅栗钙中壤土 n=103	褐中壤土 n=114	灰褐中壤土 n=73
腐殖质含量/%	A	2.1	1.6	1.1
	B1	1.6	1.4	0.8
	B2	1.4	1.1	0.7
总氮含量/%	A	0.160	0.120	0.080
	B1	0.140	0.100	0.060
	B2	—	0.080	0.050
碳·腐殖酸/富里酸	A	1.1~1.6	0.6~0.8	0.4~0.8
	B1	0.7~1.2	0.4~0.8	0.3~0.6
碳酸盐含量/%	A	无	1.6	6.6
	B	3.5	4.1	5.5
	C	—	5.0	4.2
石膏含量/%		—	3.2	10.3
总消耗量/(mg 当量·(100g)⁻¹土)	A	16	14	9
	B1	17	16	10
	B2	16	16	11
水悬浮物 pH	A	6.8	8.0	8.6
	B	7.0	8.2	8.5
	C	7.8	8.4	8.4

（续表）

土壤发生特征	地层	浅栗钙中壤土 $n=103$	褐中壤土 $n=114$	灰褐中壤土 $n=73$
含盐量　/%	A	0.060	0.070	0.080
	B	0.070	0.070	0.110
	C	0.332	0.630	0.740
总碱度(HCO₃)/%	A	0.020	0.030	0.040
	B	0.030	0.040	0.040
	C	0.030	—	0.030
颗粒量<0.001 mm /%	A	12	10	9
	B	22	19	16
	C	19	17	14

荒漠土壤腐殖质团组具有相对高含量的富里酸特征。腐殖酸碳与富里酸碳的比值为 0.5～0.8。腐殖酸的成分中腐殖酸钙占绝对比重（粒度级Ⅱ），所接收的与相对稳定的倍半氧化物水合物相关的微粒数量较少（粒度级Ⅲ），活性腐殖酸微粒（馏分）缺乏或很弱（粒度级Ⅰ）。在富里酸中，占优势的是粒度级Ⅰ和粒度级Ⅱ。未水解残留物比重非常高，达 30%～40% 至 50%～60%，这与土壤中矿物部分腐殖酸的不可逆的吸附性有关。

在淡栗钙土腐殖质成分里，与荒漠褐土不同，腐殖酸比富里酸有优势，在此情况下，前者粒度级Ⅰ和粒度级Ⅱ占优势，后者粒度级Ⅰ和粒度级Ⅲ占优势。荒漠土壤中碳有机化合物与氮的比例关系比荒漠草原淡栗钙土更加明显。如果在褐土中 C:N 的比值平均为 7.2～8.7 且很少超过 9.0，那么在淡栗钙土中这一比值保持在 8.5～9.0 之间，个别甚至达到 10～12。

因此，根据剖面有机质的蓄积、变化和扩散的特点，褐土趋向于荒漠成土，淡栗钙土趋向于草原型成土。

表 3.4 和表 3.5 揭示了荒漠与荒漠草原土壤的微生物数量和种类构成。在荒漠成土条件下植物残留物的分解主要表现为青霉菌属（Penicillium）和曲霉真菌属（Aspergillus）的真菌类，此处真菌足够发育并几乎完全从镰胞菌属（Fusarium）中排出。土壤中占优势的主要是青霉菌属和曲霉真菌属的真菌，这些真菌具有自身的干旱植物性、盐生植物性和吸收腐殖酸盐作为营养源能力的特性，这些腐殖酸钠是从有机物基质中排出的，较不适应腐生物（Митрофанова Н. С.，1971）。显然，在一定程度上腐殖质的富里酸构成与荒漠土的某些特性相关。

表 3.4　土壤的生物性(微生物)

土壤	深度 /cm	МПА 细菌 /(10^3个·g^{-1}) 总数	МПА 细菌 /(10^3个·g^{-1}) 孢子	КАА 细菌 /(10^3个·g^{-1}) 总数	КАА 细菌 /(10^3个·g^{-1}) 放线菌	微生物在 эшбп 中的增长	微生物总数/(10^3个·g^{-1})	其中 非孢子细菌/%	其中 孢子细菌/%	其中 放线菌/%	细菌比例 КАА/МПА	细菌比例 эшбп/МПА
碎砾石残积层灰褐亚黏土	0～5	2916	256	3600	360	4780	3272	88.0	8.0	12.0	1.2	1.6
	10～20	4370	136	9480	520	5040	4890	86.7	3.0	13.3	2.2	1.1
	22～32	4800	120	4660	200	2960	5000	92.1	2.5	7.9	1.0	0.7
碎砾石残积层灰褐亚黏土	0～5	3320	220	3600	1000	4840	4320	74.0	6.5	24.6	1.0	1.4
	5～15	3816	316	3800	500	3840	4360	81.0	7.0	19.0	1.0	1.0
	20～30	2180	180	4000	200	3220	2360	92.0	18.0	8.5	1.8	1.4
	32～42	1228	228	3700	150	3160	1378	88.0	6.0	12.0	3.0	0.8

土壤	深度 /cm	МПА 细菌 /(10³个·g⁻¹)		KAA 细菌 /(10³个·g⁻¹)		微生物在 эшбп 中 的增长	微生物 总数/ (10³个· g⁻¹)	其中			细菌比 例 KAA/ МПА	细菌比 例 эшбп/ МПА
		总数	孢子	总数	放线菌			非孢子 细菌/%	孢子细 菌/%	放线菌 /%		
亚黏土残积 层褐色轻亚 黏土	0～10	1928	228	2600	600	2500	2528	66.7	24.5	33.3	1.3	2.7
	10～20	2520	120	2500	100	2220	2620	91.6	4.5	9.4	1.0	0.9
	45～55	1600	200	3260	60	2520	1660	84.3	12.5	15.4	2.0	1.5
亚黏土残积 层褐色盐碱 亚黏土	0～10	3264	264	3600	600	4560	3864	776	8.8	22.4	1.1	1.4
	15～25	2640	140	2640	340	2000	2980	80.5	5.3	19.5	1.0	0.9
	30～40	1324	224	2420	20	2720	1344	82.5	9.3	17.5	1.8	1.1
	55～65	1547	187	1500	60	1900	1607	84.6	12.0	15.4	1.0	1.0
砂质黏土淡 栗钙亚黏土	0～8	3822	422	3940	1840	3320	5662	78.0	11.0	32.0	1.1	1.0
	10～20	3612	552	3800	1400	3140	5012	77.6	13.0	27.0	1.2	1.9
	30～40	1446	186	2140	260	2440	1700	74.0	12.0	25.3	1.6	1.7

表 3.5　土壤中微真菌的数量与种类组成

深度 cm	真菌/(10³ 个·g⁻¹)	其中所占比例							
		青霉菌/%	曲霉菌/%	镰刀菌/%	毛霉/%	/%	深色/%	Trichoderma/%	其他/%
		灰褐亚黏土（砂质黏土）							
0～5	1.100	9.4	36.3	0	9.0	0	36.3	0	9.0
0	0.400	25.0	25.0	0	25.0	0	25.0	0	0
0	0.200	100.0	0	0	0	0	0	0	0
		灰褐亚黏土							
0～5	0.800	22.0	17.0	0	17.0	0	22.0	0	22.0
5～15	0.800	44.4	14.8	0	14.8	0	22.0	0	0
20～30	1.600	100.0	0	0	0	0	0	0	0
32～42	0.300	100.0	0	0	0	0	0	0	0
		褐色轻质亚黏土							
0～4	2.100	13.0	27.0	13.0	0	33.0	14.0	0	0
10～20	1.100	63.6	18.0	0	0	7.4	8.0	0	0
45～55	0.800	75.0	0	0	0	0	12.0	0	13.0
		褐色盐碱亚黏土							
0～10	1700	11.7	5.8	5.0	5.0	0	58.8	0	11.0
15～25	1400	57.0	6.0	2.0	0	10	18.0	0	7.0
30～40	0.300	100.0	0	0	0	0	0	0	0
45～55	0.100	100.0	0	0	0	0	0	0	0
		淡栗钙土							
0～8	2900	41.0	13.0	6.0	5.0	0	6.0	22.0	6.0
10～20	1.800	33.0	11.0	16.0	13.0	0	11.0	11.0	5.0
30～40	0.500	75.0	0	0	0	0	25.0	0	0

　　夏季水分的缺乏引起土壤中微生物数量的剧烈波动。在此环境下,在极干燥的土壤中占优势的是对湿度要求不高的放线菌,春季和秋季为细菌,其数量在夏季非常少(Мишустин Е.Н.,1972)。

　　荒漠草原土壤和荒漠土壤的碳酸盐剖面表现差异很大。淡栗钙土的泡沫化发生在深度30～35 cm 处,可见到的碳酸盐蓄积位于 40～45 cm,比腐殖质层更深。在褐色荒漠土类型中,碳酸盐剖面在北部与中部存在明显差别,这与气候和析出的成土母岩的碳酸盐度有关。在北部,褐土多数位于表面,且剖面中碳酸盐的 CO_2 含量随深度而增加,在剖面中部(20～30 cm)和母岩时(亚黏土 CO_2 的地层 A—1.6%,B—4.1%,C—5.0%)达到最大值。此外,土壤主要为轻质机械组分,位于褐土亚带北部边缘(里海沿岸低地、下乌拉尔与图尔盖高原、咸海—巴尔喀什湖平原和哈萨克丘陵),那里的泡沫化上部界线位于 15～30 cm 处,而碳酸盐的最大量现象在地层母岩剖面中没有显现或未查明。

　　在中部灰褐土亚带,是表面碳酸盐化的地带性土壤,其特征是碳酸盐 CO_2 同时在剖面的表层和中部蓄积,即具有两个碳酸盐最大值(量)。第一个表层最大值,其生物发生的结果是蓄积于中部(10～30 cm),即来自上部土壤层碳酸盐的季节性淀积产物。因此,碳酸盐在草原土类型中主要分布于淡栗钙土,而在荒漠类型中,是分布于褐土。

　　褐土在其全部剖面的土壤溶液都具有碱性反应(pH8.0～8.6)。从水的提取物中发现,在碱性土地外壳和剖面中部的碳酸氢盐含量高(HCO_3:0.03%～0.04%),显然这与含碱度相关。荒漠草原淡栗钙土的介质反应与全碱度的反应指标较低,且含碱度的地带性特征表现较温和。在褐土剖面的上部(30～50 cm)含有少量易溶盐(密实的残留物不超过 0.1%～0.2%),在深处,依赖于氯化物和硫酸盐的盐量急剧增加(0.6%～0.7%或更高),这主要是由于其自身原始土层盐渍化度和水情的非冲洗蒸发型性质所决定。易溶盐与石膏在褐土中的平均蓄积深度为 60～80 cm,在中部荒漠的灰褐土中为 50～70 cm(有时略高),在浅栗钙荒漠草原土中可溶盐埋深为 80～100 cm。因此,按埋深分类,褐土与盐土相似。

　　在荒漠区北部(褐土亚带),石膏存在于里海沿岸低地、哈萨克丘陵和别特帕克—达拉高原,在图尔盖高原和北咸海沿岸有时有少量该类盐分的分布。在中部(灰褐土亚带),各处都有石膏分布,且数量较多(20%～30%),特别是在强碳酸盐岩层。石膏新生体表现为纹理状、巢形、明的土壤发生时的各种沉积物形式,以及柱状和海绵状等。对于中部荒漠灰褐土而言,其特征通常是形成于古高原(乌斯秋尔特、曼格什拉克、别特帕克—达拉)和第三纪与早第四纪发育的山前平原,这些地区明显存在残留起源石膏。

　　关于石膏层的起源,涅乌斯特鲁耶夫(Неуструев С.С.,1930)认为,与荒漠区砾质土壤的特殊水热状况相关。还有一些学者(Батулин С.Г. и др,1970)认为,石膏的蓄积形成于土壤覆被最后形成之前。按照米纳西诺(Минашина Н.Г.,1975)的观点,干旱区的石膏形成于硫酸钙溶液,并在土壤发育情况下或水生或自生而成。更多情况下,石膏是从地下水、土壤蓄积水和低洼处的地表水中蓄积起来,这些来源中汇聚了风化产物和上述区域成土的硫酸钙溶液,以及风积物等。

　　除已列举的外,显著的剖面机械组分差异是褐土重要的发生特性,其剖面中部为密实黏质淀积层(15～30 cm)。在该土壤层分布着淤泥粒和岩粉黏土(自然或物理黏土),无论是与母岩还是与残积层(淋溶层)上部相比,在任何情况下都呈最大化分布,这说明了淀积层的更加剧烈高效的黏土形成(过程)。土壤层 B 中淤泥颗粒含量比土壤层 A 中的高 1.5～2 倍。按照帕鲁泽洛夫(Полузеров Н. А.，1975)的观点,褐土剖面中部过高的淤泥颗粒含量可能是同时由几个原因引起的:剧烈的黏土形成,土壤表层因水蚀和风蚀作用而造成的淤泥流失,来自于上层土壤、通过矿物悬浮体带入的细小微粒物质,在风化情况下直接来自溶液黏土矿化物的新合成物。

综观多位作者的观点,所有的都指出了剖面中部过高的黏土含量既是荒漠草原土也是荒漠土所特有的(现象),然而,荒漠土剖面机械颗粒再重组却并未伴随着大规模的 Fe_2O_3 和 Al_2O_3 的转移。

因此,按照有机物含量和矿物量的进入、分解、变化和同类物质的迁移与蓄积特征,以及褐土与灰褐土剖面的构成等,都表现了同种荒漠成土的发生类型,这不同于荒漠草原成土(淡栗钙土)。它们具有同类生产质量,在自然状态下是牧场,在灌溉情况下可有选择的适用于耕作。同时,土壤在盐基和成土过程(腐殖质、碳酸盐和盐的汇集)所表现出的质量差异奠定了两种褐土亚型析出物的基础——荒漠褐土和灰褐土。

3.2.4 水成土壤形成过程

现代土壤形成过程中长期或季节性(周期性)受到水分过分浸润或饱和的土壤,都可归属于水成土壤形成系列。在水成土壤系列中,应包括草甸土、沼泽土、盐土以及一系列向自成土过渡的土壤等。从水分条件来看,大致可归为三种情况:(1)地表积水并受地下水浸润的土壤(如沼泽土);(2)完全受地下水浸润的土壤(如草甸土和盐土);(3)受降水浸润和地下水程度(季节性)浸润的土壤(如草甸黑钙土、草甸栗钙土、草甸棕钙土、草甸灰钙土以及荒漠化草甸土,等等)。其中包括一系列向地带性过渡的土壤形成物,也可以单独划分为半水成(或淋溶-水成)土壤系列。在这种情况下,就与上述草原土壤形成过程及荒漠土壤形成过程相适应而产生土壤的草原化和荒漠化,特别是荒漠化,在中亚地区有着广泛的发展。在中亚的干旱气候条件下,伴随着土壤草甸过程和沼泽过程,大多同时表现出不同程度的盐渍化。为了阐明土壤盐渍化的特点,将于下节单独论述。

由于水成土壤都与一定的地形部位(特别是与低洼部位)相联系,所以这里又把以地下水浸润为主的土壤结合水分补给类型划分为以下几种:如扇缘、河滩地冲积性、河阶地(或老滩地)冲积性、干三角洲、湖滨等,这些也都是水成土壤进行分类的重要依据。

据上所述,广义的水成土壤形成过程除盐渍化过程外,主要是包括土壤形成的草甸过程和沼泽过程。但在草甸过程和沼泽过程中,又包含着各个基本土壤形成过程,如腐殖质积累过程(生草过程)、泥炭积累过程和潜育过程等,而且它们在各种草甸土和沼泽土上的表现程度又各有不同。

草甸土的共同特点是:发育在较年轻的沉积物(冲积物、洪积物、湖积物等)上,地下水距离地表较近(一般为 $1\sim3$ m),地下水通过毛管上升水流而浸润土壤剖面,并为植物提供水分,地下水为淡水或弱矿化水。一般只有在地下水很淡、矿化度<0.5 g/L、而且盐分组成是以重碳酸钙为主的情况下,才有可能形成无盐渍化特征的草甸土,但这种情况在中亚不多。在地下水矿化度较高时(含苏打、氧化物、硫酸盐等),都足以引起草甸土不同程度的盐渍化。草甸土上的腐殖质积累过程都较明显,但其强度也反映出地带性特征。草甸土剖面的下部通常还具有或多或少的潜育化特征,草甸土上没有明显石膏积累的现象,石膏含量一般都很低。碳酸钙在剖面中也没有明显的移动,只是在地下水溢出部分常见有石灰结核或碳酸钙-镁和铁质所胶

结的硬磐的出现(由地下潜流所形成)。同时应该提到的是吐加依土的形成特点,从土壤形成的水分状况来看,它同样属于草甸类型,但生物积累过程则有别于草甸土,除部分仍具有生草过程外,木本(包括乔木和灌木)植物对土壤形成的影响非常显著,特别是南疆胡杨(*Populus euphratica*)林下的土壤,不仅有特殊的剖面形态(枯枝落叶层、粗腐殖质层、腐殖质层、过渡层及潜育层),而且有助于土壤中苏打盐分的积累。

沼泽土除具有与草甸土共同的某些特点以外,其地下水位都很高,一般多在 1 m 以内,或者地表有积水,空气进入土体很困难,因而制造了嫌气条件,以致在土体上部多少出现泥炭的积累,而泥炭层以下则潜育化强烈。随着沼泽过程不同的发展阶段,而出现草甸沼泽土、腐殖质沼泽土、泥炭沼泽土和淤泥沼泽土等。

在草甸土和沼泽土形成发展的过程中,如果地区的侵蚀基面发生下降,地表水和地下水的影响逐渐减弱,则它们将通过不同的过渡阶段(如上述的半水成阶段)向着发育完善、受降水浸润的自成土方向发展,揭示和掌握这些过程的特点,不仅具有历史发生的理论价值,而且还有巨大的生产实践意义。

3.2.5　盐化—碱化土壤形成过程

由于中亚盐渍土分布面积广,形式多种多样,有必要深刻地分析和进一步研究这些土壤的形成过程,以揭示其发生和分布的规律性。

盐化过程和碱化过程既具有原则性的差异,也有其发生上的密切联系。盐化过程的特点表现在风化和土壤过程所形成的易溶性盐分的移动和积累上。由于气候干旱,蒸发量大于降水量,土壤不受或少受淋溶,以致易溶性盐分不能完全从剖面中排出,而积累于土体的一定深度内,并愈来愈多地参加到土壤形成中,特别是在低洼地形部位,易溶性盐分积累更多,因而形成强盐渍化土壤或盐土。这些盐分的移动和积累虽主要取决于盐分的来源、含盐水的径流条件、盐分的性质、盐分在土体中移动的速度以及盐分之间相互作用的能力等,但是盐化过程的总特征仍然与地带性自然条件有密切的联系,也就是盐化过程同样表现出明显的地带性。中亚各主要土壤地带内积盐的特点就充分说明了这一点。

从历史发生的意义来看,中亚干旱区积盐过程的时间是很长的,至少从白垩纪以后就已开始,而且多次发生过和正在发生盐分的重新分配,因此积盐过程的表现形式是多种多样的,除现代积盐过程以外,还大面积地存在着残余盐渍化的土壤。

在现代积盐过程中,可以出现两种发生形式:

3.2.5.1　在地下水影响下的土壤盐渍化

多在洪积—冲积扇扇缘、三角洲的下部及边缘、湖滨平原以及现代冲积平原的河水淡化带以外进行得比较强烈。就地下水的补给类型来看,也不外是:冲积性、扇缘、干三角洲和湖滨等几种状况,这和水成土壤是相一致的,这种积盐过程是最普通的形式,到处都可以见到。由于地下水位高,在地下水位以上,即形成毛管湿润层,毛管上升水流可以直达土表,并在土表蒸发,溶解于水中的盐分乃沉淀下来,以致在剖面上部逐渐积累可溶性盐分,并在土表形成盐霜、盐结皮以至于盐结壳。

在由地下水引起土壤盐渍化过程的同时,必然伴随着不同程度的生草过程和潜育过程;这些伴生的基本土壤形成过程和盐渍化过程的互相配合,即构成整个盐渍化土壤的发生系列,例如随着盐化过程的进一步发展,生草过程不断削弱,其演化系列即表现为:草甸土→盐化草甸土→草甸盐土→典型盐土。如果地下水位很高,则盐化过程的同时,也必然会有泥炭积累和强度潜育化特征的出现,以致形成沼泽盐土。

3.2.5.2 洪积－坡积盐渍化

是由地表水所引起的土壤积盐过程,没有地下水影响的参与。在残余积盐情况下,也同样可分为两种发生形式:

1)在含盐基岩上所发生的盐渍化,也没有地下水的参与,这种情况实际上应当作为含盐残积物来对待,而并不列入残余盐土的范围之内。

2)呈残余盐土或在土壤剖面中呈残余盐聚层的形式而存在。这在天山南麓的洪积平原及天山北麓的古老冲积平原上都普遍存在,是由于早先积盐(通过地下水)的产物,因为侵蚀基面下降和河道变迁的影响,以致脱离了地下水而造成的。

碱化过程是在土体逐渐脱盐的条件下发展的,其进行所必须的主要条件有二:(1)在土壤吸收性复合体中出现钠离子;(2)土壤溶液有自上向下移动的可能性。在中亚地区平原地区土壤中大量钠盐的积累,固然具备了碱化的可能性,但是自成土壤的脱盐过程必须借助于大气降水和地下水位的下降,同时也与母质特性有关,这些条件在各地区是不相同的,因而在各种土壤上所引起的碱化程度和表现形式,也有巨大的差别。从已有资料来看,碱化的强度也不能完全取决于代换性钠所占代换量的比例,而必须结合土体的机械组成、代换量的大小、代换性钠本身的绝对含量以及碱化的形态特征等来考虑。

3.2.6 山地草甸－草原土壤形成过程

在山地垂直带最上部、位处山地森林线以上或无林的高山和亚高山带,土壤过程进行于寒冷而较温润(特别是具有季节性冻土层)的山地气候条件下,由于寒冷、湿润的差异,以致形成高山和亚高山特殊的草甸、草甸草原和草原土壤形成系列。高山和亚高山草甸土形成于寒冷而湿润的条件下,亚高山草甸草原土形成于寒冷程度略逊而较干旱的条件下,亚高山草原土则形成于较温和而相当干旱的条件下,腐殖质积累过程都很明显,但程度上不同。

这个土壤形成系列在中亚地区的几个山地组合中表现出明显的规律性变化。在阿尔泰山区,高山带和亚高山带的山地草甸土都表现出强度淋溶的特点,呈酸性、盐基不饱和、腐殖质层显棕色。但是由于阿尔泰山体呈西北－东南向延伸很长,以致在西北角最寒冷、最醒目的高山部分,在森林带以上还出现有山地冰沼土,而愈向东南,随着气候条件的逐渐变得干旱,则不仅亚高山带,而且高山带也多少带有草原化的特征,以致阿尔泰山东南段的亚高山草甸土逐渐为亚高山草甸草原土所代替,淋溶程度减弱,土体为盐基所饱和,甚至下部还明显出现碳酸钙的淀积。

在天山北坡和西部天山,高山草甸土已接近盐基饱和状态,而亚高山带则多为盐基饱和的黑土状亚高山草甸土,且在北坡最东段也开始出现亚高山草甸草原土。在天山南坡,高山带已为饱和高山草甸土,而亚高山带则以亚高山草甸草原土为主;在西昆仑山地则为亚高山草原土所代替。及至中昆仑山和阿尔金山,则只有极零星呈岛状分布的亚高山草原土,而高山即出现寒冷干旱条件下的高山荒漠土。

3.2.7 高山干寒荒漠土壤形成过程

高山荒漠土形成于寒冷、干旱气候的条件下,是帕米尔高原、西天山山地所特有的高山寒漠景观。这里生物作用和风化过程都很微弱,而冰冻现象则很明显,以致表现为特殊的高山冰冻过程;同时,由于气候干旱,地势平缓,风化和土壤形成产物都搬运不远,易溶性盐分也积聚下来。这里风化产物的特点是:层次薄,粗骨性强,细土物质少,只在部分地表可见到很稀疏的冷生垫状植物,因而不能形成连片的土被。土表通常具有小的多角形结皮,呈龟裂状,表层(5～8 cm)也有剖面分异的萌芽,结皮以下为带浅红棕色而具有黏化和铁质化特征的薄层(2～4 cm),下部并有碳酸钙和石膏的积聚,土表常见微弱的盐霜。这些在垫状植被下的原始土壤,应该认为是上述地区高山带的生物气候性的"正常"土壤形成物,而且地表积盐的现象也是干旱气候的重要指标之一。因此,特殊的高山干寒荒漠土壤形成过程可以认为是高山冰冻过程和"原始"荒漠过程的综合表现。

3.3　土壤演变过程

3.3.1　自然条件的变化引起土壤演变

(1)中亚地区气候变化引起的土壤演变。可以从额尔齐斯河和乌伦古河流域的棕钙土区的植被演替和土壤演变情况进行分析。例如地表植被为草原化荒漠植被类型,而土壤剖面中却出现钙积层,植被由荒漠草原植被向草原化荒漠植被演变,而土壤的演变过程较慢,因而土壤演变过程是:由淡棕钙土演变为(漠化)棕钙土。

(2)河流改道引起冲积平原上土壤发生演变。因河流改道或断流而使地下水位下降,当地的草甸土、林灌草甸土和盐土发生演变,其演变规律是:草甸土、林灌草甸土→(漠化)草甸土、(漠化)林灌草甸土、盐土→残余盐土。

(3)湖泊退缩引起湖床上土壤发生演变。

(4)在新河道流经的地段上,地下水位上升后,当地的土壤又向盐化或草甸化土壤演变,其演变规律是:草甸土、林灌草甸土→盐化草甸土、盐化林灌草甸土→草甸盐土。

(5)风沙加剧引起风积区发生沙化过程,并增厚土壤的覆沙层以至演变为风沙土,其演变规律是:在风积区,使原有土壤变为覆沙土壤(覆沙层次 30 cm 为限)→埋藏土壤(覆沙层以40～90 cm 为限)→风沙土或半固定风沙土(覆沙层>100 cm)。

(6)侵蚀加强引起土壤演变,其演变规律是:由于水蚀或风蚀,去掉表土层中一部分的,使原有 A－B－C 型土壤→(A)－B－C 型的侵蚀土壤;由于水蚀或风蚀,去掉了全表土层,使原有的 A－B－C 型土壤→B－C 型的强度侵蚀土壤。

3.3.2　垦殖利用促进土壤演变

垦殖利用促使自然土壤向耕种土壤发展,在土壤演变方面占有很重要的位置。其演变规律常随垦前土壤类型和利用方式,以及灌溉淤积过程的有无等而不同。

(1)在干旱土、漠土或其他地下水位较深的土壤(如龟裂土等)上,种植一般农作物,并进行合理灌溉、耕作、施肥等措施,其演变规律为:由自成型土壤,演变为灌溉自成型土壤,最后演变为灌漠土(灌耕土)。

例如:灰漠土、棕漠土、灰钙土、龟裂土→灌耕灰漠土、灌耕棕漠土、灌耕灰钙土、灌耕龟裂土→灌漠土(灌耕土)。

（2）在水成或半水成土纲中的各类土壤上种植一般农作物，其演变规律为：由水成或半水成型土壤，演变为灌溉水成型土壤，进而演变为潮土。

例如：草甸土、草甸沼泽土、林灌草甸土→灌耕草甸土、灌耕草甸沼泽土、灌耕林灌草甸土→潮土。

（3）在漠土纲各类土壤以及其他地下水位较深的土壤（如龟裂土等）上种植水稻，其演变规律为：由自成型土壤（或龟裂土等），经过灌溉自成型土壤等发育阶段，演变为潴育水稻土。

例如：灰漠土、棕漠土、龟裂土→灌耕灰漠土、灌耕棕漠土、灌耕龟裂土→潴育水稻土。

（4）水成土或半水成土纲的各类土壤上种植水稻，其演变规律是：经过灌耕水成土或灌耕半水成土，演变为潴育水稻土或潜育水稻土。

例如：草甸土、林灌草甸土→灌灌草甸土、灌耕林灌草甸土→潴育水稻土或潜育水稻土，或：沼泽土→灌耕沼泽土→潜育水稻土。

（5）在残余盐土、残余盐化灰漠土、残余盐化棕漠土等土壤上进行冲洗脱盐过程，种植农作物，其演变规律为：由残余盐土或残余盐化土壤，演变为各自的灌溉亚类，最后演变为灌漠土（灌耕土）。

例如：残余盐土、残余盐化灰漠土、残余盐化棕漠土→灌耕灰漠土、灌耕棕漠土→灌漠土（灌耕土）。

（6）在草甸盐土或盐化草甸土、盐化林灌草甸土等土壤类型上进行排水洗盐，种植一般作物，其演变规律是：由草甸盐土、盐化水成土或盐化半水成土，演变为灌溉草甸土，最后演变为潮土。

例如：草甸盐土、盐化草甸土、盐化林灌草甸土→（灌溉脱盐）灌溉草甸土→（耕种熟化）潮土。

第 4 章　土壤分类

　　土壤是人类及一切动植物赖以生存的自然资源,是人类取得食物、纤维等生活资料的生产基地,也是人类生息繁衍的场所。土壤分类是土壤形成条件、过程和属性的高度综合与概括。其目的在于根据大量的土壤调查研究资料进行多方面的分析对比,按土壤发生学的基础理论及其分类原则,结合土壤的具体生境条件,分析它们的形成和演变过程及其所赋予的属性,按照土壤发生发展的亲缘关系,分别纳入各相应的分类单元,构成统一的分类系统,正确反映土壤之间及其与环境之间在发生上的联系,直接或间接反映出它们的肥力水平、改良利用条件及利用价值,为合理改良利用土壤和提高土壤肥力提供科学依据(熊毅等,1990)。近几十年来,土壤系统分类的兴起和信息科学的发展给土壤分类和土壤信息系统带来了生机,使土壤科学在土地资源的开发、利用与保护的决策和管理中越来越显示出其重要性。

　　土壤分类是土壤科学的重要基础。从理论上讲,土壤分类反映土壤发生演化的规律,体现土壤类型之间联系和区别,也是土壤科学发展水平的标志;从信息科学的观点看,土壤是信息的载体,构造数据库的基石,也是国内外土壤信息交流的媒介;从应用角度看,土壤分类是土壤调查制图的前提,也是因地制宜地管理土壤、保护生态与环境和转让农业技术的依据。因此,土壤分类不仅与土壤科学发展有关,也与相邻学科如地学、农学、生态学和环境科学的发展密切相关。国际上的土壤分类体系众多,主要有美国土壤系统分类、联合国世界土壤图图例单元、世界土壤资源参比基础、俄罗斯土壤分类及我国的土壤系统分类等。

　　中亚五国的土壤分类,继承前苏联的土壤分类。提起俄罗斯土壤分类,容易使人想起以道库恰耶夫(Доку Чеав В. В.)为代表的地理发生学派,以及以伊万诺娃(Иванова Е. Н.,1976)为代表的土壤地理发生学分类系统。自从美国土壤系统分类问世以来,原苏联发生学分类受到冲击,发生了相应的一些变化。1977 年前苏联出版了《俄罗斯土壤分类与诊断》一书,2000 年俄罗斯又出版了基于诊断层和诊断特性的《俄罗斯土壤分类》。新的体系表明,俄罗斯土壤分类在接受诊断层和诊断特性方面迈出了重要的一步。

4.1　土壤分类的基本原则和分类单位

4.1.1　土壤分类原则

　　在制订土壤分类系统时,必须遵循下列三条原则,即:

4.1.1.1　以土壤发生学理论为基础

　　遵循以土壤发生学理论为基础的分类原则,就是要把土壤的形成条件(包括各种自然环境条件和人类的生产活动)、土壤的形成与演变过程和土壤本身的属性三者结合起来进行分析,确定土壤分类的级别及其应有的位置,反映出土壤的发生发展规律,反映出同级类型之间和上下级类型之间在土壤发生学上的内在联系,揭示出土壤内在变化和发展方向,体现出地带性土壤或非地带性土壤在不同环境条件下的发育阶段、形成演变过程的相互联系及其作用的结果,把土壤各级类型的纵向、横向的联系反映在统一的土壤分类系统中。

4.1.1.2　以土壤属性为主要依据

各种土壤类型都有其固有的、且呈相对稳定状态的特性,这是各种土壤固有的内在属性的外在表现。例如草甸土中的氧化还原过程的进行,形成了在一定深度的土层中出现铁、锰氧化或还原现象,这是它的属性之一,而在氧化还原过程中产生的锈纹锈斑或潜育斑,则以固有的形态特征表现出来,成为人们认识和鉴别它的标志之一,并可借以揭示土壤类型之间内在的土壤发生学上的联系。所以,土壤属性是土壤分类的主要依据,也是一个重要的分类原则。

4.1.1.3　以土类为基本单元

本分类系统确定采用四级分类制,即:土纲、亚纲、土类、亚类,以土类为基本单元。

4.1.2　土壤分类依据

4.1.2.1　土纲

土纲是土壤分类系统中最高一级的分类单元,它是相近土类共性的归纳,同一土纲内的土壤具有大致相同或相似的成土条件和共同的成土过程特点,且具有基本上相同或相似的某些发生层次、土壤属性。因此,土纲是依据成土过程的共同特点及土壤性质上的某些共性划分的。

4.1.2.2　亚纲

亚纲是土纲中的辅助分类单元,是在同一土纲的范围内,根据主要成土特点的差异,特别是较大范围内水热条件的差异为依据划分的。

4.1.2.3　土类

土类是土壤高级分类的基本单元。在各种自然环境条件的影响(部分土类还有人为条件的参与或起主导作用)下,通过主导土壤形成过程和某些附加土壤形成过程的共同作用,使土体内部产生物质能量的变化,赋予它们以不同的属性,从而形成了各种土类。划分土类一般是以其形成条件和相应的主导形成过程及其产生的不同属性为依据,通过具体的鉴别层次或鉴别特征区分出来。

4.1.2.4　亚类

亚类是在同一土类范围内的不同发育阶段而划分的发育分段和某些附加的形成过程而产生的过渡类型,其在成土过程和土壤属性上都引起明显差异。例如黑钙土中的淋溶黑钙土和碳酸盐黑钙土,就是根据淋溶过程的发育阶段不同而划分的亚类。又如栗钙土中的暗栗钙土、栗钙土和淡栗钙土 3 个亚类,是以有机质累积过程的发育阶段而划分的;盐化栗钙土和碱化栗钙土则是依据有盐化或碱化等附加形成过程所形成的盐化、碱化特征而划分的过渡亚类。

4.2 土壤分类系统

表 4.1 土壤分类系统简表

土纲(亚纲)	土类	亚类	对应土类
淋溶土纲和半淋溶土纲	棕色针叶林土	棕色淋溶土	
		典型棕色山地森林土	
	灰色森林土	灰色森林脱碱土	
		山地灰森林土	
		山地暗森林土	
钙层土纲	黑钙土	淋溶黑钙土	
		普通黑钙土	
		南方黑钙土	
		碳酸盐黑钙土	
		碱性黑钙土	
	栗钙土	暗栗钙土(淋溶栗钙土)	
		普通栗钙土	
		碳酸盐栗钙土	
		淡栗钙土	
干旱土纲	灰钙土	暗灰钙土	
		典型灰钙土	
		淡灰钙土	
	棕钙土		
漠土土纲	灰漠土	灰褐色荒漠土	
	灰棕漠土	灰棕荒漠土	
	棕漠土		中部荒漠灰褐土
初育土纲	新积土		
	龟裂土		
	风沙土		
	石质土		
半水成土纲和水成土纲	草甸土		
	沼泽土		
	泥炭土		
盐碱土纲	盐土	草甸盐土	
	碱土		
人为土纲	灌淤土		

（续表）

土纲（亚纲）	土类	亚类	对应土类
寒漠土纲	高山（亚高山）草甸土		
	高山（亚高山）草原土		
	高山寒（漠）土		

第 5 章　土壤分布规律

　　土壤分布的空间位置,常随其所处的自然条件及其受人为影响,而明显地出现不同的分布规律,其中最主要的有水平分布、垂直分布和区域性分布规律等。

5.1　土壤水平分布规律

5.1.1　森林草原土壤

　　哈萨克斯坦最北部,受西西伯利亚气候的影响,在哈萨克斯坦平原地区气候湿度更大。在这里的森林草原区发育着草原黑钙土,而在外流区域为淋溶黑钙土和灰色淋溶森林土。最广泛分布的是黑钙土和淋溶草原黑钙土。

　　灰色森林土　哈萨克斯坦最北部的区域性土壤,面积不大,常见于砂岩和亚砂岩区的山杨(*Populus davidiana*)－白桦(*Betula platyphylla*)林间。土壤剖面显示腐殖质层 A 厚 18～25 cm,在层底部含有少量腐殖质和发亮的氧化硅结晶体。腐殖质－沉积层 B 厚 20～30 cm,致密,富含黏粒,带有氧化硅晶体颗粒。A 层反应呈弱酸性,B 层为中性。碳酸盐层处于深度1.5 m 处,可溶性强,可溶物中钙含量为 80%～90%(30～40 mg 当量/100 g 土)。

　　在哈萨克斯坦北部最常见的是灰色森林淋溶土、亚黏土和轻质亚黏土,形成于山杨－白桦林的林间小洼地中,为淋溶黏土。灰色森林淋溶土具有以下结构特征:A1 层——或多或少含有深色腐殖质,厚度 17～30 cm;A2 层——腐殖质淋溶土,含有硅化物斑状和板状构造晶体,厚度大约 10 cm;B1 层——块状、核状带有散状颗粒结构层;B2 层——更加致密,核状,无散状颗粒层;BC——过渡到碳酸盐层,石灰结核固结状(深度 75～110 cm)。根据表层腐殖质的含量分为灰色森林淋溶土(腐殖质含量 3%～5%)和暗灰色森林淋溶土(腐殖质含量＞5%)。

　　淋溶黑钙土　主要分布在森林草原区的排水段——滨河的斜坡段及分水平原的长形沙丘地带,形成在草原禾本科植物下,分布面积不大。哈萨克斯坦的淋溶黑钙土具有很好的透水性,含水率高,给植物的生长提供了充足的水分,储备着植物所需的各种养分:氮总含量达到0.5%,磷总含量达到 0.2%。这一切都使得淋溶黑钙土更加肥沃。

　　草原黑钙土　在土层或地表较湿润、生长着丰富的禾本科植物的条件下形成,广泛分布在不透水的平原地区,含有 2～4 m 的地下水层。南部草原黑钙土与一般黑钙土的区别是含有较多腐殖质,腐殖质层较厚,碳酸盐层较深。典型的草原黑钙土腐殖质层(A+B1)厚度达到60～70 cm,腐殖质含量 8%～12%,部分地段达到 100 cm 深度。土壤泡沫反应深度从 50～70 cm,碳酸盐层从 60～80 cm,吸收容量 50～60 mg 当量/100 g 土,钙饱和度高于 90%。表层介质呈弱酸性。石膏及易溶盐在 1.5～2 m 深度可见。草原黑钙土比起周围的黑钙土更富含水分及营养物质。由于融雪时间晚,土地的开发时间也晚,所以在黑钙土区中片状及块状不均匀地分布着耕地。而在草原黑钙土区则分布着大面积完全被开垦的耕地,土质非常肥沃。

　　由于含有少量的上层积水,因此含碱黑钙土通常形成在下伏黏土层。含碱度在地貌学上表现为核－棱柱状结构及腐殖质层下部分密封。剖面中腐殖质部分的含碱厚度为 A＋

B1——40～50 cm,更多的是接近于碳酸盐层表层(土壤泡沫反应深度从 30～40 cm),石膏层从 100～120 cm。易溶盐深于 1 m,含量 1%～2%。在 B 层及稍深处,钠含量占总吸收量的 15%～20%,多见淋溶化作用的迹象。

在 A 层可见发亮的硅化物颗粒,碳酸盐层减弱(土壤泡沫反应从 70～80 cm)。这些土壤大多被开垦。

草原碳酸盐黑钙土　形成条件特殊——在由碳酸黏土及周期性融水形成的浅的低洼地区,平均腐殖质含量 7%～9%,腐殖质渗透厚度达到 80～100 cm。但坚实块状结构的土壤大大降低了其农业价值。低洼地区因种子被浸透,因此无法播种。

除半水成草原黑钙土外,还有水成草甸土,主要分布在河滩阶地。这些新发育的土壤剖面有细微的差别,但都表现为腐殖质层,形成在高草植被区,地下水和洪水给其补充水分(冲积河滩草甸土)。草原黑钙土很肥沃,开垦成为草场和菜地。

草原－沼泽和泥炭－沼泽土分布在较深的洼地中,洼地中生长着繁茂的薹草(*Carex*)和芦苇(*Phragmites australis*)。土壤具有厚度不一的生草化的腐殖质层特性,腐殖质含量达到 10%～15%。土壤下面是白灰色的潜育层,泥炭－沼泽土被草本半风化泥炭层(厚度 10～20 cm)覆盖,再往下埋藏着黑色腐殖质层和潜育层。土壤溶液反应呈弱酸性和中性。土壤泡沫反应深度 100 cm。泥炭－沼泽土可改良成为牧场和草场。

黑钙土区的淋溶土具有典型特性,主要分布在长满山杨－桦树和柳树的小丛林地带。根据土壤形态学,淋溶土呈现灰白色、片粉状,富含非结晶的氧化硅和石英。通常埋藏在枯枝落叶层和生草－腐殖质层,深度 8～10 cm 或更接近表层些。在 30～50 cm 深度过渡到 B1 层,呈现带有灰白点的褐色、大型核状、黏质的土壤。碳酸盐层位于 70～100 cm 深度。剖面上通常呈现过多水分的迹象——暗蓝色锈斑,含铁结核。根据腐殖质层和草原潜育化的特性来区分森林－草原和草原－沼泽淋溶土,这些土层发育在埋藏有地下水的 1.5m 以下。

5.1.2　半干旱和干旱草原土壤

森林草原区向南过渡到半干旱草原亚带区,分布有普通黑钙土;再向南到干旱草原区亚带,分布有南方黑钙土。哈萨克斯坦黑钙土草原景观很有特色,在草原洼地广泛分布着白桦小丛林,发育着淋溶黑钙土,可见多种复合型的淋溶土。冬季气温低和不厚的积雪覆盖条件形成了很深的冻土层,春季回温缓慢,限制了草本植物根系向深处生长,夏季降水不足以满足植物生长,这也对根系的发育有影响。哈萨克斯坦的黑钙土腐殖质层相对薄,但腐殖质含量丰富,并含有大量氮磷物质。

普通腐殖质黑钙土形成在富含各种草本－红针茅(*Stipa capillata*)植被下,分布广泛,主要在河间平原地带和滨河坡道带,沿着中哈丘陵斜坡地带向上延伸到 400 m 处。黑钙土在黄土质亚黏土区分布更广泛,具有以下形态特征:A 层(厚度 30～40 cm)深灰色,表层粉－块状被覆盖,下层为块状,土壤泡沫反应从 25～35 cm;B1 层(厚度 25～30 cm),含有丰富腐殖质的深灰色和褐色交替呈现,质密;B 层,褐色亚黏土(25～30 cm),带有腐殖质的波状流痕和碳酸盐眼状石灰斑;再往深到 90 cm 的 C 层,为褐色黄土状带有眼状石灰斑的亚黏土;150～200 cm 处为石膏分布。A 层上部腐殖质含量为 7%～8%,下部为 4%～5%;B1 层腐殖质含量为 2%～4%。土壤主要含镁和钙(70%～90%)。吸收容量大约为 40 mg 当量/100 g 土。表层反应呈中性,下层呈碱性。氮含量达到 0.5%。普通黑钙土较肥沃,可完全开垦,富含磷素。

　　南部腐殖质含量少的黑钙土形成在不很丰富的各种草本—红针茅植被下,与普通黑钙土相比,腐殖质含量较少。A 层(厚度 20～30 cm),腐殖质含量 5％～6％,氮含量 0.3％,土壤泡沫反应出现在下部,钙镁饱和,吸收容量达到 30～35 mg 当量/100 g 土;B1 层(厚度 20～25 cm),褐色,质密,带有腐殖质痕迹,腐殖质含量 2％～4％;B 层(厚度 25～30 cm),质密的褐色亚黏土,带有碳酸盐眼状石灰斑;C 层更深些,70～80 cm,碳酸盐,带有眼状石灰斑;在深度120～150 cm 的地方为石膏。根据农业技术及肥料使用特性,南方黑钙土与通常的黑钙土差别很小,除了多石土壤外,其他都可开垦使用。在多雨的年份,其收获的小麦和其他农作物并不比通常的黑钙土少。

　　在中哈丘陵地带致密的山岩上,常见多砾石的、混有碎石的亚黏土质黑钙土,分为未完全发育和弱发育两类。未完全发育的黑钙土带有大块岩石,深度 80 cm;弱发育的黑钙土下部是小碎石,深度从 30～80 cm。腐殖质含量接近普通黑钙土。由于这些黑钙土的多石性和地貌条件,不适合开垦。

　　碱性黑钙土　通常以斑状的形式常见于淋溶黑钙土中,或在含盐性渗透率较弱的岩层区域,和淋溶土一并形成复区。与淋溶黑钙土相比,主要是在致密程度、大块状或团粒状形态上有所不同。土壤中钠含量达到 10％～12％,总碱度高达 0.05％～0.08％,易溶盐含量高于0.3％～0.5％。因此,易发生热胀冷缩,导致碱性黑钙土物性变差,旱季种子在这种土壤中会被烧死,雨季会被淹坏。

　　含有中等和少量腐殖质的碳酸盐黑钙土分布面积很广,具有如下特性:含有碳酸盐黏土;非常致密;剖面呈黏结状;腐殖质层明显表现为舌形;在干涸和冻结的条件下,土壤形成很深的龟裂,舌形腐殖质层渗透到 70～90 cm 的深度,而楔形腐殖质层几乎盖不住土壤表层,也就5 cm 厚。舌形腐殖质层土壤泡沫反应深度从 20～25 cm 开始,楔形起泡深度在表层。在楔形腐殖质层,碳酸盐表现为斑状,深度 17～20 cm,而舌形腐殖质层碳酸盐深度为 50～60 cm。土壤形态从团粒状向大块状过渡。在表层,中腐殖质土壤的腐殖质含量 6％～8％,在少腐殖质碳酸盐黑钙土的腐殖质含量 4％～6％,而在楔形腐殖质土壤中腐殖质含量仅为 2％～3％。

　　碳酸盐黑钙土的机械组成中物理黏粒组分(<0.01 mm)和黏粒组分(<0.001 mm)的含量高,分别相当于 60％～80％ 和 40％～60％。中腐殖质黑钙土的吸收容量平均为 40～50 mg当量/100 g 土,少腐殖质黑钙土为 30～40 mg 当量/100g 土。上层部分钙饱和度达到 90％。下层部分镁的含量大幅增加(有的地方可达 50％),这使部分土壤成为真正的镁质碱性土,这种钙和镁吸收量高的特点成为所有其他北哈萨克斯坦黑钙土的共性。水的碱度最高达到0.5％,一般都不高于 0.04％,下层部分由于含有碳酸氢盐,碱度 0.06％～0.04％。在深度100～125 cm 处可见石膏,深度 2m 处为易溶盐(达到 0.7％)。物理特性不好:透水性差,含水层很少。碳酸盐黑钙土比亚黏土质黑钙土融水和回暖时间晚,除此之外,虽然在局部构造上呈现小型团粒状,但整体构造上具有不稳定性(颗粒大小 0.25～0.05 mm,含量 40％～70％)。每年的春耕季节,土壤容易粉末化,并易受风蚀作用的影响,因此大大降低了其农耕价值。碳酸盐土壤不利的物理特性不是含碳酸盐高,而是黏重成分含量高,不受风蚀作用影响的碳酸盐黑钙土可以完全用于农业开垦。

　　在普通黑钙土和南方黑钙土之间常见草原黑钙土、草甸土、草原沼泽土和淋溶土。根据特性,这些土壤与上面描述的森林草甸土很相似,但依照其主要形成形式,与其他土壤混合形成的土壤复区分布较广泛。

5.1.3　半荒漠和荒漠草甸土壤

在干旱草原的亚带地区分布着暗栗钙土和普通栗钙土。从南部森林草原黑钙土向半荒漠草原暗栗钙土过渡,这与逐渐变化的气候条件有关,温度逐渐升高,水分逐渐减少,植被开始慢慢变得稀少,最后完全过渡到只剩各种禾草科植物。虽然草木稀疏,但生草层是连续交结的。暗栗钙土剖面和黑钙土剖面都具有草甸土的特性,暗栗钙土与黑钙土不同的是:腐殖质层厚度及腐殖质含量减少,土壤的吸收能力下降,氮含量减少,碳酸盐、石膏和易溶性盐的沉积深度变小。

暗栗钙土(淋溶土、亚黏质土)　剖面有以下特性:A1 层,厚度 0~18(22)cm,腐殖质层呈现灰棕色,团块状,往下是团块状-核状,腐殖质含量 3.5%~4.5%,吸收容量 25~35 mg 当量/100 g 土,钙(镁)饱和;B1 层,厚度 18(22)~42(48)cm,褐色,质密,团块状-核状,腐殖质含量 1.5%~2.5%;B2 层,厚度 42(48)~65(80)cm,褐色,质密,带有碳酸盐眼状石灰斑;深度 120~130 cm 为石膏和易溶盐。暗栗钙土在适宜的季节进行开垦,谷物收成丰厚。在中哈萨克斯坦丘陵地带分布着深栗色、含有碎石的亚黏土(未完全发育或弱发育),铺垫着致密的原生岩,深度不大。

暗栗钙土比淋溶土分布更广泛,以大块或小片的形式分布在平原间的低洼地段、上游河水阶地及湖阶地地段。不同于淋溶土的是:致密,呈大块状。B 层,深度 15~35 cm,土壤泡沫反应在 25~35 cm,碳酸盐层也是从这个深度开始,最大深度 60~90 cm。石膏和盐出现在 100 cm 深度。表层腐殖质含量 3%~4%,也就是说,腐殖质有多少,淋溶土中就有多少。吸收容量平均 20~25 mg 当量/100 g 土。在弱碱性土壤中,钠含量 6%~12%;在强碱性土壤中,钠含量占整个吸收物质总量的 12%~20%。暗栗钙土多数被开垦。弱碱土经过 4~5 年的开发后,含碱度减少;而片状强碱土则保留着自己负面特性,生长着稀疏矮小的植物。大面积未开垦的土地是暗栗钙土与碱化土的复合体,占总面积的 30% 以上。在丘陵地带分布着深栗色、含有碎石的亚黏土(未完全发育或弱发育),铺垫着密实的原生岩。

碳酸盐暗栗钙土　在库斯塔奈、切利诺格勒和卡拉干达州,发育在碳酸盐黏土中的暗栗色碳酸盐土壤表层舌状腐殖质含量 4%,楔形腐殖质减少到 1%~1.5%。因此在耕层腐殖质层相互混合后,腐殖质总量明显减少。深栗灰质土壤从表层开始泡沫反应,碳酸盐斑在深度 40~60 cm 出现,石膏出现在 100~110 cm 深度。目前这些土壤已完全被开垦,由于缺乏足够的水分,收成很低且不稳定。解决干旱问题的新方法如下:把土层翻松,交换土层,把最肥沃的表层土置于 35~40 cm 深度,同时施过磷酸钙肥 500~600 kg/hm²,小麦根系在这个深度层发育,表层水分容易蒸发,而在该深度层水分容易更长久地储存。这种处理方法能够使植被抗过干旱的 6 月,迎来 7 月的雨季。这种土层翻松交换的方式 5~7 年重复 1 次。

普通栗钙土　在哈萨克斯坦从 20 世纪 50 年代初,栗钙土就被划分为独立的土壤亚型,发育在干旱草原亚带,从西往东延伸 2 400 km,宽度 50~320 km。这里的植被主要有针茅(*Stipa capillata*)、艾蒿(*Aremisia argyi*)类,与暗栗钙土区相比,植物品种少,贫瘠的土壤杂草丛生。普通栗钙土比暗栗钙土颜色更浅,剖面厚度较薄(30~40 cm)。碳酸盐和石膏接近表层。腐殖质含量低,越往深,腐殖质含量越少。吸收容量平均 15~25 mg 当量/100 g 土,主要成分为钙,含量达到 80%~90%,钠含量不超过 1%~3%,而在碱土中可达到 8%~10%,碳酸盐层尤其是碱性土层,在 80~90 cm 深处含量急剧增加,而易溶盐的含量在过渡层也明显增加。在较干旱的气候条件下,土壤的营养物质具有流动性小的特性,尤其是磷元素,其含量平均每 100g 土壤中 2~5 mg,水的物性完全不明显。由于腐殖质层的土壤硬度大,因此中亚黏质土壤的容重大于暗栗钙土。

普通栗钙土(淋溶亚黏土)　分布很少,发育在残积坡积层。腐殖质层厚度(A+B)平均 30~35 cm;土壤的泡沫反应深度 25~30 cm;碳酸盐 30~40 cm;石膏 80~90 cm;在 A 层腐殖质含量达到 2%~2.5%,B 层 1%~1.5%;氮含量分别为 0.15%~0.17% 和 0.08%~0.1%;C/N 在 9~9.5。

碳酸盐栗钙土　分布广泛,尤其在库斯塔奈、切利诺格勒和阿克纠宾斯克州,沿着广阔的分水岭平原地区形成在黄褐色黏土中。碳酸盐栗钙土剖面的裂缝度和舌状度比暗栗钙土表现明显。腐殖质层(A+B)厚度 35~40 cm,土壤从表层开始泡沫反应,A 层表层有澄清的多孔小浮渣。在 40~50 cm 处有碳酸盐;80~90 cm 深处可见石膏;A 层腐殖质含量 2.5%~3%;氮 0.18%~0.2%;C/N 在 8.5~9。

碱性普通栗钙土　有明显的分异剖面,厚度小。通常与碱性土形成综合成土,腐殖质层(A+B)厚度平均 30~35 cm;土壤泡沫反应在腐殖质层下部;眼状石灰斑在深度 40~45 cm;石膏可见深度 60~80 cm;腐殖质含量少,平均在 2%~2.2%;氮含量 0.15%~0.17%;C/N 在 9~9.5;在深度 70~90 cm 处,易溶盐含量 0.8%~1.5%。

草原栗钙土分布在地表能获得水分的低洼地段(因此也称为洼地栗钙土)及接近河漫滩阶地上,受深度 2~5m 处地下水的影响较大。草原栗钙土发育在稠密的草类、偶尔混杂有灌木丛的植被下,腐殖质含量达到 6%。剖面的腐殖质部分厚度 60 cm,其中包括 A 层 20 cm,B 层 15~20 cm,C 层 20~30 cm。土壤泡沫反应在 35~40 cm 处;碳酸盐层在 60~70 cm;石膏含量不多,深度在 110~130 cm;易溶盐分布更深。草原栗钙土通常含碱度高,B 层形态致密,呈块状－核状结构,碳酸盐层更加致密,吸收物中钠含量达到 5%~15%。草原栗钙土在暗栗钙土和普通栗钙土中占有面积不大,可免生放牧垦,能保证种下的水分免受干旱损害。

栗钙土中常见草甸土和冲积草甸土,机械组成、湿度条件、腐殖质含量及肥沃程度各异。总体来说,由于含盐度较高,没有黑钙土肥沃。被河滩浸没的冲积草甸土最有价值,盐分常年被冲刷,这是草原区最好的农业用地。而未被浸没的草甸土盐碱化程度非常高,只有很少面积的土壤可用于农业。

栗钙土中很少见草原沼泽土和沼泽土。

5.1.4　半荒漠土壤

在气候多变的条件下,普通栗钙土向半荒漠土过渡,南方黑钙土向暗栗钙土过渡。随着温度升高和蒸发作用加强,降水量也随之急剧减少,逐渐达到极值。

半荒漠区的淡栗钙土是最南部栗钙土的亚型土,发育在非常稀少的植被下,植被有针茅－艾蒿－沟叶羊茅(*Festuca rupicola*)。淡栗钙土不同于其他栗钙亚型土,其特点是腐殖质层薄(A+B 在 25~30 cm)、腐殖质含量少、结构松散、盐碱化。总体来说,半荒漠区的土壤与草甸土相比,更广泛发育着复合型土层,但在构造和特性上,淡栗钙土与草甸土具有相似性。

淡栗钙土(淋溶亚黏土)　分布在以下地层:A 层厚度 0~12(15)cm,灰棕色,团粒－粉状;B 层厚度 12(15)~30(40)cm,褐色,质密,团粒－核状;土壤泡沫反应 20~30 cm;眼状石灰斑在 25~35 cm 深处;碳酸盐最深在 40~80 cm;石膏 80~100 cm;浅栗色亚砂岩质土中的碳酸盐和石膏都在较深处。淡栗钙土由于结构松散,容易耕作,石灰和氮素含量少,容易被吹蚀。

由于缺少水分,需要人工灌溉,主要开垦牧场,种植大麦、瓜类作物。

淡栗钙土比淋溶土分布广泛,A 层厚度 10 cm,团块状;B 层棱柱状,石膏和易溶盐在 60~

80 cm 深处,淡栗钙土主要用于开垦牧场。

　　草甸土和冲积草甸土在淡栗钙土中占有面积不大,与类似的干旱草原土相比:腐殖质含量少,含碱度高,植被多为杂草类,3 年收割 1 次,产草量 1 000 kg/hm²。水分充足的草甸土也可用于农业开垦。

5.1.5　荒漠土壤

　　在荒漠区,只有在短暂的春季和秋末才能提供给植物较充足的水分,夏季则土壤几乎一直处于干旱状态。半灌木状植被种类很少,主要是艾蒿和猪毛菜,这些植物既能抵挡冬季的严寒,也能耐受夏季的干旱。植被分布不密集,土壤中累积的腐殖质少,由于盐碱度高,土壤表层形成龟裂盐土。

　　褐土(棕土)　如同其他的荒漠土一样,缺失草根层。A 层厚度 12～14 cm,表层呈现澄清的多孔小浮渣,底部呈鳞片状或层状。腐殖质含量很少(1%～1.2%)。什么原因导致 A 层腐殖质含量比淀积土壤中少呢? 这与有机碳和氮素有关,而在腐殖质的成分里有富里酸。褐钙土中石膏和易溶盐含量高。B 层厚度 12(14)～24 cm,褐色,不稳定的团粒状,致密,越往下颜色越浅,过渡到黄褐色致密的带有眼状石灰斑的亚黏土,60～70 cm 处为石膏。这些土壤分布在古老的由渗透性好的砂砾岩和砂岩形成的平原和高地上。

表 5.1　水平地带与亚带土壤特征

地带	亚带	面积 /10⁴hm²	主要土壤	腐殖层 厚度/cm	腐殖质 含量/%	C/N	腐殖酸/ 富里酸	土地农业利用的可能性
森林草原	半湿润森林草原	0.4	灰色森林脱 碱黑钙土	50～60 50～70	5～7 6～9	12		稳定非灌溉土壤区,保证农作物(春小麦、小麦)有充足的水分,易耕地,无需进行土壤改良,可完全开发,其余的土地可用于牧场和草场。
	丛状森林草原	0.2	草甸黑钙土	60～70	8～12	9～11	1.5～2	相对稳定非灌溉土壤区,季节性干旱,大部分区域可保证农作物有充足的水分。
草原	半干旱草原	12.0	普通黑钙土	55～65	6～8	8.5～11.5	1.3	土壤含有轻质机械成分及碳酸盐,可免受风蚀,综合成土碱化程度高,需进行土壤改良,耕地需施磷肥,干旱期占全年的20%。
	干旱草原	12.9	南黑钙土	40～55	5～6	9～11	1.1	不够稳定的非灌溉土壤区,大部分区域不足以保证农作物所需的水分,干旱期占整个年份的30%,土壤改良建议如上。
	半干旱草原	27.7	暗栗钙土	35～45	3.5～4.5	9～10	1	不够稳定的非灌溉土壤牧区,大部分区域不足以保证农作物所需的水分,耕地需施磷肥,土壤干旱,风蚀严重,干旱期占整个年份的40%。
	干旱草原	25.4	典型栗钙土	30～40	3～3.5	8～9		不稳定的非灌溉土壤牧业区,几乎不能保证作物所需的水分,干旱期占整个年份的50%,是好的春季牧场。

（续表）

地带	亚带	面积/10⁴ hm²	主要土壤	腐殖层厚度/cm	腐殖质含量/%	C/N	腐殖酸/富里酸	土地农业利用的可能性
半荒漠	荒漠草原	37.5	淡栗钙土	25～30	2～3	8～9	0～9	高产的牧区,不能保证农作物所需的水分,干旱期占整个年份的75%,农作物(黍、大麦、瓜类)主要生长在西部水分较充足的地段。
荒漠	北部荒漠	58.0	灰褐色荒漠土	20～25	1～3	7～8	0.8	秋冬产草量不足的牧区,农作物只能靠灌溉生长,但土壤不能保证灌溉用水。
	中部荒漠			10～15	0.7～1	6～7	0.5	产草量少的牧区,在锡尔河、楚河和伊犁河等河流下游发育着可耕种的耕地,主要在龟裂土区。耕地需要施氮肥和磷肥。在南部荒漠区种植棉花。
	南部荒漠	59.3	灰褐色龟裂状砂土	10～25	1～1.2	6.5～7	0.6	

褐色碱土　形成在亚黏土中,亚黏土由碱性黏土、石灰岩和砾岩组成,通常生长着很稀少低矮的稗草(*Echinochloa crusgalli*),与褐色淋溶土不同的是:更加密实的龟裂层,呈现明显的层状表层,非常密实的褐色淀积层。碳酸盐层 20～25 cm,质密;40～50 cm 是石膏和易溶盐。

灰褐色荒漠土(灰棕荒漠土)　与上述描述相似,一般发育在亚黏土的艾蒿－落叶松(*Larix gmelinii*)植物中。剖面比褐钙土更厚更密实,呈层状－龟裂状,40～60 cm 深处可见大量的石膏和少量的易溶盐,表层碳酸盐达到最大值。在古老高地的砾碎石沙漠岩层和平原的半山麓地带生长着同一种类的植被,而在亚黏土的盐碱层则为小斑状综合成土,包括灰褐色淋溶土、碱土和石膏土。

草甸褐色淋溶土(草甸棕色淋溶土)　分布在小洼地中,主要植被为艾蒿,混杂有灌木和鹅观草(*Roegneria kamoji*)及其他植物。在这种土壤中生长的植物根系发育浅,土壤表层浅灰色,过渡到 B 层,密度减弱,呈不稳定的团粒状。到 1.5～2 m 深度无石膏和易溶盐。

5.1.6　带间土壤

龟裂状土　发育在锡尔河、楚河、伊犁河(сырдарьи、чу、или)或其他河流形成的冲积平原上,地下水渗透到很深的地层(5～10 m 甚至更深),在很早以前是荒漠区季节融水土壤,后来缺失了水源并经过或长或短的时间靠空气水分发育成现在的土壤。剖面具有差异性:有浅灰色带孔的碎渣,厚度 2～6 cm;层状－龟裂状层 6～12 cm;还有更浅灰色比较密实的无纹路层 15～30 cm;再过渡到变化很小的层状冲积层。表层腐殖质含量少于 1%,越往下含量越少。碳酸盐质土从表层开始,但未发现碳酸盐质－冲积层的形态。剖面显示层状岩层的碳酸盐含量各异,吸收容量是 6～12 mg 当量/100 g 土。吸收物质是钙和镁,土壤呈碱性和弱碱性反应。非盐渍化龟裂土在以深层地下水的浅砂土下垫面结构中很少见。

龟裂状土　适用于荒漠牧场用地,同时也是灌溉的储备地。在全年大于 5℃ 的积温高于 4000℃·d 的区域,经灌溉,灰褐非盐渍化土可种植棉花。

荒漠含沙土壤　由流动沙丘向附着在植被周围的砂土的过渡部分构成。砂粒承受的吹动产生了不利于土壤形成的条件。但与砂质黏土相比,沙土上的植被是一个更加有效的因素,因为在此环境下植物可更加充分的利用大气降水。冬春季沙土降水浸透深度达 1~1.5 m,疏松的表层阻碍水分的直接蒸发。沙土中低于枯萎系数的湿度等级仅为百分之几。在深处因昼夜温度变化而获得冷凝水分具有非常重要的意义。因此,本地荒漠中的植被比砂质黏土丰富的多。这里广泛生长着梭梭(*Haloxylon ammodendron*)、银沙槐(*Ammodendron argenteum*)和麻黄(*Ephedra*),以及众多的多年生和一年生草本植物。莎草(*Cyperus*)常常形成草甸土。根据已有资料,可将荒漠含沙土描述为低腐殖质(0.5%)、碳酸盐型(CO$_2$为 3%~7%),通常其剖面表现为非盐渍化、弱分层。

龟裂土　常见于其他荒漠区土壤之间有限的区段,绵延数十或数百米,即面积约为数百平方米,如常见于占冲积三角洲平原。该种类型是完全原生成土,外部分裂成有着硬多边形裂缝的表面,降水可在其上停留较长时间。龟裂土位于较浅、平坦的低地势区段,除了短暂不定时的生长期内有薄水藻外,几乎无植被。在该型土的剖面中可见发生层,与上述龟裂型土相似,但本质上是另一种物理性质。

结皮层处于干燥状态,具有较大的坚固性,在潮湿情况下变得有黏性;该层厚度 2~8 cm。有裂缝,可深达 15~20 cm,将外皮分割成众多的块状多面体。皮下层表现为层状、薄片状,由固态粗糙的结构组成。在湿润时同样会变成密实黏质物。其下分布着无结构的密实层,与不易改变的成土岩差别不大。黏土型和重砂质黏土型龟裂土占优势,但轻砂质黏土也较常见。按结皮上部的机械组分,结皮常常表现为从死水洼中沉淀分离出的薄物质,但前提是龟裂土未被沙土破坏。在后一种情况下,其表面会被沙化。全部龟裂土为表层碳酸盐型:碳酸盐含量取决于母岩的碳酸盐性,在 4%~9%。

草甸土　荒漠区的草甸土仅在地下与地表水分对大气有补充增湿的条件下发育。这种条件通常在河谷低阶地存在,在个别定期被淹没的低地也时有发生。与草甸禾本科和杂草相似,有芦苇生长。与草原带草甸土相比,这类土壤的腐殖质含量较少(约 2%),少坚固结构,高碳酸盐含量,土壤溶液呈稳定的弱碱反应。此外,土壤中大部分为盐土。与弱盐渍化(全部土壤含盐量 0.3%~0.5%)相似,强盐渍化(含盐量 1.5%~2%)型常见于与不同水情、年龄和机械组成相关的土壤中,主要为氯化物—硫酸盐盐渍化型。

在锡尔河谷地和其他地区的小块面积上,草甸土通过定期冲洗,在灌溉的情况下可加以利用。在草甸土以下,大部分位于芦苇丛下,发育着沼泽草甸土和沼泽土。

碱土　分布非常广泛,通常见于森林草原、草原和半荒漠带,以及荒漠区北方亚带的范围内。在多数情况下,碱土是土壤复区的主要组成之一,较少形成独立土壤区,其分布特征取决于地带性规律。随着黑钙土向荒漠土过渡的从北向南推进,土壤覆被中碱土占优势的土壤复区面积扩大,并常常可见同类的碱化区。例如,在库斯塔奈州,黑钙土中混合碱化土的面积占30%,其中碱土占优势的8%;在暗栗钙土中其面积分别占38%和14%;在典型栗钙土中分别为 70%和 43%,褐土中分别为 71%和 43%。

在每一地带内,按照水分特征可将碱土划分为自成、半水成和水成型。在森林草原和草原带是半水成型(草甸草原)和水成型占优势,而在半荒漠和荒漠区则是自成土占优势(荒漠草原和荒漠土)。

半水成碱土最常见于分水区平原的低地、宽谷坡地下段、河漫滩上部台地及沿古河道。水成型碱土在地下水的直接影响下发育,常呈强矿物化特征。最具分布特点的是河流滩涂、湖泊台地低洼处、古河洼。自成碱土形成于分水岭平原、宽谷坡地、河流与湖泊台地的上部。它们发育于大气降水的条件下,埋深较大的地下水未对其成土过程产生影响。碱土上的植被随地带不同而变化较大。分布于黑钙土中的碱土,其植被多为艾蒿—羊茅(*Festuca ovina*)和羊茅。在栗钙土中则为艾蒿等,而在荒漠区,猪毛菜(*Salsola collina*)占绝对优势。

根据所含碱土壤层的厚度,碱土的外壳(低于 5 cm)大小、深度等存在差异。根据淀积层的结构划分为柱形、核桃状和棱形碱土,而按盐分的埋深可划分为——含盐土(盐分位于超过 30 cm 土层)、盐化土(盐分埋深在 30～80 cm 土层)和深层盐化土(盐分埋深在 80～130 cm 土层)。取决于盐渍化的性质,碱土有氯化物—硫酸盐型、硫酸盐—氯化物型,较少出现纯硫酸盐和氯化物型。局部可见苏打型碱土。根据吸收基质的成分,在吸收复合体中占优势的是钠,较少镁。可见是含有少量的钠和镁的碱土(残余碱土)。

这些普遍的碱化成土特征的变化在很大程度上取决于地带性因素和水分(湿润)状况。在分布于黑钙土中的自成和半水成碱土,深层和中层型占优势;而分布于暗栗钙土和典型栗钙土中的碱土,其大量分布地区呈现为浅层和壳状;分布在淡栗钙土和褐土(棕土)中的自成半荒漠、荒漠碱土里主要表现为浅层和壳状。碱土的盐渍化特征和程度多样化。通常土壤的盐渍度与成土的当地条件相关,但观察到盐渍化正从北方扩大到南方。在此情况下,在自成黑钙碱土中,深度盐化和含盐型土壤广泛分布。在暗栗钙土和典型栗钙土中的碱土通常表现为盐化和含盐型,在褐土亚带中则是盐化碱土和盐土—碱土。在水成和半水成碱土中,这些地带性盐渍化水平的差异不太显著;在某一地带或亚带范围内,水成碱土具有较强的盐渍化程度。

根据哈萨克科学院土壤研究所的资料,哈萨克斯坦的碱土面积约 $4 \times 10^7 \, hm^2$,含碱土的综合土地面积超过 30%。其中约 $9 \times 10^6 \, hm^2$ 位于黑钙土带和暗栗钙土亚带中。如不加以根本性改善,这类土壤不适于耕作和充当牧场。在自然状态下土壤的生产力非常低——只有 200～600 kg/hm^2 的低质干草产出。

草甸(水成型)碱土是一种非常复杂的土壤改良对象。在对这种土壤进行开发时,除了必须采取碱化度的防治措施外,还要对土壤的盐渍化加以治理,只有在排水系统的基础上通过冲洗盐进行防治。没有排水系统,这类碱土只可能在自然漫灌的情况下实施改良。

在半荒漠和荒漠区,碱土及其混合型土壤的面积约为 $3.0 \times 10^7 \, hm^2$,该类土壤只有通过灌溉才可进行根本的改良,但多数开发潜力不大。

盐土　该类土壤分布在所有的哈萨克斯坦平原区。盐土及其占优势的混合型土壤总面积约 $1.0 \times 10^7 \, hm^2$。

盐土的形成与古时和现代积盐相关。不同盐土亚型和类别的形成取决于土壤—地下水中盐分的来源和蓄积原因。按照盐渍化的特点,该类型土壤可再细分为氯化物、硫酸盐—氯化物、氯化物—硫酸盐、硫酸盐—硫酸盐纯碱和纯碱型。

在北部,草甸盐土较常见,随着干旱程度的增强,该土壤逐渐让位于典型疏松壳状盐土。在此情况下,盐土总面积得以扩大。在山下平原有撒斯盐土分布,而在哈萨克斯坦南部的一些大河的古三角洲出现沼泽、龟裂状和残余型盐土,有着的疏松土壤层。在南方黑钙土和典型栗钙土中,盐土常见于湖泊台地、河漫滩不高的区段,以及盐渍化第三纪岩石的风化层,并形成带有盐渍化土壤的混合复区。在半荒漠和荒漠带,大量的盐土区分布在北里海、咸海沿岸和巴尔喀什湖的沿岸带,以及大型干涸湖泊的底部。

盐土的盐渍化程度和特点具有非常大的差异,通常以当地盐分的再分布条件来确定。然而,随着干旱度的增加,盐渍化水平的总趋势是增长的。由北向南有苏打—硫酸盐型和硫酸盐型盐渍化与硫酸盐－氯化物型和氯化物型盐渍化交替发生的现象。这种普遍规律性在三角洲被破坏。例如,在锡尔河三角洲不是预想的氯化物型,而是氯化物－硫酸盐型盐渍化占优势;而在伊犁河三角洲——纯碱－硫酸盐和硫酸盐型占优势。

5.2　土壤垂直地带性规律

土壤垂直分布规律是指各山地土壤垂直地带性分布的秩序而言,即指山地上的各土壤类型,由于其所处海拔不同而垂直分布的规律。

在哈萨克斯坦南部和东南部的高山带土壤与之相应的植被带相适应,具有其自身独特的特点。

5.2.1　半荒漠带山下－山麓土壤

近年来,中亚和哈萨克斯坦的土壤学家认为,平原至山脉之间的过渡带应被视为南部山区高山带中最低的台地。该地的土壤覆被在山脉湿润的影响下形成,并主要表现为灰钙土——淡色、典型(普通)、暗色之分,并称之为低碳酸盐或北方型,以及淡栗色碳酸盐土。奇姆肯特州所在区域是涅乌斯特鲁耶夫首次对灰钙土进行划分和描述的土壤分布区。

灰钙土发育于春季温湿、夏季干热与冬季较冷的反差很大的气候条件下。生长在灰钙土上的植被主要为茂密的短命和类短命植物。成土母质多为黄土,以及细晶粒和石化母质。

在典型灰钙土剖面(生荒地)可辨别出腐殖层(12～17 cm),灰色,上部呈鳞状碎石化,多孔;土壤的 AB 层(12～25 cm),因大量昆虫巢穴而多孔,灰－淡黄色,孔隙壁有析出的碳酸盐霉菌;碳酸盐层 B(80～100 cm),褐黄色、密实,昆虫孔隙稀少且含石土,有白色斑状碳酸盐固结现象,土壤下部(C)为淡黄色黏土(黄土),低密度,深度 1.5～2 m,有脉状微晶体石膏(石膏层)。大气降水对灰钙土的浸透深度达 1.5～2 m。岩石下层常年存在水分,与之相近之处植物多长势较差。降水的下渗伴随着可溶盐的淀积,可导致碳酸盐层和石膏层的形成。在灰钙土上层含有 1.3%～3.5%的石膏。在石膏组分中含有数量较多的含氮物质。分析显示土壤黏土层部分不同程度存在泥化作用。与栗钙土和其他亚热带土壤相比,灰钙土的黏化形式与强度存在着不同。

淡灰钙土　发育于年均降水量 170～300 mm 的山前荒漠草原带(海拔 200～350 m),地貌主要表现为平原,植被多为莎草－早熟禾类,并夹杂有艾蒿。该类土壤的石膏含量低(1%～1.5%),这与荒漠土相近。通过灌溉,面积不大的淡灰钙土地可加以利用,而在降水丰沛的年份,有的地块可作为旱地进行种植。

典型灰钙土　分布于西天山海拔 300～500 m 的地区,年均降水量 300～450 mm,从山前平原到丘陵均有表现,自然植被多为初夏生长期型的短命杂草,石膏含量 1.5%～2.5%。该型土地经灌溉可加以利用,并可广泛种植旱田作物。

低碳酸盐含量灰钙土(北方型)　分布于外伊犁阿拉套的山下平原和北坡山麓地带,海拔 650 m。年均降水量 250～400 mm。自然植被为大量的艾蒿和角果藜(*Ceratocarpus arenarius*),有少量莎草和早熟禾(*Poa annua*)分布。石膏含量低于 1%～2%,碳酸盐含量在上层较低(3%～4%),随着深度下降,其含量增加(7%)。与典型灰钙土相比,土壤层之间的过渡平缓。该型土地同样可用于灌溉和旱地耕作。

暗灰钙土　该型土是具有西天山典型特征的土类,位于海拔 500～800 m 处,年均降水量达 400～600 mm,多山丘。自然植被为大面积的菊科伞花多种草—冰草(*Agropyron crista-tum*)等短命和晚熟种。该土壤的腐殖质含量高(2.5%～3.5%),其特征与表现向褐土(коричневая)过渡。暗灰钙土可用于旱地作物种植。

碳酸盐淡栗钙土　与暗灰钙土相似,分布于山前半干旱带的上部。该土仅见于北天山海拔 600～800 m,外伊犁阿拉套中部的山下倾斜平原至海拔 1000～1200 m 干燥的东部与西部丘陵被强烈分割的山麓也有发育。成土母质是黄土和黄土状亚黏土,局部碎砾石化。在山麓的该区段年均降水 400～500 mm。植被主要是远东羊茅(*Festuca extremiorientalis*)、艾蒿,部分地区有针茅。该型土壤剖面具有较薄的淡灰色腐殖质层(30～40 cm),松散团块结构和密实的淀积碳酸盐层,位于 50～60 cm 至 110～120 cm 深处。与平原淡栗钙土不同的是该类型土壤从无碱化和混合化现象。此外,碳酸盐化发生在表层(1.5%～4%)。该型土壤的腐殖质含量(2%～3%),要高于低碳酸盐灰钙土和典型灰钙土。该地主要为半保障的旱地和部分水浇地。这里的地形条件限制了灌溉耕作。在分布区的山前地带可见侵蚀性土壤组成。与灰钙土相同,通过灌溉可提高土壤肥力,种植豆草类苜蓿(*Medicago sativa*)具有非常好的效果。

草甸与沼泽草甸土　分布于山下半干旱地带,其性质与干旱区类似土壤相近,但也存在部分差异。首先,土壤中常见非盐渍化土壤,这与此处地下水向河谷良好的排水相关;其次,除了发育于受地下水季节性水情变化影响的河谷草甸土外,这里还分布着撒斯草甸和沼泽草甸土,被归于山下冲积锥环线带。撒斯土较多地表现为盐渍化、碳酸盐化,泥灰化也较常见。密实的泥灰层形成于土壤层下 0.5 m 或更深处,对于农业利用、特别是灌溉而言是一个显著的障碍。土地开发情形与灰钙土相似。

5.2.2　低山草原带土壤

山地暗栗钙土　位于低山草原带的下部,广泛分布在北天山的部分地区,如科特明山脉和吉尔吉斯山脉,这些地方沿北坡有较高的隆起和山间谷地,向上延伸至海拔 2000 m。在外伊犁阿拉套的中部,以及阿尔泰山脉和塔尔巴合台山脉的坡地向下倾斜(至 800 m)形成冲积锥和长短不一的山麓丘陵。植被为杂草—远东洋茅—针茅,间或有灌木生长。

坡地母岩常常埋深低于 1 m,因此土壤多含碎石。土壤的碳酸盐层不明显,析出的碳酸盐多为碎石表面的外皮状。该类土有褐色腐殖质层(厚度 45～55 cm),团块结构。上层腐殖质含量 3.5%～5%,有时达 6%,即远高于平原区的同类型土壤。与平原区土壤不同的是,由于山地良好的自然排水性,该类土壤碱化度缺乏,综合性低。山地暗栗钙土发育于相对平缓的被分割的分散地段,既可进行灌溉耕作,也可进行旱地植物种植。但由于主要地区的地形条件限制,仅用作良好的夏季牧场。山间谷地的生长期非常短,不利于耕作。

山地黑土　分布于低山草原带的上部(海拔 1000～2000 m)。该类土壤形成于不连续的地带。植被为针茅—杂草,局部坡地有灌木生长。山地黑土的腐殖层厚度为 50～70 cm,腐殖质含量 6%～8%,吸收量高(25～35 mg 当量/100 g 土),粒状结构;碳酸盐在土壤层 50～60 cm 有分布。与其他山地土壤相似,无碱化现象。在一些分水岭和山地缓坡的黑土非常有利于农业耕作。在基岩的残积层和坡积层常可见碎石和薄层黑土,不适于耕作,但可作为牧场。低山草原带总体可用于园艺、旱地作物种植和牧场。

5.2.3　中高山草甸森林带土壤

淋溶(脱碱)和灰化多腐殖质黑土　属于中高山带下部,主要分布于外伊犁和准噶尔阿拉套。前者形成于禾本科－杂草草甸草原植被下;后者则是形成于梨新疆野苹果(*Malus sieversii*)树和灌木下。山地黑土的腐殖质含量高达 8%～13%,至 80～120 cm 都未发生酸的泡沫反应。灰化黑土的腐殖层下部发现有氧化硅粉末;淋溶黑土适于非灌溉耕作。由于强烈的分割地形,使得可耕地面积有限,但非常有利于发展园艺。

山地灰色森林土　该型土壤在外伊犁阿拉套分布最广泛,通常位于海拔 1300～2000 m。形成于山杨(*Populus davidiana*)、白杨(*Populus alba*)、白桦(*Betula platyphylla*)、花楸(*Sorbus pohuashanensis*)等阔叶林下,具有高腐殖质含量的特点(16%),其组分中活性腐殖酸占优势,有大量的氧化硅粉,棕褐色淀积层与颗粒核状结构表现明显。土壤溶液反应呈中性。主要林木起着涵养水土的作用。

山地暗森林土　常见于北天山的一些山地其他土壤之间,地形为山脉阴面陡峭的坡地,海拔 2 200～2 600 m。该型土壤与稀疏的覆满苔藓的天山云杉(*Picea schrenkiana*)相关联。在东哈萨克斯坦山地,这种土壤也分布于夹杂有西伯利亚冷杉(*Abies sibirica*)、花楸、山杨和白桦等的云杉(*Picea asperata*)林下,林中有草本植物生长。土壤有弱灰化表现。

在剖面结构中具有以下特有的发生层:枯枝落叶层和泥炭层(10～15 cm),腐殖暗褐色土层(35～60 cm),带有弱氧化硅粉状物的过渡残积层,带有棕色铁斑的密实淀积层,碳酸盐层,过渡至岩层。土壤溶液反应在上部为中性,30～60 cm 处为弱酸性,下部为中性和弱酸性。泥炭层以下的腐殖质含量为 3%～6%,之后急剧减少。腐殖质成分中与钙相关的腐殖酸占优势。吸收基质中含有一定数量的氢,即呈弱非饱和性。

山地褐土　主要根植于干燥的草本植物茂盛的森林与灌木林,是南哈萨克斯坦山地森林所特有的。发育于天山西支脉,下接暗灰钙土,海拔 1100～2200 m。降水量在不同地区的差异很大,幅度从 400～900 mm,主要集中在冬春季节,夏季和初秋干旱。在中高山下部,这些土壤生长于夹带有灌木的冰草－多种草本植被下;在上部则发育于稀疏的苹果树、白蜡(*Fraxinus*)等灌木以及更丰富的草甸草原禾本－杂草植被。

在上述自然条件下发育的暗褐土具有以下共同特征:生草化良好,腐殖层为带有褐色色调的暗灰色(厚度 20～30 cm),团块颗粒结构。在土壤剖面的中部有明显的褐色色调,结构密实,核状结构突出。向下颜色变淡,结构变松。水溶盐渗入很深。碳酸盐下浸至剖面下部。土壤溶液呈中性或接近于中性反应。吸收综合体为钾镁。黏化是全部剖面均具有的特征。

褐色非石化土壤适于耕作,多数面积用于旱地作物种植。但这种方式应当被限制,因为翻耕土地会对土壤产生消极影响。中高山带土壤正确的利用方式是发展林业、园艺业、养蜂业和低强度的牧业(夏季牧场)(表 5.2)。

表 5.2 高山带土壤特征

高山带	面积 /10^6hm²	主要土壤	腐殖层厚度 (A+B)/cm	A层腐殖质含量/%	腐殖质组成		土地利用的可能性
					C/N	腐殖酸/富里酸	
山下—山麓半荒漠	16.0	淡灰钙土	18~20	1~1.5	6~8	0.6~0.7	灌溉和旱地耕作及高效的春秋季牧场。在水浇地可种植棉花、甜菜、烟草、玉米、苜蓿、蔬菜和发展园艺。在旱地主要为冬、春小麦。 氮肥和磷肥对灌溉地非常有效。土地与水资源保障适于扩大灌溉面积。
		典型灰钙土	25~30	1.5~2.5	7~8	0.7~0.8	
		暗灰钙土	60~70	2.5~3.5	8~9	0.8~0.9	
		淡栗钙碳酸盐土	30~40	2~3	7~9	0.9~1.0	
低山草原	9.7	山地灰钙土	50~70	2~3	8~9	0.7~0.9	非灌溉耕作和畜牧业占优势。东部适于种植粮食作物,大面积种植牧草。 南部园艺业发达。高效的夏秋季牧场和割草地
		山地暗栗钙土	40~50	3~5	8~9	1.1	
		山地普通黑钙土	50~70	6~8	8.5~9	1.2	
中高山草甸森林	4.7	山地淋溶黑钙土	80~100	10~13	8~10	1.2~1.4	不适于发展农业耕作(地形切割严重,生长期短)。高效的夏季牧场和地带下部部分割草地发展较好。
		山地褐土	60~100	4~12	9~11	0.8~1.0	
		山地灰森林土	70~80	15~17	11~12	0.9	
		山地暗森林土	35~50	8~12	11	0.7~0.9	
高山草甸亚高山与高山带	3.0	山地草甸亚高山土	35~55	11~12	9~14	0.8~0.9	良好的夏季牧场
		山地草甸高山土	55~65	12~18	11~12	0.8~1.0	
		高山草甸草原土	30~50	13~15	8~13	—	

5.2.4 高山草甸亚高山和高山带土壤

山地草甸亚高山和高山土壤分布于天山、准噶尔阿拉套和阿尔泰山脉的最高区段。该区域生物气候条件多样,鉴于土壤外观的复杂性,对其进行小尺度和中尺度的划分非常困难。亚高山带位于西天山绝对高度2200~2800 m处,高于刺柏(*Juniperus formosana*)林带;在北天山和准噶尔阿拉套是在2600~2800 m处,高于云杉林;在阿尔泰山则是位于1700~1800 m至2500 m处。高山带在天山和准噶尔阿拉套位于2800~3500 m处,在阿尔泰山脉是2500~3000 m。这一地带的多数区域都分布有悬崖和大量岩屑。

亚高山草甸土 发育于北坡高大草本植物亚高山草甸下的细土坡积亚黏土。具有厚腐殖层的特征(60~80 cm),暗色调,所有剖面保持润湿,生草化和良好的颗粒结构。介质呈弱酸反应。上土层的腐殖质含量高达12%~13%,下层为7%~8%。具有独特的腐殖质组分。在高吸收量(50 mg当量/100 g 土)情况下,有若干非饱和性基质(吸收氢1%~5%)。

高山草甸土 形成于高山草甸,植被中蒿草占优势。与亚高山草甸土不同,该型土壤层较薄(35~55 cm)。带有少量细土的强石化层从剖面深处伊始,在55~80 cm处为冰渍沉积物或坡积物,主要为漂石和大砾石。腐殖层颜色较浅,呈粉—颗粒状结构。上草皮层常呈泥炭化。

土壤湿度良好。上层腐殖质含量为 10%～14%,组分中富里酸占优势,酸性反应。

高山草甸草原土 分布于较干燥的南部、西南和东南坡地,这些地段多为草甸草原和远东羊茅占优势的现代草原。此类土壤在亚高山和高山带均有分布。腐殖层为褐色,厚度较薄(30～50 cm)。紧接其下部是碳酸盐层。上土壤层腐殖质含量 13%～15%,但随着深度降低含量急剧下降。结构性较差,因而易被侵蚀。中性反应。

高山带对发展畜牧业具有重要意义,高山草甸与草甸草原均是良好的夏季牧场。

5.3　土壤区域性分布规律

土壤通常受区域性因素的变化而呈有规律的分布。下面将以几个具有代表性的地貌类型(或地段),来揭示土壤区域性分布的一般规律。

5.3.1　山前洪积—冲积平原

以山前洪积—冲积平原的地貌组合形式出现的最为广泛。一般由洪积—冲积扇群和古老冲积平原两大部分组成,各带内的土壤分布规律如下:

1)在山前平原上部的洪积—冲积扇群地段,为地表水渗漏带,地下水位很深。洪积—冲积扇上部,靠近山前丘陵,雨量稍多而较湿润(与灰漠土区相比较)。地表生长禾本科植物和蒿属,与之相适应的土壤为棕钙土。洪积—冲积扇中部,植被为温带荒漠类型,土壤未经过水成过程阶段,发育成为地带性土壤—灰漠土。洪积—冲积扇下部,即接近扇缘的部位,地下水位稍高,开始有草甸植被,分布着草甸灰漠土。

2)扇缘地段,一般称为地下水溢出带,在这里的地下水位较高,部分有地下水溢出而形成泉眼或泉水沟。在此扇缘地段的稍高处,生长草甸植被;而在局部洼地上由于地下水位较高,生长着盐化草甸植被、沼泽植被和盐化沼泽植被等,与其相适应的土壤有:暗色草甸土、盐化草甸土、盐化沼泽土等。

3)位于扇缘以北的古老冲积平原上,属地下水散失带,随着地下水位的下降,非地带性土壤朝地带性土壤发展,形成草甸灰漠土;在古老冲积平原中部,早期脱离了地下水影响,发育着残余盐化灰漠土和碱化灰漠土等。

5.3.2　山间谷地

由山前平原和有多级阶地的冲积平原所组成。在山前平原和冲积平原的交接处,出现地下水溢出带,在这里分布着草甸土和沼泽土。除山前平原的中部和下部分布着灰钙土而外,土壤分布规律通常与阶地的发育相一致,而土壤的发育又与不同时期的河流下切和阶地形成相联系。土壤的分布,自高阶地至河滩地,按从高向低的顺序排列是:灰钙土—草甸灰钙土或盐化灰钙土—草甸土或盐化草甸土—草甸沼泽土—沼泽土。此外,在河滩地上的部分地段,还有新积土等。

5.3.3　山间盆地

在山前洪积—冲积扇群上部分布着石膏棕漠土和砾质棕漠土,洪积—冲积扇群的中、下部和各小河的高阶地细土物质上分布着灌耕棕漠土和灌漠土;扇缘带分布着沼泽土、盐化草甸土和盐土等。

5.3.4　冲积平原

下切性河流形成的冲积平原,在窄狭的河滩地和低阶地上分布着草甸土和部分沼泽土,一般未见盐化现象,只在沿河的凸岸部分才有明显的盐化;在第二级阶地上,盐化过程较为强烈,分布着盐土和盐化草甸土,部分地下水位较低,分布着灰漠土和草甸灰漠土;在河间高地或古冲积平原上,地下水位较深,分布着灰漠土、残余盐化灰漠土、碱化灰漠土、龟裂土、风沙土和残余盐土等。泛滥性河流冲积平原,在河漫滩上分布着新积土或盐化新积土;在河流两侧地下水位 2.5~4 m 的自然堤上分布着林灌草甸土、或盐化林灌草甸土、浅色草甸土或盐化草甸土、盐土或草甸棕漠土等;河间低地上分布着盐化草甸土、草甸盐土等,部分低洼地上发育着草甸沼泽土、腐殖质沼泽土;有季节性泛滥河水到达的河漫滩上形成了新积土;在地形较高处,分布着草甸盐土、盐化草甸土;在古冲积平原上分布着典型盐土、残余盐土、棕漠土、风沙土等。

此外,在泛滥性冲积平原中,河流改道使土壤产生演变。在古河道两岸分布着荒漠化的林灌草甸土和草甸土以及典型盐土、风沙土等。在新河道两侧,土壤水分得以补给,形成浅色草甸土和盐化土壤。土壤演变比较迅速而频繁,是荒漠地区泛滥性冲积平原上最突出的特征。

5.3.5　洪积－冲积扇与干三角洲

中亚地区的内陆性河流或小河流出山口以后,形成洪积－冲积扇,在扇缘以下即行散流形成干三角洲,这些散流常消失于干三角洲以下的风沙土区。在洪积－冲积扇群地段地下水位较深的戈壁地上,分布着灰棕漠土或砾质棕漠土;而在细土母质上发育着灰漠土或棕漠土,以及残余盐土;在扇缘带的地下水位较高,与其相适应的土壤有:暗色草甸土或浅色草甸土,还有沼泽土、林灌草甸土和盐土等;在干三角洲地段,地下水位又复变深,与其相适应的土壤有草甸灰漠土、残余盐化灰漠土、碱化灰漠土、残余盐土、碱土等,或草甸棕漠土、残余盐化棕漠土、棕漠土、残余盐土等。

第二编

土壤类型及主要性状

第 6 章 淋溶土纲和半淋溶土纲

淋溶土纲是指碳酸钙充分淋溶,呈酸性反应,并有明显的黏粒移淀的土类组合;半淋溶土纲是指碳酸钙在土壤剖面中发生淋溶与累积,并伴随有黏粒的形成与淀积的土类组合。

中亚山地生长的天山云杉(*Picea schrenkiana*)、新疆落叶松(*Larix sibirica*)等针叶树种,具有特殊的适应能力。它们能在干旱地区的中山带度过漫长的严冬生存,能充分利用短暂的季节生长。包括以下 2 个土类,即淋溶土纲中湿寒温淋溶土亚纲的棕色针叶林土;半淋溶土纲中半湿温半淋溶土亚纲的灰色森林土和灰褐土。

6.1 棕色针叶林土

棕色针叶林土曾叫生草弱灰化土,主要分布在阿尔泰山南坡西北部比较湿寒的喀纳斯山区,海拔 1800～2400m,在哈巴河、布尔津、阿勒泰的深山区都有少量分布。

6.1.1 成土条件和主要成土过程

棕色针叶林土处于中亚山地最寒冷地区,冬季漫长而寒冷,平均气温在 0℃ 以下时间长达 5～7 个月,土壤冻结层深厚,可达 2.5～3.0 m,夏季短暂而温凉。年降水量 600 mm 以上。

其上发育的植被主要为新疆落叶松,并混有较多的新疆五针松(*Pinus sibirica*)和新疆冷杉(*Abies sibirica*),阴坡下部冷杉较多,愈向上五针松愈多。林下灌木有黑果枸子木(*Cotoneaster melanocarpus*)、忍冬(*Lonicera*)和刺蔷薇(*Rosa acicularis*)。草本植物有早熟禾(*Poa annua*)、野豌豆(*Vicia sepium*)、老鹳草(*Geranium wilfordii*),地表生长有大量苔藓,树枝上挂有松罗藓(*Papillaria nigrescens*),说明其湿度较大。

成土母质多为粗粒的花岗岩风化残积物或坡积物。

棕色针叶林土的成土特点,主要表现在弱酸性腐殖质累积、泥炭化过程和轻度淋溶的黏化过程、冻结隐灰化过程等。因林木和草类生长茂盛,生物累积过程十分活跃。新疆落叶松、红松(*Pinus koraiensis*)的凋落物较多,每年有 4～5 t/hm² 归还土壤。在明亮的针叶林下多生长草本植物,生草化较强,土壤表层进行着较强烈的腐殖质累积过程。

夏季较温暖多雨,降水量中降雨量占 70%～80%,盐基物质多被淋失,铁铝也有明显淋移,水分较稳定,经常保持湿润,因而矿物质易于分解,引起较显著的残积黏化过程。但是,尚不可能产生强酸淋溶的灰化过程。土体中常见到无定形硅酸粉末或似菌丝体,这并非灰化过程的结果,而是由于矿物质分解产生的二氧化硅,以硅酸溶于土壤溶液中,因冻结等原因淀积而成。

冬季来临时,土壤表层首先冻结,上下土层间产生温差,下移的可溶性铁、铝、锰化合物等随上升水流重返地表,并因冻结、脱水而析出,成为稳定的铁、铝、锰等化合物聚集在土壤表层,使土粒着染棕色。在剖面上层的石块底面及侧面,常沉淀有大量的暗棕色或棕黑色胶膜,特别是活性铁铝在表层的聚集尤为明显,这与灰化土中的活性铁铝分布规律截然不同。

一般说来,酸性淋溶是灰化过程的基础和开始,而灰化过程又是酸性淋溶的发展与深化,两者是本质不同的阶段,但又是互相联系着的同一过程。棕色针叶林土正是处于酸性淋溶灰化过程的初期阶段,与欧洲灰化土的灰化过程完全不同。在湖旁洼地常有潜育化过程,疏林地、采伐迹地、火烧迹地上的生草化过程也相当强烈。

6.1.2　土壤剖面特征和理化性状

发育正常的棕色针叶林土剖面层次呈逐渐过渡状态,既无明显的灰化层,也无明显的铁、铝淀积层。

土壤表面有 2～6 cm 厚未分解的枯枝落叶层,覆盖大量苔藓;粗腐殖质层为半分解的有机残体,下部微显泥炭化,呈黑棕或暗棕色,较松软,厚度约 5 cm;腐殖质层厚 10～25 cm,颜色比上下层稍淡,为灰棕或淡灰棕色,这是隐灰化的外部表现,团粒状结构,质地中壤—重壤;过渡层厚 15～25 cm,暗棕或灰棕色,粒状—团块状,有少量小砾石,其背面可见铁质胶膜;淀积层厚度不一,多为 15～35 cm,棕色或淡棕色,质地较黏重,块状或粒状结构,结构表面常有不明显铁、锰胶膜及二氧化硅粉末,其底面也有铁盐胶膜;母质层(C)为淡黄棕色,含有大量砾石和风化砂粒,其表面可见铁、锰胶膜。

棕色针叶林土表层土壤有机质和全氮含量都很高,分别平均达 290.0 g/kg 和 8.0 g/kg 以上,向下急剧减少;全磷表土层在 1.0 g/kg 以上,以下各层多在 0.7 g/kg 左右;全钾表层在 13.0 g/kg 以上,向下各层都在 20.0 g/kg 左右;C/N 表层高达 20.0 以上,向下逐渐减少;剖面中碳酸钙全部被淋溶,土壤呈微酸性反应。

土壤水浸提液的 pH 为 6.1～7.0,盐浸提液为 4.4～4.8,二者相差较大。与此相似的是阳离子交换量普遍明显大于盐基交换量,说明土壤中的游离酸虽然不多,但土壤胶体上吸持着相当数量的 H^+,因而潜在酸较高。

棕色针叶林土表层阳离子交换量较高,一般大于 40 cmol（+）/kg,向下明显减少,交换性盐基离子以 Ca^{2+} 为主,占近 80%;由于剖面上部水解酸积累,增大了表土层盐基不饱和程度,盐基饱和度多小于 50%,以下各层稍高,一般在 30 cm 以下交换性盐基离子多有淀积,使其盐基饱和度可达 60% 以上,但仍为盐基不饱和的土壤。

棕色针叶林土腐殖质层物理性黏粒（<0.01 mm）和黏粒（<0.001 mm）稍高,多为重壤土;土壤含水率,表层高,多在 60% 以上,向下逐渐减少;土壤容重表层多在 0.6 g/cm³ 左右,腐殖质层多在 1 g/cm³ 上下,多数剖面过渡层土壤容重大于相邻的上层和下层;土壤孔隙度表层最大,向下呈减少趋势,而多数剖面过渡层明显小于相邻的上下层,这与土壤容重相一致。

棕色针叶林土由于生草化强,土壤腐殖质组成中,活性胡敏酸含量大,表层占全碳 15% 以上,以下各层都在 20% 以上,均大于富里酸碳,胡敏酸与富里酸之比大于 1。

棕色针叶林土全量化学组成较稳定,SiO_2 含量一般为 600～700 g/kg,表层含量低,多在 400 g/kg 左右,向下呈递增趋势,含量多在 600 g/kg 以上;Fe_2O_3 表层含量最低,多在 40 g/kg 左右,以下各层含量高于表层,均在 50 g/kg 以上,以腐殖质层含量最高;Al_2O_3 表层含量最低,多在 100 g/kg 以下,以下各层含量稍高,多在 130 g/kg 以上,过渡层含量最高,多在 140 g/kg 以上。其分子比率 SiO_2/Fe_2O_3 为 28～35,SiO_2/Al_2O_3 为 7.5～9.0,SiO_2/R_2O_3 为 6.0～7.5,风化淋溶率在 1.0 左右,都以母质层为最高。

棕色针叶林土微量元素含量中，全锰在剖面上层较高，多在 900 μg/g 以上，下层较低，多在 600 μg/g 左右；全锌含量多在 180～80 μg/g，以表层含量最高，速效锌表层多在 1～3 μg/g，下层多在 1 μg/g 以下；全铬多在 130～140 μg/g，全镍 60～75 μg/g，全钴 40～50μg/g，全铜 30～40 μg/g，全锶 20～100 μg/g。

棕色土壤带土被主要分布在中部高山，部分分布在山的较低位置，开始于海拔 800～1200 m，形成于湿润气候条件，但与高山土壤湿度不同，区别于高温和适度的温度状况。在这种土壤带的下部和上部观察到很大的差别，平均气温度从 5.4～12℃，平均降水量在 470～1200 mm。对这些数据产生主要影响的是山区地形状况、地理位置和山坡的坡向。已经查明，当山区海拔升高100 m，降水量平均增加 60～70 mm 到 75～95 mm（Бабушкин Л. Н.，1964）。还观察到这些数据在东北坡减少到 55～57 mm，而在东南坡降到 30～35mm（Соколов С. И.，1967），甚至降到 20 mm（Бабушкин Л. Н.，1964）。尽管有各种各样的气候状况，但仍然保持山系的一般规律：随着山体高度增加，空气温度随之下降、暖期持续时间减少、大气降水数量增加、空气湿度增量减少，甚至完全停止了干燥风的影响。

大于 5℃ 的有效积温在 4210～2350℃·d 之间变化，当高于 10℃ 时，在 3860～1980℃·d 变化。1 月份平均温度为 -1.1～6.4℃，6 月份平均温度为 24.5～17.5℃，绝对低温达到 -32～-33℃，最高温度 42～34℃。冬季持续时间 61～100 天，冬季生长季取决于当地地形高度，在 36%～12% 之间。整个冬季保持厚实的积雪，厚度达到 90～100 cm，有些地方积雪更多。湿润季节开始于 10 月初，期间地面出现第一场雪。

对土壤形成产生影响的还有植被。植被在中高山区是多种多样的。植被的构成取决于垂直区域带，主要是气候和土壤条件。

中高山干旱草原被冰草—杂草植被覆盖，冰草本身是植被的组成部分，不构成厚实的生草层，只是靠近冰草组成球茎大麦（Hordeum bulbosum）和须芒草（Andropogon yunnanensis）群落，形成很好的土壤草层。除了这些植被外，还经常见到栓翅芹（Prangos）、阿魏（Ferula）、旋覆花（Inula japonica）、鸭茅（Dactylis glomerata）、独尾草（Eremurus chinensis）等。

高山植被使山地草原具有好看的外观。但是，由于夏季水分不足，许多景观植物结束了自己的生长期，从而导致草原干枯。

按照植物物种构成，山地干旱草原是多种多样的，在天山西部中高山相对缓和的条件下分布多种类型的球茎大麦植物区系，其中混合有冰草，再高一些地方有鸭茅草、独尾草、无芒雀麦（Bromus inermis）等（Коровин Е. П.，1962）。在土尔克斯坦山坡地还有沟叶羊茅（Festuca rupicola）（Горбунов Б. В.，1949）。植被在春天主要是矮小的短命植物和类短命植物，其中有早熟禾，外观像郁金香的新疆薹草（Carex turkestanica）、葱属（Allium）、苦豆子（Sophora alopecuroides）等。

在较大石质山地的南坡以及荒漠平原，山地旱生植物得到很好的发育，深入到生草灌木植被的上层。山地旱生植物群落主要是半灌木群落，形状是带刺的地垫：刺矶松（Acantholimon alatavicum）、胶黄耆状棘豆（Oxytropis tragacanthoides）以及新塔花（Ziziphora bungeana）、蒿类、针茅（Stipa capillata），有时可见扁桃属（Amygdalus）灌木，小蘖叶蔷薇（Rosa berberifolia）、忍冬等。

在高于海拔 1400 m（北部）和 2000m（南部山区）的山地，开始出现乔木灌木带，主要乔木树种是刺柏（Juniperus formosana），分散生长，个体之间相距较远，由于这个原因，分类上属于稀疏刺柏。刺柏树不形成封闭的树盖,也不对草灌植被产生影响,对土壤也是如此。

刺柏有 3 个树种:泽拉夫尚刺柏、半泽拉夫尚种和土尔克斯坦种。泽拉夫尚刺柏比较喜热和耐旱,主要分布在地带的下部,半泽拉夫尚种和土尔克斯坦种生长在这个地带的中部。土尔克斯坦刺柏属于耐寒型,经常在高山带形成所谓的"片状灌木"。刺柏稀疏林带的上部生长远东羊茅植被。刺柏生长在不同的环境中,但是最适合的环境是山坡,首先是背阴的山坡,还有山坡底部。在这里形成现今茂密的刺柏林。山下灌木林生长着忍冬、合叶子(Filipendula palmata)、花楸等。草甸形状的草被主要是:拂子茅(Calamagrostis epigeios)、冰草、无芒雀麦、早熟禾等。在比较阴暗的地方主要是苔藓,草本植物是个别种类或耐阴性的草丛。

其他的乔本植物是核桃、槭树、杨树、果树等。这些树种取代刺柏稀疏林,生长在朝向西面的湿润山区。

在阴暗山坡榛树林草地,主要是早禾,此外还有紫罗兰(Matthiola incana)、凤仙花(Impatiens balsamina)、黄精(Polygonatum sibiricum)、短柄草(Brachypodium sylvaticum)等。在土层不厚,明亮的山坡分布槭树和苹果、核桃混合林,一般生长的都比较稀疏;在第二层生长山楂树,较少樱桃李(Prunus cerasifera);第三层是忍冬和蔷薇等。在阳坡碳酸盐土山坡榛树林的地方混合生长苹果、樱桃李、扁桃等稀疏树丛。草被是杂草丛生的草原,生长着蜀葵(Althaea rosea)、洋艾(Artemisia absinihium)、鼠尾草(Salvia japonica)、旋覆花(Inula japonica)、球茎大麦等。。

在土壤比较厚的南坡生长有新疆野苹果、樱桃李、山楂、核桃等树种,以不大的树丛出现。苹果林在河谷和低矮的山坡,在一起混合生长的还有核桃和槭树。由于中高山地形、气候和植被多样性等条件的特点,在这些环境中发育棕色和褐色山地森林土。按照碳酸盐最高值在土壤剖面中出现的深度,分为典型的、强淋溶的和未完全发育的棕色森林土。

棕色淋溶土　　形成于中高山背阴山坡水成残积层,位于草甸和草原植被及封闭的乔灌木植被下(Генусов А. З. ,1975),分布在海拔 1900~3000 m 的高山,没有形成大面积的棕色淋溶土。

对于大多数土壤来说,土壤形成的母质是微粒细土或微粒石质细土和残积或坡积沉积,这些沉积是破碎的无碳酸盐片岩和碳酸盐变质岩(石灰,砂岩等)的产物。山坡的下部被黄土和黄土状的壤土覆盖。黄土状壤土下的棕色土特点显得十分充分。所有的棕色微粒土显露出明显的黏土化。

土壤大部分没有被冲蚀或轻度冲蚀。生草层厚度达到 6~9 cm,暗灰色带有浓密褐色暗影。腐殖质含量达到 7%~13%,有时达到 20%(表 6.1)。在浓密的暗影处生长着苔藓,在苔藓下形成厚实的垫层,再往下组成暗灰色的细粒泥炭层。生草层的腐殖质含量一般达到 3%~11%,腐殖质在 140~160 cm 深处超过 1%,形成比较厚的土壤(200 cm)。生草层中氮含量达到 0.6%~0.9%,碳氮比为 7.5~8.7,有的地方达到 9.4~11.3,这说明植物残体转化比较缓慢。土壤吸附容量比较高,达到 17~21 mg 当量/100 kg 土,主要是钾吸收(80%~90%),有时镁占到总数的 28%~32%,生草层中活性磷达到 5~40 mg/kg。

表 6.1　中高山土壤化学分析

深度/cm	腐殖质/%	氮/%	碳∶氮	P₂O₅		K₂O		碳酸盐/%
				总含量/%	活性磷/(mg·kg⁻¹)	总含量/%	活性钾/(mg·kg⁻¹)	
				山地棕壤　　刺柏林				
0~2	13.7	0.9	9	38	—		530	1.5
2~8	10.0	0.7	8	13	—		366	1.5
8~18	4.8	0.36	8	5	—		181	1.4
18~28	3.8	0.37	6	5	—		133	1.0
28~38	3.4	0.24	7	4	—		120	1.0
28~55	2.5	0.22	6	3	—		96	1.2
55~72	2.1	—	—				—	1.2
72~90	1.8	0.17	6				—	1.2
90~105	1.6	0.15	6				—	9.5
105~120	1.5	—	—				—	10.6
120~140	1.4	0.13	6				—	12.2
150~167	0.9	—	—				—	15.3
				没受到冲蚀的山地褐色土壤　　有着少量刺柏林的干旱山地草原				
0~3	8.1	0.49	9	41	—		441	1.8
3~15	2.9	0.19	9	14	—		284	1.2
15~28	1.9	0.14	8	10	—		277	0.9
28~37	2.4	0.13	11	—			—	16.1
37~47	1.3	0.09	8				—	22.2
47~60	0.7	0.05	8				—	22
60~70	0.5	—	—				—	21.1
				轻冲蚀的山地褐色土壤　　有着少量刺柏林的干旱山地草原				
0~10	4.7	0.41	7	19	—		349	5.7
10~24	4	0.36	6	13	—		258	5.6
24~38	3.2	0.32	6				—	5.4
38~50	2.4	0.23	6				—	6.3
				中等程度冲蚀的山地褐色土壤　　干旱山地草原				
0~7	2.9	—	—		—		—	11.8
7~16	2	—	—		—		—	15.4
16~30	0.9	—	—		—		—	16.7
30~50	0.7	—	—		—		—	9.7
				强冲蚀的山地褐色土壤　　干旱山地草原				
0~12	1.1	—	—		—		—	12.3
12~39	1.2	—	—		—		—	11.3
39~50	1	—	—		—		—	10.4

（续表）

深度/cm	腐殖质/%	氮/%	碳:氮	P₂O₅ 总含量/%	P₂O₅ 活性磷/(mg·kg⁻¹)	K₂O 总含量/%	K₂O 活性钾/(mg·kg⁻¹)	碳酸盐/%
				山地森林棕色土壤　胡桃树果林				
0~12	8.6	0.46	11	0.22	89	2.46	790	0.7
12~27	4.6	0.24	11	0.2	39	2.57	595	0.5
27~60	2	0.11	11	0.15	12	2.57	323	0.5
60~110	1.4	0.08	10	0.12	10	2.31	181	0.6
110~130	1	0.06	9	0.1	7	2.1	139	0.6
130~165	0.8	0.05	9	0.09	4	2.13	79	0.7
165~270	0.4	0.03	9	0.11	10	2.23	126	4.7
				干旱山地棕色土壤　轻冲蚀的土壤				
0~15	2.8	0.27	6	—	13	—	205	10.3
15~26	2.7	0.22	7	—	10	—	157	10.3
26~41	2.1	0.19	6	—	—	—	—	14.5
41~60	1.3	0.13	6	—	—	—	—	15.3
60~75	0.7	—	—	—	—	—	—	16.6
				草甸沼泽泥炭土　位于盆地				
0~13	23.4	1.43	9		26		120	15.1
13~38	16.1	0.99	9		19		36	15.4
38~60	31.5	1.76	10		—		—	17.2
60~77	23.9	1.29	11		—		—	18.4
77~90	13.5	0.95	8		—		—	19.5

注：表中"—"表示此项目未测试。

活性钾含量为 190~500 mg/kg，自土壤剖面向下，这些元素含量急剧下降。

淋溶土的特点是碳酸盐埋藏比较深，达到 100 cm，含量为 0.8%~2.4%，下部埋藏着淀积层，碳酸盐从 9%~15%，土壤上层 pH 在 6.7~7.0，下层为 7.8~8.8。降水形成过湿和合适的湿度，促使从土壤中排出氯化物、碳酸盐和石膏，这就是为什么土壤没有盐渍化和不含石膏的原因。

根据机械组成可以看到土壤上层（生草层上，生草层下）较轻的剖面和中下层加重剖面。这种土壤的特点是中部剖面的黏化。

典型棕色土　形成于潮湿条件下残积沉积较为干旱的山地草原（Кимберг Н. В.，1975），位于海拔 2000~3000 m 高原和平缓分水岭范围，分布有灌木—禾本科不同品种的苹果—樱桃李林，刺柏稀树林植被。土壤形成基岩是碳酸盐微粒石质化细土和无碳酸盐的坡积和残积沉积，或再沉积的第三纪和第四纪岩层，大部分是未冲蚀或轻度冲蚀土壤。

生草层厚度达到 4~7 cm，腐殖层颜色为暗灰色或褐色阴影，深度达到 20~34 cm。平地和平缓的分水岭的生草层中腐殖质达到 8%~10%，生草层下达到 2.6%~2.9%（表

6.1）。在轻度冲蚀土壤中,生草层腐殖质含量达到 4%～8%,生草层下降到 2%～3%。氮含量分别为 0.44%～0.78% 和 0.20%～0.45%。碳氮比在未冲蚀土壤腐殖质层中是8.1～9.6。在相对高有机物含量的土壤中,钾和磷总量没有积累,而活性状态的磷和钾在生草层下积累,活性磷为 20～55 mg/kg,活性钾为 160～300 mg/kg。土壤的碳酸盐含量随着深度而增加,在土壤剖面中,轻度碳酸盐部分的碳酸盐为 0.6%～2.6%,在碳酸盐－淤泥层为 8%～16%。

根据机械成分棕色典型土属于重壤土,有的地方是轻石质土,在剖面中微粒细土在中热期,由于从土壤上层排出多余的水分和淤泥胶质微粒而出现黏土化。

碳酸盐褐色土壤　形成于旱生残积沉积的阳坡(Генусов А. З.,1975),长在稀疏草本－生草灌木植被下,通常都在厚度不大的残积－坡积和残积－洪积石质细土中。它们都不同程度地遭受侵蚀。生草层腐殖质含量取决于土壤冲蚀程度,在 0.7%～2.0% 到 3.5%～8.2% 变化,生草层下从 1.2%～1.5% 到 2.3%～4.3%,氮含量为 0.20%～0.70%(表 6.1),碳氮比在6～8。在未冲刷土壤中,磷含量为 20～80 mg/kg 和 380～620 mg/kg 的活性钾。在冲刷土壤中这些数值相应减少到 10～25 mg/kg 和 230～380 mg/kg。在冲刷侵蚀的影响下,土壤的肥力很快被消耗掉了。

褐色碳酸盐土的酸性泡沫反应,可以在土壤表面观察到。生草层碳酸盐含量达到3.2%～8.3%,碳酸盐含量在全剖面达到 7.5%～18.7%。土壤呈轻度碱性反应,这些土壤的吸附容量比较低,在 9～13 mg 当量/100 kg 土。钾代谢占总盐基的 80%～90%。阳坡褐色土壤的特点,是厚度不大和较高的石质化。这里基岩经常露出地表(占总面积的 20%～80%)或处于厚度不大(10～50 cm)的微粒细土外壳之下。

这些土壤较薄的剖面,按照机械成分的特点是高度砂质化,属于中度和轻度砂壤土。土壤中分散的微粒避开了侵蚀,黏化没有显现。这里大部分是平面和沟壑的侵蚀。

典型山地森林土　形成于核桃林及多种杂草带下较为潮湿的地方。分布在中高山第三纪厚实的黄土壤土与低山区的接壤地区。降水量超过 1000 mm,水分状况保证达到淀积冲刷类型。生草层十分破损,土壤表面覆盖着衰败植被组成的枯枝落叶。腐殖质呈棕色或暗灰色。这些土壤较厚的腐殖层与棕色土壤有所区别,达到 70～80 cm。这里的腐殖质含量取决于土壤侵蚀度,在很大范围变动,从 2.4%～17.9%(表 6.1)。氮含量在 0.14%～0.92%,上层的碳氮比为 9～11,说明有机物中氮积累不足。腐殖层具有颗粒－团块结构和疏松沉积,有明显的翻耕。土壤中活性磷比较高,为 70～90 mg/kg,活性钾为 600～800 mg/kg。上层吸附容量为 19～20 mg 当量/100 g 土。盐基中钙接近饱和(占总数的 90%～95%)。

棕褐色中高山森林土　处于未充分发育的状态,在高山带系统中,与典型棕色山地森林土和棕色土处于相同的位置,但分布在湿度较差的刺柏林中。这种土壤主要形成于残积层,厚度不大。在黄土状壤土中很少见到。生草几乎不存在,颜色呈暗褐色,灰色。团块－颗粒状结构。腐殖质渗透不很明显,层理比较疏松,腐殖质比上述典型褐色山地森林土含量要低,仅为6%～9%。

6.2　灰色森林土

灰色森林土是中亚地区分布最广、面积最大的森林土壤,海拔 1500～1700 m。

6.2.1　成土条件和主要成土过程

灰色森林土属温带半湿润大陆性气候,年均温 0～4℃,年降水量约 500 mm,≥10℃ 积温 1800～2600℃·d,无霜期 90～120 d,干燥度 1.0～1.2,冻土层深度 1.5～2.0 m,阿尔泰山西北段冷而湿,愈向东南段山势愈低,受盆地干旱气流的影响愈大,气候愈干燥,湿度相对减少;由于其所处的地貌部位低,融雪积水较多,故土壤湿度并不因空气湿度的减少而降低。

灰色森林土的植被主要以落叶松纯林为主,有的混有少量云杉,林下草类繁茂,主要有薹草、青茅、草莓、黄芪(Astragalus)、芍药(Paeonia lactiflora)、柴胡(Bupleurum)、野豌豆(Vicia)、山芹(Ostericum)、老鹳草等。

灰色森林土的成土母质主要分布在中山带,岩相复杂,有酸性岩浆岩和变质岩风化后的成土母质,质地粗而松;也有沉积岩类的砂岩、砾岩、页岩、石灰岩和火山碎屑岩等风化后的成土母质,主要以坡积物为主,其次为残积物或残积—坡积物。

灰色森林土是在半湿润、冷凉气候的森林草原景观下发育而成的土壤,它既具有类似半湿润草原土壤的强度腐殖质积累过程,也具有酸性淋溶、黏化淀积等森林土壤的形成过程,只是相对较弱些。硅酸粉末淀附显著,这主要是由于土体中矿物质水解作用活跃,形成了水溶性硅酸,随水流下移过程中,因土壤溶液受冻后,硅酸又会以无定形的粉末晶体析出,明显地附着在剖面下部土层中。同时也有微弱的钙积化过程,在剖面下层,常有碳酸盐聚积现象。

6.2.2　土壤剖面特征和理化性状

灰色森林土层次明显,一般可分为枯落物层,厚约 2 cm,由木本植物残体和未分解的禾本科植物凋落物组成;粗腐质层厚 5～6 cm,由未分解的枯落物组成,松软,有真菌丝体;腐殖质层厚约 15 cm,湿时呈暗灰或黑棕色;干时为棕灰色,上部植物根系多,呈交织状,团粒或团块状结构,其下有时有不明显的隐灰化层,棕灰色,结构面上有白色二氧化硅粉末和不明显的铁锰胶膜;淀积层厚约 25 cm,呈淡灰棕色或黄棕色,块状或核状结构,夹有少量角砾石,其背面附着多量二氧化硅粉末和铁锰胶膜,个别剖面在此层有石灰反应;母质层为淡棕黄色,石砾含量很高,表面有时可见铁、锰胶膜。但多数在底部无石灰反应,只是在石块背面有碳酸钙淀积的薄膜。

灰色森林土有机质和全氮含量较高。表层分别为 233.9 g/kg 和 7.66 g/kg,向下急剧减少。与棕色森林土相比,各层土壤有机质和全氮含量都低于棕色针叶林土;土壤全磷含量表层为 0.81 g/kg,向下多呈减少趋势,各层全磷含量均比棕色针叶林土少;土壤全钾含量表层为 14.1 g/kg,以下各层都在 20.0 g/kg 左右,略高于棕色针叶林土;土壤 C/N 表层为 19.5,向下逐渐减少,但各层 C/N 略高于棕色针叶林土;土壤表层 pH 为 6.4,向下呈增加趋势,各层 pH 稍高于棕色针叶林土。

　　灰色森林土阳离子交换量较高,表层为 32.44 cmol[①](＋)/kg,向下呈减少趋势,其变幅多在 10～19 cmol(＋)/kg,各层均低于棕色针叶林土;交换性盐基离子以 Ca^{2+} 为主,各层多占 80％左右;土壤盐基饱和度表层小于 50％,下层多在 50％以上,稍高于棕色针叶林土。

　　灰色森林土具有轻度灰化特征,又同时有残积钙特点,表现在土体全量矿物质化学组成中。SiO_2 在过渡层相对聚积,而且明显高于上下各层,且多呈粉末状。Fe_2O_3 在淀积层稍高,Al_2O_3 在过渡层高,这与棕色针叶林土有所不同。

　　灰色森林土黏粒沿剖面分异相当明显,风化淋溶率在 1.4 左右,显然较西北段的棕色针叶林土高些。小于 0.001 mm 黏粒和小于 0.01 mm 物理性黏粒在淀积层中明显增多,说明淋溶过程有可能引起灰化过程的发生,但由于受到残积钙化过程的影响,有可能阻碍灰化过程的进行,促使聚积和下移的 R_2O_3 绝对量甚少。

　　灰色森林土由于林下生草旺盛,腐殖化过程较强,腐殖质以表层含量最高,向下明显减少,胡/富一般大于 1。

　　灰色森林土划分为暗灰色森林土、灰色森林土两个亚类。由于它们的肥力水平不同,因而对林木的生长影响也各不相同。具体表现在土壤外部形态特征、灰化的有无,碳酸盐淋溶的程度和腐殖质层的厚度等差异上。

　　灰色森林土微量元素全量含量较丰,一般全锰为 800～2000 $\mu g/g$,全锌与全铬都为 100～150 $\mu g/g$,全镍为 40～70 $\mu g/g$,全钴和全铜均为 20～40 $\mu g/g$,全锶为 50～60 $\mu g/g$。

---

　　① 　1 cmol＝10^{-2}mol

第7章　钙层土纲

　　土壤中钙离子与植物残体分解时所产生的二氧化碳和水作用,形成重碳酸钙,在降雨时向下移动,并在剖面的中部或下部明显累积,形成钙积层,成为钙层土纲的重要鉴别标志。

　　钙层土纲包括半湿温钙层土亚纲的黑钙土和半干旱温钙层土亚纲的栗钙土两个土类。

7.1　黑钙土

7.1.1　成土条件和主要成土过程

　　黑钙土地表植被生长繁茂。伊犁谷地由于水分条件好,利于植物生长,多由禾本科及其他草类组成,如鹅观草(*Roegneria kamoji*)、猫尾草(*Uraria crinita*)、针茅(*Stipa capillata*)、老鹳草(*Geranium wilfordii*)、委陵菜(*Potentilla chinensis*)、糙苏(*Phlomis umbrosa*)等,草高在40～70 cm,覆盖度可达80%～90%以上。天山北坡的中山带,由于水分条件比伊犁谷地稍差,植物群落主要有薹草(*Carex*)、针茅、羊茅(*Festuca ovina*)、糙苏等组成,草高50 cm左右,覆盖度80%。

　　分布在平原或丘陵地带的黑钙土,其成土母质多为厚薄不等的黄土状物质,个别地方为红色页岩母质。

　　黑钙土形成过程具有明显的腐殖质累积过程和钙化过程,同时也伴有草甸化过程和退化过程。

　　腐殖质累积过程　黑钙土分布地区水分条件较好,夏季暖湿,日照长,阳光充足,大多数草本植物从春季土壤解冻到深秋整个季节,生长非常茂盛,直到晚秋土壤冻结生长才停止。此时温度低,微生物活动受抑制,阻止矿化过程的进行,加之冬季长达4～5个月的雪覆盖期,在雪被下,有机质不能分解,只有待春季解冻,温度升高,微生物活动时有机质才开始分解。但春季降水量大,土壤湿度大,氧气不足,只适宜于嫌气性微生物活动,有机质分解慢。因此,黑钙土的腐殖质层深厚,一般有机质层厚50～80 cm,含量50～180 g/kg。腐殖质组成以胡敏酸为主。它不仅是植物营养元素的重要来源,而且与土壤中的钙、镁和无机矿物结合,形成良好的结构。

　　钙化过程　春季土壤水分较多时,水分将重碳酸钙由湿度高的土层带到湿度低的土层淀积,不断放出CO_2,而使重碳酸钙变为碳酸钙。这样,年复一年的继续下去,就形成了碳酸钙积聚层。碳酸钙积聚层的层位随着降水量的变化,各亚类的钙积程度有差异。例如,淋溶黑钙土的钙积层普遍在100 cm以下,普通黑钙土的钙积层一般在60～80 cm;碳酸盐黑钙土自表层就有石灰反应,钙积层出现的部位较高,一般在40 cm左右;草甸黑钙土虽然水分条件较好,但由于受上行水流的影响,钙积层出现的部位也较高。

　　草甸化过程　在黑钙土分布区的小范围内,土壤由于所处地势相对较低平,受土壤侧渗水分影响,在其形成过程中伴随着草甸化过程。

　　退化过程　开垦耕种后,人类对土壤进行了耕犁、施肥、灌溉等多种因素的干预,使土壤属性发生着新的变化。如良好的耕作制度、施肥制度,可以使土壤性状保持原来土壤的许多优良属性,例如,有机质含量高、团粒结构性好、土壤表层(30 cm 左右)松绵、通透性好。但掠夺式的经营方式会使土壤肥力下降,团粒结构遭受破坏,使土壤板结,通透性差。在灌溉地带并伴随着水蚀作用的发生,使沃土层变薄,物理性状变差。

7.1.2　土壤剖面特征和理化性状

黑钙土剖面层次分化明显,其基本发生层是由生草层、腐殖质层、过渡层、钙积层、母质层组成。

生草层一般厚 4～8 cm,草根交错盘结,土粒含量少。

腐殖质层厚 20～60 cm,个别厚约 1m,有机质含量一般为 50.0～180.0 g/kg,个别高达 200.0 g/kg,粒状或团粒状结构,质地疏松,多孔,无石灰反应;过渡层一般厚 20～40 cm,呈灰黑色或灰棕色,是腐殖质层与淀积层之间的过渡层,颜色较上层浅,腐殖质含量降低,或呈舌状分布,团块状结构。

钙积层呈灰棕色,块状结构,较黏重,紧实,碳酸盐多呈斑点状或假菌丝状出现,个别灰结核,石灰反应特强;母质层呈浅黄色或棕黄色,较紧实,块状结构,石灰反应强烈。

有机质在剖面中的分布以表层为最高,主要集中在 20～30 cm,其含量随地区变动较大,一般有机质含量在 90.0～200.0 g/kg。

腐殖质组成中以胡敏酸为主,胡敏酸与富里酸之比多在 1.3～2.5。

腐殖质层的阳离子交换量在钙层土中为最高,多在 20～50 cmol(＋)/kg,平均为 34.62 cmol(＋)/kg,其中交换性 Ca^{2+} 占 70%～90%,交换性 Mg^{2+} 占 15%～20%。

黑钙土腐殖质层酸碱度多接近中性,在淀积层及其以下,多呈弱碱性或碱性。

黑钙土容重都是由上至下逐渐增加,表层多在 0.9～1.0 g/cm³,其孔隙度表层一般在 55%～65%。

黑钙土开垦之后,由于连年种植,缺乏养地措施,土壤中有机质含量明显下降,耕层水稳性团粒结构受到一定破坏,尤其大于 1 mm 的结构体受到破坏更为严重,土壤紧实度增加。

黑钙土根据其形成过程与附加过程分为淋溶黑钙土、黑钙土、碳酸盐黑钙土、草甸黑钙土四个亚类。

7.2　栗钙土

栗钙土是发育在温带半干旱草原带的地带性土壤。

7.2.1　成土条件和主要成土过程

栗钙土分布地区大多属于低山丘陵、山间谷地,海拔较高,多在 900～1500 m。成土母质多为黄土,其次为坡积物与冰碛物,其颗粒组成虽因母质类型不同而有很大差异,但总的来说,质地偏轻,多属沙壤、轻壤与砾质沙壤,土层厚薄不一。

栗钙土分布区的气候特点是温带半干旱气候,年平均气温 2～5℃,年较差 30～49℃,≥10℃积温 1700～2500℃・d;无霜期 90～125 d,年降水量 300～400 mm,干燥度 1～2。年内气候变化剧烈,夏季温和而较干燥,冬季严寒多雪,春季干旱多风,秋季冷凉而短暂,总的说来,气候有干燥、冷凉的特点。因分布范围广泛,有明显的地区性差异。

栗钙土的植被属于干草原类型,以丛生禾本科为主,其次有走茎和根茎草类、灌木与半灌木。主要建群种有羊茅、针茅、冰草(*Agropyron cristatum*)、冷蒿(*Artemisia frigida*)、锦鸡儿(*Caragana sinica*)、紫苑(*Aster tataricus*),以及部分春生短命、类短命植物。草层高度5~30 cm,覆盖度一般在20%~70%。由于水热条件的地区性变化,导致同一类型的植被在不同地区的成分与覆盖度有所不同。除有多种草本植物外,还有为数较多的灌木和半灌木,如野山楂(*Crataegus cuneata*)、金丝桃(*Hypericum monogynum*)、三裂叶绣线菊(*Spiraea trilobata*)、野蔷薇(*Rosa multiflora*)、忍冬(*Lonicera japonica*)、栒子(*Cotoneaster*)等。这种生物气候上的特点对土壤腐殖质累积与淋溶过程有明显影响。

人为活动是影响土壤形成的重要因素之一。栗钙土是中亚地区主要的春秋草场,部分是旱作和半旱作农业区,在人为利用的条件下,正经历着极大的变化。由于草场经常处于畜群超载过牧状态,致使栗钙土区的植被生长量减少,覆盖度降低,土壤有机质积累过程减弱。垦殖后的栗钙土,首先改变了自然土壤的生物物质循环方式,植被演替改变了土壤的水热状况,人为的耕作、灌溉、施肥加剧土壤朝着熟化与肥力提高的方向发展。但在人为不合理的利用下,只用不养、坡地开垦造成水土流失等,导致土壤朝肥力递减的方向演替,甚至变成不毛之地。

栗钙土形成过程有明显的有机质积累过程和钙积过程。土壤中的有机质累积主要靠旱生草类发达的地下根系和残体分解转化。据统计,栗钙土腐殖质层与过渡层中有机质总贮藏量12.75~39.75 t/hm²。由于旱生草原植被产草量较低,盖度不大,加上环境干旱,决定了栗钙土的腐殖质积聚较弱,因而腐殖质层较薄,有机质含量少。

栗钙土的发育同水分条件直接关联。由于受西风影响,降水比干旱荒漠区多,具有明显的季节性淋溶特征。土层的钙与植物残体分解所释放的钙,在雨季以重碳酸钙形态向下淋洗,在土壤剖面的中部累积起来,形成钙积层。尤其是耐旱植物能使钙得到富集,增强了钙化过程。钙积层出现的深度与厚度以及碳酸钙含量,因地区不同而异。一般钙积层出现深度在30~60 cm,厚度达20~40 cm,碳酸钙含量100.0~300.0 g/kg,多呈粉末状,少数为眼斑式结核状,有的呈厚层状。虽然土壤淋溶较弱,但大部分易溶性盐类却已从土壤剖面中淋失,而黏粒和硅、铁、铝等氧化物基本上未移动,在土壤底层还有少量的石膏积聚。在局部地势低洼区,由于季节性地面积水滞流,导致土壤处于干湿交替的环境,产生草甸化过程。

栗钙土在旱作和半旱作农业的条件下,一般由于利用年限较短,耕作也较粗放,熟化程度不高,通常除在剖面上部形成较明显的耕作层以外,耕种对栗钙土并没有带来质的变化,仍然继续保留着原来土壤自然剖面的主要发生层、土壤结构和结持状况、碳酸钙新生体等的基本特征。

7.2.2　土壤剖面特征和理化性状

栗钙土的剖面层次分化明显,其基本发生层是由生草层、腐殖质层、过渡层、钙积层和母质层组成的。部分栗钙土还有碱化层。生草层一般较薄,草根密集,较紧实,呈褐棕色。腐殖质层呈栗色或暗栗色,一般厚30~50 cm,通常因分布地区或所处的地貌部位不同而有较大的差异。腐殖质层较疏松,呈小粒状或团块状结构,干燥,无石灰性反应或微弱,根系分布较为集中。过渡层厚20~40 cm,较紧实,块状结构,颜色比腐殖质层略淡,根系稍少,干燥,有石灰性反应,可见舌状淋溶下渗的雏形特征。钙积层呈灰白色,有层状或斑块状碳酸钙新生体,一般出现在 30～50 cm 处,厚 20～30 cm 不等,紧实,大块状结构,有强烈石灰性反应。母质层质地粗,结构不明显。由于承受了淋溶物质,在底土层有数量不同的石膏聚集和可溶性盐类淀积,部分还有碱化现象,具有碱化层和较高的碱化度。

栗钙土的颗粒组成虽因地区和母质类型不同而有很大差异,但总的来说,质地较轻,以物理性砂粒为主,砂和粉砂粒级占 60%～80%。黏粒含较少,一般多在 10%～30%,多属砂壤和轻壤两级,少数为壤质黏土。土壤全量化学组成分析结果表明,栗钙土全剖面化学组成分异不大,唯钙积层的 CaO 含量增大。此外,土体中 SiO_2 含量很高,而 R_2O_3 特别是 Fe_2O_3 含量较小,这种情况又以母质层表现较为突出。这是由于母质砂性强,石英含量大的缘故。硅铁铝率在剖面的各层间变化不大,为 2.5～3.0。说明土壤的风化程度较低,但因母质不同而有明显差异,在次生黄土上发育的剖面,氧化钾的含量较高。

表层土壤有机质含量 25.0 g/kg,自剖面上部向下逐渐减少,底层可降到 10.0 g/kg 以下,暗栗钙土中可见到腐殖质舌状下渗,表层全氮含量 1.42～3.36 g/kg,C/N 在 9～13,腐殖质组成以胡敏酸为主,胡敏酸与富里酸的比值大于 1.0,说明腐殖质的芳构化程度较高,且较复杂,表现出草原土壤腐殖化的特点。全磷含量 0.6～1.37 g/kg,全钾含量 14.0～21.1 g/kg。由于土体干燥,气候冷凉,养分转化慢,有效性不高,有效氮 23～152 μg/g,速效磷含量 3～5 μg/g,速效钾 220～335 μg/g。

土体呈微碱到碱性反应,水提液 pH7.5～9.0,并随剖面深度加大而提高,个别剖面下部可达 9.4,土壤中有较多的交换性钠存在。这与母岩的残留特性或脱盐碱化有很大关系。

土壤阳离子交换量一般为 10.5～20.0 cmol(+)/kg,个别高者可达 30.0 cmol(+)/kg,低者在 10 cmol(+)/kg 以下。阳离子交换量以腐殖质层最高,向下递降。阳离子交换量的高低常同母质质地粗细和有机质含量相适应。在交换性阳离子组成中,Ca^{2+} 占 70%～75%,Mg^{2+} 占 15%～20%,Na^+ 占 5%,其比例近于适中,故其保肥力中等。

土体表层碳酸钙含量很少,甚至不足 10.0 g/kg,石灰性反应微弱。但钙积层 CaO_3 含量可达 100.0 g/kg 以上,甚至高达 300.0 g/kg,呈强烈的石灰性反应,母质层含量又略低。

栗钙土分布地域辽阔,生物气候、古地理条件与母岩不相同。因此,在某些属性上也反映出地区性差异,按照栗钙土形成过程中腐殖质积累的强度、钙积过程的特点以及草甸化、盐碱化等附加过程所赋予的过渡性特征,可划分为暗栗钙土、栗钙土、淡栗钙土、草甸栗钙土、碱化栗钙土、盐化栗钙土等亚类。

北部荒漠褐土

哈萨克斯坦平原区土壤地理的纬度地带性图景中,北部荒漠褐土占据了全部地区,向东部急剧收窄,向北为有限的淡栗钙土荒漠草原亚带(48°～49°N),南部——中央荒漠灰褐土(46°～47°N)。褐土带延伸至哈萨克斯坦西部约 600 km,中部——200 km,东部——50 km。亚带的总面积为 $5.74×10^7 hm^2$,约占全国荒漠区的 48%(Успанов У.У.,1975)。

褐土位于温带内陆荒漠自同构景观区(高平原和坡地)。在自然地理区划中,这里属于里海沿岸低地南部,曼格什拉克和乌斯秋尔特高原北缘,下乌拉尔和图尔盖高原南部,北咸海沿岸,哈萨克丘陵南部和阿尔泰、塔尔巴哈台山前平原(斋桑盆地)。整个纬度区域就地质构造而言属于不同年代,地貌类型和岩石组成差异很大。在平原草原区分布着相对年轻的湖海和冲积平原,堆积着盐化层状的海侵砂质黏土沉积层(沉积物)和河流沉积层(里海沿岸低地,北咸海沿岸),侵蚀的、层状的剥蚀低山和高地(隆起),层叠的且表面覆盖有碎砾石砂和砂质壤土的古丘陵残体的山岗与低山,由碎砾石产物构成的密实岩石的风化物(哈萨克丘陵)。

褐土亚带景观的总特征是区域的封闭性、含盐和含碳酸盐土层广泛分布、复合的含有大量碱土的土壤植物覆被。据乌斯潘诺夫(Успанов У. У. ,1975)的研究,褐土亚带土壤覆被约44%为(上述)不同类型的复合体。博罗夫斯基的计算结果(Боровский В. М. ,1978)显示:该地区的盐渍化土壤面积占亚带总面积(3.33×10^7 hm²)的55%。

亚带生物气候条件:年均气温 3.5~11.1℃,夏季(7 月)22.5~26.8℃,冬季 3.2~16.7℃。年降水量 120~190 mm,其中春季为年降水量的 22%~35%,秋季占 21%~27%,冬季 20%~29%。气温大于 10℃期间的降水量是 40~80 mm,即约为年降水量的 30%~40%。但该时间段的蒸发量超过降水量约 10 倍以上。

因此,此地的土壤发育是在水分极为亏缺的条件下进行的,是由气温大于 10℃期间的水热系数(0.2~0.4)决定的。

气温为 5~10℃期间的积温是亚带气候的主要特征,达到 3000~4159℃ · d 和 2753~3840℃ · d,持续时间从 182~207 d 到 150~192 d,这在北部荒漠特别明显。无霜期长达 121~174 d。

亚带的气象指标从西部到东部存在明显的变化,特别是分布于哈萨克丘陵东西部边界地区起始段的部分。在这一方向,年均气温从 7.6℃(古里耶夫)降至 1.7℃(阿克苏阿特),夏季从 24.9℃降至 21.3℃,冬季从 -10.4℃ 到 -20.4℃。相应地,气温大于 5℃的积温从 3743℃ · d 降至 2840℃ · d,气温大于 10℃的积温从 3497℃ · d 降至 2593℃ · d,气温在 5~10℃的持续时间由 204~181 d 到 172~149 d。降水略有增加(140~170 mm),降水最多的时期发生在夏季。

因此,上述褐土亚带边界向东缩小是以大陆性气候加强为前提,与地貌和大气总循环相关,即在哈萨克丘陵和阿尔泰山区方向的地区,大西洋气团影响减少和北极气团作用增加。

对于北部荒漠,典型的猪毛菜(Salsola collina)—艾蒿(Artemisia argyi)和艾蒿群丛建立了褐土亚带植被的基础,其中各种艾蒿、冰草、盐生假木贼(Anabasis salsa)、木地肤(Kochia prostrata)占优势,在轻质土壤中则以多种针茅为主,春季有为数不多的短命和类短命植物出现,如郁金香、鳞茎状或球茎状早熟禾、旱麦草属、庭荠属/红甜菜、阿魏等。植被盖度不超过 20%~30%。草原禾本科和多种杂草是栗钙土所特有的,但在该地较缺乏。土壤表面有大面积裸露,被剥去了草皮和薄外壳的覆盖,破裂成多角裂缝(砂质黏土/亚黏土)。褐土属北部荒漠地带亚型土。众所周知,该类土壤是道库恰耶夫(Докучаев В. В. ,1886)用以描述伏尔加河与乌拉尔河下游之间的里海沿岸低地的,称为"粉红褐色盐碱土",之后改为"褐碱土"。道库恰耶夫发现该类土壤是形成于旱生植被稀少甚至不生长的土地上,仅艾蒿、木地肤等旱生植物生长;腐殖质贫乏(1%~2%),在土层中不仅有碳酸盐蓄积,也存在硫酸盐的汇集。

大多数的干旱土壤,其中包括褐土,涅乌斯特鲁耶夫(Неуструев С. С. ,1925)都将它们归为碱化土或碱化土的衍生物。干旱土壤被划分为:1)禾本—艾蒿草原淡栗钙土带,2)荒漠艾蒿草原褐土带(1928)。涅乌斯特鲁耶夫(Неуструев С. С. ,1931)将砾漠土壤组团划分为石漠土类型和更加发育的平缓高原土——含碱石膏灰钙土,现被命名为棕钙土。

如果说褐土的发生自主性(独立性)目前已被公认,那么其地带属性至今尚未有统一的认识。

在苏联土壤地理区划(1962)和较早出版的有关文献中(Летунов П. А. ,1956;Филатов

М. М. ,1945;Лазарев С. Ф. ,1954;等),褐土与淡栗钙土一起作为荒漠草原带土壤。之后,在《土壤分类与诊断规程》(1967)、《苏联土壤分类与诊断规程》(1977)中,淡栗钙土已属于草原带,褐土属荒漠草原带。在前苏联,以土壤相为基础、通过热实验确定的土壤亚型被划分为:褐色半荒漠暖型、短时冻结型(南里海沿岸向东至穆戈特扎尔斯基山)、褐色半荒漠暖冻结型(从穆戈特扎尔斯基山至阿尔泰山西南山麓)和褐色半荒漠温热长时冻结型(图瓦南部盆地)。同时,在比例尺为 1:10000000 的世界土壤图(1975)中,哈萨克斯坦范围内大陆性气候相褐色半荒漠凝结碳酸盐土壤和浸渍碳酸盐土壤与大陆性典型气候相褐色半荒漠低厚度无石膏土壤是有区别的。不同相之间的界线是沿萨雷苏河谷地区分的。相似褐土相的划分具有明显的不确定性和条件性。索科洛夫(Соколов А. А. ,1959;1968)认为,褐土未显示出同种类型和地带特性。笔者将北方褐土或深色褐土归于荒漠草原带,与淡栗钙土相统一,南方褐土或浅褐土归于荒漠带,与荒漠浅钙土和带间灰褐土相统一。按照索科洛夫的研究,哈萨克斯坦南部纬性土壤地理地带性表现为以下几种形式:

荒漠草原带(栗钙土):1)淡栗钙土亚带,2)深褐土亚带。

荒漠带:1)浅褐土亚带;2)荒漠浅(钙)土亚带。

哈萨克斯坦土壤学家在荒漠区研究褐土特征和性质的基础上,遵循某种观点,将其反应在新的国家土壤图上(1:2500000,1976)。还有移民局根据俄罗斯亚洲部分的研究成果(1908—1914),确定哈萨克斯坦区域内的褐土荒漠带(46°~48°N)分为两个亚带:北部——深褐带,南部——浅褐带(Глинка К. Д. ,1923;1932)。尼基京(Никитин В. В. ,1926)在里海沿岸低地对褐土荒漠区的划分与格林卡相似,即两个亚带:北部和南部。诺吉娜(Ногина Н. А. ,1977)在荒漠戈壁(蒙古国)将褐土也分为两个亚型:褐色荒漠草原土和褐色荒漠草原化土,这类土壤具有一系列与哈萨克斯坦褐色荒漠土相似的特征。对上述学者所进行的褐土亚型的划分进行判断,可看出它们之间的差别不大。

普拉索洛夫(Прасолов Л. И. ,1926)认为,属于褐土的土壤应当“无明显的腐殖质成色,大部分含碳酸盐且大部分无密实土层 B 特征”。笔者建议扩大褐土的发生类型,至全部南方草原——荒漠,并且命名为“灰钙土”、“白土(白钙土)”、“红土(红钙土)”,视其为当地的变种,其发源是基于特殊的当地(局部)山—地地质总的气候和其他条件。

格拉佐夫斯卡娅(Глазовская М. А. ,1952)在独立类型规律上划分出褐色荒漠草原或北部灰钙土,并继续将其划分为:1)褐色碱化土;2)灰褐荒漠碱化土和盐化土(构造灰钙土)。之后,在世界土壤系统化情况下,格拉佐夫斯卡娅(Глазовская М. А. ,1973)在其后续的研究中,把哈萨克斯坦荒漠土归于荒漠褐土、灰褐土、龟裂型土和砂质土的中亚地区干旱—碳酸盐和干旱—碱化土部分,明确地指出了褐土和灰褐土剖面结构的大的相似之处。

彼得林娜(Петелина А. М. ,1950)、博罗夫斯基(Боровский В. М. ,1964;1969;1971)、索科洛夫(Соколов А. А. ,1968)、费多罗维奇(Федорович Б. А. ,1969)、戈沃兹杰茨基(Гвоздецкий Н. А. ,1971)、尼卡拉耶夫(Николаев В. А. ,1971)、乌斯潘诺夫、法伊佐夫(Успанов У. У. ,Фаизов К. Ш. ,1971;1977)等在荒漠区范围划分了带有褐土的北部荒漠亚带和带有灰褐土的中部荒漠亚带,划分清晰,如淡栗钙土荒漠草原带来自褐土和灰褐土荒漠带。

乌斯潘诺夫(Успанов У. У. ,1974)概括了各学者关于褐土和灰褐土的发生一致性与地带性状况,指出,在这一问题上应当考虑在哈萨克斯坦荒漠草原淡栗钙土亚带中约 $1.2 \times 10^6 \mathrm{hm}^2$ 耕地无灌溉的情况,北方荒漠褐土亚带仅有约 $1.2 \times 10^5 \mathrm{hm}^2$ 灌溉耕地。这说明在极其干燥无灌溉和灌溉耕作地带之间的边界位于淡栗钙土亚带南界至褐土亚带的过渡区。

在哈萨克斯坦,褐土形成于弱排水的内流平原和坡地,那里地下水位(土壤水)较深(超过6 m)且未参与成土过程。大气降水水分浸透土壤的深度不深,引起半米表层范围内碳酸盐和可溶盐的迁移,这也是其(迁移)主要形式。因此,褐土在土壤表层的碳酸盐与淡栗钙土有区别,碱化和残留盐渍化(含盐度)现象常见。

北方褐土剖面与淡栗钙土也有差异,腐殖质层表面的层状构造是其特点(A砂质黏土/亚黏土——8～10 cm,轻质土——至20 cm),着有浅灰和浅褐色。从表层有脆的多孔硬皮剥落(1～5 cm),更深处有厚度较薄的表下土层分布,呈叶片或层鳞状。黏质淀积层B呈褐色、核桃皮多块状和块状结构,且结构密实。在砂质黏土碳酸盐层(30～35 cm,轻质土35～40 cm或更深)含有碳酸盐斑点、纹理和不规则不明显的孔眼。更深处分布着松散的盐层,带有石膏析出物,呈点状、纹理状和小结晶团状。

褐土剖面特征如以下描述,取自不同岩性－地貌区。

剖面217　位于里海沿岸低地东北27 km处卡拉塔尔村(古里耶夫州马哈姆别特区),地形为微起伏内陆平原,覆盖着掺杂有角果藜属(*Ceratocarpus*)、无叶假木贼(*Anabasis aphylla*)、猪毛菜和独行菜(*Lepidium apetalum*)的白艾蒿(*Aremisia argyi*)植被。盐酸反应从表层发生,碳酸盐析出物为斑点状,盐分为纹理(脉络)状。

0～11 cm　　　浅褐色,干燥,低密度,植物根茎贯穿,轻质砂质黏土;上部(0～5 cm)鳞片层状且部分颜色更深,多孔外皮。

11～25 cm　　浅灰褐色,干燥,密实,纵向缝隙,块状,植物根茎较少,轻砂质黏土。

25～50 cm　　深褐色,干燥,非常密实,大块状,中性砂质黏土;土层多碳酸盐斑点。

50～80 cm　　褐色砂质黏土,土质新鲜,密度较低,无构造/无定形。

80～120 cm　同上,但带有脉络和斑点状石膏微结晶,砂壤。

剖面12　位于哈萨克丘陵南部,杰兹卡兹甘市东南方以南65km处的平原,海拔350 m。掺杂有阿魏(*Resina ferulae*)的艾蒿(*Aremisia argyi*)植被。投影盖度25%～30%。盐酸泡沫反应——表层,碳酸盐析出物呈斑点和白色孔隙状(自37 cm处),盐分呈纹理或团状(自95 cm处)。土壤表层和剖面可见碎砾石。

0～12 cm　　　夹带浅褐浅灰褐色,干燥,低密度,鳞片叶状结构,植物根系,中型砂质黏土,地表(0～2 cm)有浅灰色脆皮剥落。

12～29 cm　　略带浅灰的褐色,干燥,与上层相比较密实,块状结构,重砂质黏土,可见生长中和枯萎植物根系。

29～37 cm　　带有扩散的白色斑点状碳酸盐的深褐色,干燥,极密实,核桃皮块状结构,重砂质黏土,稀少根茎毛须。

37～60 cm　　带有发白碳酸盐斑点的深褐色,干燥,极密实,核桃皮块状结构,重砂质黏土。

60～92 cm　　多碳酸盐斑点和纹理褐色,干燥,密实,块状结构,重砂质黏土。

92～160 cm　带多筋状和集聚状石膏白褐色,干燥,极密实,块状结构,中性砂质黏土。

剖面3　位于哈萨克丘陵东部,阿克斗卡镇东北60 km、开阔的丘陵间平原处,该平原落于希列克塔斯和科尔达尔火山山脊之间。海拔400 m。针茅－艾蒿植被并带有伏地肤、扩散的优若藜(*Eurotiaceratoides*)、阿魏。表层盐酸泡沫反应,小斑点碳酸盐——30 cm,无石膏。

0～10 cm　　　浅灰,干燥,低密度,粉块状,多根,轻砂质黏土,砾碎石较少;表层(1～

1.5 cm)有脆鳞片层状外壳剥落,剖面有大量昆虫通道。

10~33 cm　　灰浅褐,干燥,较上层密实,多根且有大量昆虫通道,块状结构,轻砂质黏土,砾碎石较少;从 30 cm 处有较少且不明显的碳酸盐斑点。

33~50 cm　　带有大量碳酸盐白污点的褐色,干燥,密实,块状,中型砂质黏土;少量植物根须和昆虫通道。

50~87 cm　　带有大量碳酸盐纹理状深褐色,干燥,密度高,块状,重砂质黏土。

87~135 cm　带有大量碳酸盐斑点浅黄褐色,非常密实,干燥,块状,砂壤。

135~180 cm 与上层相似,但带有大量碳酸盐小斑点,新鲜、密实且带有碎砾石的砂质黏土;位于深度 2.5 m 的沙砾岩坡积—洪积层。

剖面 341　位于哈萨克丘陵东部,卡拉乌—秋别死火山(小山丘)以南 3 km 处的阿伊河下滩涂台地平原,有艾蒿植被、木地肤、角果藜、稀疏针茅、阿魏。腐殖质层厚度 48 cm;盐酸泡沫反应发生于表面,碳酸盐析出物位于土壤层 30~85 cm。无易溶盐和石膏。

剖面 441　位于图尔盖高原区乌鲁日兰齐克河高台地(别克布拉特以南 3km)。植被构成有白艾蒿、早熟禾、稀疏木地肤、角果藜。腐殖质层厚度 36 cm,盐酸泡沫反应从 18 cm 处开始,碳酸盐析出物从 36 cm 处、石膏从 145 cm 处开始出现。

剖面 23　位于北乌斯秋尔特(46°20′N、57°30′E)微起伏的高平原,艾蒿植被,掺杂有假木贼(*Anabasis*)、针茅、猪毛菜、角果藜、旱麦草(*Eremopyrum*)、大黄(*Rheum*)。腐殖质层厚度 33 cm,盐酸泡沫反应始自地表,碳酸盐白色斑自 25 cm 处(最大 33~65 cm)、石膏自 95 cm 处开始出现。

剖面 13　位于哈萨克丘陵,杰兹卡兹甘市东南方以南 75 km 处,高平原植被为掺杂有阿魏的艾蒿植被类型。腐殖质层厚度 32 cm,盐酸泡沫反应始自地表,碳酸盐白色斑析出物自 35 cm 处(最大 50~70 cm)、石膏自 80 cm 处开始出现。

剖面 2　位于平坦的丘陵间平原尼科里村东南 55km(哈萨克丘陵),灰艾蒿植被,掺杂有针茅、远东羊茅(*Festuca extremiorientalis*)和大量阿魏。腐殖质层厚度 41 cm,盐酸泡沫反应始自地表,碳酸盐白色斑析出物自 29 cm 处(最大 41~70 cm)、石膏自 75 cm 处开始出现。

褐土与淡栗钙土主要形态特征和化学性质指标统计见表 7.1~7.2,北部荒漠不同土壤地理剖面类型数据分析见表 7.3~7.4。褐土总的形态指标是:腐殖质层(A+B)厚度 33~34 cm,未完全发育和轻质土的变化范围从 23 cm 至 40~60 cm,土壤泡沫反应为盐酸型,自表层起,较少情况下,在亚带北部个别地区的微碳酸盐岩石中,轻质机械组分占优势(下乌拉尔和图尔盖高原、北咸海沿岸、里海沿岸低地和哈萨克丘陵)——10~30 cm;碳酸盐析出物上界通常与腐殖质层下界相重合(30~35 cm 至 40~70 cm),可溶盐、石膏——60~80 cm 或更深(轻质土)。

表 7.1　北部荒漠褐土的形态指标和化学性质

土壤特征与性质	土壤层	黏土和重砂质黏土($n=26$)		中性砂质黏土($n=114$)		轻砂质黏土($n=76$)		砂壤土($n=79$)		砂土($n=41$)		未充分发育土($n=25$)	
		$\overline{X}$	$S\overline{X}$	$\overline{X}$	$S\overline{X}$	$\overline{X}$	$S\overline{X}$	$\overline{X}$	$S\overline{X}$	$\overline{X}$	$S\overline{X}$	$\overline{X}$	$S\overline{X}$
厚度/cm	A	10	0.54	8	0.26	6	0.60	11	0.45	12	0.35	9	0.50
	B	22	0.99	26	0.50	23	0.75	28	0.82	53	2.01	15	0.86

（续表）

土壤特征与性质	土壤层	黏土和重砂质黏土($n=26$)		中性砂质黏土（$n=114$）		轻砂质黏土（$n=76$）		砂壤土（$n=79$）		砂土（$n=41$）		未充分发育土壤（$n=25$）	
		$\overline{X}$	S$\overline{X}$	$\overline{X}$	S$\overline{X}$	$\overline{X}$	S$\overline{X}$	$\overline{X}$	S$\overline{X}$	$\overline{X}$	S$\overline{X}$	$\overline{X}$	S$\overline{X}$
上部边界/cm	A+B	33	0.09	34	0.48	34	0.52	38	0.89	58	1.65	23	0.84
碳酸盐/%		31	0.87	35	0.90	35	0.88	38	1.21	70	7.07	26	1.31
可溶盐/%		78	3.54	82	5.22	94	7.61	130	20.4	—	—	40	—
腐殖质含量/%	A	1.80	0.05	1.62	0.03	1.20	0.05	0.91	0.04	0.40	0.02	1.6	0.07
	B1	1.47	0.05	1.39	0.02	0.88	0.03	0.70	0.03	0.33	0.01	1.4	0.06
	B2	1.12	0.05	1.12	0.02	0.85	0.03	0.67	0.02	0.28	0.01	—	—
总氮含量/%	A	0.128	0.01	0.120	0.01	0.090	0.02	0.075	0.02	0.040	0.03	0.110	0.02
	B1	0.110	0.03	0.100	0.02	0.080	0.02	0.060	0.02	0.030	0.03	0.090	0.03
	B2	0.120	0.05	0.090	0.02	0.85	0.03	0.67	0.02	0.28	0.01	—	—
C:N	A	7.9	0.13	7.9	0.8	8.4	0.02	8.5	0.14	8.7	0.33	8.3	0.16
	B1	7.5	0.13	8.2	0.9	8.2	0.02	8.0	0.15	8.0	0.35	8.4	0.18
	B2	7.9	0.46	8.3	0.12	8.0	0.02	7.9	0.23	7.0	0.43	—	—
碳·腐殖酸/富里酸	A	0.6	—	0.7	0.03	0.8	—	0.6	—	—	—	—	—
	B1	0.6	—	0.8	0.02	0.9	—	0.2	—	—	—	—	—
活性元素含量/(mg·kg⁻¹)													
氮	A1	117	—	57	5.46	35	3.26	30	3.70	21	159	74	—
	B1	97	—	65	6.32	31	2.55	26	3.23	20	222	77	—
	B2	134	—	—	—	35	30.4	24	3.61	20	359	—	—
磷	A	28	2.84	26	1.29	32	1.87	27	1.15	21	114	16	1.02
	B1	9	0.78	7	0.34	8	0.69	10	0.94	11	0.79	8.0	0.52
	B2	5	—	6	0.42	5	0.40	6	0.79	8	1.31	—	—
钾	A	715	50	684	26	493	23	428	17.66	192	8.35	398	22.8
	B1	406	37	389	20	328	23	310	16.96	194	12.44	351	55.7
	B2	292	91	266	40	191	15	269	19.08	186	22.15	—	—
碳酸盐含量/%	A	2.9	0.31	1.6	0.18	1.0	0.10	1.2	4.08	2.0	0.46	2.4	0.60
	B	4.7	0.27	4.1	0.19	4.1	0.47	2.6	0.35	2.5	0.44	3.1	0.77
	C	5.4	0.36	5.0	0.23	6.4	0.78	4.6	0.53	3.5	0.38	—	—
石膏含量/%		12.6	3.41	3.2	0.94	10.8	1.25	—	—	—	—	—	—
被吸收碱（盐基）数量/(mg 当量·(100 g)⁻¹土)	A	16.8	0.63	13.7	0.30	9.0	0.91	9.7	0.35	9.6	0.88	11.7	0.62
	B1	19.4	0.67	16.1	0.34	13.3	0.45	11.2	0.45	10.4	0.77	13.8	0.64
	B2	19.0	0.73	16.2	0.35	13.5	0.52	12.3	0.43	8.2	0.75	—	—
用作交换的 Ca 含量/%	A	79	1.54	79	0.97	79	1.47	76	1.52	80	2.14	79	2.25
	B1	76	1.87	82	0.96	77	1.34	73	1.28	78	3.37	81	184

（续表）

土壤特征与性质	土壤层	黏土和重砂质黏土($n=26$)		中性砂质黏土($n=114$)		轻砂质黏土($n=76$)		砂壤土($n=79$)		砂土($n=41$)		未充分发育土壤($n=25$)	
		$\overline{X}$	$S\overline{X}$	$\overline{X}$	$S\overline{X}$	$\overline{X}$	$S\overline{X}$	$\overline{X}$	$S\overline{X}$	$\overline{X}$	$S\overline{X}$	$\overline{X}$	$S\overline{X}$
	B2	72	2.44	77	1.31	54	3.41	71	1.72	84	3.65	—	—
用作交换的 Mg 含量/%	A	19	1.08	19	0.81	19	1.30	21	1.39	13	2.38	20	2.21
	B1	21	1.67	18	0.81	20	1.29	24	1.30	19	3.19	18	1.82
	B2	25	2.35	22	1.20	22	2.14	26	1.64	12	2.78	—	—
用作交换的 Na 含量/%	A	4	0.78	3	0.25	2	0.26	5	0.43	2	0.57	1	—
	B1	4	0.49	2	0.15	2	0.25	5	0.47	1	—	1	—
	B2	4	0.69	2	0.16	3	0.28	4	0.51	1	—		
水悬浮液 pH	A	8.4	0.21	8.0	0.07	8.8	0.11	7.7	0.09	7.5	0.11	8.3	—
	B	8.5	0.14	8.2	0.06	8.1	0.07	8.1	0.08	7.7	0.10	8.2	
	C	8.5	0.09	8.4	0.06	8.2	0.38	8.5	0.06	8.2	0.15	8.4	
含盐量/%	A	0.090	0.03	0.070	0.02	0.060	0.02	0.050	0.02	0.050	0.03	0.090	0.05
	B	0.123	0.03	0.070	0.02	0.090	0.03	0.080	0.03	0.040	0.03	0.090	0.04
	C	0.900	0.09	0.63		0.660	0.06	0.470	0.06	0.110	0.03		
总碱度/%													
HCO₃⁻	A	0.040	0.03	0.030	0.03	0.030	0.03	0.020	0.02	0.020	0.04	0.030	0.03
	B	0.010	0.03	0.040	0.03	0.030	0.02	0.030	0.02	0.040	0.04	—	
CO₃²⁻	A	—	—	0.001									
	B	0.003	—	0.001		0.003							
	C	0.004	—	—		0.001							
微粒含量/%													
<0.001 mm	A	18	1.19	10	0.34	7	0.36	5	0.28	3	0.3	7	0.77
	B	27	1.16	19	0.47	14	0.52	6	2.19	6	0.5	10	0.83
	C	22	1.84	17	0.62	13	0.72	10	0.61	6	0.6		
<0.01 mm	A	56	1.62	36	0.45	22	0.43	15	0.29	6	0.3	25	1.41
	B	62	1.85	43	0.60	30	0.74	24	0.63	9	0.90	30	1.64
	C	43	26.98	34	0.99	24	1.24	19	1.05	10	0.8	—	—

注：$\overline{X}$—算术平均值，$S\overline{X}$—误差。

表 7.2 哈萨克斯坦荒漠褐草原淡栗钙土的形态指标和化学性质

土壤特征与性质	土壤层	砂质黏土($n=103$)		轻质砂质黏土($n=20$)		砂壤土($n=26$)		含碱中型砂质黏土($n=54$)		碳酸盐中型砂质黏土($n=7$)	
		$\overline{X}$	$S\overline{X}$	$\overline{X}$	$S\overline{X}$	$\overline{X}$	$S\overline{X}$	$\overline{X}$	$S\overline{X}$	$\overline{X}$	$S\overline{X}$
厚度/cm	A+B	37	0.52	38	1.19	44	2.27	39	0.79	44	2.01
沸腾反应深度/cm		29	1.42	31	2.18			30	1.19	无	—

（续表）

土壤特征与性质	土壤层	砂质黏土 (n=103)		轻质砂质黏土 (n=20)		砂壤土 (n=26)		含碱中型砂质黏土 (n=54)		碳酸盐中型砂质黏土(n=7)	
		$\bar{X}$	S$\bar{X}$	$\bar{X}$	S$\bar{X}$	$\bar{X}$	S$\bar{X}$	$\bar{X}$	S$\bar{X}$	$\bar{X}$	S$\bar{X}$
上部边界/cm											
碳酸盐/%		43	1.54	51	2.66	—	—	46	22	54	—
可溶盐/%		100	—			—	—	107			—
腐殖质含量/%	A	2.06	0.04	1.75	0.10	1.00	0.04	1.98	0.05	2.13	0.15
	B1	1.58	0.03	1.21	0.05	0.75	0.04	1.60	0.05	1.84	0.14
	B2	1.40	0.03	0.87	0.06	0.64	0.03	1.21	0.04	1.54	0.10
总氮含量/%	A	0.160	0.008	0.180	0.05	0.070	0.03	0.190	0.01	0.112	
	B1	0.140	0.01	0.080	0.04	0.060	0.03	0.100	0.02	0.094	
	B2	0.210	0.04	0.060	0.04	0.130	—	0.100	0.03	0.088	
C:N	A	8.8	0.11	9.1	0.30	7.7	0.37	8.3	0.26	9.5	0.38
	B1	8.0	0.17	8.3	0.28	7.0	0.21	8.0	0.28	9.1	0.20
	B2	7.5	0.27	8.1	0.28	7.5	—	7.3	0.64	9.1	0.21
碳·腐殖酸/富里酸	A	1.4	—	1.13	—			1.13	—	1.3	—
	B1	1.5	—	0.43	—			0.24	—	1.1	—
	B2	0.8	—	0.24	—			0.74	—	0.9	—
活性元素含量/(mg·kg⁻¹)											
氮	A1	9.2	1.69	4.9	—	4.1	—	4.8	0.20	—	—
	B1				—	3.8	—	6.5	1.09	—	—
	B2					3.3	—	5.8	0.87	—	—
磷	A	8.6	0.57	12.3	3.3	2.3	0.18	5.4	0.93	—	—
	B1	5.7	0.47	4.7	1.3	3.1	1.35	2.9	0.52	—	—
	B2	5.2	0.60	3.5	—	1.0	—	1.3	0.25	—	—
钾	A1	45.9	1.54	37.7	4.0	30.5	3.4	60.2	3.11	—	—
	B1	38.6	2.54	24.8	2.9	35.3	3.4	44.8	2.49	—	—
	B2	38.0	2.15	16.0	—	26.3	—	35.8	2.96		0.22
碳酸盐含量/%	A	无	—	无	—	—	—	无	—	0.6	0.25
	B	3.5	0.40	3.6	0.43	无	—	5.0	0.57	3.3	—
	C	7.6	0.60	3.9	0.60	6.0	—	5.7	0.53	4.4	—
用作交换的 Ca 含量/%	A	15.6	0.57	-11.1	—	8.8	0.74	18.4	0.61	20.9	—
	B1	16.9	0.42	15.3	—	10.7	0.69	19.4	0.62	24.7	—
	B2	16.0	0.39	11.7	—	10.7	0.78	17.5	0.67	24.7	—
水悬浮物 pH	A	6.8	0.06	7.2	0.09	7.3	—	7.2	0.10	8.3	—
	B	7.0	0.07	7.4	0.10	7.4	—	7.5	0.08	8.5	—
	C	7.8	0.09	8.2	0.09	8.5	—	7.7	0.11	8.3	—

（续表）

土壤特征与性质	土壤层	砂质黏土 (n=103)		轻质砂质黏土 (n=20)		砂壤土 (n=26)		含碱中型砂质黏土 (n=54)		碳酸盐中型砂质黏土(n=7)	
		$\bar{X}$	S$\bar{X}$	$\bar{X}$	S$\bar{X}$	$\bar{X}$	S$\bar{X}$	$\bar{X}$	S$\bar{X}$	$\bar{X}$	S$\bar{X}$
含盐量/%	A	0.060	0.02	0.020	0.05	0.038	—	0.100	0.06	0.41	—
	B	0.070	0.03	0.030	0.04	0.120	—	0.350	0.07	0.062	—
	C	0.332	0.08	0.282	—	0.046	—	1.185	—	0.148	—
HCO₃总碱度/%	A	0.020	0.02	0.014	0.04	0.01	0.04	0.03	0.03	0.035	—
	B	0.030	0.03	0.020	0.04	0.02	0.04	0.04	0.04	0.057	—
	C	0.030	0.03	0.024	—	0.03	0.06	0.04	0.06	0.084	—
微粒含量/%											
<0.001 mm	A	12	0.49	9	0.75	6	0.051	13	1.03	—	—
	B	22	0.61	17	1.32	12	1.28	22	1.17	—	—
	C	19	0.82	16	1.21	14	0.75	24	1.56	—	—
<0.01 mm	A	37	0.50	24	0.76	15	0.51	45	0.66	22	—
	B	41	0.72	30	1.55	21	1.11	48	1.32	30	—
	C	38	1.54	20	—	21	1.05	49	2.16	30	—

注：$\bar{X}$—算术平均值，S$\bar{X}$—误差。

表 7.3　北部荒漠褐土理化特征

剖面号	深度 /cm	腐殖质 /%	总氮 /%	C:N	碳酸盐 /%	活性态 /(mg 当量·(100 g 土)⁻¹)			交换性阳离子 /(mg 当量·(100 g 土)⁻¹)			水悬浮物 pH
						水解氮	P₂O₂	K₂O	Ca	Mg	Na+K	
271	0~5	1.2	0.069	—	0.8	4.7	2.8	72.9	6.5	无	1.2	8.6
	5~10	0.8	0.048	—	1.0	4.4	2.3	58.5	7.4	2.8	1.3	8.7
	15~25	0.7	0.041	—	1.1	5.1		24.2	8.4	3.8	0.6	8.5
	30~40	0.8	0.057	—	6.5	6.4	0.6	11.4	—	—	—	8.8
	60~70	—	—	—	3.6	—			—	—	—	8.7
	100~110	—	—	—	2.2	—			—	—	—	8.5
12	0~10	1.6	0.102	9.1	2.2	—			11.0	1.5	0.9	8.8
	15~25	1.2	0.023	7.1	3.4	—			15.0	5.0	0.4	8.8
	30~40	0.8	0.076	6.2	5.2	—			12.0	8.0	0.7	8.8
	45~55	—	—	—	5.4	—			—	—	—	8.9
	70~80	—	—	—	6.1	—			—	—	—	8.8
	150~160	—	—	—	3.1	—			—	—	—	8.3
341	0~7	1.0	0.07	8.3	0.5		4.7	7.1	8.6	0.5		7.5
	7~14	0.9	0.06	8.7	1.5		1.0	4.5	8.8	1.0		8.0
	15~25	0.8	0.06	7.7	2.1			8.2	7.5	1.0		8.3
	35~45	0.7	0.06	6.8	4.7		—	5.7	—	—		8.3

（续表）

剖面号	深度 /cm	腐殖质 /%	总氮 /%	C∶N	碳酸盐 /%	活性态 /(mg 当量·(100 g 土)⁻¹)			交换性阳离子 /(mg 当量·(100 g 土)⁻¹)			水悬浮物 pH
						水解氮	P₂O₂	K₂O	Ca	Mg	Na+K	
	60~70	—	—	—	5.1	—	—	5.7	—	—	—	9.0
	110~120	—	—	—	2.5	—	—	14.5	—	—	—	8.6
3	0~1	1.4	0.114	7.1	1.2	8.1	4.1	51.3	7.5	无	0.43	8.4
	1~10	0.8	0.055	8.5	1.7	4.8	2.3	70.0	5.5	0.5	0.62	8.6
	15~25	0.9	0.037	—	2.3	5.3	0.4	48.2	6.0	1.5	0.44	8.6
	35~45	0.7	0.048	8.5	5.2	5.0	0.7	16.8	7.0	4.0	0.10	8.6
	55~65	—	—	—	4.6	—	—	—	—	—	—	8.4
	90~100	—	—	—	4.2	—	—	—	—	—	—	8.4
	170~180	—	—	—	4.1	—	—	—	—	—	—	8.9
441	0~8	1.3	0.090	8.3	—	—	—	0.4	—	10.5	无	0.1	6.9
	8~18	0.7	0.060	6.7	—	—	—	0.8	—	10.5		无	7.7
	20~30	0.6	0.050	6.9	1.2	—	0.5	—	8.4	2.1		7.8
	50~60	—	—	—	1.3	—	—	—	—	—	—	7.9
	100~110	—	—	—	1.3	—	—	—	—	—	—	8.0
	140~150	—	—	—	1.1	—	—	—	—	—	—	7.7
23	0~4	1.3	0.098	7.6	1.3	5.9	2.7	84.6	10.7	2.0	1.0	8.7
	4~9	1.0	0.057	9.6	2.1	3.4	1.5	73.1	12.1	1.0	1.2	9.0
	10~20	0.6	0.046	7.8	3.3	2.8	0.2	57.7	14.1	3.4	0.7	8.6
	22~32	0.8	0.043	—	4.4	3.9	0.2	31.4	16.0	4.8	0.4	8.6
	35~45	—	—	—	5.5	—	—	—	—	—	—	8.7
	65~75	—	—	—	1.6	—	—	—	—	—	—	8.2
	115~125	—	—	—	1.7	—	—	—	—	—	—	8.1
13	0~8	1.8	0.127	8.2	0.5	—	—	—	12.5	3.0	1.1	8.5
	10~20	1.4	0.105	7.8	1.1	—	—	—	15.5	4.0	0.2	8.5
	22~32	1.3	0.096	7.6	4.2	—	—	—	17.0	3.5	0.4	8.4
	40~50	—	—	—	8.5	—	—	—	—	—	—	8.5
	60~70	—	—	—	6.7	—	—	—	—	—	—	8.3
	130~140	—	—	—	8.4	—	—	—	—	—	—	7.9
2	0~4	1.7	0.094	—	0.7	6.4	2.1	58.0	15.0	0.5	0.6	8.4
	4~9	1.3	0.084	—	0.4	3.4	1.3	44.2	16.5	1.4	0.5	8.6
	15~25	1.3	0.078	—	2.2	3.6	0.3	19.6	19.4	3.4	0.3	8.5
	30~40	0.9	0.050	—	6.9	3.4	0.3	14.3	15.0	6.3	0.6	—

（续表）

剖面号	深度/cm	腐殖质/%	总氮/%	C:N	碳酸盐/%	活性态 /(mg 当量·(100 g 土)$^{-1}$)			交换性阳离子 /(mg 当量·(100 g 土)$^{-1}$)			水悬浮物 pH
						水解氮	P_2O_2	K_2O	Ca	Mg	Na+K	
	50～60	—	—	—	8.1							9.1
	75～85	—	—	—	6.4							8.5
	100～110	—	—	—	4.2							8.5
	130～140	—	—	—	5.6							8.5

表 7.4　北部荒漠褐土有机物团粒组成　/总碳%

剖面号	深度/cm	原土中C	脱钙	水解	未水解残留物	腐殖酸				富里酸				碳·腐殖酸/富里酸
						I	II	III	合计	I	II	III	合计	
12	0～10	0.935	7.91	7.38	45.35	转移	8.87	4.92	13.79	11.01	6.41	5.24	22.66	0.56
	15～25	0.706	7.93	7.93	50.14	无	8.78	4.11	12.89	6.37	7.79	6.80	20.96	0.61
13	0～8	1.117	2.06	9.58	45.39	转移	13.69	4.83	18.52	13.78	3.58	6.62	26.98	0.77
	10～20	0.857	1.63	8.63	51.11	转移	11.67	5.60	17.27	8.52	6.88	5.95	21.35	0.80
	22～32	0.827	8.82	7.86	50.78	无	9.06	4.95	14.01	6.28	4.35	6.65	17.28	0.81
3	0～1	0.894	16.55	6.82	31.76	转移	11.74	5.93	17.67	15.43	2.91	6.15	24.49	0.72
	1～10	0.531	11.48	6.59	38.79	转移	11.48	5.08	16.56	9.41	9.79	5.08	24.28	0.68
	15～25	0.495	15.55	6.26	42.02	无	11.11	5.65	16.76	10.10	3.63	3.03	16.76	—
	35～45	0.457	15.75	4.37	48.88	转移	8.75	5.47	14.22	6.78	11.59	3.06	21.43	0.66
341	0～7	0.700	—	—	58.4	2.50	11.90	无	14.40	5.60	10.30	2.50	18.40	0.80
	7～14	0.500	—	—	63.20	无	16.40	无	16.40	7.20	9.60	2.20	19.00	0.90
	15～25	0.500	—	—	63.50	5.00	7.20	无	12.20	6.30	14.00	4.80	25.10	0.50
	35～45	9.500	—	—	77.30	无	1.80	无	1.80	10.80	5.50	3.90	20.20	0.10
2	0～4	1.078	3.24	9.55	46.93	转移	8.25	5.47	13.72	11.22	7.79	7.14	26.15	0.52
	4～9	0.971	4.94	10.29	41.91	转移	11.53	4.94	16.47	9.57	9.78	6.38	25.73	0.64
	15～25	0.855	5.14	9.47	44.79	转移	8.18	4.91	13.09	7.48	10.99	6.90	25.37	0.51
	30～40	0.522	5.55	8.23	53.06	无	3.25	3.64	6.89	6.70	9.77	8.62	25.09	0.27
111	0～10	0.655	4.84	7.02	—	无	16.19	无	16.19	13.28	无	10.08	23.36	0.70
	13～23	0.458	13.67	5.46	—	无	10.26	无	10.26	9.83	7.20	6.11	23.14	0.40
	23～33	0.445	4.72	3.37	—	无	10.11	5.84	15.95	9.89	10.78	4.04	24.72	0.60
	45～55	0.470	17.96	5.53	—	无	10.21	无	10.21	10.00	无	9.15	19.15	0.50
502	0～10	1.125	11.11	9.16	34.84	5.97	4.53	7.20	17.70	12.44	9.15	5.60	27.19	0.70
	11～21	0.770	12.98	6.88	33.23	无	8.71	无	8.71	7.53	14.28	12.85	34.66	0.30
3003	0～10	1.547	12.72	9.60	40.15	5.24	4.91	5.24	15.30	10.86	5.79	5.49	22.14	0.70
	20～30	0.465	13.76	5.80	46.66	无	6.02	无	6.02	6.23	12.90	4.73	23.86	0.40

注:本资料中有如下三种取样:a 土样取自里海沿岸低地北部,绿色村庄西北 2.7 km;b 土样取自里海沿岸低地东北部萨吉兹村西北 14 km;c 土样取自秋别卡拉干(曼格什拉克)日戈尔甘东南 5 km。

表 7.5　北部荒漠褐土水溶解盐含量/%

土样深度/cm	含盐量	碱度		Cl	SO₄	Ca	Mg	Na＋K（按差别/差数）	石膏
		HCO₃	CO₃						
剖面 271									
5～10	0.051	0.034	—	0.001	0.002	0.002	—	0.012	—
15～25	0.056	0.036	—	0.004	—	0.002	—	0.014	
30～40	0.225	0.055	—	0.081	0.012	0.004	0.001	0.072	0.138
60～70	0.549	0.029	—	0.245	0.078	0.010	0.009	0.178	0.134
100～110	0.998	0.010	—	0.178	0.496	0.113	0.029	0.172	0.169
剖面 12									
0～10	0.063	0.042	—	无	0.005	0.009	0.001	0.006	
30～40	0.037	0.051	—	0.008	0.005	0.005	0.003	0.041	
70～80	0.173	0.056	0.004	0.055	0.005	0.004	0.001	0.052	
150～160	1.233	0.022	—	0.118	0.722	0.183	0.036	0.152	9.7
剖面 341									
0～7	0.041	0.022	—	无	—	0.007	—	—	—
7～14	0.075	0.025	—	0.001		0.005	0.001	0.002	
15～25	0.045	0.030	—	0.002		0.009	0.001	—	
35～45	0.083	0.035	—	0.002	—	0.007	0.003	—	
60～70	0.146	0.057	0.002	0.005	0.018	0.003	0.004	0.002	
110～120	0.345	0.017	—	0.015	0.154	0.009	0.008	0.064	
剖面 3									
0～1	0.084	0.039	—	0.001	0.005	0.010	0.002	0.006	
15～25	0.052	0.041	—	0.001	0.005	0.010	0.002	0.003	
55～65	0.072	0.044	—	0.001	0.010	0.006	0.004	0.007	
90～100	0.184	0.029	—	0.029	0.072	0.016	0.008	0.030	
170～180	0.423	0.032	—	0.052	0.192	0.010	0.005	0.120	
剖面 441									
0～8	0.020	0.013	—	无	0.002	0.003	—	0.002	
8～18	0.033	0.023	—	0.002	—	0.005		0.004	
20～30	0.039	0.025	—	0.001	0.003	0.007		0.003	
50～60	0.036	0.021	—	0.003	0.003	0.006	0.001	0.002	
100～110	0.277	0.024	—	0.133	0.020	0.010	0.004	0.086	
140～150	1.535	0.025	—	0.299	0.736	0.199	0.042	0.244	
剖面 23									
0～4	0.048	0.027	—	0.001	0.009	0.006	0.002	0.005	
4～9	0.057	0.027	—	0.001	0.014	0.008	0.001	0.006	
10～20	0.044	0.029	—	—	0.005	0.008	0.002	—	

（续表）

土样深度/cm	含盐量	碱度		Cl	SO₄	Ca	Mg	Na+K	石膏
		HCO₃	CO₃					（按差别/差数）	
22~32	0.053	0.034	—	0.001	0.005	0.008	0.002	0.003	—
35~45	0.083	0.037	—	0.001	0.023	0.008	0.003	0.011	—
65~75	1.140	0.017	—	0.001	0.792	0.291	0.015	0.024	26.03
115~125	1.134	0.015	—	0.001	0.792	0.291	0.018	0.017	27.75
剖面 13									
0~8	0.054	0.029	—	0.001	0.010	0.009	0.001	0.004	—
22~32	0.053	0.039	—	—	—	0.011	0.003	—	—
40~50	0.056	0.034	—	0.004	0.005	0.009	0.003	—	—
130~140	1.011	0.019	—	0.001	0.697	0.280	0.006	0.008	4.46
剖面 2									
0~4	0.065	0.034	—	0.001	0.014	0.012	0.003	0.001	—
4~9	0.033	0.024	—	0.001	—	0.006	0.001	0.001	—
15~25	0.042	0.034	—	0.001	—	0.004	0.002	0.001	—
30~40	0.087	0.044	—	0.001	0.019	0.012	0.002	0.009	—
50~60	0.219	0.061	0.005	0.033	0.060	0.004	0.008	0.053	—
75~85	1.664	0.032	—	0.092	1.048	0.262	0.047	0.183	21.15
100~110	1.776	0.017	—	0.116	1.118	0.263	0.050	0.004	22.20
130~140	1.705	0.012	—	0.092	1.905	0.272	0.047	0.187	25.61

褐土的理化性质表现为如下平均指标:表层腐殖质含量 1.6%~1.8%,波动范围 0.2%~2.5%;中央哈萨克斯坦丘陵南部和别特帕克—达拉高原腐殖质最大量(汇集)(2%或更高)处土壤的通常特征为含碎石土层较薄,与植物根系特征相关;轻质砂壤和沙土含腐殖质相对较少(1.0%或更低)。在总体含量较少的情况下,腐殖质在褐土剖面中的分布比淡栗钙土均衡,其最大化表现较弱且常常转移至一定深度(充满淤泥的土壤层 B)。所获得的数据也表明,在褐碱化土中的腐殖质绝对量和相对量要少于标准值,在剖面中的分布也不均衡。腐殖质碳对氮的比例不高,为 7.5~8.5。

从褐土有机物团组成分分析,可确定富里酸相对于腐殖酸占据了明显的优势,且随着深度的加深而加强。腐殖酸碳对富里酸的对比关系在土壤层 A 中是 0.6~0.8,在 B 中是 0.6~0.3。比尔申娜等(Першина М. Н. ,Ли П. В. ,1965)的研究确定,随着褐土中碱化度、钠的扩散作用的增强,腐殖质的移动性提高,富里酸的数量也增加。腐殖酸中占优势的部分与土壤(粒度级 Ⅱ/黏粒)活性钙相关,且明显处于低水平——1.5 倍的酸(粒度级 Ⅲ),活性(转移)腐殖酸馏分(粒度级 Ⅰ)表现缺乏或非常弱。

富里酸的表现主要为粒度级 Ⅰ 和 Ⅱ。未水解残留物占比重很大(40%~80%),这在砂质黏土中表现尤为明显,叶梅利扬诺夫(Емельянов И. И. ,1956)认为,与砂壤土和沙土相比,砂质黏土的吸附能力提高,其黏粒含量少。

褐土中活性形式(转移)的氮和磷(更显著)供给较弱,但钾的保障始终较充分。观察从轻质机械组分土壤到重土活性元素数量规律性的增长,与腐殖质汇集、吸收量、含量和淤泥粒度(馏分)剖面分布等特征相一致。

对褐土中微量元素总含量和活动形式的研究表明(Грабаров П. Г. и др,1975),土壤层 A 上部的铜、硼、锌、钴和锰的数量处于苏联土壤该类元素的平均水平区间(23.0±1.4,54.7±3.4,48±2.6,8.5±0.38,60.3±2.6 mg/kg),而钼的含量低于平均指标的 2 倍(1.3±0.05)。在此情况下,锌、铜、锰和硼全部形式的生物蓄积发生在土壤剖面的上部。褐土中活性微量元素数量的平均值表示:Cu—3.5±0.17,Co—1.3±0.11,B—1.3±0.10(砂质黏土),Zn—0.11±0.10,Mn—107±9.7 和 Mo—0.03 mg/kg(不同机械组分的土壤)。特殊的是,最大含量的活性铜被发现于土壤层上部,特别是在淀积层 B;而对于锌、锰、钼和硼在成土岩中含量略有增长是其所特有的本质,活性钴在土壤剖面中的分布呈均衡状态。微量元素在土壤剖面中的分布数量、质量组成与规律取决于土壤的生物、化学和物理机械性质。

褐土的吸收量相对不高(10～20 mg 当量/100g 土),但在土壤层 B 常有增加。土壤吸收综合体主要为饱和钙(70%～80%),部分镁(20%～25%)和少量的钠。在个别情况下,盐碱土中被交换钠的数量达 20%(通常在砂质黏土和黏土中),这是在普遍高碱度和盐析出物埋深比土壤表层更高的地层条件下的指标。

在里海沿岸低地、下乌拉尔河与图尔盖高原的部分地区,土壤中有增加的交换镁含量(30%～50%或更高),似乎是残留的海洋起源的产物。高含量交换镁的土壤特点是密实混合结构、重机械组分、大块状结构,造成了不利的水力性质。

碳酸盐在褐土剖面中的分布曲线表明,碳酸盐二氧化碳(碳酸)数量随深度增长。在土壤层 A 的碳酸盐度平均为 1.0%～2.9%(绝对值波动范围 0.1%～9.7%),土壤层 B 的该指标为 2.6%～4.7%,土壤层 C 为 3.5%～5.5%(波动范围 0.1%～25%)。在亚带范围内下乌拉尔高原、图尔盖高原和北咸海沿岸(轻机械组分占优势)褐土含碳酸盐较少,该处的泡沫反应通常不发生在表层,而是在碳酸盐二氧化碳含量 0.3%～1.0%至 3%～6%的母岩。

里海沿岸低地、哈萨克丘陵和别特帕克达拉的褐土中,大部分的碳酸盐位于表层(土壤层 A 的碳酸盐含量 1.0%～3.0%),且碳酸盐最大值分布于"眼状"土壤层剖面的中部或母岩。强碳酸盐土壤(CO_2 为 20%～25%)形成于白垩纪残积层和萨尔玛石灰岩(曼格什拉克、乌斯秋尔特、恩边高原)。褐土剖面碳酸盐的分布取决于母岩的岩性与初始碳酸盐性。

各处的褐土的土壤溶液反应均呈碱性,并随深度和剖面黏土微粒含量的增长而加强。土壤层 A 的 pH 平均值位于 7.5～8.5 区间(绝对值 6.5～8.8),土壤层 B 的平均值为 7.7～8.5(7.2～9.4),土壤层 C 为 8.2～8.5(7.5～9.5)。碱性土地剖面中部的土壤特点是碳酸氢盐含量高(土壤层 A 的 HCO_3:0.02%～0.04%;B:0.03%～0.05%;C:0.03%～0.04%)和较高的各剖面碱表现特征($NaHCO_3$:0.1%～0.5%)。

褐土上半米土层通常含有较少的可溶盐(含盐量少于 0.1%～0.2%)。在较深处,基于硫酸盐和氯化物的含盐量显著增长(0.5%～1.0%或更高)。该类土壤大部分属于盐化土与氯化物、硫酸盐氯化物(里海沿岸低地、下乌拉尔高原)、硫酸盐和氯化物硫酸盐(北咸海沿岸、图尔盖高原、哈萨克丘陵和别特帕克达拉高原)深盐化土类。石膏数量不多,通常在里海沿岸低地、哈萨克丘陵和别特帕克达拉高原等处的土壤可见。曼格什拉克和乌斯秋尔特高原的褐土有较多的石膏含量(10%～15%或更高)。

按照机械组分,褐土具有多样性显著的特点——从沙到黏土,从碎砾石到块石和未完全发育土均有存在。在下乌拉尔高原、图尔盖高原、北巴尔喀什湖沿岸和里海沿岸低地局部地区等区域广泛分布着轻质土(沙土和砂壤),在哈萨克丘陵、乌斯秋尔特-曼格什拉克高原和别特帕克达拉高原则分布着弱碎石和多石砂质黏土。

统计数据和原始资料分析揭示了普遍规律,即褐土的特征——剖面机械组分具有显著的差异,形成于深度较浅的(15~30 cm)的密实淀积且明显黏质的土壤层 B,与上层和母岩(层)相比,该层淤泥和粉状微粒含量高。从以上表中数据可知,从沙土到未完全发育土壤的各类褐土的规律特征。褐砂质黏土土壤层 A 的淤泥微粒平均含量为 10%,土壤层 B 中的该指标增加至 19%,土壤层 C 又降至 17%;而在沙土类中,这一指标分别为 3%、6% 和 6%。对土壤与淤泥馏分(微粒)的分析表明(表 7.6),在褐色荒漠土壤中 Fe_2O_3 和 Al_2O_3 的含量相对较高。SiO_2 : R_2O_3 的值达 5~10 或更高,水云母和高分散的石英占优势地位(表 7.7)。铝与铁之比具有相当大的优势(2~3 倍),形成于具有明显黏质和铁质的淀积层 B(15~30 cm),且其中 Fe_2O_3 和 Al_2O_3 的含量最大。土壤中还发现有数量增加的钾酸(2%~3%),以及镁(2%~4%)和钙(2%~4%),这指明了水云母的弱损害。硅酸在褐土剖面呈弱迁移,以及部分钾和镁汇集于土壤层上部,这似乎表明生物发生于——硫、磷和钠。

从表 7.8 可知,褐土的容量和重量比随深度而增加,总孔隙度相应减少。土壤具有高含水量和渗透能力。在年中暖期田间湿度处于最大吸湿阶段。

取决于母岩构成,北部荒漠褐土亚带分为:普通(标准)型、深度泡沫反应型(演变/分异)、深度泡沫反应酥松沙土型(弱演变/分异)、碱化型、盐化型、含石膏型和未完全发育型土壤。

褐土普通型(标准)的形态与理化指标与表 7.8 相一致。

褐色深层泡沫反应(变异)土壤 该类型土壤形成于轻质机械组分的成土岩——沙和部分亚砂土。剖面在发生土壤层呈弱变异,腐殖层含有相同的浅灰褐色,上层松散,更深处是密度较低的组织和粉状构造。较深处碳酸盐淀积层未见或少见腐殖质(60~70 cm)。盐酸泡沫反应较深——位于腐殖质层下界。轻质可溶盐经常淋溶至土壤剖面范围之外。

腐殖质层厚度(A+B)在 55~65 cm 至 30~35 cm 之间变化。上层腐殖质含量为 0.3%~0.6%,总氮-0.02%~0.04%,有机碳与氮之比为 7~9。吸附能力较低(5~10 mg 当量/100 g 土),以交换性钙(70%~80%)和锰(20%~25%)为主,钠含量极低(1%~3%)。土壤贫瘠,缺乏矿物营养元素(氮-15~20 mg/kg,磷-5~10 mg/kg,钾-150~200 mg/kg),具有弱碱反应,并随深度加强(pH 7.0~8.5)。含盐量在上层 1.5~2.0 m 处不超过 0.05%~0.20%。

在过度放牧情况下,由于土壤的轻质机械组分及其弱关联,使之经常遭受到风侵蚀。

表 7.6 北部荒漠褐土粒度组成(风干土)

土样深度 /cm	因处理损耗 HCl /%	粒度组分/%								
		>3 /mm	3~1 /mm	1~0.25 /mm	0.25~0.05 /mm	0.05~0.01 /mm	0.01~0.005 /mm	0.005~0.001 /mm	<0.001 /mm	<0.01 /mm
剖面 271										
0~5	—	—	—	—	54.9	19.5	8.3	10.7	6.6	25.6
5~10	—	—	—	—	58.8	16.5	8.2	9.1	7.4	24.7
15~25	—	—	—	—	62.6	12.5	5.7	11.8	7.4	24.9
30~40	—	—	—	—	41.9	9.9	5.7	14.6	27.9	48.2

土样深度 /cm	因处理损 耗 HCl /%	粒度组分/%								
		>3 /mm	3～1 /mm	1～0.25 /mm	0.25～0.05 /mm	0.05～0.01 /mm	0.01～0.005 /mm	0.005～0.001 /mm	<0.001 /mm	<0.01 /mm
剖面 12										
0～10	—	0.6	0.5	1.9	35.8	21.7	9.8	21.4	8.9	40.2
15～25	—	0.8	0.5	1.1	22.8	16.1	12.8	21.5	25.2	59.5
30～40	—	2.1	0.5	1.0	16.9	27.6	8.9	23.5	21.6	55.0
45～55	—	2.3	2.0	3.5	13.6	34.2	8.0	15.7	23.0	46.7
150～160	—	1.1	7.0	14.3	29.3	18.0	3.8	9.2	18.4	31.4
剖面 341										
0～7	5.2	0.5	4.6	3.9	44.6	19.0	4.3	7.3	11.1	22.7
7～14	6.3	0.4	10.4	3.6	39.0	17.1	5.5	5.8	11.3	23.6
15～25	7.1	3.1	17.1	2.9	36.2	14.7	4.3	4.6	13.1	22.0
35～45	12.3	3.4	22.9	3.6	32.7	8.3	4.0	4.1	12.1	20.2
60～70	13.2	1.4	18.7	4.0	42.1	4.6	2.1	2.6	12.7	17.4
110～120	7.8	4.4	17.4	11.7	52.9	2.1	0.8	0.5	6.8	8.1
剖面 441										
0～8	1.6	—	—	0.1	63.0	11.0	6.7	8.7	10.4	25.8
8～18	2.4	—	—	0.2	64.0	8.0	4.9	7.2	15.7	27.8
20～30	2.2	—	—	1.3	65.0	7.0	6.2	7.0	13.5	26.7
50～60	1.6	—	—	0.3	76.8	6.1	2.5	7.2	7.1	16.8
100～110	2.6	—	—	—	55.9	10.5	4.2	8.6	20.8	33.6
140～150	4.0	—	—	0.1	23.5	9.4	8.8	17.3	40.9	67.0
剖面 3										
0～1	—	4.0	3.6	1.4	38.4	29.8	7.3	11.7	7.8	26.8
1～10	—	4.0	2.2	1.5	49.7	20.0	11.0	7.4	8.2	26.6
15～25	—	4.5	2.5	1.8	49.2	18.2	7.4	9.9	11.0	28.3
35～45	—	8.0	1.4	0.7	46.8	16.8	8.7	6.4	19.2	34.3
55～65	—	10.0	3.3	1.4	60.9	11.6	2.3	8.9	11.6	22.8
90～100	—	9.5	6.6	2.2	59.5	12.7	2.5	6.4	10.1	19.0
170～180	—	6.0	2.9	3.1	62.4	10.6	1.9	4.6	14.5	21.0
剖面 23										
0～4	—	18.0	1.0	2.1	30.7	40.8	7.0	13.7	4.7	25.4
4～9	—	8.0	1.0	1.8	28.5	35.5	8.0	16.0	9.2	33.2
10～20	—	10.0	1.0	1.2	22.0	33.1	8.8	17.6	16.3	43.7
22～32	—	7.0	1.0	1.2	21.4	24.2	9.3	18.1	24.8	52.2
35～45	—	1.0	—	1.7	28.8	19.0	7.9	17.7	24.9	50.5

（续表）

土样深度/cm	因处理损耗 HCl /%	粒度组分/%								
		>3 /mm	3~1 /mm	1~0.25 /mm	0.25~0.05 /mm	0.05~0.01 /mm	0.01~0.005 /mm	0.005~0.001 /mm	<0.001 /mm	<0.01 /mm
65~75	—	5.0	0.5			凝		固		
剖面 13										
0~8	—	0.5	—	2.4	51.8	18.2	5.4	14.3	7.9	27.6
10~20	—	2.8	2.0	2.8	43.0	9.6	3.3	18.4	14.9	36.6
22~32	—	—	—	2.2	54.1	8.3	3.3	8.8	23.3	35.4
40~50	—	—	—	2.1	12.3	29.2	8.4	21.1	26.9	56.4
130~140	—	2.8	21.0	3.9	10.2	23.7	1.3	0.1	4.4	5.8
剖面 2										
0~4	—	—	—	4.9	20.3	39.1	13.0	15.6	7.1	35.7
4~9	—	—	—	6.2	20.7	37.6	11.9	17.4	6.2	35.5
15~25	—	—	—	3.9	20.2	30.4	10.5	20.4	14.2	45.5
30~40	—	—	—	3.2	18.0	26.3	11.8	20.9	19.8	52.5
50~60	—	—	—	9.7	0.5	36.1	9.0	19.1	25.6	53.7
75~85	—	—	—	9.8	1.2	41.7	8.9	14.7	23.7	47.3
100~110	—	13.0	7.5	9.1	22.8	23.6	7.4	10.4	19.2	37.0
130~140	—	20.5	10.0	13.9	21.1	8.8	3.1	3.4	8.6	15.1

表 7.7　北部荒漠褐土总化学组分(风干土/灼烧且不含碳酸盐土)/%

剖面号	土样深度/cm	因硬化损失	SiO$_2$	R$_2$O$_3$	Fe$_2$O$_3$	Al$_2$O$_3$	CaO	MgO	K$_2$O	SO$_3$	MnO	Na$_2$O	P$_2$O$_5$	分子关系		
														SiO$_2$/R$_2$O$_3$	SiO$_2$/Al$_2$O$_3$	SiO$_2$/Fe$_2$O$_3$
12	0~10	8.07	63.16	16.3	4.50	11.70	4.20	2.45	2.49	0.85	0.11	1.19	0.16	7.3	9.2	37
			69.48	17.93	5.06	12.87	1.48	2.70	2.74	0.94	0.12	1.31	0.18			
	15~25	9.58	59.02	17.44	5.20	12.24	5.77	2.39	2.35	0.68	0.09	1.02	0.12	6.5	8.2	30
			70.82	20.93	6.24	14.69	1.80	2.87	2.82	0.82	0.11	1.22	0.14			
	30~40	11.0	57.85	16.08	4.90	11.18	8.31	2.07	2.04	0.36	0.07	1.02	0.06	6.8	8.8	31
			69.42	19.30	5.88	13.42	2.04	2.48	2.45	0.43	0.08	1.22	0.07			
	45~55	10.48	59.24	15.70	4.00	11.70	8.22	1.80	1.90	0.85	0.06	1.22	0.09	7.5	9.2	38
			91.09	17.84	4.80	13.04	1.79	2.27	2.28	1.02	0.07	1.46	0.11			
3	0~1	6.60	63.93	16.56	4.60	11.96	4.02	2.01	2.74	1.11	0.08	2.72	0.13	7.3	9.0	38
			69.68	18.05	5.01	13.04	2.72	2.19	2.99	1.21	0.09	2.96	0.14			
	1~10	5.72	64.50	16.65	4.10	12.55	4.20	2.01	2.77	0.80	0.09	2.37	0.12	7.1	8.7	41
			69.66	17.98	4.43	13.55	2.26	2.17	2.96	0.86	0.10	2.56	0.13			
	15~25	6.00	62.22	16.78	4.10	12.68	4.90	2.01	2.77	1.54	0.08	2.73	0.12	6.9	8.3	41
			68.44	18.46	4.51	13.95	2.18	2.21	3.05	1.69	0.09	3.00	0.13			

（续表）

剖面号	土样深度/cm	因硬化损失	SiO₂	R₂O₃	Fe₂O₃	Al₂O₃	CaO	MgO	K₂O	SO₃	MnO	Na₂O	P₂O₅	分子关系		
														SiO₂/R₂O₃	SiO₂/Al₂O₃	SiO₂/Fe₂O₃
	35～45	9.00	58.94	15.92	4.20	11.72	8.13	1.70	2.40	0.92	0.06	2.51	0.09	7.0	8.5	39
			70.14	18.95	5.00	13.95	1.72	2.02	2.86	1.09	0.07	2.99	0.11			
	55～65	7.40	61.34	15.26	3.90	11.36	7.20	2.20	2.43	0.75	0.06	2.80	0.07	7.5	9.1	42
			71.15	17.70	4.52	13.18	1.62	2.55	2.82	0.89	0.07	3.15	0.08			
	90～100	6.62	62.40	15.00	3.90	11.10	6.82	1.70	2.40	0.72	0.06	2.82	0.08	7.8	9.5	42
			71.14	17.10	4.45	12.65	1.64	1.94	2.74	0.82	0.07	3.21	0.09			
	170～180	6.32	62.84	15.03	3.80	11.23	6.65	1.62	2.55	1.07	0.05	3.06	0.08	7.8	9.5	44
			71.64	17.13	4.33	12.80	1.66	1.85	2.91	1.22	0.06	3.49	0.09			
2	0～4	7.95	69.27	15.54	5.04	10.50	2.38	2.56	2.13	0.27	0.13	1.11	0.09	8.9	11.3	41
			75.50	16.93	5.49	11.44	1.49	2.79	2.50	0.29	0.14	1.21	0.10			
	4～9	7.40	69.48	16.26	5.24	11.02	2.55	1.71	2.19	0.15	0.15	1.11	0.09	8.1	11.2	40
			75.04	17.56	5.66	11.90	2.04	1.95	2.,36	0.16	0.16	1.20	0.10			
	15～25	8.20	64.00	16.52	4.85	11.67	4.42	2.31	2.08	0.21	0.11	1.02	0.08	14.5	14.0	56
			70.40	18.17	5.33	12.84	1.62	2.54	2.29	0.23	0.12	1.12	0.09			
	30～40	12.14	57.69	13.66	4.17	9.49	10.03	1.71	1.65	0.51	0.08	0.99	0.05	8.8	10.4	59
			75.00	16.76	4.42	12.34	1.24	2.22	2.14	0.66	0.10	1.29	0.06			
	50～60	12.40	57.28	12.48	4.27	8.21	1.55	1.46	1.53	0.68	0.09	1.02	0.04	9.1	10.8	41
			74.36	16.22	5.55	10.67	1.23	1.90	1.99	0.88	0.12	1.33	0.05			
	75～85	11.76	42.95	10.56	3.78	6.78	17.34	1.46	1.20	12.13	0.09	1.02	0.03	9.2	11.9	40
			51.54	12.66	4.54	8.12	9.19	1.75	1.44	14.56	0.11	1.22	0.04			
	100～110	10.39	46.16	10.47	3.30	7.17	15.47	1.46	1.32	12.28	0.09	1.09	0.03	9.3	11.9	42
			51.24	11.62	3.66	7.96	10.12	1.62	13.63	0.10		1.21	0.03			

淤泥粒度,硬化和不含碳酸盐称重

剖面号	土样深度/cm	因硬化损失	SiO₂	R₂O₃	Fe₂O₃	Al₂O₃	CaO	MgO	K₂O	SO₃	MnO	Na₂O	P₂O₅	SiO₂/R₂O₃	SiO₂/Al₂O₃	SiO₂/Fe₂O₃
2	0～4	11.60	55.12	33.60	10.60	23.00	2.32	4.30	3.07	—	—	0.14	—	3.2	4.1	14.6
	4～9	11.50	55.67	33.60	10.60	23.00	3.28	3.99	2.99	—	—	0.14	—	4.0	4.1	14.7
	15～25	9.79	55.29	31.9	11.60	20.30	3.25	3.95	2.87	—	—	0.10	—	3.4	4.6	12.8
	30～40	10.20	56.16	33.20	11.80	21.40	3.29	4.15	2.48	—	—	0.24	—	3.3	4.5	13.2
	50～60	10.20	56.30	35.10	11.80	23.30	3.29	2.37	2.23	—	—	0.11	—	3.1	4.1	12.8
	75～85	9.03	53.70	33.55	12.75	20.80	4.00	4.38	2.23	—	—	0.18	—	3.2	4.4	11.3

土壤,硬化和不含碳酸盐称重

剖面号	土样深度/cm	因硬化损失	SiO₂	R₂O₃	Fe₂O₃	Al₂O₃	CaO	MgO	K₂O	SO₃	MnO	Na₂O	P₂O₅	SiO₂/R₂O₃	SiO₂/Al₂O₃	SiO₂/Fe₂O₃
301	0～10	2.15	81.19	11.24	2.65	8.59	2.59	0.61	—	0.11	0.04	—	0.16	13.5	16.9	67.5
	20～30	1.66	79.72	13.77	3.14	10.63	3.31	1.20	—	0.12	0.06	—	0.12	11.1	13.3	66.5
	45～55	1.78	71.88	12.87	4.62	8.25	7.20	1.42	—	0.22	0.01	—	0.14	10.9	15.0	40.0
	110～120	4.04	79.10	10.76	2.92	7.84	7.13	1.35	—	1.15	0.01	—	0.16	13.2	16.5	66.0

（续表）

剖面号	土样深度/cm	因硬化损失	SiO$_2$	R$_2$O$_3$	Fe$_2$O$_3$	Al$_2$O$_3$	CaO	MgO	K$_2$O	SO$_3$	MnO	Na$_2$O	P$_2$O$_5$	分子关系		
														SiO$_2$/R$_2$O$_3$	SiO$_2$/Al$_2$O$_3$	SiO$_2$/Fe$_2$O$_3$
7652	6～16	7.38	74.45	19.40	4.64	14.76	1.42	1.66	—	—	—	—	0.14	7.8	8.9	62.0
	16～26	9.24	74.32	19.78	4.67	15.11	0.59	2.47	—	—	—	—	0.23	6.9	8.3	41.3
	30～40	9.06	77.04	20.52	5.06	15.46	—	2.14	—	—	—	—	0.13	7.1	8.5	42.6
	46～56	12.16	78.47	17.14	3.92	13.22	—	1.80	—	—	—	—	0.12	8.7	10.1	65.6

注：表中土样取自 2 处。[1] 土样取自乌拉尔河下游右岸，M. H. 比尔希娜和 Π. B. 李（1965）；[2] 土样取自杰兹卡兹甘市东南 80km，Д. M. 斯托罗冉科（1952）。

表 7.8　褐色砂质黏土水力性质

样本数量	发生层	容重/(g/cm^3)	比重	孔隙度/%	田间含水量/%	饱和含水量/%	渗透系数/(m/a)
18	A	1.2	2.6	50	3.2	20.8	
18	B	1.4	2.7	50	5.8	20.5	1.5
14	C	1.6	2.7	41	3.8	15.5	

褐色深层泡沫反应酥松沙土（弱变异）　土壤位于成土初始阶段的、生长有植被的沙土上。在沙漠区边缘常可见同类非复合土壤组成成分，该区域形成了不同厚度的酥松再扬沙沙漠。植被主要为艾蒿类，间或掺杂有地肤草、骆驼刺和早熟禾等。

褐色深层泡沫反应疏松土壤剖面为同种类沙土，在土壤发生层呈弱变异，疏松结构。在深度 20～30 cm 处可见非常不明显的腐殖质色调，向下过渡到母岩——被反复吹扬过的沙土。表层外壳和壳下层状土层尚未表现出，仅在深度 100～150 cm 处有时可见数量不多的易溶盐和石膏。稀少、不清晰纹理的碳酸盐分布于深度 100～200 cm，在该层盐酸泡沫反应最常发生的部分。

这类土壤腐殖质含量非常少，仅为 0.1%～0.5%，吸附量较低——3～5 mg 当量/100 g 土，在剖面的腐殖质层部分含有 5%～7% 的淤泥。

褐色碱化土　该类土壤与普通的褐土有区别，位于土壤剖面中部（15～30 cm）或深色淀积－碱化土壤层 B 的腐殖质层下部，密实，其组分几乎完全融合，裂隙（节理）呈核桃块状、棱形或有光泽块状耐水结构，充满淤泥和粉状微粒。腐殖质含量低（0.5%～1.5%），吸附量低但随深度在增加（10～15 mg 当量/100g 土）。交换盐基组分中吸附的钠份额增加（20%～25% 或更高），补充了土壤中碱（盐）物质。在水的提取物中可见淀积层 B 增加了的总碱度（HCO$_3$ 0.03～0.10% 或更高）。

褐色碱土的 HCl 泡沫反应发生在地表。与其他普通褐土相比要高（60～80 cm）且盐碱化程度大（含盐量 0.5%～1.5% 或更高）。与石膏相同，盐的组分为可溶盐（氯化钠和硫酸钠等）。

褐色盐土　该种土壤具有形态（地貌）发生剖面，与其他通常的褐土类似，但与上者相比，差别是其深度为 30～80 cm，含有相当数量的易溶盐（含盐量超过 0.30%）。

褐色石膏土　从该种土壤的形态指标、化学性质和生产性看，与普通褐土非常相似。但与褐色碱土、盐土存在差异的是其位于深度为 60～80 cm、有着连续的晶状石膏层,游离于易溶盐。

褐色未充分发育土　该种土壤在与密实母岩表面较近的地层(岩层)区域可见。形成于较薄的碎砾石、铺垫着密实母岩或泥灰岩的砂质黏土。

剖面较薄,常见的为土壤层 AC 或 ABC。发育最完好的土壤层 A 厚度为 5～15 cm,灰浅褐,有相互缠绕的植物根系。其下是泥灰基岩,有时也在带有碳酸盐析出物的更深色调的密实土壤层 B 出现(15～30 cm)。腐殖质层厚度 10～30 cm。

按照腐殖质、总氮、活性营养物质含量和吸附量,这种土壤有别于其他褐土。土壤的碳酸盐化也始自表层,溶液的碱性反应占优势,剖面的碱性和盐化特点未表现出来。剖面的细晶粒度部分处于不同水平,常随深度而增加。

第 8 章　干旱土纲

　　干旱土纲是受干旱气候条件影响,由草原向荒漠过渡的土壤。它的淋溶作用比钙层土纲弱,碳酸钙淀积在剖面的部位更高,多在上部聚积。

　　干旱土纲包括干旱温钙层土亚纲的棕钙土和灰钙土两个土类。

8.1　灰钙土

8.1.1　成土条件和主要成土过程

　　灰钙土分布地带的气候特征是夏天温暖而较干,冬春季温和而较湿。一般而言,年均温为 8.3℃,$\geqslant$10℃的积温 3376℃·d,日数 179 d,年日照时数为 2770 h,年平均降水量247.8 mm,年蒸发量 1631 mm,是平均降水量的 6.6 倍。降水量在季节性分配上是春季多、冬季少,一般每年 4、5 两个月的降雨量相当于全年降水量的四分之一。无霜期较长,一般在 150 d 左右。

　　灰钙土的植被类型属于半荒漠草原,以短命植物蒿属为主,在原始草原上如冷蒿、茵陈蒿占优势,而经破坏的则以角果藜($Ceratocarpus\ arenarius$)、早熟禾($Poa\ annua$)为主,但都伴生木地肤($Kochia\ prostrata$)。地表植被覆盖度一般为 20%～60%,草高 20～40 cm。植物生长优劣随地形和地区不同,差别较大。

　　灰钙土分布在谷地两侧洪积—冲积平原和山前丘陵地带上,成土母质为黄土和黄土状母质。土壤质地是上部粗,下部细,至扇缘地带多为重壤至黏土,小面积发育在由红色页岩风化物形成的洪积—冲积母质上,质地为黏土。

　　灰钙土是荒漠草原的地带性土壤,其腐殖质的积累和碳酸钙的积累明显减弱,这与灰钙土特殊水热条件密切相关。

　　灰钙土分布地区夏季温度高,降雨少,植被稀疏。根据调查,灰钙土带绿色植物的地上和地下根系产量只有黑钙土的 12.5% 与栗钙土的 25%。这些绿色植被,充分利用春季的融雪水与较多的降水,迅速生长,到 6 月底 7 月初的高温少雨季节,就几乎完全停止生长,只有深根和耐干旱的蒿类植物仍可继续生长,此时,土壤处于高温干燥状态,土壤好气性微生物活动强烈,土壤有机质迅速进行矿质化过程,因而有机质积累很少,其量远不如黑钙土和栗钙土。

　　灰钙土碳酸盐的淋溶和淀积较黑钙土和栗钙土为弱,但碳酸钙仍能在剖面上下移动,这主要是由水热条件所决定。一般每年 10—11 月降雨较多。20 年统计平均值为 44.9 mm,占全年降水量的 18.1%,在多数年份土壤尚未冻结之前,大雪就覆盖地表,造成雪被下特殊的气候。在冬春约半年的时间中,由于地表水分条件好,而且土壤无冻结,加之黄土母质渗透性能又好,下降水流把上层碳酸盐淋洗到剖面深处;而到每年 6—9 月,强烈的干旱,地表的蒸发和植物的蒸腾作用,土壤水分上升,又使一部分碳酸盐随着上升水流重新回到剖面上部。但是灰钙土地带属于半干旱气候,下行水总是有限的,因此灰钙土剖面的碳酸钙含量曲线表现得平缓,一般在剖面 30～50 cm 处能观察到菌丝状聚积。

灰钙土形成过程除了腐殖质积累弱和碳酸钙积累两大特征之外,还进行着草甸化和盐化两个附加过程。

盐化过程主要是受地下水位升高或者是邻近含盐母质的影响,特别是在地下水位升高的条件下,水分强烈蒸发而把盐分残留在土壤中,造成土壤盐化。由于易溶性盐类参加到灰钙土的形成中,同时也影响到灰钙土的植被组成,因而有许多盐生植物种属与短命植物伴生一起。

草甸化过程有两种可能,一是地下水位升高所引起;二是自附近高地流来的丰富倒流的水补给。这两种因子有的是单独影响,有的则是共同发生作用。

8.1.2 土壤剖面特征和理化性状

灰钙土剖面发育微弱,但可见腐殖质层、过渡层、钙积层、母质层等,层次过渡不明显。表层 0～3 cm 由于强烈的干湿交替,形成 2～3 cm 厚的海绵气孔状的结皮层;其下腐殖质层厚 10～30 cm,呈浅棕灰色;过渡层呈浅灰棕色,较紧实。由于春季水分充足,淋溶作用较强,腐殖质染色层可以下伸到 30 cm 以下,整个剖面碳酸钙在 30 cm 以下有明显聚积,钙积层以下为母质层,部分剖面可见易溶盐淀积和石膏新生体。在草甸灰钙土上还可见到锈纹锈斑。

灰钙土的有机质含量和腐殖质组成。灰钙土的有机质含量是草原土壤中低的一个土类。在灰钙土各个亚类中,其含量也各不相同。各亚类的含量是:草甸灰钙土＞灰钙土＞盐化灰钙土＞淡灰钙土。在腐殖质组成中,富里酸碳大于胡敏酸碳,胡敏酸碳和富里酸碳之比都小于1。由于胡敏酸碳含量低,决定着灰钙土的缓冲性质、氮的可给性、吸附性能、保肥保水都比较低,土壤团聚体结构性差。

灰钙土普遍缺氮少磷。灰钙土的全氮含量一般在 0.8～1.2 g/kg,与有机质的含量具有相关性,C/N 为 9～10.5。土壤速效氮含量更缺,耕作灰钙土有效氮只有 20 μg/g 左右,20 cm 土层有效氮含量只有 45 kg/hm^2 左右,仅够生产 1.5 t 小麦籽粒的供氮水平,供氮强度一般低于 4%。

灰钙土全磷含量较低,一般在 0.7～1.3 g/kg,而且磷的大部分是处在难溶解的钙盐状态。因此,土壤速效磷含量只有 3～6 μg/g,20 cm 土层有效磷含量为 7.5～15 kg/hm^2,仅够供应生产小麦籽粒 750 kg 水平,其供磷强度小于 1%。必须指出,施入土壤的无机态磷易被固定,大大降低了磷肥的肥效。

灰钙土的钾素与微量元素含量状况。灰钙土的母质以黄土状物为主,云母占 12% 以上,在云母、长石等含钾矿物的水化过程中,源源不断释放出钾。所以,土壤中全钾含量为 15～30 g/kg,速效钾含量多数在 200～350 μg/g,20 cm 土层中含速效钾 480～840 kg/hm^2。

土壤碳酸钙含量高,但在剖面中分布曲线较平缓。

土壤中盐化现象较轻,pH 7.5～8.5。在灌溉条件下,耕地土壤易于洗盐,一般为弱盐化,甚至无盐化危害。

灰钙土的物理性黏粒含量在剖面中部最高,并且与碳酸钙含量的增加相一致,故剖面中部较为黏化而紧实。

土壤渗透性能良好,在冬春季土壤湿润层较深,促进腐殖质向剖面下部渗透。

根据灰钙土的发育分段和附加成土过程,可分为灰钙土、淡灰钙土、盐化灰钙土、草甸钙土、灌耕灰钙土五个亚类。

灰钙土带,包括一部分或全部前述的地貌,都位于山区较低的层位,根据垂直带的自然规律,灰钙土分为三个地带:暗色的、典型的和淡灰钙土带。根据土壤形成环境和土壤利用特点,在农业活动中土壤带合并为两个组,再相应的把灰钙土区分为两个亚区。

下面的亚区属于亚热带和热带山前半荒漠带,具有荒漠草原土壤形成的特点,取决于这里灰钙土带淡色或典型灰钙土的发育情况。

上层亚区也是亚热带,但是温度低于干旱草原的山前—低山区暗灰钙土。

半荒漠土壤土被的特点是,在灌溉条件下由于种植棉花,土壤开发程度很高。这是上层和下层不同的区别,为了种植棉花,上层温度资源远远不够。此外,根据地形条件,国内大部分上层亚区的暗灰钙土归入山地形成的低山区,较高的山前丘陵,有些地方归入中高山区(土尔克斯坦和马里古扎尔斯克山以及乌兹别克斯坦南部山区)。

淡灰钙土和典型灰钙土带,在下层亚区形成相近的情况下,这两个区带呈现出水成土壤,几乎全部用于农业灌溉。这两种土壤虽然有明显的相似性,但是也有许多不同之处。典型灰钙土有复杂的地形环境,分布在低山、山前和河谷阶地,而淡灰钙土主要是平缓的平地和平原地形,淡灰钙土降水量不能保证旱地用水。而典灰钙土能够得到一半的用水保证。淡灰钙土带还有组成粗盐土的条件。

灰钙土带自型土　位于灰钙土带的上部,形成于半干旱气候条件。平均温度在 14～12℃。随着高度增加,温度随之下降,年平均降水 460～600 mm,取决于主要山脊的方向。年平均温度 11.9～13.4℃。冬季持续时间 60 d,期间低于 0℃以下的积温为 122～170℃•d。最低绝对温度为－28～－32℃。冬季生长季为 31～36 d。积雪相对稳定,可以保持整整一个冬季,雪被厚度 6～20～60 cm。

年降水量的 40%～45% 出现在春季,这时土壤温度给旱地耕作提供良好的条件。

半干旱气候非常炎热,6 月份平均温度 26℃,最高温度有时达到 38～42℃。

干旱风天数有时达到 3 天,开始于干旱季节,在 5 月底或 6 月初。连续超过 10℃的积温达到 4400～3950℃•d,有效积温在生长季为 2145℃•d。6 月底降水 14～17mm,但在 7 月、8 月、9 月则非常干旱,降水仅为 4～6 mm,9 月份是最干燥和最热的月份,平均温度 19～20℃,10 月份平均温度降到 12～13℃,降水为 28～37 mm,11 月平均温度 6～7℃,降水达到 46～57 mm。半干旱气候与干旱气候的差别在于较多的大气降水,凉爽的夏季和较温暖的冬季,由于冬季的逆温,有较多的云层。

暗灰钙土生成的植被在半干旱气候条件下呈现出独特类型,位于中高山草原和亚热带稀树萨旺纳干草原(萨旺纳—саванна,专指中亚地区的干草原)以及山地亚热带半荒漠之间(低矮草地亚热带稀树干草原)。考劳温(Коровин Е. П.)和卢布措夫把干旱冰草草原归入暗灰钙土带。半萨旺纳草原(亚热带稀树干草原)植被的特点是:1)由于干旱影响,一系列植物停止生长;2)只有当生长季达到 45%～55% 时才有可能出现冬季生长,这种现象在上层地带观察不到;3)植物区系中的一系列植物在中亚包括西部天山都有分布,同时在亚热带也有生长。

半萨旺干草原群落取决于植被区系的构成,分为禾本科(冰草属(*Agropyron*)),多种球茎大麦(*Hordeum bulbosum*)和粗杂草三种类型。在冰草半萨旺干草原群落多毛冰草占据大部分地方,这种草的特点是主根深入地下达到 150 cm。冰草群系组成还有球茎大麦、阿尔泰蓝盆花(*Scabiosa austroaltaica*)、旋覆花(*Inula japonica*)、绿叶草(*Polygonum paronychioides*)等。石质化土壤生长山地旱生植物。

在多种球茎大麦半萨旺纳群落里,经常混杂萨旺纳杂草,如冰草(*Agropyron cristatum*)

等,靠近高山是川续断(*Dipsacus asperoides*)、无芒雀麦(*Bromus inermis*)、野豌豆(*Vicia sepium*)等。球茎大麦组成混合草丛,能够很好地保护土壤。

在湿润的年份,低山半萨旺纳拥有厚实的灌木草丛,高度达到1.5 m或更高。

暗灰钙土属于比较潮湿的灰钙土亚类,海拔高度为800～1 400 m,土壤形成在低山和埋藏在山前土壤中,沉积在第三纪岩石,覆盖着残积堆积结构的石质细粒土和较厚的黄土外壳,地下水埋藏比较深。

土壤剖面的上部形成厚实的生草层,厚度2～10 cm,团粒结构,下面有生草层的底层,厚度10～15 cm。生草层和底层的形成,取决于禾本科植被厚实根系的发育状况。在未冲蚀土壤,全部剖面腐殖质渗透达到30～50 cm。腐殖质含量达到5.2%～8.0%(表8.1),取决于不同坡向的山坡水热条件和植物组成,在第一个半米处,腐殖质含量保持在1.3%～3.9%,生草层的氮含量为0.35%～0.40%,生草层底层急剧下降到0.04%～0.03%。碳氮比C:N为6～8。

表 8.1　荒地自型土暗灰钙土土壤化学成分

土壤名称	深度/cm	腐殖质/%	氮/%	碳:氮	活性/(mg·kg⁻¹)		碳酸盐/%
					P_2O_5	K_2O	
未冲蚀暗灰钙土	0～4	5.6	0.38	8	41	477	
	4～14	1.8	1.4	8	6	265	
	14～30	1.4	0.1	7	4	181	
	30～50	1.1	0.09	7	—	—	
	50～60	0.8	0.07	6			
	60～80	0.6	0.06	6			
	80～100	0.5	0.05	6			
	110～135	—	—				
	140～165	—	—				
	170～190	—	—				
轻度冲蚀暗灰钙土	0～8	2	0.13	—	18	230	1.5
	8～20	1.2	0.1		5	250	2
	40～70	0.9	0.07			142	4.5
	70～100	0.4	—		—	—	—
中度冲蚀暗灰钙土	0～6	1.5	0.1		21	250	6
	6～16	1	0.08		10	196	8
	16～30	0.7	0.05		7	162	9
	30～63	0.4	0.04				
严重冲蚀暗灰钙土	0～4	1.1	0.06	—	24	156	7
	4～23	0.7	0.05		14	83	8
	23～50	0.4	0.03		4		9
下伏砾石的未充分发育的暗灰钙土	0～6	3.1	0.19	—	40	245	1
	6～29	2	0.11		14	170	1.2
	29～50	1	0.08		7	—	2.9

（续表）

| 土壤名称 | 深度/cm | 腐殖质/% | 氮/% | 碳：氮 | 活性/(mg · kg⁻¹) | | 碳酸盐/% |
					P_2O_5	K_2O	
暗灰土壤	0～5	5.5	0.3	10	33	493	1
未侵蚀的土壤	5～15	3	0.2	9	11	349	0.8
	15～25	1.7	0.14	7	—	200	0.8
	25～40	1.7	0.13	7	—		0.8
	40～59	1.5	0.11	7	—		5.3
	59～70	1.1	0.09	8	—		9.5
	70～90	1.1	0.09	8	—		10
	90～105	0.9	—	—	—		11.8

陡坡和缓坡土壤由于靠近土层表面,经常遭受水的侵蚀,所以很少参与土壤形成过程。许多未冲蚀土壤生草层保持着自型改良土壤的状况。这种土壤中腐殖质含量明显下降。在冲蚀较少的生草层土壤,腐殖质含量为 1.6%～3.8%,有时还有增加。下层腐殖质含量急剧下降,在第一个半米范围内不超过 0.3%～0.6%,氮含量在生草层中 0.13%～0.15%,在 0.5 m 层中只有 0.06%～0.09%。在中度冲蚀土中生草层腐殖质减少到 1%～2.7%,在严重冲蚀土中只有 0.2%～0.6%,氮含量也相应有所减少。

土壤剖面中,由于碳酸盐的存在,说明在未冲蚀和轻度冲蚀暗灰钙土中,或由于碳酸盐淋溶,碳酸盐(1%～1.9%)在全剖面都有分布,尤其是在阴坡。上层碳酸盐含量为 3%～8%,在深度半米处为 10%～13%,说明有淀积存在,再向下,碳酸盐含量减少到 7%～9%。在严重侵蚀的土壤,碳酸盐达到土壤表面,在 20～40 cm 表层处经常见到多孔隙结构,这是由于昆虫的洞穴和蚯蚓活动造成的。深度 150 cm 处可以发现基岩和古代黄色粉尘－黄土。

暗灰钙土荒地的化学和农业化学性能取决于:土壤形成母质的原始性能,水分的分布及积累,有机物的生成及分布,物理化学风化速度和深度。

未冲蚀土上层中,活性磷含量为 18～58 mg/kg,剖面向下急剧减少到 4～14 mg/kg,活性钾为 190～520 mg/kg,下层为 108～332 mg/kg,在不同冲蚀土中,活性磷变化从 13～40 mg/kg,活性钾从 77～450 mg/kg,在侵蚀情况下,从上层不仅带走腐殖质和氮,还有活性磷和活性钾。

暗灰钙土有比较均一的机械成分。形成于山前的黄土状壤土,属于中壤土,形成于低山黄土是重壤土和中壤土,较少轻壤土。在剖面经常埋藏有厚实的淀积层。

土壤吸附容量比较高,达到 16～19 mg 当量/100 g 土,较高的容量代谢指标,在少腐殖质土壤中不利于胶质黏土矿物的扩散作用。机械成分中,钾阳离子为 75%～90%(占总数),镁阳离子为 8%～16%。土壤基本上没有盐渍化,主要是比较充分的从土壤剖面中冲洗出易溶性盐的原因。

弱发育的暗灰钙土　见于低山石质化细土堆积中,下层是厚实的基岩,其特点是缩小的腐殖质坡积层,有些地方轻度石质化。地下水埋藏较深,腐殖质渗透到 20 cm 处。生草层是核桃状团块结构,厚度 2～5 cm。生草层腐殖质(2.9%～5.2%)比黄土充分发育的土壤要少。剖面下面腐殖质含量减少到 1.3%～2.5%。生草层中氮含量为 0.20%～0.30%,剖面下部为 0.12%～0.15%。碳氮比 C：N 在 6～9。土壤 0.3～0.5 m 处是碎石层,腐殖质 2.6%～

3.7％,氮 0.17％～0.21％。形成于南坡的土壤在稀疏草丛下,生草层腐殖质为 2.3％,氮为 0.16％。

未冲蚀和轻度冲蚀暗灰钙土,在各种不同草原中淋溶的占多数,土壤淋溶厚度达到 10～15 cm,碳酸盐含量在 1％～4.5％,有时小于 1％,剖面下层增加到 11％～13％,土层成为潜育层。在严重冲蚀土,有时在中度冲蚀土,严重碳酸盐土层出现在生草层表层。

土壤农业化学指标表现多样化,取决于山坡的坡向和草原的冲蚀程度。生草层的活性磷在 19～86 mg/kg,在其下层则明显减少—6～22 mg/kg。磷的总含量相对少一些,—0.07％～0.11％。上层土壤中,活性钾含量从 180～450 mg/kg,土壤中钾的总量相对多一些,在1.85％～2.50％。

按机械成分主要是中壤土和轻壤土,较少重壤土和严重沙质土。

在所有残积和残积—堆积沉积中都是从 0.3～0.5 m 处开始有砾石层和基岩,很少有在1 m 处。

充分发育暗灰钙土吸附容量为 9～14 mg 当量/100 g 土。阳离子组成中钾占吸附盐基总量的 70％～90％,镁占 8％～10％。土壤冲蚀是由于可溶性盐造成的。

在天山西部、费尔干、阿赖依、土尔克斯坦和泽拉夫尚山干旱灌木草原(粗禾本科化草原化的半萨旺纳草原)条件下形成的独特土壤,科学家们对这类土壤给出了不同的称谓:暗灰钙土(Розанов А. Н. ,1951),山地暗栗色土(Димо Н. А. ,1930),淋溶暗灰钙土(Горбунов Б. В. , Кимберг Н. В. , Кудрин С. А. , Панков М. А. , Шувалов С. А. , 1949),但格拉希莫夫(Герасимов И. П.)等则把这类土壤归入碳酸盐类和淡灰钙土。

这类土壤主要形成特点是暗灰色比栗色更多一些,这种土壤没有在小比例尺图中出现,为对其进行反映,有必要进行更细致的考察研究和绘制地图。

这类土壤兼有灰钙土(剖面色调和含有有机物)和山地棕色土(显示出淀积层)的特征,明显地可以看出在含水状况相同的条件下,自上而下的淀积过程。

典型暗灰色土壤形成在石质化细土残积层,下层是基岩。由于茂密杂草—灌木植被的保护,这里的土壤没有遭受水的侵蚀,甚至在较大的山坡也是如此。阳面山坡很少植被,土壤有不同程度的冲蚀,土壤厚度不大,有较多的石质化。

暗灰色土壤分为两种类型,第一种主要是,当土壤在腐殖质达到 5％～5.9％时,表现出有很好的生草层,但是缩短了的腐殖质层(30～40 cm)。这类土壤早先遭受过侵蚀,现在进入自型水土改良时期。另一种,现在进行的冲蚀时期,通常在南坡,腐殖质 2％～3％。活性磷在生草层从 4～6 mg/kg 到 26～38 mg/kg,活性钾从 140～330 mg/kg 到 510～580 mg/kg。

未冲蚀土和轻度冲蚀残余碳酸盐土,生草层和下层,碳酸盐在表面达到 1％～3％。明显反映出淀积碳酸盐土壤不存在,但在剖面下部碳酸盐含量达到 10％～17％。在严重冲蚀土壤中,碳酸盐含量在整个剖面达到 7.5％～9.5％。

按照土壤机械成分,属于中壤土和重壤土,石质化占多数。

黄土旱地灰钙土　分布在恰特卡里山支脉、土尔克斯坦、努拉丁、泽拉夫尚山丘陵状起伏和山前平原,还分布在马里古扎尔、古布丁套、开依套等地。这些土壤还分布在苏尔河右岸库什坦格较高的山麓。

暗灰钙土旱地在开发过程及地貌结构进行了某些变化,主要是剖面上部组成的新耕作层,在整个土壤剖面都表现出来。耕作层的结构疏松,有利于更好地吸收大气降水,从而在土壤建成充分的水分储备。在暗灰钙土地带旱地播种,按照常规,大气降水应该具有足够的保证。因为土壤植被被栽培作物替代,土壤由于有机物和矿物元素的原因导致植物营养贫瘠(Горбунов Б. В.,1975)。

这类土壤特征是重机械成分。物理性黏土分布在不同地方,粗粒粉尘占 45%～65%,细粒淤泥占 12%～21%。

在剖面中部观察到明显的重机械组成,说明这里进行过黏化过程。机械成分变重是由于在构成中增加了物理性黏土、细颗粒粉尘和淤泥(分别达到 18% 和 24%)。由于土壤在垂直带的分布,随着高程增加,土壤中物理性黏土含量也随之增加,尤其是淤泥成分。

旱地暗灰钙土,由于在深度 1～5～2 m 范围内,有盐溶液和石膏侵蚀,盐分含量 0.03%～0.17%,在第二个 2m 处经常增加,含量达到 1%。属于硫酸盐盐渍化,在努拉丁地区土壤有时是氯化钠－硫酸盐型。石膏中 SO_4 含量在 2 m 层的地方达到 0.04%～0.17%,低于这个层位含量略有增加。石膏的淀积经常与含盐层结合在一起。

土壤剖面中碳酸盐含量在 0.8%～11%(表 8.2)。在耕作层半米处碳酸盐含量较少(2%～4%)。剖面下部含量增加,在深度 2 m 处,碳酸盐几乎增加 2 倍。碳酸盐淀积层经常位于 30～80 cm 到 150～200 cm 处,这里碳酸盐达到 10%～16%,在侵蚀土壤中,碳酸盐含量增加,可在耕作层见到,达到 8%～10%。

表 8.2　旱地及灌溉地暗色灰钙土化学成分构成

土壤名称	深度/cm	腐殖质/%	氮/%	活性/(mg·kg⁻¹)		碳酸盐/%
				P_2O_5	K_2O	
旱地暗灰钙土	0～25	1.5	0.14	14	234	0.8
未冲蚀土壤	25～75	1.1	0.1	6	150	5
旱地暗灰钙土	0～25	1.3	—	14	—	—
轻度冲蚀土壤	25～42	1	—	—	—	—
	42～52	0.7	—	—	—	—
旱地暗灰钙土	0～22	1.2	—	6	217	7
中度侵蚀土壤	22～40	0.8	—	—	160	10
	40～89	0.4	—	—	—	10
旱地暗灰钙土	0～25	0.8	—	24	246	6
严重侵蚀土壤	25～50	0.5	—	—	—	8.5
	50～100	0.4	—	—	—	10.5
灌溉地暗灰钙土	0～26	1.4	—	25	244	—
未冲蚀	26～60	1	—	—	—	—

黄土和黄土状壤土的旱地暗灰钙土,根据有机物和植物营养元素含量与其他土壤相比,属于比较丰富的。

侵蚀过程的程度取决于地形条件,谷类作物耕作所采用的农业技术,未冲蚀土壤耕作层的腐殖质含量在 1.3%～3.8%。在山坡下和低洼地发育良好的土壤,腐殖质含量比较高,坡地土壤由于侵蚀显露,腐殖质含量较少(0.5%~1.3%),腐殖质一般都分布很广,腐殖质随着深度增加逐渐减少到1m处,达到0.4%~0.6%。在黄土和黄土状岩石中达到0.2%~0.3%。

暗灰钙土由于腐殖质含量高,所以氮含量也比较高。耕作层受土壤发育的影响,腐殖质含量在0.07%~0.17%。由于深度原因,氮含量减少,在第一个1m处达到0.04%~0.05%。土壤中碳氮比为8~11。

旱地暗灰钙土耕作层的磷含量比较少,为0.11%~0.14%,钾含量相对多一些。活性磷在未冲蚀土中为6~32 mg/kg,活性钾为140~460 mg/kg。在轻度和中度冲蚀土中,活性磷下降到6~20 mg/kg,活性钾达到200 mg/kg。在严重冲蚀土壤中活性磷为5~24 mg/kg,活性钾为140~246 mg/kg。

在第一个1m处,吸附盐基总量在8~17 mg当量/100g土。由于富集的有机物和高含量的胶质淤泥微粒,在耕作层观察到比较高的吸附容量。在吸附盐基中主要是钙,占盐基总数的80%~83%。镁离子为9%~16%,钾和钠在2.5%~12%。

暗灰钙土旱地形成于严重高低不平的地形,因此容易遭受水蚀。旱地和灌溉地都在不太陡的坡地。坡度大的坡地,应该利用机械修整成梯田。

在苏尔河州、努拉丁河谷中部和西部地区,在库什坦格和阿拉套山前高地以及吉萨尔斯克山前旱地暗灰钙土形成于残积基岩,这些岩层呈现出杂色黏土和砂土。按机械成分属于中壤土和重壤土,发育于山前的暗灰钙土,含有为数不多的粗颗粒砂土,但砂土十分富集。

在旱地暗灰钙土基岩中,未盐渍化和重盐渍化有明显的差别。在盐渍化土壤中可溶性盐,只有耕作层不存在。在剖面下部可溶性盐含量逐渐增加,在深度1m处达到1%。未盐渍化土壤,盐分在剖面为0.09%~0.24%,在第一个1m处盐分一般不超过0.1%,在第二个1m处,干残渣有所增加。

暗灰钙土的杂色由于碳酸盐增加而有所区别。碳酸盐最低含量位于耕作层和耕作层下的土层(6.3%~8.6%)。剖面下部,其数量在第一个1m的底部和第2m开始处增加,最高达到10%~12%。在这里土壤形成基岩中看到较高的石膏含量(4%~5%),在土壤剖面中,石膏几乎不存在(0.05%~0.07%)。

旱地暗灰钙土,腐殖质和主要的植物营养元素非常贫乏,耕作层的有机物含量一般都不超过1%,而且随着深度逐渐减少,在基岩中只有0.2%~0.3%。由于腐殖化程度差,土壤中氮含量也很少,仅0.04%~0.07%。未冲蚀和轻度冲蚀土壤中腐殖质比冲蚀土壤中要多一些。碳氮比不大(7~9),说明由于氮含量使得腐殖质比较富集。

杂色土壤中吸附容量不大,在剖面中均匀分布(10~13 mg当量/100 g土),吸附盐基中主要是钙和镁(占总数的95%~97%)。钾和钠加起来只占3%~5%的份额。可以看出,从基岩转向土壤的过程中,镁的份额减少,钙的成分在增加。

灌溉暗灰钙土   分布在河滩和低山弯曲的斜坡中。与其他的灰钙土相比,这种土壤更显得灰暗些,腐殖质分布在整个剖面直到70 cm处,中等厚度。耕作层腐殖质含量达到1.3%~3.5%,深度0.5m处腐殖质减少到0.8%~01.9%。多年灌溉土由于过度耕作而变得贫瘠,腐殖质不超过1.5%,氮含量为0.10%~0.13%。有机物增加说明土壤形成在比较潮湿的水热环境。在冲蚀土壤中,腐殖质层厚度减少到45 cm,腐殖质含量为0.8%~1.6%。

碳酸盐在灌溉暗灰钙土的耕作层下开始大量积累(9%~11%),地表层经常可以见到,说明这里土壤过去遭受过严重的水蚀,进行土地平整后,灌溉土的侵蚀明显减少。土壤中磷的总含量很少,为 0.10%～0.12%,钾含量比较高,为 1.5%～2.8%,活性磷保证率不高,为 9～38 mg/kg,活性钾属中等保证,为 140～330 mg/kg。按照机械成分,土壤属于重壤土,有时可看到薄层状的轻质黏土,位于 1m 层碎石下层有轻度的石质化。

剖面中部可见到土壤黏土化,这种情况与大量矿物质在这一深度活跃的风化过程有关(Розанов А. Н. ,1951)。灌溉暗灰钙土由于可溶性盐和石膏而淋溶,与较高的湿度和温度下降有关。

土壤结构不牢固,耕作层由于干旱出现迸裂,分裂成较大的土块。吸附容量达到 7～15 mg当量/100 g 土,吸附盐基的成分主要是钙。

灌溉暗灰钙土的面积不大,主要分布在塔什干州、吉扎克州、撒马尔罕州、纳曼干州和苏尔汗州,用于园艺和蔬菜种植。土壤特征是具有很高肥力,运用好的农业技术可以保证获得好的收成。

典型灰钙土　位于灰钙土带的中部地区,形成于山前和低山地区半干旱环境,平均气温12.5～14℃(Бабушкин Л. Н. ,1957)。年平均降水量取决于所在地的高度,为 270～425 mm,在与淡灰钙土接壤的地方降水量有所减少。降水量在各个季度都不平衡,应该着重强调土壤湿度的反差,冬季降水占全年降水的 28%～32%,春节占 40%～45%,夏季为 3%～5%,秋季为 14%～20%。降水主要来自雨水,大部分降水在春季,从一方面看,增加了播种前和播种时的工作难度,另一方面在干旱到来之前保证土壤良好的出苗率。利用好山前和山区非灌溉土天然湿度,可能获得谷物和其他作物较好的收成。

1 月份平均温度,由于不同地形在 -0.7～-2.8℃,冬季持续时间(从温度低于零度开始计算)为 56～70 天,最低绝对温度在不同地方有所不同,从 -22～29℃到 -29～35℃,但是这种严寒情况出现比较少。冬季生长季 28%～45% 积雪覆盖不够牢固,厚度不大,即使在最冷的冬季,厚度才勉强达到 5～10 cm,下雪和积雪时间 35～50 天左右。

夏季十分炎热,根据不同气象站的资料,6 月份多年平均温度 25.7～27.4℃,这个时段空气十分干燥,相对湿度(月平均湿度)降到 32%,空气最高绝端温度为 40～43℃,土壤绝端温度达到 67.5℃。

平均无霜期持续 192～216 d,喜热作物生长季,全年高于 0℃ 的积温达到 4720～5220℃ · d,高于 10℃ 的积温为 4300～4760℃ · d,从 4 月 1 日到 11 月 1 日有效积温(高于 10℃)为2190～2582℃ · d。

年平均风速在 1.6～1.9 m/s,一年之中风速最大(大于 15 m/s)的天数为 11 d,空气干燥的特征出现在 5 月份,持续到 8—9 月(60～90 d)。来自荒漠的干热风吹干了整个山坡。

荒地典型灰钙土形成在山地(亚热带)荒漠杂草条件下(有些地方是狭叶薹草(Carextristachya)－蒿类)。卢布佐夫等把这类土壤列入夏季生长的,低矮半萨旺纳草原群落多年生植物。植被的自然物种构成不均匀,而且相对贫乏。在一年内,植被的发育取决于中亚平原地区气候的对比性,受到 3 种时期表现剧烈的水热条件的制约:冬季－微热气候、这种气候潮湿又寒冷;春季－中热气候、温暖湿润;夏季－亚热带气候、炎热少雨。

植被是由薹草和早熟禾组成,这些矮小的短命植物,完成自己的发育周期在干旱的夏季开始,到 5 月份就已经枯萎死亡。它们组成密实的生草丛,主要是薹草和早熟禾(Poa annua),覆盖度 75%～80%。植被中还见到低矮的小草:毛茛(Ranunculus japonicus)、龙胆(Gentiana scabra)、顶冰花(Gagea lutea)、郁金香(Tulipa gesneriana)、鸢尾(Iris tectorum)等。克洛文

（Коровин Е. П.）在块茎球茎植物中观察到紫茎（*Stewartia sinensis*）、银莲花（*Anemone cathayensis*）、天竺葵（*Pelargonium × hortorum*）、阿魏（*Ferulae*）等。在山地北坡有些地方，还可见到针茅（*Stipa capillata*），较少见到独尾草（*Eremurus chinensis*）。

随着夏季到来，春天的植物逐渐被夏天的植物所替代，这些植物是：旋花（*Calystegia sepium*）、骆驼刺（*Alhagi sparsifolia*）、黄芪（*Astragalus membranaceus*）、糙苏（*Phlomis umbrosa*）、蒿属（*Artemisia*）等。这些植物生长在不下雨的季节，说明它们都有很好的根系，骆驼刺的根系甚至达到 15m，耐旱性能好。

上述植被布满了山前，山前平原和低山山区。这些植物在细土和黄土的坡地组成了密实的生草层。在碎石和严重冲蚀的坡地上植被很少。

这个地区生长多种薹草，可以作为良好的春牧场，有时作为割草草场。

当灌溉地或旱地进行土壤开发时，植被结构发生了根本变化。天然植被由于土壤耕作和改变作物生长环境后，就改变了植被杂草的组成，栽培植物具有更深的根系，对土壤形成和土壤性能产生明显的影响。

栽培植物在灌溉耕地地区分为棉花、苜蓿、谷物、果蔬以及其他多年生植物，在旱地地区种类只有小麦、大麦。旱地草类植物组成，主要是周围的杂草群系。灌溉土，特别是在水成条件下的土壤，主要是喜湿植物：石茅（*Sorghum halepense*）、高粱、芦苇（*Phragmites australis*）、菟丝子（*Cuscuta chinensis*）、稗草（*Echinochloa crusgali*）等。

典型灰钙土形成于不同的自成环境中，大多是丘陵起伏和缓坡平原或低矮山丘，这些地区大都与河道冲积扇和上游河流形成的台地共生。土壤形成的基岩是黄土，黄土状壤土以及残积－堆积和残积－洪积形成的微粒石质的沉积。土壤形成有岩相－地貌条件的多样性，对土壤性质产生决定性的影响。对土壤性能产生较大影响的因素是低山坡地的坡向。地下水埋藏比较深。

典型灰钙土荒地形成在黄土和黄土状壤土，土层较厚，有密实的生草层，由短命植物的根系组成。冲蚀和轻度冲蚀的土壤厚度为 5～10 cm，中度和重度冲蚀的土壤厚度为 3～30 cm。腐殖层－灰色带有褐色色斑，厚度达到 60 cm，腐殖质含量在生草层中为 2.3％～5.2％，即使在 60～100 cm 的地方也不低于 0.4％～0.6％。在轻度冲蚀土壤中，腐殖层减少到 50 cm，其含量在生草层中为 14％～1.8％。比较强烈的侵蚀过程出现在南坡，这里的土壤冲蚀程度达到中度和重度（Махсудов Х. М.，1981）。这里的腐殖层减少到 40 cm 或更少。中度冲蚀土腐殖质含量在生草层中为 1.4％～2.7％，重度冲蚀土为 0.9％，一般冲蚀土为 2％～4％。氮含量在未冲蚀土中为 0.11％～0.31％，轻度冲蚀土中为 0.12％，中度冲蚀土为 0.11％～0.19％，重度冲蚀土为 0.09％，一般冲蚀土中为 0.13％～0.32％（表 8.3）。

表 8.3　荒地典型灰钙土化学成分

深度/cm	腐殖质/%	氮/%	活性/(mg·kg⁻¹)		盐渍/%			碳酸盐/%	石膏/%
			P_2O_5	K_2O	干渣	Cl	SO₄		
			典型灰钙土　　未受冲蚀黄土质砂黏土						
0～6	3.5	0.29	35	325					
6～20	1.7	0.12	12	220					
20～46	0.8	0.06	5	190					
46～97	0.5	0.04	—	—					

（续表）

深度/cm	腐殖质/%	氮/%	活性/(mg·kg⁻¹)		盐渍/%			碳酸盐/%	石膏/%
			P_2O_5	K_2O	干渣	Cl	SO_4		
典型灰钙土　残积－洪积层泥沟冲积物									
0~4	1.3	0.08	18	255	0.07	0.004	0.011	6.3	
4~10	0.8	0.06	6	130	0.06	0.004	0.007	6.4	
10~25	0.6	0.03	—	—	0.06	0.004	0.008	7.5	
25~40	0.3	—	—	—	0.04	0.004	0.006	7.8	
40~55	—	—	—	—	0.04	0.003	0.004	8.7	
55~70					0.07	0.004	0.023	8.6	0.14
未受侵蚀典型灰钙土　残积－洪积层泥沟冲积物的石膏土									
0~4	1.8	0.12	23	330	0.01	0.003	0.007	7.9	0.18
4~14	0.9	0.08	8	260	0.07	0.004	0.019	8.6	0.15
14~32	0.6	0.03	3	130	0.06	0.005	0.014	9.1	0.17
32~50	0.4	0.02	—	—	1.01	0.004	0.659	9.5	1.63
50~70	—	—	—	—	1.33	0.018	0.773	6.8	19.88
70~85	—	—	—	—	1.33	0.045	0.786	5.1	20.01

在低山和切割的山前地区,土壤形成的基岩是残积－堆积沉积层,厚度较厚,细土石质微粒土壤沉积,在沉积层中碎石成分占总数的40%,在阴坡土壤厚度达到150~200 cm。土壤形成良好,有很厚的生草层。在阳坡的坡地疏松层减少到30~50 cm,下层的基岩经常暴露在地面。阴坡生草层中的腐殖质含量在1.3%~2.5%,在阳坡腐殖质含量从1%~2.2%。氮含量在生草层中为0.09%~0.21%。碳氮比在7~9,有时为9~10。

在黄土、黄土状壤土微粒、典型灰钙土荒地过渡层显露出假融合的碳酸盐,下层是微灰白色的结核和结节。土层下经常看到晶体和石膏微粒。在45~55 cm处可以看到昆虫频繁活动的土壤。土壤剖面中碳酸盐含量和分布,在很大程度上取决于土壤形成基岩的碳酸盐化程度和土壤形成状况以及土壤冲蚀程度。土壤剖面上层,不同程度受到碳酸盐的冲蚀。在一些未冲蚀的上层,厚度为10~15 cm,有时或更多,碳酸盐含量在2.5%~5.8%,剖面下部其含量增加,在碳酸盐淀积层达到9%~14%。显露出黏化的特征。在冲蚀土壤观察到表面有较高的碳酸盐含量(7%~12%)。有时碳酸盐淀积层在剖面中没有出现。

土壤基岩的植物营养元素特点和土壤冲蚀度之间没有发现明显的关系。磷的总含量在0.08%~0.15%到0.23%~0.26%。钾总量为1.62%~2.70%。生草层和生草层下未冲蚀土中,活性磷含量9~92 mg/kg,轻度冲蚀土在10~42 mg/kg,中度冲蚀土在10~59 mg/kg,重度冲蚀土为27~80 mg/kg。活性钾在这个层位未冲蚀土中在230~477 mg/kg,轻度冲蚀土为178~422 mg/kg,中度冲蚀土为118~342 mg/kg,重度冲蚀土为154~220 mg/kg。

形成于黄土和黄土状壤土的机械成分主要是重壤土,较少中壤土以及粗粒砂土。这些土壤都具有良好的水文物理性能。在残积－坡积和残积－洪积沉积的土壤,按照机械成分比中壤土、砂土以及下层严重石质土壤的粗机械成分要轻许多。在土壤剖面上部经常可以看到石质化土壤。

吸附容量在 7～15 mg 当量/100 g 土之间。钙的份额在吸附盐基中占总数的 50%～92%。在剖面下层,可以观察到较高的代谢镁成分 50%～70%。碱性阳离子在剖面这样的分布,格尔布洛夫(Горбунов Б. В.,1980)认为正是典型灰钙土的特征。

荒地土壤的侵蚀性,特别是在低山和山前丘陵地表现较多。在阴坡,茂盛的生草层阻挠侵蚀,但有时出现滑坡。阳坡土壤经常遭受侵蚀,因此,较多石质微粒土壤。

盐渍化只发生在形成于石膏含量较高岩层的坡地,见于土尔克斯坦山麓、努拉套坡地、库什塔纳南坡山前冲积扇。石膏层在这些土壤中常常位于深度 0.5～1 m,较少在 1.5～2 m 处。石膏层通常比较疏松,呈柱状,颗粒状或纤维－多孔隙状,含有砂子和碎石。在冲蚀土壤,石膏层有时显露在 15～30 cm 处。石膏层上和石膏层剖面下面,SO_4 含量不超过 0.2%～0.5%,在石膏层增加到 30%～40%,换算成 $CaSO_4 \cdot 2H_2O$ 经常达到 90%。这些土壤的石膏层上层,与发育在黄土的典型灰钙土层十分相似,但生草层形成较少,也没有显露出碳酸盐淀积层。土壤剖面是褐色的。

与前述黄土和黄土状典型灰钙土相比,土壤中腐殖质较少,含量为 1.6%～2.5%,轻度冲蚀层为 0.9%～1.6%,中度冲蚀为 0.8%～1.20%,随着深度加大,腐殖质明显减少。石膏层剖面上层含有较多的碳酸盐,为 8%～11%,石膏含量碳酸盐减少到 1.5%～7%,下层又重新开始增加。

生草层和生草层下层未冲蚀土壤中,活性磷为 5～38 mg/kg,轻度冲蚀土 14～29 mg/kg,中度冲蚀土为 13～23 mg/kg。轻度冲蚀土中活性钾为 221～313 mg/kg,重度冲蚀土为 222～230 mg/kg。活性磷和活性钾在下层都急剧减少。按照机械成分,这些土壤属于轻壤－中壤土,含有少量碎石和沙岩。在未盐渍化荒地典型灰钙土,厚度不大的石膏层,可溶性盐达到 1%～1.3%。当灌溉时,水将会通过过滤溶解的盐和石膏。土壤盐渍化时可能显露出喀斯特现象。

典型灰钙土形成在残积－洪积层泥沟冲积物中,其特点是有不同的厚度。冲积扇的上层是石质土壤,带有一定厚度的砾石。沿沉积物外围和冲积扇之间,砾石埋藏深度达到 1.5～2 m。

在集中下雨和化雪期间,冲积扇表层进行着相互侵蚀和淤积过程,水流冲刷生草层和腐殖层,被新来的泥沙多次覆盖。在这种条件下形成较厚的腐殖层,携带着含量很高的有机物,这些土壤的腐殖程度主要取决于冲积物的腐殖程度。

在河谷阶地形成的土壤,土壤形成基岩是洪积层(隐藏层状)较厚的均质黄土状壤土,位于细土层的上层。深层是古代冲积而成的沉积,还观察到新的砾石沉积和夹层及黄土状壤土的晶体(Кимберг Н. В.,1957)。

阶地地形大多数都比较平坦,但有时也遇见到宽大波浪状的,甚至见到丘陵起伏状的,这与阶地地区侧面边沟冲积扇的形成有关,阶地切割成泥冲沟和水冲沟。

低山地区很少用于农业耕地,主要用作牧场,农业耕地应该选择比较平缓的山前平原。

典型旱地灰钙土　发育于黄土,广泛分布在山前平原和恰特卡里,库拉明斯克、土尔克斯坦、努拉丁斯克、泽拉夫尚及吉萨尔斯克山不同坡向的坡地和桑扎拉河谷中部。

按土壤机械成分,主要是中壤土。重壤土见于齐尔奇克－安格楞斯克分区以及其他地区冲蚀土中。轻壤土和沙壤土成分的土壤,见于苏尔汗河库什坦格的南坡和努拉丁斯克河谷,这些地方是残积形成的沉积和残积－淀积形成的石膏沉积。

　　黄土典型旱地灰钙土,深部淋溶是由于可溶性盐和石膏的结果。干燥的残渣达到 $0.1\%\sim$ 0.2%(表8.4),位于深度 $1\sim1.5$ m 处。在黄土土壤以及形成在第二个 2 m 的末端的石膏层基岩中,可溶性盐达到 $1.0\%\sim1.5\%$,石膏达到 $2\%\sim4\%$。

表 8.4　旱地典型灰钙土壤化学成分

土壤名称	深度/cm	腐殖质/%	氮/%	活性/(mg·kg⁻¹)		盐渍/%			碳酸盐/%	石膏/%
				P₂O₅	K₂O	干渣	Cl	SO₄		
黄土中未受冲蚀的典型灰钙土旱地	0~27	1.5	0.11	12	275					
	27~53	1	0.07	9	230					
	53~120	0.4	0.03	—	—					
黄土中轻度冲蚀的典型灰钙土旱地	0~23	1	0.08	15	250					
	23~40	0.8	0.06	10	270					
	40~107	0.4	0.04	—	—					
黄土中中等程度冲蚀的典型灰钙土旱地	0~22	0.9	0.07	10	210					
	22~42	0.5	0.05	5	170					
	42~107	0.2	0.02	—	—					
在残积—洪积层泥沟冲积物中的轻度侵蚀的石膏的典型灰钙土旱地	0~26	0.8	0.05	10	180	0.1	0.008	0.021	8.6	—
	26~46	0.4	0.04	5	130	0.09	0.008	0.014	9.7	
	46~60	0.3	0.02	5	60	0.07	0.008	0.016	10.1	
	80~100	—	—			0.06	0.008	0.013	9.9	
	130~150	—	—			0.08	0.007	0.015	9.1	
	170~190	—	—			0.12	0.016	0.035	8.6	0.16
	212~230					1.07	0.014	0.637	6.9	4.08
在残积—洪积层泥沟冲积物中的未受侵蚀的石膏的典型灰钙土旱地	0~20	0.9	0.06	10	230	0.12	0.004	0.06	8.2	0.81
	20~36	0.6	0.05	5	175	0.11	0.004	0.047	11.2	0.61
	36~51	0.2	—			0.1	0.004	0.033	11.6	0.3
	51~66	—	—			0.08	0.005	0.025	11.2	0.25
	66~87	—	—			0.09	0.004	0.034	11.2	0.24
	87~107	—	—			1.29	0.005	0.743	5.4	20.25
	127~147	—	—			1.33	0.004	0.758	6.8	20.18
	167~180	—	—			1.37	0.008	0.765	7.0	16.27

　　典型灰钙土旱地的特点,是土壤上层深部相对高的碳酸盐淋溶。碳酸盐在剖面的含量和分布,取决于土壤在地形中的状况。碳酸盐冲蚀的土壤是撂荒地,碳酸盐含量在上层为 $3\%\sim$ 5% 到 $1.2\%\sim2.3\%$。在碳酸盐淀积层第 1 m 末端或第 2 m 开始处,碳酸盐含量达到 $9\%\sim10\%$。

　　咸海旱地典型灰钙土,碳酸盐含量在 $6\%\sim12\%$。在未冲蚀土壤耕作层中为 $7\%\sim8\%$,在侵蚀层为 $9\%\sim10\%$,在冲蚀低地剖面中为 $6\%\sim7\%$,在碳酸盐淀积层为 $11\%\sim13\%$。

　　黄土典型灰钙土旱地中有机物比较富集。腐殖质含量取决于土壤形成地的特点和耕作层冲蚀程度,在未冲蚀土中为 $1\%\sim1.5\%$,在轻度冲蚀土中为 $0.8\%\sim1.4\%$,在中度冲蚀土中为 $0.8\%\sim1.2\%$,重度冲蚀土为 $0.6\%\sim0.9\%$。有机物最大值位于重壤土中。氮含量在未冲蚀土中为 $0.07\%\sim0.18\%$,在轻度冲蚀土中为 $0.05\%\sim0.12\%$,重度冲蚀土为 $0.03\%\sim0.08\%$(Исмнов А.Ж.,2002)。

根据活性磷储备分为低度和中度保证土壤。在耕作层中未冲蚀土中,活性磷为 $5\sim40$ mg/kg,轻度冲蚀土中为 $7\sim19$ mg/kg,中度冲蚀土中为 $2\sim17$ mg/kg。活性钾在未冲蚀土中为 $170\sim600$ mg/kg,轻度冲蚀土中为 $200\sim320$ mg/kg,重度冲蚀土中为 $100\sim210$ mg/kg。

土壤吸附容量为 $7.2\sim10.5$ mg 当量/100 g 土,钾含量占多数为 $17\%\sim92\%$。重土中有机物比较富集的地区是齐尔奇克—安格楞斯克分区的典型灰钙上旱地,这也是这个地区土壤的特点。耕作层未冲蚀土,腐殖质含量为 $1.2\%\sim1.6\%$,在冲蚀土中为 $0.9\%\sim1.4\%$。氮含量在未冲蚀土中为 $0.10\%\sim0.14\%$,在冲蚀土中为 $0.07\%\sim0.12\%$。

活性磷含量与冲蚀程度有相连关系,达到 $4\sim19$ mg/kg,活性钾在 $120\sim482$ mg/kg 之间。

土壤吸附容量为 $11\sim14$ mg 当量/100 g 土,钙的份额为 $73\%\sim83\%$,镁在耕作层为 $6\%\sim7\%$,在较深处为 $18\%\sim26\%$。

努拉丁河谷地区典型灰钙土形成在重度石膏黄土和黄土状壤土。最大石膏含量见于土壤剖面 $70\sim100$ cm 处,其数量达到 $9\%\sim14\%$。1m 以下石膏含量下降到 $1.5\%\sim2\%$。

这些土壤中腐殖质含量很少,只有 $0.6\%\sim1\%$,氮含量为 $0.05\%\sim0.06\%$。0.5m 层位处磷含量总数为 $0.09\%\sim0.1\%$,钾的总数为 $1.75\%\sim1.93\%$。活性磷的保证率较低,为 $10\sim14$ mg/kg,活性钾为 $120\sim293$ mg/kg。

按照机械成分这些土壤分别属于轻壤土,重壤土,有少量碎石成分。

吸附容量很低为 8 mg 当量/100 g 土,吸附盐基成分中,主要是钙,占总数的 $72\%\sim83\%$,镁占 $11\%\sim23\%$。

盐化土壤随着深度加大可溶性盐增加到 $1\%\sim1.1\%$。

在苏尔河旱地地区库什坦格南坡,山前冲积扇典型灰钙土形成于侵蚀基岩,这些基岩是第三纪的杂色黏土和砂岩。土壤的机械成分是砂壤土和轻壤土,基岩下面是中壤土和重壤土。土壤中砂粒非常富集($30\%\sim60\%$),粗粒砂土较少($20\%\sim40\%$)。

典型灰钙土形成于杂色盐土中,具有盐渍化盐土的特点,只有耕作层没有被盐渍化,在耕作层中干燥残留物达到 $0.4\%\sim0.5\%$,剖面下部增加到 $1.3\%\sim1.5\%$,最大数值位于下部基岩。土壤盐渍化属于硫酸钠型。发育于基岩的典型灰钙土,碳酸盐含量比黄土中要少,在剖面中,其含量在 $5\%\sim7\%$。最少含量在土壤基岩中可以见到。在这些土壤中,石膏含量反而比黄土土壤增加(从 $0.05\%\sim0.4\%$ 到 10.9%)。最大含量存在于基岩中,与黄土土壤相比,这些土壤有机物含量非常贫瘠,是土壤发育的特点,也是严重的冲蚀度所决定的。在侵蚀土壤耕作层中,腐殖质含量不超过 $0.5\%\sim0.8\%$,在未冲蚀土中增加到 1.2%,氮含量在土壤中为 $0.03\%\sim0.05\%$,磷含量为 $0.08\%\sim0.15\%$,钾为 $1.3\%\sim1.8\%$,活性磷为 $9\sim13$ mg/kg,活性钾为 $112\sim132$ mg/kg。

发育在杂色土的典型灰钙土旱地,根据腐殖质含量和主要植物营养元素,在所有乌兹别克斯坦旱地土壤中属于最贫瘠的一类。

典型灌溉灰钙土　分布在第四纪疏松沉积物黄土和黄土状壤土,还分布在洪积、冲积物上,较少在残积沉积中。灌溉地在土壤形成过程中带来许多变化,这是特殊土壤形成过程中,稳定的地貌和化学性质决定的。这些变化,首先涉及剖面的上层,破坏了生草层,腐殖质比较均匀地分布在整个剖面。此外,土壤上层每年水利灌溉和施肥,使得土壤厚度增加,带来新的完善的耕作层－农业水利灌溉层。

这里灌溉土的特点是由于水分解作用和土壤机械化作业的原因,形成犁盘和 1m 厚的土层。

在进行灌溉时,土壤中水、空气和营养状况都发生很大变化。灌溉水向土壤深部渗透,导致土壤下层所有缝隙得以湿润,使得可溶性化学物质能够在土壤剖面进行积极的活动。这些变化的显露程度取决于灌溉的时间和灌溉强度。因此,灌溉土无论在典型类型,还是在淡色灰钙土都划分为多年灌溉、新灌溉和新开发三种不同类型。

多年灌溉典型灰钙土广泛分布在塔什干州、撒马尔罕州,一部分分布在卡什卡达里亚州、纳曼干州、吉扎克州及其他州。占据山前缓坡平原冲积扇和黄土、黄土状壤土沉积的河谷阶地,较少在石质化细土沉积。地下水位于深度 5 m 处。这些土壤的形成特点是,由灌溉沉积物组成厚度为 0.7～2 m 的土层,机械成分比较厚实均匀(Кузиев Р. К.,2000)。土层有相对单一的灰色色调,有时在腐殖质层有瓦灰色色调。剖面比较湿润、密实,有些地方有蚯蚓形成的黏土化特征。腐殖质层经常与水利灌溉层相重合,但有时只分布在上层。多年灌溉土腐殖化程度,取决于当地土壤及土壤形成基岩的分布状况,还取决于一系列其他的侵蚀因素,腐殖质含量在耕作层变化范围比较大。因此,耕作层腐殖质含量 0.6%～2.6%,大部分为 1.3%～1.7%。腐殖质含量为 0.6%～0.7%。耕作层氮总量为 0.08%～0.13%,耕作层下为 0.06%～0.07%。碳氮比为 6～8。磷总量比较高,为 0.14%～0.22%。土壤中活性磷保证率不高(30～88 mg/kg),可以解释为没有调节好矿物化肥的使用。土壤钾含量为 1.3%～2.4%,活性钾保证率较高。在平整高产量棉花耕地时,不再需要补充钾肥。

多年灌溉土的碳酸盐程度比耕作层要低一些,为 3.5%～5.8%,土壤剖面中碳酸盐分布比较均匀,为 7%～9%。碳酸盐呈现结核状及胶质状。在侵蚀土壤中比较接近土壤表面。

按照土壤机械成分属于粉砂,中度沙壤土和重度沙壤土级别。这里粗颗粒粉尘平均为 32%～40%,对土壤物理性能和水物理性能产生良好作用。在这种土壤中还观察到结皮和"犁盘"。接近山体出现土壤石质化,增加沙化,沙土达到 10%～20%。

多年灌溉土吸附容量取决于有机物含量和淤泥粒度,达到 8～17 mg 当量/100 g 土。在吸附阳离子中,由于可溶性盐和石膏侵蚀,达到 1.5～2 m 的深度。这里水蚀比较广泛(Махсудов Х. М.,1981)。

新灌溉典型灌溉土与多年灌溉灰钙土划分在同样的三个地区,但分布在适合的山前坡地和泥沟谷地。这里不存在灌溉层,很少出现"犁盘"。土壤特点是厚度不大的腐殖质(35～45 cm,很少达到 50 cm),被昆虫翻动过,有时候保留土壤的保护层,比较接近旱地土壤,也证明灌溉的影响比较小。

土壤耕作层的腐殖质含量取决于冲蚀程度,在 0.7%～1.7%,但较高指标是 0.8%～1.5%。氮含量 0.08%～0.1%。碳氮比为 6～9。土壤中磷总量为 0.16%～0.22%,钾总量为 1.3%～2.4%。根据土壤活性磷储备,属于保证率不足的行列(8～55 mg/kg)。土壤活性磷低保证率是由于碳酸盐富集的原因决定的,可促使有效向无效形式转变。

这里的碳酸盐含量与多年灌溉土相比是比较高的,为 8.0%～10% ,含量随着剖面自上而向下而增加(表 8.5)。淀积碳酸盐在新灌溉土表现比多年灌溉土要明显。碳酸盐侵蚀土壤与地表最近。土壤按机械成分主要是中壤土或重壤土。下层是隐藏的层状土壤剖面。在比较高的阶地和泥沟冲积扇,1～2 m 层位有时遇见砾石层,土壤剖面有不同程度的石质化。土壤表面在灌溉后干燥,然后出现龟裂。

新灌溉土典型灰钙土吸附容量在较大的范围变化,从 5～10 mg 当量/100 g 土。在黄土层形成的土壤,吸附容量达到 9～14 mg 当量/100 g 土,在冲积扇和复杂地形的高地,经常遇到碎石和砾石。吸附容量比较低,只有 5～9 mg 当量/100 g 土。钙在阳离子组成中,占有大多数(占总数的 60％～88％)。在撒马尔罕地区钙的成分比较低(34％～57％),镁的含量增加到 20％～39％。新灌溉土壤大部分没有盐渍化,而是石膏被淋溶(Кузиев Р. К.,2004)。只是在干旱的费尔干纳河谷及泽拉夫尚Ⅳ及Ⅴ级阶地,土壤有盐土状和深度盐渍化土壤。大部分土壤遭受水利灌溉侵蚀。

新灌溉典型灰钙土占地面积相对不大,以单独大片地块形式位于荒地、撂荒地和灌溉地中间。这种土壤属于轻度发育,剖面其他部分接近典型灰钙土荒地剖面。

腐殖质含量很少超出耕作层的范围。最初开发的时间,腐殖质含量有所减少,由于增加湿度和透气性,使得能够更好地重新建立有机物矿化条件。耕作层中腐殖质含量达到 0.7％～1.3％。

土壤中氮含量 0.04％～0.10％,活性磷很少,为 10～13 mg/kg。碳酸盐剖面保持原样,只是在耕作层中,碳酸盐减少到 2.4％～5.3％。在侵蚀土壤中,碳酸盐最大值位于土壤上层的 0.5m 处,有时露出地面。

按照机械成分,土壤的大部分是中壤土,在剖面中有时有隐藏的轻度和重度盐渍化土壤层。土壤没有被可溶性盐化,也没有石膏化,只是在深层见到轻度或中度盐渍层。

表 8.5　灌溉灰钙土的土壤化学成分

土壤名称	深度/cm	腐殖质/％	氮/％	活性/(mg·kg⁻¹)			盐渍/％			碳酸盐/％	石膏/％
				P₂O₅	K₂O	干渣	Cl	SO₄			
残积－洪积上的多年灌溉	0～30	1.2	0.09	17	300	—	—	—	—		
典型灰钙土	30～100	1	0.08	6	—	—	—	—	—		
山前地带	100～140	0.6	0.06								
黄土质砂黏土中的灌溉典	0～33	1.3	0.039	7	350	0.26	0.028	0.132	—		0.18
型灰钙土	33～58	1.2	0.05	6	200	0.12	0.017	0.041			0.16
山脚坡地	58～85	1.1	0.07	5	150	0.25	0.035	0.107			0.12
	85～130	0.7		6	200	0.17	0.017	0.086			0.1
	130～165	0.6	—	7	350	0.1	0.017	0.029			0.07
黄土质砂黏土中轻度冲蚀	0～32	1	0.036	16	700	0.24	0.024	0.097	5.4	0.17
的新灌溉典型灰钙土	32～44	0.7	0.045	12	650	0.2	0.024	0.078	6	0.24
山麓平原	44～64	0.6	0.039	7	550	0.29	0.045	0.136	6.5	0.18
	64～112	0.3	0.034	11	500	0.35	0.038	0.148	7.1	0.3
	112～150	0.2	—	6	475	0.28	0.028	0.146	7.7	0.14
黄土质砂黏土中未受冲蚀	0～35	1.3	0.09	28	—	0.1	0.004	0.009		
的新灌溉典型灰钙土	35～55	1.2	0.09	16		0.07	0.003	0.006		

（续表）

土壤名称	深度/cm	腐殖质/%	氮/%	活性/(mg·kg⁻¹)		盐渍/%			碳酸盐/%	石膏/%
				P_2O_5	K_2O	干渣	Cl	SO_4		
Ⅲ 阶地	55～80	0.5	—	—	—	0.06	0.005	0.005		
	80～110	—	—	—	—	0.26	0.004	0.104		
	110～140	—	—	—	—	0.33	0.005	0.176		
	140～170	—	—	—	—	0.15	0.003	0.06		
	170～200	—	—	—	—	0.17	0.005	0.078		

淡灰钙土　占据灰钙土的下部,与荒漠带紧密相连。土壤形成于山前平原和山麓干旱气候环境。年平均气温取决于地理位置和地形,在 13～13.1℃。年降水量为 206～304 mm(Бабушкин Л. Н.,1957)。年平均无霜期持续时间为 200～240 d。冬季生长天数在 36%～50%。喜热作物棉花、葡萄等生长季天数,从 3 月 21 日到 10 月 27 日,为 210～219 d,有利于中熟棉花品种种植,这类作物要求在 180～190 d,从种植开始到棉铃 50%达到成熟。昼夜平均积温 4841～5402℃·d,年平均 0℃以上积温(10℃以上)为 4379～5285℃·d,有效积温(10℃以上)在 4 月 1 日至 11 月 1 日为 2340～2827℃·d。对于种植中熟棉花,这种气候条件是十分有利的。

大部分降水发生在冬季－春季(1 月至 4 月)和秋季(10 月至 11 月)期间,夏季完全没有降水。生长季期间,总降水量稀少和微不足道的降雨,不能保证旱地灌溉所需要的湿度。

最冷是 1 月份,月平均温度－0.2℃～－2.4℃。绝对最低气温从－30～－23℃到－35℃。急剧卜降的温度,导致强烈的寒潮自北向东入侵。这样的严寒(15～20 年出现 1 次)导致葡萄和果树严重结冰,甚至冻死。积雪覆盖期在 21～35 d。雪被一般都不厚(3～6 cm),也不牢固。

春天的气候特点是变化无常,适宜于棉花生长季的气候条件开始于 3 月份的最后几天到 4 月份的最初几天。最晚霜冻出现在 3 月 21－27 日,土壤的霜冻大体在 4 月 9 日。

干旱气候的夏天非常炎热,6 月份平均气温为 27.2～29.4℃,在无云和干旱的夏季温度持续上升。夏天,最高空气温度有时达到 41～47℃。这样的高温,植物难以忍受,好在持续时间不长,只有短短的几天。

邻近的克孜尔库姆荒漠,对气候产生相当大的影响。平均风速达到 2.0～4.2 m/s,沙尘暴每年发生 3～11 次。夏季经常发生强有力的干热风。

淡灰钙土带的植物在干旱气候条件下,植物区系构成十分贫乏。淡灰钙土荒地形成在类短命植物群落,薹草和早熟禾占多数,其他还有:旋花、天芥菜(*Heliotropium europaeum*)、蒿属、骆驼刺等,干热夏季来临的时候,短命植物停止生长而枯死。

石质化细土植被十分稀疏,蒿属退出薹草和早熟禾群落,只留下为数不多的短命植物和类短命植物。这里不形成生草层,甚至局部的生草层也不能形成。

格尔布洛夫、库诺别耶夫(Горбунов Б. В. ，Конобеева Г. М.)等认为,典型短命一类短命群落与荒漠群落相比,短命植物由周期发育的中生短命植物组成,在中热时期建立厚实的草甸。植物根系主要集中在土壤上部 10 cm 的层位处,组成生草层。

在河流谷地和山前及山麓平原低洼地,地下水埋藏不深的地方,种植喜湿植被,组成薹草、沼泽和土盖草甸。主要生长薹草、芦苇、野麦、狗牙根(*Cynodon dactylon*)、拂子茅(*Calama-*

grostis epigeios)、胡颓子(*Elaeagnus*)及柽柳(*Tamarix chinensis*)等。现在,由于土壤改良工作,沼泽草甸面积明显减少,当大面积灌溉土开发时,农作物替代了天然植被,这些作物是棉花、苜蓿、谷物、蔬菜、豆类,还有乔木、灌木。在草本植被中,还有以前喜湿植物的代表保留下来,还有新移植的不分地域的植物,例如,蜀葵(*Althaea rosea*)、甘草(*Glycyrrhiza uralensis*)、芦苇等。

旱地作物主要是小麦和大麦,周围长满了地域性杂草。在盐土土壤可以见到淡灰钙土带各种不同的猪毛菜(*Salsola collina*)及其他草甸盐渍化很高的草甸植物群系,这些植物群系,在荒地和撂荒地组成很好的生草层。淡灰钙土形成于山麓缓坡平原的黄土和黄土状壤土以及石质化细土残积－洪积沉积,这些平原被山前睅状丘陵切割,还有形成在冲积扇和河谷阶地。灰钙土高度分界线,取决于宽广的地势和主要山峰的坡向,在260～700 m。地下水较深(超过5 m以上)。淡灰钙土荒地剖面的特点,是不厚的腐殖质层(15～20 cm),上部生草层厚度(3～5 cm)。淡灰钙土腐殖质含量不高,是由土壤形成过程中较高的生物生成程度决定的,尤其在植物生长阶段。腐殖质在剖面的分布与植物根系分布有关。发育在黄土、黄土状壤土生草层中的腐殖质含量达到1.0%～2.6%,有些地方达到4.5%(表8.6)。生草层下层,腐殖质含量下降到0.5%～0.8%,深度0.5m处不超过0.2%～0.3%,在撂荒地可以观察到较高的腐殖质渗透。生草层氮总量为0.06%～0.26%,生草层下为0.05%～0.10%。碳氮比在7～9。磷总量在上层为0.10%～0.19%,钾总量为2%～2.3%。活性磷较少,为8～45 mg/kg,活性钾为350～390 mg/kg。

表8.6　荒地淡灰钙土化学成分

深度 /cm	腐殖质 /%	氮 /%	P$_2$O$_5$		盐渍/%			碳酸盐/%	石膏 /%
			总含量/%	活性磷 /(mg·kg^{-1})	干渣	Cl	SO$_4$		
淡灰钙土 黄土中轻度冲蚀的土壤. 劣地									
0～5	1.6	0.12	0.13	44	0.08	0.004	0.012	8.5	0.44
5～23	0.6	0.07	0.12	9	0.08	0.004	0.013	10	0.33
23～54	0.4	0.07	0.11	5	0.12	0.007	0.035	10.6	0.34
60～80	0.3	0.06	0.11	3	0.14	0.014	0.054	10.4	0.41
80～100	—				0.15	0.025	0.055	9.9	0.21
120～130					1.41	0.014	0.8	8.2	6.97
150～160					1.07	0.014	0.627	8.8	4.95
淡灰钙土 黄土中轻度冲蚀的土壤. 缓坡平原									
0～5	2.5	0.25	0.19	32	—	—	—	—	—
5～10	2.6	0.1	0.12	19					
10～29	0.9	0.06	0.11	9					
29～57	0.6	0.04	0.11	6					

低于生草层和生草层下,分布有向底土过渡的土层,其特征是有较弱的腐殖质渗透(有时达到40～60 cm),有昆虫的翻动和碳酸盐化。碳酸盐在这里是新生的,呈现出眼状石灰斑、结

核和白霉。土壤剖面中,碳酸盐含量在黄土中达到 7%～10%,这时在整个剖面中,其含量为 8%～12%。形成于无碳酸盐基岩中的土壤,碳酸盐总量只有 0.3%～0.5%。这里淀积过程 很弱,但是在深度 30～70 cm 处,有时可以见到形态和化学方面的过程,这里碳酸盐数量增加 (9%～12%)。一些土壤中的高碳酸盐含量,在土壤剖面表层可以观察到。

土壤机械成分决定了土壤形成基岩的性能。形成于黄土和黄土状壤土的淡灰钙土,大部 分属于中壤土和重壤土,在剖面中有隐藏的层理状,在粒度构成中,中壤土中粗砂土占 35%～ 55%,在轻壤土中占 50%～70%。更为粗粒的为数不多(占土壤重量的 2%)。这类土壤具有 很好的水物理性能。

吸附容量取决于土壤中有机物含量,也取决于淤泥颗粒含量,在生草层中为 8～19 mg 当 量/100 g 土,在土壤剖面中,为 4.7～9 mg 当量/100 g 土。吸附盐基成分中几乎到处都有钙 盐,为 58%～84%,尤其在上层。在有些下部含有相当数量的吸附镁(45%～51%),还观察到 在剖面的上部,钙含量在增加,镁含量在减少的规律。

淡灰钙土中碳酸盐的富集,和代谢钠吸附复合体的轻度饱和,取决于土壤碱性反应的稳定 性。碱性处于 0.02%～0.04% HCO_3 之间,说明土壤没有碱化,只是在有些撂荒地可以见到 轻度碱化的土壤。

淡灰钙土的特点之一,是典型灰钙土和暗灰钙土的盐渍化程度,同时盐渍化程度和性质也 与地形构造及水文地质条件都有密切关系。

缓坡和分水岭上部土壤没有盐渍化,也不倾向于盐渍化,因为地下水很深,而且有很好的 流动。河流冲积扇周边的土壤和低地,以及山前平地和凹地的下部,地下水流动困难,因此在 灌溉条件下,可能不同程度遭受盐渍化或二次盐渍化。

土壤不同程度遭受盐渍化,盐在剖面分布很不均匀。上层通常没有盐渍化或轻度盐渍化, 盐含量在这里,按干渣计为 0.05%～0.3%(按氯计为 0.002%～0.014%)。但是在较深的层 位,在较高的山麓平原(1～2 m 处)和低地(0.3～0.6 m 处),盐含量增加到 1.0%～3%,虽然 是硫酸盐型盐渍化,但是氯化物含量有所增加。形成在含盐基岩的土壤,较高的盐渍化从地表 就可以观察到,呈现出斑点状的盐土。黄土由石膏(0.02%～0.50%)和可溶性盐被冲蚀,有时 显露在土壤剖面的下层达到 1.7%～15%。

形成在坡度大于 3°的斜坡土壤,经常遭受水的侵蚀(Махсудов Х. М.,1981)。

形成在残积-堆积和冲积-洪积沉积石质化细土的淡灰钙土,具有许多其他的性能。这 里广泛分布着未充分发育的土壤,剖面比较薄。

因为这里的植被主要由蒿类群落组成,部分由薹草-早熟禾组成,十分稀疏,所以只能见 到零星局部的土壤生草层。生草层厚度不超过 4～5 cm。土壤表层大部分覆盖着疏松的结皮 或者黑色荒漠卵石。卵石层下分布着厚度为 15～20 cm 的细土层,被翻动后造成不同程度的 石质化。按机械成分,细土层大部分是中壤土或轻壤土,极少重壤土。冲积扇的细土厚度向周 围逐渐增加。

细土土壤中腐殖质很少,仅为 0.5%～1%,在生草层中有所增加,为 1.0%～1.3%。氮含 量为 0.05%～0.08%。剖面下层 1 m 范围内,剖面由石质化-细土土壤沉积和沙壤土-砂土 夹层组成。沉积层在 40～90 cm 处经常有石膏化现象。这里石膏含量为 1%～2% SO_4。在 古残留的石膏层中,磷含量达到土壤中总数的 24%～40%到 70%～90%,石膏在石质化细土 卵石层中呈现出结皮状和羽枝状,下层和碎石牢固地结合起来。可溶性盐经常位于石膏层,石膏层下一般都没有盐渍化。可溶性盐在石膏层中达到 1.1%～1.4%。盐渍化通常是硫酸盐型,很少氯化钠－硫酸盐型。当盐所在的位置不深的时候,大气降水的水分到达这个层位,然后盐融解后,通过毛细管蒸发到达剖面上层。

石膏层下主要是大量白粉状的碳酸盐(6%～7%)和地表卵石层的结皮。土壤石膏上层的碳酸盐只有 1%～3%。土壤遭受水的侵蚀,有时非常严重。

形成在风化洪积沉积物上的淡灰钙土,机械成分是轻壤土,砂壤土和砂土。这些土壤被可溶性盐和石膏冲蚀,其数量分别为 0.05%～0.11%(可溶性盐)和 0.2%(石膏)。碳酸盐在上层比较低(3%～3.8%),下层较高(4%～7%)。这些土壤遭受过二次侵蚀(Мирзажанов К. М.,1964)。

这些土壤主要是龟裂灰钙土和碱土灰钙土。龟裂化灰钙土(龟裂－灰钙土和灰钙－龟裂土)分布在灰钙土带的荒漠草原和荒漠带的结合处。土壤主要特征是:地下水埋藏较深(低于 5 m);草原上层有为数不多的植物根系;淡灰色、下层颜色变暗;地表由于裂隙而开裂成多角形的地块;土壤是小孔隙结构,翻动较弱;土壤腐殖程度不高(0.5%～1.0%);没有显露出碳酸盐性。

灰钙土碱土是自行形成的土壤,形成于极端干旱大陆性气候条件。土壤形成基岩通常多种多样,而且严重盐渍化和碳酸盐化。地下水较深(大于 5 m)。斑点状分布在盐渍化淡灰钙土的组合体中。碱化现象在很大程度上显露在重壤土和中壤土。

灰钙土碱土表面显露出灰白色多孔结皮,结皮下分布着特殊的碱土层,呈现出层状－棱柱状结构,厚度 10～15 cm,下层是新形成的碳酸盐层。在剖面深处可经常观察到与石膏在一起的盐的累积。

这些土壤腐殖质含量,在碱土中最多达到 2%,在碱土层中钠含量占吸附容量的 20%～40%,但绝对值不高,因为吸附容量很低,不超过 10 mg 当量/100 g 土。

旱地淡灰钙土　发育在黄土,广泛分布在山前平原的末端,还有大量分布着未充分发育,剖面较短的土壤。由于这里蒿属、薹草和早熟禾组成的植被十分稀少,所以生草层只能在局部地块见到。生草层厚度不超过 4～5 cm。大部分土被覆盖着松脆的结皮或者砾石及荒漠沙丘。地表下的砾石层附有细土,厚度 15～25 cm,有过很好的翻动。细土层机械成分主要是中壤土、轻壤土、很少重壤土。河流冲积扇的周边,细土层的厚度有所增加。

土壤中有机物和氮含量贫乏。耕作层中,腐殖质含量在 0.5%～1.1%,剖面下面,腐殖质含量减少到 0.2%～0.4%,耕作层中,氮含量为 0.05%～0.08%。碳氮比(C:N)不大,为 6～8。耕作层中,磷总量 0.10%～0.14%,活性磷 8～24 mg/kg。钾总量在这个层位为 1.8%～2.1%,活性钾 210～494 mg/kg(Исмнов А. Ж.,2002)。

淡灰钙土的碳酸盐含量比较高(8%～11%),淤积层显露不明显,剖面上层不存在石膏,在 1 m 深处石膏含量增加到 2%～4%。

按照机械成分,大部分是草甸壤土,较少中壤土,携带粗粒粉尘(40%～60%)和少量淤泥颗粒(7%～10%),这是黄土的特点,中壤土和轻壤土有时显露出隐蔽的层理。

根据淡灰钙土含盐剖面的结构,属于碱土－重盐渍化。上层基本上没有盐渍化(可溶性盐为 0.09%),但在深度 0.8～1m 处及以下,可溶性盐增加到 1.3%～1.8%,土壤盐渍化属于硫酸盐型。

土壤吸附容量不大,为 7.9 mg 当量/100 g 土。吸附盐基中,主要是钙占 40%～85%,镁在一些土壤的低层相对多些,达到 13%～52%。

淡灰钙土发育在砾质壤土坡积层,分布在克孜尔库姆沙漠,努拉丁冲蚀河谷的西部,由于接近新生成的石膏层和石质土,这些土壤细土层厚度不超过 70～100 cm。有些地方,淡灰钙土形成在砂质壤土和洪积砂土。

上述旱地淡灰钙土中,腐殖质和氮含量很少。厚度不大,高度石膏化砂壤土的特点是腐殖质储量极少。在耕作层中,腐殖质含量为 0.5%～0.7%,在石膏层中仅为 0.1%。耕作层中,氮含量很低,为 0.04%。碳氮比为 7～8。磷含量在耕作层中接近 0.1%,活性磷为 9～16 mg/kg。总钾量为 1.7%～2.3%,活性钾为 227～307 mg/kg。

土壤中碳酸盐含量 5%～10%,碳酸盐淤积层没有形成,在土壤中观察到碳酸盐含量,急剧减少到 4.5%～5.4%CO_2,含有较多数量的石膏,土壤中有石膏夹层存在是努拉丁河谷淡灰钙土的特征,在有些土壤剖面石膏含量达到 70%,按照土壤机械成分,这个地区全部剖面都是轻壤土和砂壤土,细砂部分占 33%～47%、淤泥占 8%～18%。土壤是从克孜尔库姆沙漠刮风吹来的物质,土壤吸附容量不是很高,为 6～10 mg 当量/100 g 土,这种情况与简单的机械成分、有机物的贫乏及胶质有相当的关系,这里最大的吸附容量在上层可以观察到。钙的份额占盐基总数的 63%～84%,镁为 7%～34%。土壤盐化特点是碱土性,土壤发育在石质土－细土洪积层。可溶性盐冲蚀土壤到深度为 5～100 cm 处。下层的盐分增加到 1.3%。土壤是碳酸盐盐渍化类型。淡灰钙土砂土和砂壤土全部,都没有可溶性盐冲蚀。在淡灰钙土带的旱地属于大气降水不保证的土壤,导致播种作物死亡。淡灰钙土与典型灰钙土和暗灰钙土相比,属于肥力贫瘠的土壤。在大于 3°～5° 的坡地,土壤遭受水蚀,有些地方甚至发生二次侵蚀。

灌溉淡灰钙土　主要分布在山麓平原,发育在黄土和黄土状壤土,很少出现在堆积和冲积－洪积沉积的冲积扇以及河流的河泛阶地。

灌溉淡灰钙土与典型灰钙土和暗灰钙土相比,属于比较熟化的土壤,这些土壤占有良好的地形条件,属于开发程度最好的地区之一。按照灌溉时间,可分为多年灌溉、新灌溉和新开发土壤。多年灌溉淡灰钙土拥有很厚的农业灌溉土层(0.6～1.2 m 以上)。腐殖质渗透几乎也到达这个深度。土层被蚯蚓翻动过。耕作层腐殖质含量达到 0.8%～1.5%,耕作层下减少到 0.8%～0.7%,在深度 60～70 cm 处,腐殖质含量稳定增加到 0.5%(表 8.7)。在农业灌溉层腐殖质分布比较均匀,低含量腐殖质主要分布在冲蚀土,这里耕作层的腐殖质含量只有 0.6%～0.7%,耕作层下为 0.3%。总含氮量在耕作层为 0.07%～0.14%,耕作层下为 0.03%～0.08%,腐殖化比较好的土壤,含氮量也比较丰富。碳氮比上层为 6～7,下层有所减少。

耕作层中总含磷量为 0.18%～0.35%,向下逐渐减少。活性磷很少,为 8.9～24 mg/kg。土壤明显显出不易吸收磷的特点。钾含量在耕作层中为 0.44%～0.53%,活性钾为 225～313 mg/kg。

由于地貌条件和土壤形成基岩的特点,土壤机械成分,从轻壤土到重壤土之间。这些土壤具有良好的水文物理性能。在农业灌溉层范围内的机械成分比灌溉层外要均匀一些。在冲积扇和Ⅲ级阶地,黄土状壤土深部(2～4 m)处有卵石层。在土壤剖面中部有时有泥化现象。多年灌溉耕作层在碳酸盐带范围内,重机械成分形成厚实的土层,称为"犁盘"。

农业灌溉冲积物通常都是高碳酸盐化的。碳酸盐含量和剖面分布相对均匀(9%～10%)。土层有时 $CaCO_3$ 和 $MgCO_3$ 含量达到 18%～23%。有时下降到 11%～14%,而有时增加到

25％。这样的土壤在泽拉夫尚河Ⅲ级河泛阶地可见到。

　　淡灰钙土吸附性盐基总数,在上层 0.7～0.8 m 处为 7～12 mg 当量/100 g 土,以下为 6～7 mg 当量/100 g 土。钙含量比其他吸附阳离子占有优势,达到 60％～75％。在撒马尔罕土壤,镁含量有所提高,占吸附阳离子总数的 22％～42％,钠含量也增加到 5％～6％。在吸附复合体中,钠含量高的情况可以看出土壤碱土化的程度。碱化破坏土壤的水文物理和农业性能。在耕作层、耕作层下层和过渡层的吸附组合体总数中,镁含量占 41％～42％,超过钙含量 34％～38％。低于 0.5 m 处,钙的作用增大,镁的作用减小。

表 8.7　旱地灌溉地淡灰钙土壤化学成分

土壤名称	深度/cm	腐殖质/%	氮/%	P₂O₅ 总含量/%	P₂O₅ 活性磷/(mg·kg⁻¹)	K₂O 总含量/%	K₂O 活性钾/(mg·kg⁻¹)	盐渍/% 干渣	盐渍/% Cl	盐渍/% SO₄	碳酸盐/%	石膏/%
黄土质砂黏土	0～22	1	0.08	—	10	—	280	0.09	0.004	0.042	8.5	—
旱地淡灰钙土	22～50	0.6	0.06	—	4	—	220	0.07	0.004	0.033	9.7	—
山前平原	50～104	0.4	0.04	—	—	—	—	1.3	0.014	0.7	9.7	—
黄土质砂黏土	0～30	1	0.08	0.33	9	—	—	0.11	0.017	0.027	8.5	0.16
淡灰钙土	30～50	0.7	0.06	0.25	3	—	—	0.08	0.017	0.011	9.9	0.16
山前平原	50～70	0.5	0.05	0.23	—	—	—	0.08	0.013	0.016	9.8	0.309
	70～100	0.4	—	0.35	—	—	—	0.08	0.017	0.012	9.7	0.304
黄土质砂黏土	0～28	0.9	0.09	0.19	19	0.53	275	0.29	0.035	0.14	—	0.063
轻度冲蚀的多年灌	28～52	0.8	0.07	0.14	23	0.44	200	0.71	0.098	0.115	—	0.089
溉的淡灰钙土	52～72	0.6	0.05	0.1	20	0.23	250	0.2	0.017	0.129	—	0.126
起伏的平原	72～105	0.2	0.06	0.11	10	0.3	125	0.15	0.01	0.138	—	0.104
黄土质砂黏土中	0～24	0.7	0.05	0.11	—	—	—	0.13	0.003	0.039	8.6	—
新灌溉的淡灰钙土	24～37	0.6	0.04	0.12	—	—	—	0.15	0.006	0.046	8.8	—
	37～54	0.4	0.03	0.12	—	—	—	0.33	0.017	0.151	8.4	0.309
	54～80	—	—	—	—	—	—	0.5	0.071	0.212	9.3	0.395
	80～100	—	—	—	—	—	—	0.7	0.139	0.236	9.3	0.358
	100～138	—	—	—	—	—	—	1.25	0.156	0.557	9.2	1.086
	175～190	—	—	—	—	—	—	1.59	0.105	0.867	8	11.75
在冲积-洪积下新	0～25	0.7	0.04	0.11	6	—	—	0.8	0.047	0.403	—	—
灌溉淡灰钙土	25～48	0.6	0.03	0.11	3	—	—	1.04	0.122	0.518	—	—
山谷	48～65	0.3	0.02	0.11	—	—	—	1.12	0.105	0.607	—	—
	70～100	—	—	—	—	—	—	1.58	0.125	0.875	—	—
	100～200	—	—	—	—	—	—	1.67	0.147	0.937	—	—
黄土质砂黏土	0～28	0.6	0.05	0.15	16	—	240	—	—	—	9	0.173
受侵蚀的新灌溉淡	28～50	0.5	0.05	0.15	7	—	274	—	—	—	9.5	0.194
灰钙土	50～70	0.3	0.03	0.11	—	—	—	—	—	—	9.3	0.256
巴克隆纳亚(Baklonnaya)平原	70～100	—	0.11	—	—	—	—	—	—	8.2	0.583	

（续表）

土壤名称	深度 /cm	腐殖质 /%	氮 /%	P₂O₅ 总含量 /%	P₂O₅ 活性磷 /(mg·kg⁻¹)	K₂O 总含量 /%	K₂O 活性钾 /(mg·kg⁻¹)	盐渍/% 干渣	盐渍/% Cl	盐渍/% SO₄	碳酸盐 /%	石膏 /%
洪积中新灌溉的	0～26	0.6	0.06	0.1	10	—	—	0.1	0.01	0.038	8.4	0.1
淡灰钙土	26～50	0.4	0.04	0.1	6	—	—	1.12	0.015	0.625	8.5	0.2
冲积扇外围	50～70	0.3	0.02	0.11		—	—	1.27	0.018	0.746	9	3.4
	70～105	—	—			—	—	1.58	0.056	0.91	8.8	2.8

淡灰钙土长期耕作层中大部分遭受盐渍化。盐渍化是多种多样的,多数是未盐渍化(冲蚀)和轻度盐渍化土,其中经常看到斑点状的中度盐渍化土,它的盐含量为 0.3%～0.5%。在干残留物中盐含量更高。在吉扎克州、锡尔河州和一些其他州的地区可以见到比较厚的石膏化土壤(Исмнов А. Ж.,2005)。石膏含量有时达到 12%～18%。在泽拉夫尚河,Ⅲ 级河泛阶地土壤显露出碱化度增强(0.06%～0.09% HCO₃),说明碱性有所弱化。形成于冲积扇和河流阶地的土壤经常遭受灌溉侵蚀。

新灌溉淡灰钙土以较薄农业灌溉层和腐殖质含量少,区别于多年灌溉土。耕作层中腐殖质含量在 0.6%～1.0%,耕作层下,含量降到 0.5%～0.8%,在深 50 cm 处又降到 0.3%～0.5%。腐殖层厚度 40～45 cm,很少有 50 cm。一般地,机械成分越重,腐殖质就越丰富,而且有更深的渗透。氮含量在耕作层中为 0.05%～0.06%,磷含量在耕作层为 0.11%～0.15%。这些土壤中活性磷(6～20 mg/kg),没有保障,土壤中活性钾 240～280 mg/kg。

按照土壤机械成分,主要是中壤土、轻壤土分布在近山前地区,碳酸盐在剖面分布相当均匀,为 9%～10%,剖面中没有出现碳酸盐淀积。

土壤有不同程度的盐渍化,但主要是轻度盐渍化和不同程度的冲蚀,土壤上层 70 cm 处,干燥残渣盐分不超过 0.4%,氯为 0.007%～0.010%。盐的主要部分位于剖面的第二个 2m 处,在氯含量不高的情况下达到 0.7%～1.7%。盐渍化为碳酸盐类,还察到严重盐渍化的差别。盐分位于剖面的上层,土壤有时碱化度达到 0.05%～0.06% HCO₃。碱化度的增强发生在土层脱盐之后。土壤中石膏很少,为 0.17%～0.58%,但是在有些土壤的下层,石膏含量达到 1.0%～12.1%。

淡灰钙土新灌溉土属于良好土壤的行列,但是容易遭受盐渍化,从而降低土壤的有效肥力。在许多新灌溉土中还经常看到比较平整的山前缓坡地。经常有侵蚀过程,土壤剖面比较狭窄,营养元素储备也比较少。腐殖层厚度勉强达到 30 cm,这些土壤在土壤层的深度剖面没有盐渍化,这种轻度熟化土地生产力都不太高。

淡灰钙土新灌溉土分布在山麓和波浪状起伏的平地以及河流的冲积扇。腐殖层厚度 25～27 cm,腐殖质含量在 0.6%～1.1%。较高腐殖质是冲积扇土壤的特征,轻壤土耕作层中由于腐殖质含量不同而有所差别,在 0.4%～0.7% 之间变化。

氮含量不高,在耕作层是 0.04%～0.11%,耕作层下是 0.03%～0.07%。活性磷很少为 6～10 mg/kg,磷总量 0.10%～0.18%,土壤中碳酸盐含量达到 7%～9% CO₂,碳酸盐淀积层没有分离。上层中石膏含量不高(0.1%～0.4% SO₄)。下层达到相当高的数值

2.8%～3.4%。

所有的土壤都遭受盐渍化或盐化危害,有些地方盐渍化达到轻度或中等程度。

平原和冲积扇土壤上部严重盐渍化,土壤上层盐分较少(0.3%),下层增加到 1.1%～1.6%。土壤下层盐渍化在全部土层的深部(达到干渣的 1.5%)。

8.2　棕钙土

棕钙土山前洪积－冲积扇上部和山地垂直带的下部,显示了草原向荒漠过渡的特点。

8.2.1　成土条件和主要成土过程

棕钙土发育的地理环境是半荒漠地带,其主要气候特点是:夏季温和干旱而短促,冬季寒冷多雪而漫长,属温带干旱大陆性气候类型。年平均气温在 2～7℃,年降水量 150～208 mm,四季降水较为均匀,干燥度 2.5～4。

棕钙土是由生物累积和碳酸钙移动淀积两个主要成土过程共同作用而形成的地带性土壤。由于发育的地理环境是温带草原向荒漠过渡的地带,因此棕钙土在形成过程中具有两个主要特征:一是具有草原土壤形成过程的特点,即腐殖质累积与碳酸钙移动淀积过程;二是具有荒漠土壤形成过程的某些特点,即出现微弱的黏化与铁质化过程。但从土壤中物质的积累、分解和移动淀积过程及其所表现出的形态特征来看,棕钙土仍然以草原成土过程为主。

棕钙土分布地域辽阔,生物气候上有一定地区性差异,反映在植被组成上有荒漠化草原和草原化荒漠两大组合。本区东部和南部棕钙土上植被由蒿属－小蓬(Nanophyton erinaceum)－猪毛菜群落组成,覆盖度 15%～20%,植被以蒿属为主,伴生有地肤(Kochia scoparia)、狐茅(Festuca ovina)、阿魏等,覆盖度达 20%～30%。

棕钙土的母质类型是多种多样的,一般黄土状沉积物,土层较厚,质地多壤质;砂质、砾砂质或砂壤质冲积－洪积物,土层较薄,质地粗;粗骨性较强的坡积－残积物,土层极薄。不同的母质,不仅反映出棕钙土形成条件的明显区域性差异,而且深刻影响到农业经营方式及其利用价值的不同。

人为因素对棕钙土的发育与演变也起着重要作用。目前,地势平坦开阔,土层较厚的棕钙土已大面积被垦为农田,成为重要的粮油生产基地。随着农业集约化水平的不断提高,综合的农业技术措施与大量的物质投入,加速了土壤熟化,提高了土壤肥力,但是不合理的灌溉和农业经营,也导致部分棕钙土水土流失日趋严重,土层变薄,粗骨性增强,性质变劣,肥力下降,演变成低产土;补渗漏和大水漫灌,超量补给地下水,抬高了地下水位,导致棕钙土发生次生盐渍化。

与钙层土壤相比,由于棕钙土干旱程度进一步增加,荒漠化作用显著增强,导致土壤腐殖质层浅薄,有机质含量较低。而碳酸钙积累过程增强,钙积层出现部位高,同时石膏积累过程也随之发生,在剖面的中下部可见石膏新生体。

在扇缘上部(地下水位 3～4 m),河谷平原及扇间洼地,植被组成中伴生草甸植物,腐殖质累积作用增强,在棕钙土的形成过程中又附加了草甸化过程,形成草甸棕钙土。

棕钙土发展灌溉农业的历史较短。但在灌溉、耕作、施肥等人为措施的综合影响下,强化了土壤生态系统的物质能量转化,赋予了棕钙土新的形态特征与属性。

8.2.2　土壤剖面特征和理化性状

棕钙土的剖面形态,尽管因分布地区不同而有所差异,但一般都具有 3 个基本层次,即腐殖质层、钙积层与母质层,而腐殖质层与钙积层之间的过渡层较薄,部分棕钙土还具有碱化层。在粗骨性母质上发育的淡棕钙土,地表多砂砾化,其上有黑色砾幕。棕钙土的腐殖质层较薄,一般厚 10～25 cm,呈浅棕色,较紧实,块状结构,有石灰反应,根系比较集中;过渡层极薄,甚至不明显。淡棕钙土基本没有淋溶层;钙积层多为灰白色,其淀积形状以层状为主,间有斑块、脉纹状,因淋溶程度较弱,一般出现在 15～20 cm 处,有的钙积层在 10 cm 上下就开始出现,最深者可达 30 cm,厚 20～30 cm 不等,紧实,有强烈石灰反应;钙积层逐渐过渡到母质层。母质层一般质地较粗,结构不明显,由于承受了上部土层的淋溶物质,在底土层(一般 70 cm 以下)有数量不等的石膏聚集和可溶性盐类淀积,部分还有碱化现象存在,具有碱化层和较高的碱化度。

因棕钙土的水分状况为季节性弱淋溶型,故棕钙土中的石膏、盐分累积层与碱化现象较栗钙土普遍。

棕钙土一般土层较薄,其颗粒组成虽因古地理环境与母质类型不同而有很大差异,但总的特点是:土壤质地较粗,细砂、粉砂含量较高,并混杂有砾石,黏粒含量较少,这是与不充分的水热条件相联系的。在细土部分,细砂占 55%～70%,故其质地多为砂砾质,细砂壤与轻壤、砂质黏壤土较少。

棕钙土由于环境干旱,土体呈干燥状态,仅低平地区的土体下部才呈潮润状态,故土壤很易遭风吹蚀。据测定,普通棕钙土表层 0～30 cm,土壤含水率 50～120 g/kg,土壤容重 1.3～1.4 g/cm^3,总孔隙度 40% 左右。开垦后的棕钙土,在长期合理的人为措施作用下,物理性状较荒地土壤有较大的变化,总孔隙度、非毛管孔隙度、饱和含水率、毛管含水率等都有显著增加,而容重和固相容积等相应减少。

棕钙土有机质含量因地区和亚类而不同,表层含量一般在 10～20 g/kg,平均为 16.7 g/kg,自剖面上部向下逐渐减少,底土层可减少到 6 g/kg 左右。表层土壤全氮含量 0.67～11.5 g/kg,平均为 1.0～7 g/kg,碳氮比 9～11,碱解氮 27～60 μg/g,速效磷 3～8 μg/g,速效钾 90～260 μg/g。土壤阳离子交换量多变化在 7～11 cmol(＋)/kg,一般上层高于下层。表层 $CaCO_3$ 含量较少,多在 20～70 g/kg,平均为 53.4 g/kg,有石灰反应。钙积层中 $CaCO_3$ 含量可达 100 g/kg 以上,高者达 250 g/kg 左右,呈强烈的石灰反应。母质层 $CaCO_3$ 含量一般低于淀积层,全剖面 pH 多在 8 以上。

胡敏酸碳含量变动在 0.26～2.74 g/kg,占全碳量 5%～12%。富里酸碳含量多在 0.53～2.4 g/kg,占全碳量的 10%～20%。胡敏素碳含量较高,常占全碳量 70% 左右。腐殖质组成的特点是胡敏酸与富里酸之比小于 1.0,多变动于 0.5 左右。但灌耕棕钙土胡敏酸与富里酸之比大于 1.0。

土壤全量化学组成分析表明,土壤全剖面化学成分分异很小,三氧化物在剖面中相对稳定,唯氧化钙有轻度淋溶下移,在钙积层含量有所增大,其他矿质元素基本未发生移动。土壤中的磷、钾氧化物含量分别是 0.7 g/kg 和 23.3 g/kg。土体中的 SiO_2 含量很高,而 Fe_2O_3 含量较少,这种情况又以母质层表现尤为突出。这是由于母质砂性强,石英含量高的缘故。

中部荒漠灰褐土

中部荒漠灰褐土亚带位于 $46°～47°N$ 广阔的带状区域,涵盖从西部(曼格什拉克高原)里海北岸至巴尔喀什－阿拉湖盆地东部(巴尔雷克山脉);北与北部荒漠褐土带交界,南与天山山脉和准噶尔山脉山区的山前山麓平原淡灰钙土(带)相连。亚带宽度从西部的 525 km 到中部的 $300～400$ km 不等,并在东部边缘塔尔巴合台山脉和准噶尔－阿拉套山脉的支脉处急剧收窄至 50 km。亚带总面积 $6.18×10^7 hm^2$(Успанов У.У.,1975)。

中部荒漠灰褐土亚带区域包括的景观主要是冲积－堆积型平原。地带性灰褐土在该地区呈斑块状,有地质年龄更古老的和更高的干旱剥蚀高原表面,丘陵和坡积－洪积冲积扇,锥形冲积物和哈萨克斯坦南部与东南部山脉的山麓坡地。

灰褐土分布的主要地区靠近曼格什拉克和乌斯秋尔特高原、北图尔盖残丘平原和高原、图尔盖拗陷、别特帕克达拉和北巴尔喀什沿岸高原。还有部分区域分布于卡拉套、扎雷套、楚－伊犁河准噶尔－阿拉套等山脉的山麓倾斜平原。

所研究土壤发育区域较复杂,有年龄、机械和矿物组成各异的冲积型、冲积－坡积型、坡积－洪积型和古冲积型沉积层(沉积物)。在曼格什拉克和乌斯秋尔特高原呈现萨尔玛石灰岩和泥灰岩的粉状－砂质黏土弱砾石残积层,而在别特帕克－达拉、北巴尔喀什沿岸高原、山前平原和山脉冲积扇则为砂质黏土－砾石和砂质黏土－卵石冲积物。灰褐土中既有完全的细土,也有不同水平的较薄的骨骼(构架)土壤。该类土壤的总特征在于其碳酸盐度和含有石膏,其碳酸盐含量随深度加深而减少,而石膏含量则与之相反,随深度增加而增加。许多学者认为碳酸盐的生物起源和蓄积发生在土壤层上部,造岩发生在岩层。石膏的蓄积与各种硫酸钙的发源相关,并以内流(陆)景观、干旱与极端干旱气候下的荒漠风化壳中仅略微或完全未被淋溶的石膏为前提条件。在此情况下,在景观发育、含有丰富硫化物和盐基硫酸盐型明矾石、风成盐等基岩风化物的迁移和蓄积的古海洋或古盐碱土时期下的残留盐化土才可能成为石膏蓄积的来源。因此,根据岩石学及水热情况,不同景观地理区域的灰褐土剖面中石膏析出的数量和形式也不尽相同。

灰褐土亚带的另一特点是与北部荒漠褐土亚带相比,所具有的高干旱性和大陆性气候。重要的气候指标(气温、太阳辐射、降水等)反映普遍规律,荒漠区和褐土亚带具有独特的气候指标。即,灰褐土亚带的年均气温高于褐土带 $1～2℃$,无霜期较长,特别是温度高于 10℃ 或 15℃ 的阶段;温度超过 5℃、10℃ 和 15℃ 时期的积温要多达 500℃·d。降水略少,最大降水主要发生在春季。灰褐土亚带水分缺乏非常严重(40 mm),冬季有不稳定积雪。温度高于 10℃ 时期的水热系数不高于 $0.1～0.3$。

在中部荒漠亚带范围内,根据湿热关系,乌斯秋尔特－曼格什拉克和咸海－巴尔喀什地区的灰褐土分布区明显有别于巴尔喀什－阿拉湖、别特帕克－达拉分布区,特别是北巴尔喀什沿岸分布区。这些差别体现在本地区发育土壤的生物形态和若干理化特征的反应上。

中部荒漠灰褐土亚带与北部荒漠褐土亚带相似,由西向东在水热保障上存在差异。在西部边缘年均气温为 11.6℃(肯杰尔利站),东部(巴尔喀什站)5.3℃;夏季 26.6℃ 和 24.2℃(7月),冬季 3.1℃ 和 15.2℃(1月)。大于 5℃ 和 10℃ 期间的积温差距达 1000℃·d(肯杰尔利站 4330～4026℃·d,巴尔喀什站 3383～3159℃·d),持续时间为 236～196 d(肯杰尔利站)和 192～163 d(巴尔喀什站)。由西向东年降水呈增加态势,但其曲线的年内季节分布(春季最大值)变化非常小。

　　夹杂有未完全发育短命植物、类短命植物的艾蒿(*Artemisia argyi*)和盐生植物群(木本猪毛菜(*Salsola arbuscula*)－盐生假木贼(*Anabasis salsa*))、盐生假木贼－木本猪毛菜和艾蒿的"开放性"是中部荒漠灰褐土亚带植被的普遍特点。植被稀疏(覆盖度不超过 15%～25%)且有机质生产量不高。

　　荒漠多年生植物的特点是其根茎量是凋萎枝叶的 2～6 倍。植物根系深入土壤深处,其分布持续稳定减少。植物灰分含量提高(3.0%～3.5%)且组分中有机原(Ca、K、P)和生物卤素(Na、CI)占优势。上述这些因素,以及植物量矿化过程的强度决定了灰褐土非常少的腐殖质度以及作为本地发育土碳酸盐度和表层弱碱化条件的生物碳酸盐和钠碳酸盐的形成。

　　与亚带广泛分布的龟裂型土、龟裂土和沙漠土相似,灰褐土属中部荒漠地带性土壤亚型。与北部荒漠褐土相比,伴随着组合和斑块作用的增加,灰褐土土壤覆被构成的综合土壤面积的比例缩小(约 12%)。在此情况下,碱土常被龟裂土取代。盐渍化土壤占全部亚带总面积的 46%,达 $2.89×10^7$ hm² (Боровский B. M.,1978)。

　　最早关于灰褐土形成条件的报道是格林卡(Глинка K. Д.,1909;1923)、涅乌斯特鲁耶夫(Неуструев C. C.,1910;1911;1926;1931)和尼基京(Никитин B. B.,1926)等的研究成果。涅乌斯特鲁耶夫在卡拉科米尔高原的大别洛夫首次将"灰褐碳酸盐砂质黏土"作为荒漠土壤区分出并加以描述(Неуструев C. C.,1911;1912),认为该类土壤的特点是土壤表层的大部分呈裸露状、平坦、常有光泽且布满裂纹,与龟裂土相似。在剖面中从上至 14 cm 处分为浅灰或淡黄的硬(干)壳,带有粗孔,分裂成鳞状、扁豆状和尘埃。至 20 cm 深处,形成褐色多块状物土层,交替有分别夹杂鹅卵石和白色斑点碳酸钙的更深色(棕褐色)砂质黏土团(最深处 30～40 cm)。再往深处,从 70 cm 起为带有鹅卵石和石膏晶体的沙土。

　　涅乌斯特鲁耶夫认为,灰褐土的独特之处在于,与灰钙土相比其碳酸盐结核在剖面中的埋深更高,与褐色砂质黏土的差别在于缺乏柱形土层和极低的腐殖质含量。

　　之后,作为独立的成土,灰褐土得以在突厥斯坦的土壤图上反映出来(Неуструев C. C.,1926),1931 年涅乌斯特鲁耶夫将灰褐土带从灰钙土和褐土带中划分出来。

　　格林卡(Глинка K. Д.,1923)将分布于褐土带南部的荒漠土作为灰褐碱化砂质黏土加以研究,而普拉索洛夫(Прасолов Л. И.,1926)认为,这类土壤归于褐土独特的差异性,有别于灰钙土区。

　　随后的一些学者的观点有所改变,灰褐土常与灰钙土或褐土混淆,称之为石膏质灰钙土(Неуструев C. C.,1925;Герасимов И. П.,1930;Шувалов C. A.,1949)、构造型灰钙土(Герасимов И. П.,1931)、碱化浅色土(Димо H. A.,1915)和灰褐土(Глинка K. Д.,1923)等。还有研究者不同意将灰钙土和灰褐土统一为一种类型,认为前者表现出一系列垂直(纵向)地带性,而后者体现了荒漠区的一种类型或亚型土壤。

　　格拉西莫夫(Герасимов И. П.,1947)重建了涅乌斯特鲁耶夫理论,其重点是在苏联国家土壤图的土壤分类表中标出灰褐碱化土和盐化土。这一命名也获得哈萨克斯坦和中亚很多土壤学家的赞同。

　　罗波娃(Лобова E. B.,1960)在苏联荒漠区所做的专门研究(主要在南部亚热带荒漠)表明,灰褐土表现为荒漠典型土壤,与灰钙土存在差异。她认为该类土壤是在与现代气候相近的条件下,通过残积方式形成,既具有完全发育型,也有厚度较薄的荒漠结皮。完全发育土壤的特点是在剖面中部表现为密度较大,该层并不总是与碱物质相关联。碳酸盐的最大蓄积形成于剖面上部,表层土壤下岩石的石膏分布并不普遍。根据作者的数据,灰褐土的特点有:C∶N 之比较小,富里酸型腐殖质、活性成土层不厚(30~50 cm),包括了外壳和土壤层 B,有铁质化(赤铁矿薄皮)和黏质化(黏土型淤泥和石棉)现象。

罗波娃将灰褐土视作广泛分布的发生(发生/起源)型荒漠成土,个别部分属北部荒漠褐土和山前平原灰钙土。灰褐土带划分为两个区域:A—图兰区碳酸盐土壤,B—哈萨克斯坦区微碳酸盐土壤。

按照米纳希娜(Минашина Н. Г.,1974)的观点,中亚荒漠灰褐土提供了在古生亚热带土壤残迹上的现代龟裂化(отакыривание)发育结果,有条件的被称为“古灰褐土”。认为在灰褐土中,强烈的土壤内部侵蚀(风化)同时发展,碳酸盐白色斑与黏质化形成于同一上壤层,并且这些土壤层几乎位于最上层,这在现代成土条件下是不存在的。这些过程可发生于更加湿润和温暖且年内温湿与干热季周期性更替的气候条件下。中亚灰褐土带南部荒漠中的土壤覆被演化方向是沙质荒漠土壤,在景观上更加稳定且分布更为广泛。

吉姆别尔戈(Кимберг Н. В.,1974)把中亚灰褐土视作大陆北亚热带发生类型。其特征是土壤褐土层具有高密度性。

索科洛夫(Соколов А. А.,1959)认为,含石膏灰褐土是带间成土,这类土壤有时不仅仅产生于荒漠,在半荒漠山前地带也可见。但这一状况在作者之后的研究中并未得到地理方面的证实。

前苏联荒漠区灰褐土的研究曾产出一系列的成果。在哈萨克斯坦,主要有以下学者对此开展了研究工作:斯塔罗冉科(Стороженко Д. М.,1952;1960;1967)、比克穆哈迈托夫(Бикмухаметов М. А.,1960;1962)、索科洛夫(Соколов А. А.,Ассинг И. А.,Курмангалиев А. Б.,Сврпиков С. К.,1962)、法西诺夫(Фазинов К. Ш.,Курмангалиев А. Б.,1963)、阿辛格(Ассинг И. А.,1967)、科尔霍德扎耶夫(Колходжаев М. К.,Колходжаев М. К.,Котин Н. И.,1968)、法西诺夫(Фазинов К. Ш.,1970)、乌斯潘诺夫和法西诺夫(Успанов У. У.,Фазинов К. Ш.,1971;1977)以及索科洛夫(Соколов А. А.,1978)等。

在中亚国家中研究灰褐土的有舒瓦洛夫(Шувалов С. А.,1949)、吉姆别尔戈(Кимберг Н. В.,Кочубей М. И.,Шувалов С. А.,1964)、卡里莫娃(Калимова М. У.,1968)、拉夫罗夫和托尔斯托雷特金(Лавров А. П.,Толстолыткин И. Г.,1968)、拉夫罗夫(Лавров А. П.,1969)、米尔佐耶夫(Мирзоев С. М,1969)、巴图林(Батулин С. Г.,1970)、吉姆别尔戈(Кимберг Н. В.,1974)、马梅托夫和阿希拉赫玛诺夫(Мамытов А. М.,Аширахманов Ш.,1976)、拉斯洛夫(Расулов А. М.,1976)等,在外高加索国家中有秋列姆诺夫(Тюремнов С. И.,1927)、扎哈罗夫(Захаров С. А.,1965)等。

此外,叶夫斯蒂菲耶夫(Евстифеев Ю. Г.,1977)在戈壁荒漠(蒙)对已知的灰褐荒漠土又进行了进一步划分,分出了新的灰褐极端干旱土壤发生类型,这类土壤的特征是植被缺乏或极稀疏,土壤表面有碎砾石,腐殖质含量非常低(0.2%~0.3%),盐化程度(3~10 cm 处的含盐量为 1.5%~2.0%)、碳酸盐和石膏含量高(5%~10%)。

在上述列举的相关研究中,揭示了荒漠区不同地方灰褐土的主要分布区、形态发生特点和理化性质,地区土壤的岩相反应和区域特征。

哈萨克斯坦境内的灰褐土发育于自同构(自形)景观,特点是其水情表现为显著的不淋溶(冲洗)型。土壤水分的主要来源是冬季和早春期间的大气降水。夏季土壤剖面的上部,特别是半米左右的土壤层干涸至临界枯萎含水量——最大吸水性 5%～7%。在这种条件下,风化物和成土物质迁移非常有限,实际上,基本停留在原地。

哈巴罗夫(Хабаров А. В.,1977)的研究表明,泥化作用、含碳酸盐黏土和含铁黏土聚合体的形成、绢云母化、рубефикация、碳酸盐的生物发生汇集和含铁结皮的形成是荒漠灰褐土的主要(演化)过程。

灰褐土剖面通常或多或少在不同岩石—地貌条件下拥有 3 部分结构,可在以下剖面明显看出。土壤上层发育成浅色或灰淡黄色多孔隙型,通常为布满小孔的硬壳(5～10 cm),过渡到浅灰鳞片层状表皮下土层(5～15 cm),最后替代为褐土或浅红褐带块核状明显为密实黏土的土层 B(10～20 cm),在该层下部显示出碳酸盐析出物,在碎石上带有不明显色斑和小皮状物。根据罗扎诺夫(Розанов А. Н.,1951)的观点,在这一土壤层可观察到强烈的风化现象,罗波娃(Лобова Е. В.,1960)则认为是泥化和铁质化现象。对于碱化土,淀积层显示特别明显,呈块状或核状结构。碳酸盐淀积层也常有两种亚层——褐土层(B1)和灰褐土层(B2)。从深度40～60 cm 处分布有少量蚀变岩,含有微晶状石膏,析出物呈柱状,在石状杂物表面有皮、须状物。土壤腐殖质层有相当多的生物迹象,常见昆虫通道和甲虫蚕茧。

为更加完整地了解灰褐土形态结构特征,对不同岩性—地貌条件的剖面进行描述:

剖面 5　位于乌斯秋尔特高原南部边缘迭姆别测井东北 25km 处广阔波状高平原。植被类型以盐生假木贼为主,盖度 18%～20%。短命植物稀少,主要有(<1%):旱麦草属(*Eremopyrum*)等。表层盐酸泡沫反应,石膏从 29 cm 起(1976.5.21.,雨后)。0～5 cm 处于湿润状态,深灰色,在变干情况下,转为淡黄灰,密实,有细孔,植物根稀少,中性砂质黏土。

5～10 cm　　皮下浅褐—灰色,鳞叶片构造,结构松弛,中性砂质黏土。多小根。

10～28 cm　　褐色,新鲜,密实,块状构成,多细孔,中性砂质黏土。多小根。

28～50 cm　　浅褐,带有大量白污点蓄积和纹理状盐分,湿润,密实,块状结构,多细孔,中性砂质黏土,少数夹杂泥灰岩碎片。

50～85 cm　　密实基岩的泥灰岩,与柱状和粉状石膏混杂。表层岩石碎片上有微小石膏壳。

85～115 cm　至 100 cm 为压紧的微小晶状石膏,再深处是高密度基岩。

剖面 142　位于乌斯秋尔特高原卡拉巴乌尔灰岩盆喀斯特谷地(丘陵间宽谷),纠塞恩集体农场以南 13 km,为海拔 200～220 m 的波状起伏高原。剖面描述点位于稀疏猪毛菜—盐生假木贼低盖度植被的平原(15%～25%),植物中还有艾蒿。表层 HCl 泡沫反应。微小晶状石膏析出物出现自 32 cm 处,柱状石膏较深,为 45 cm。

0～4 cm　　淡黄灰,多孔脆皮,轻粉末,中性砂质黏土。

4～11 cm　　浅灰色,干燥,密度低,鳞叶片构造,弱根系,中性砂质黏土。

11～28 cm　　带粉红褐色调,干燥,密实,不牢固块状,带有稀少粗砂和砾石的中性砂质黏土。多根。

28～45 cm　　浅褐,干燥,密实,轻砂质黏土。粗砂和砾石杂质。沿土壤层散布晶状石膏,石膏还以皮状附着在砾石表面。

45～100 cm　结实石膏表皮。微小晶状、柱状石膏埋藏于多孔石灰岩底板。该层外部可见介壳灰岩碎片、粗砂和砾石。

剖面 4　位于喀拉克米尔高原阿雷索尔湖以南 32 km。平坦高平原。植被为猪毛菜群丛。

表层盐酸泡沫反应,自 22 cm 处碳酸盐白色斑,石膏较深为 64 cm 起。

0～6 cm   亮黄色,极牢固多孔干壳,轻砂质黏土。

6～16 cm   浅灰色,鳞叶片皮层,低密度,干燥,轻砂质黏土。

16～22 cm   浅褐灰色,较密实,干燥,多块状,局部叶片结构,含根系少,中性砂质黏土。

22～34 cm   褐色,干燥,密实,块状结构,中性砂质黏土。沿土壤层散布碳酸盐白色斑和大量植物小根。

34～64 cm   若干较深色上层土层,带有大量碳酸盐白色斑,密实,多块状,砂质黏土。少根。

64～78 cm   浅黄褐色,带有微小晶状石膏,干燥,密实,轻砂质黏土。

78～120 cm   浅黄棕色亚砂土(砂壤),带有大量微小晶状石膏。较深处变为夹杂有碎卵石的颗粒状沙土。

剖面 3 位于别特帕克达拉高原艾吉尔科里宾地区 45 km 处的琴基里德。平坦高平原。植被为艾蒿－猪毛菜及少量红甜菜与葱属(*Allium*)。表层 HCl 泡沫反应,从 35 cm 处有碳酸盐斑点,85 cm 处有石膏。

0～5 cm   灰黄色,干燥,多孔叶片状,密实外壳,砂壤。

5～20 cm   浅灰色,干燥,低密度,粉状鳞片皮层,重砂质黏土,少根。

20～35 cm   褐色,几乎棕褐色,干燥,非常密实,多核块状,多根,重砂质黏土。

35～62 cm   带有分散的碳酸盐小色斑点的褐色,干燥,密实,多块状,砂质黏土。

62～86 cm   带有大量碳酸盐斑点的褐色,干燥,若干较深色上层土层,密实,多块状,砂质亚黏土。少植物根。

86～125 cm   白褐色,带有大量堆积石膏和碳酸盐色斑,干燥,密实,轻砂质黏土。

125～145 cm   浅黄褐色亚砂土(砂壤),带有脉状和巢状微小晶体石膏的粗砾石沙粒,干燥,密实。

145～172 cm   与上层相似,带有大量蓄积石膏和碳酸盐斑点,带有赭石色粗砾石砂粒的巢状轻质砂壤。

172～190 cm   黄赭石色,粗砾石含石膏轻质亚砂土。

剖面 7 位于哈萨克丘陵南部(北巴尔喀什沿岸)缓坡,楚巴尔套山支脉环绕的阿亚古兹－巴卡纳斯河间平坦平原,阿亚古兹市西南 33 km 处。海拔 365 m。植被为猪毛菜并夹杂有艾蒿。表层 HCl 泡沫反应,从 34 cm 处有碳酸盐斑点。

0～8 cm   淡黄灰色,密实,多小孔,轻砂质黏土外壳。

8～20 cm   浅灰色,干燥,疏松,鳞叶片皮层,中性砂质黏土。

20～31 cm   褐色,干燥,密实,多块状结构,含根,重砂质黏土。

31～52 cm   与上层相比颜色较深,带有模糊碳酸盐斑点,较密实,干燥,含根,黏土。

52～110 cm   不等粒含沙残积层,带稀少卵(砾)石,其表面有碳酸盐薄层。

剖面 132 位于阿尔滕山脉山前平原塔尔迪库尔干州的巴斯奇农场以东 7 km,植被为假木贼,掺杂有艾蒿和 куйрук。表层散布碎石和卵石。表层 HCl 泡沫反应,从 17 cm 处有碳酸盐斑点,自 36 cm 处出现石膏。

0～8 cm   浅灰色,干燥,密实,鳞片状多孔外壳。多根,碎石、砾石和小卵石杂质。

8～17 cm   浅红褐色,密实,水分少,轻砂质黏土。多根、碎石、砾石和小卵石杂质。

17～35 cm　　　浅红褐色并夹杂有发白的碳酸盐斑点,密实,轻砂质黏土。大量覆盖有碳酸盐外皮的碎砾石。

35～85 cm　　　褐色,砂壤,大量白色粉状细脉、小晶体状的石膏析出物。大量砾石和小卵石。

剖面 18　土样取自喀拉克米尔高原铁列库里湖西北 50 km(萨雷苏河三角洲)。覆盖有稀疏夹杂着艾蒿和假木贼的猪毛菜植被(20％～25％)的平坦平原。腐殖质层厚度 35 cm,表层 HCI 泡沫反应,从 35 cm 处有碳酸盐小斑点,自 135 cm 处出现石膏粉状析出物。

剖面 4a　位于别特帕克达拉高原巴拉加乌尔登集体农场以北 6 km 丘陵间高平原,覆盖有猪毛菜植被,带有稀少艾蒿。腐殖质层厚度 30 cm,其中硬壳 5 cm,壳下层 10 cm。表层 HCI 泡沫反应,从 35 cm 处有碳酸盐小斑点,自 70 cm 处出现石膏。

剖面 41　土样取自北巴尔喀什沿岸地区丘陵山脊缓坡(海拔 420 cm),覆盖有艾蒿-猪毛菜植被,夹杂稀少针茅和优若藜(Ceratoides latens)。腐殖质层厚度 25 cm,其中硬壳 4 cm,壳下层 8 cm。表层 HCI 泡沫反应,从 27 cm 处有碳酸盐白色斑。

灰褐砂质黏土腐殖质层(A＋B)平均厚度为 30～33 cm,碳酸盐析出物出现在 25～30 cm,石膏则是在 50～70 cm。

在对比了褐土与灰褐土亚带的综合形态学指标的情况下,发现它们的发生(起源)有很大的相似性。归结为多孔隙硬壳和层状的壳下层、褐色与浅红褐色密实沉积层(淀积层)B、有时同时进行的碳酸盐和被交换含石膏岩层的形成。对比灰褐土与褐土,前者多孔隙(常有许多小孔眼)硬壳和层鳞状的壳下层发育更好,含石膏和碳酸盐析出物的土壤层位更高,从多方面分析,似乎这是由于该类土壤形成的水热情势特点决定的。

根据微形态研究数据(Лобова Е. В.,1960;Минашина Н. Г.,1974),灰褐土层上部(外硬壳)主要形成于被细微粉碎的黏土物质浸渍的原始矿物和细微粒碳酸盐(方解石)的残余物。黏土质层 B 的特点是细粉碎物质定位的高阶段(水平),氢氧化铁(氧化铁水合物)碎粒、薄皮和斑点是该层所特有的。在石膏层样品薄片中,可见石膏晶体有拉长的纤维形式。土壤中的碳酸盐体现了原始的(残留物)和继发性(残积层和生物发源)的形态。

对选自有灰褐土分布(表 8.8～表 8.12)的不同区域的类型剖面进行化学分析(表 8.8)表明,灰褐土在腐殖质水平、总氮含量、活性营养元素、被吸收的碱等指标上明显次于北部荒漠褐土。不同机械组分的灰褐土层上部的腐殖质含量平均为 0.7％～1.1％,绝对值在 0.3％～2.0％。剖面的腐殖质分布曲线随深度降低,但有时其含量在剖面中部会增加,这与岩性和密实黏土层特点有关。由于有机物的强化分解,腐殖质碳与氮的比值非常小,但明显高于褐土,随深度缩减。

表 8.8　哈萨克斯坦荒漠灰褐土的形态指标和化学性质

土壤特征与性质	土壤层	中型砂质黏土 (N=73)			轻质砂质黏土 (N=24)			砂壤土 (N=30)			含碱中型砂质黏土 (N=35)		
		$\bar{X}$	S$\bar{X}$	V	$\bar{X}$	S$\bar{X}$	V	$\bar{X}$	S$\bar{X}$	V	$\bar{X}$	S$\bar{X}$	V
厚度/cm	A	8	0.29	45	8	0.45	40	9	0.50	43	5	0.26	42
	B	25	0.62	30	24	0.82	22	24	0.99	31	25	0.79	27
上部边界/cm	A＋B	33	0.62	22	32	0.72	15	33	0.99	23	30	0.63	17
碳酸盐/％		26	0.75	21	31	1.46	20	36	3.27	52	26	1.23	21

（续表）

土壤特征与性质	土壤层	中型砂质黏土 (N=73)			轻质砂质黏土 (N=24)			砂壤土 (N=30)			含碱中型砂质黏土 (N=35)		
		$\bar{X}$	S$\bar{X}$	V	$\bar{X}$	S$\bar{X}$	V	$\bar{X}$	S$\bar{X}$	V	$\bar{X}$	S$\bar{X}$	V
可溶盐/%		66	4.56	49	54	5.40	42	65	4.24	40	49	2.44	35
腐殖质含量/%	A	1.1	0.03	32	1.0	0.05	32	0.7	0.02	24	1.2	0.22	143
	B1	0.8	0.03	33	0.7	0.03	31	0.5	0.1	17	1.0	0.20	160
	B2	0.7	0.03	38	0.7	0.04	40	0.4	0.03	42	0.6	0.02	32
总氮含量/%	A	0.08	0.03	268	0.07	—	—	0.06	0.03	329	0.07	0.03	294
	B1	0.06	0.03	328	0.06	—	—	0.04	0.03	407	0.05	0.03	314
	B2	0.05	0.03	405	0.05	—	—	0.05	0.04	0.03	—	—	384
C∶N	A	8.4	0.13	11	7.7	0.32	18	7.2	0.25	19	8.7	0.24	14
	B1	7.8	0.11	10	7.0	0.48	29	6.9	0.27	21	8.8	0.35	21
	B2	7.3	0.16	12	7.0	—	—	7.1	—	—	8.3	0.34	20
碳·腐殖酸/	A	0.6	0.05	42	0.6	—	—	0.5	—	—	0.5	—	—
富里酸	B1	0.5	0.04	37	0.6	—	—	0.4	—	—	0.3	—	—
	B2	0.4	0.06	44	—	—	—	0.2	—	—	0.3	—	—
活性元素含量/(mg·kg⁻¹)													
氮	A1	40	3.80	35	48			53			51	9.5	91
	B1	33	4.56	51	81	—	—	57	—	—	25	54.4	103
	B2	32	6.60	57	7.4	—	—	55			17		
磷	A	33	2.32	48	33	1.65	23	25	1.81	39	33	2.1	32
	B1	11	1.11	67	13	1.98	73	10	1.20	63	14	2.1	83
	B2	5	0.59	57	3	0.51	60	6	—	—	5	0.8	79
钾	A	427	26.83	41	499	43	42	274	15.81	33	491	27.7	25
	B1	350	20.76	37	340	38	55	237	18.04	43	503	41.2	38
	B2	218	23.13	52	172	15	36	251	34.37	55	301	38.3	57
碳酸盐含量/%	A	6.6	0.42	64	4.6	0.37	48	3.7	0.54	99	12.3	0.53	32
	B	5.6	0.44	79	3.2	0.44	83	3.8	0.31	54	10.8	0.56	40
	C	4.2	0.50	106	3.5	0.73	100	3.4	0.42	80	12.2	8.88	106
石膏含量/%		10.3	2.99	113	—	—	—	17.4	—	—	45.3	7.22	67
吸附性碱(盐)	A	8.7	0.29	32	8.4	0.37	19	7.2	0.55	43	9.1	0.25	22
基数量/(mg当	B1	9.8	0.30	32	9.1	0.70	36	7.1	0.54	44	9.5	0.38	33
量·(100 g)⁻¹土)	B2	11.3	0.34	31	10.6	0.75	30	7.9	1.05	60	10.5	0.40	30
用作交换的 Ca	A	72	1.21	16	77	3.01	17	84	3.61	24	68	1.82	21
含量/%	B1	70	1.22	18	78	3.17	17	77	3.18	24	63	2.02	26
	B2	70	1.40	20	76	5.66	30	72	4.41	27	61	2.19	28
Mg 含量/%	A	23	1.03	41	23	2.95	51	23	4.9	88	25	1.77	53

（续表）

土壤特征与性质	土壤层	中型砂质黏土 (N=73)			轻质砂质黏土 (N=24)			砂壤土 (N=30)			含碱中型砂质黏土 (N=35)		
		$\bar{X}$	S$\bar{X}$	V	$\bar{X}$	S$\bar{X}$	V	$\bar{X}$	S$\bar{X}$	V	$\bar{X}$	S$\bar{X}$	V
	B1	27	1.17	45	22	3.33	60	17	2.4	77	24	1.83	60
	B2	25	1.35	54	29	5.60	66	19	2.9	67	26	1.65	48
Na 含量/%	A	5	0.38	62	3	0.37	46	5	—	—	10	0.65	51
	B1	5	0.36	62	3	0.63	74	6	—	—	14	1.37	77
	B2	6	0.52	80	3	0.55	79	—	—	—	14	1.37	77
水悬浮液 pH	A	8.6	0.06	5	8.6	0.11	7	8.4	—	—	7.9	0.18	9
	B	8.5	0.05	4	8.6	0.08	5	8.6	—	—	7.9	0.19	10
	C	8.4	0.07	5	8.2	0.16	10	8.5	—	—	7.8	0.17	9
含盐量/%	A	0.08	0.03	263	0.07	0.04	25	0.05	0.03	304	0.19	0.04	134
	B	0.11	0.03	212	0.06	0.04	327	0.21	0.04	128	0.38	0.06	110
	C	0.74	0.08	86	2.91	0.06	170	0.94	0.12	86	1.39	0.05	27
HCO₃ 总碱度/%	A	0.04	0.03	503	0.04	0.04	571	0.30	0.03	691	0.05	0.02	383
	B	0.04	0.03	584	0.03	0.04	541	0.04	0.03	562	0.04	0.03	57
	C	0.03	0.02	607	0.02	0.03	692	0.04	0.03	562	0.02	—	—
CO₃	A	0.004	—	—	0.008	—	—	—	—	—	0.002	—	—
	B	0.001	—	—	0.003			0.002			0.005	—	—
	C	0.002											
微粒含量/%													
<0.001 mm	A	9	0.35	38	7	0.82	60	5	0.42	47	8	0.48	38
	B	16	0.86	49	11	0.83	36	11	1.30	64	16	1.09	44
	C	14	1.12	58	8	1.19	56	10	0.91	44	15	3.98	55
<0.01 mm	A	36	0.62	17	23	0.94	20	16	0.63	18	36	0.76	13
	B	40	0.81	20	27	1.56	28	25	2.24	42	44	1.33	19
	C	33	1.90	46	13	1.82	50	24	2.08	39	34	2.56	32
R₂O₃	A	18.4	—	—	18.6	—	—	17.4	—	—	16.4	—	—
	B	19.4	—	—	18.5	—	—	22.8	—	—	17.0	—	—
	C	15.6	—	—	18.6	—	—	25.8	—	—	12.8	—	—
SiO₂/R₂O₃	A	8.4	—	—	6.8	—	—	8	—	—	7.9	—	—
	B	7.8	—	—	7.0	—	—	6	—	—	8.2	—	—
	C	—	—	—	6.5	—	—	6	—	—	6.8	—	—
SiO₂/Al₂O₃	A	11.2	—	—	8.1	—	—	12	—	—	10.2	—	—
	B	9.0	—	—	8.4	—	—	9	—	—	10.8	—	—
	C	11.3	—	—	8.0	—	—	11	—	—	9.3	—	—
SiO₂/Fe₂O₃	A	44	—	—	42	—	—	33	—	—	35.7	—	—

（续表）

土壤特征与性质 土壤层	中型砂质黏土 (N=73)			轻质砂质黏土 (N=24)			砂壤土 (N=30)			含碱中型砂质黏土 (N=35)		
	$\overline{X}$	S$\overline{X}$	V	$\overline{X}$	S$\overline{X}$	V	$\overline{X}$	S$\overline{X}$	V	$\overline{X}$	S$\overline{X}$	V
B	58	—	—	43	—	—	17	—	—	34.2	—	—
C	44	—	—	34	—	—	11	—	—	30.4	—	—

表 8.9　中部荒漠灰褐土的理化性质

	腐殖质 /%	总氮 /%	C:N	碳酸盐 /%	活性形式 /$(mg \cdot kg^{-1})$			交换性阳离子/ $(mg$ 当量 $\cdot (100g)^{-1}$土$)$			水悬浮物 pH
					水解氮	P_2O_2	K_2O	Ca	Mg	Na+K	
乌斯秋尔特高原,剖面 5											
0~5	0.48	0.29	9.6	11.7	3.9	1.8	68.0	4.85	1.45	1.76	10.0
5~10	0.92	—	—	11.9	4.5	2.1	68.4	6.30	1.94	1.02	9.3
15~25	0.59	—	—	9.4	4.8	0.6	29.4	6.79	0.97	1.46	9.7
35~45	—	—	—	10.5	—	—	—	—	—	—	8.5
55~65	—	—	—	8.1	—	—	—	—	—	—	8.6
90~100	—	—	—	29.0	—	—	—	—	—	—	—
剖面 142											
0~4	0.76	0.064	6.9	11.7	—	4.9	36.0	12.81	3.62	1.05	9.8
4~10	0.67	0.052	6.5	12.9	—	2.5	34.6	11.86	5.30	1.45	9.2
13~23	0.53	0.048	6.4	11.9	—	—	18.6	8.8	1.77	0.29	8.0
30~40	0.40	0.044	5.2	8.2	—	无	9.8	7.37	0.54	0.59	7.5
80~90	—										
喀拉克米尔高原,剖面 4											
0~6	0.72	0.041	10.7	7.5	3.6	3.4	43.1	7.76	0.48	0.42	9.0
6~16	0.52	0.031	9.7	6.9	3.4	2.8	43.1	5.33	2.42	0.58	8.9
16~22	0.54	0.033	9.4	5.9	4.5	0.2	21.0	9.21	0.97	0.48	—
24~34	0.82	—	—	3.9	3.4	0.1	11.2	11.15	1.45	0.35	8.7
40~50	—	—	—	5.4	—	—	—	—	—	—	8.2
65~75	—	—	—	3.3	—	—	—	—	—	—	8.2
90~100	—	—	—	3.6	—	—	—	—	—	—	8.2
120~130	—	—	—	5.5	—	—	—	—	—	—	8.3
剖面 18											
0~10	1.0	0.080	7.2	8.8	—	—	—	6.50	3.00	0.76	8.9
13~23	0.83	0.070	6.8	8.4	—	—	—	7.00	2.00	0.61	8.9
25~35	0.81	0.069	6.7	5.2	—	—	—	7.50	6.00	0.81	8.9
40~50	—	—	—	6.1	—	—	—	—	—	—	8.8
75~85	—	—	—	5.3	—	—	—	—	—	—	9.2
140~150	—	—	—	0.3	—	—	—	—	—	—	9.5
190~200	—	—	—	—	—	—	—	—	—	—	9.5

（续表）

	腐殖质 /%	总氮 /%	C:N	碳酸盐 /%	活性形式 /(mg·kg⁻¹)			交换性阳离子/ (mg 当量·(100g)⁻¹土)			水悬浮物 pH
					水解氮	P₂O₂	K₂O	Ca	Mg	Na+K	
别特帕克达拉高原,剖面 3											
0～5	1.10	0.062	10.2	8.3	—	—	—	5.50	2.50	0.93	9.0
5～10	0.74	0.059	7.1	7.7	—	—	—	6.00	2.50	0.63	8.9
22～32	0.61	0.060	5.8	1.3	—	—	—	10.0	7.0	0.75	8.9
40～50	—	—	—	5.3	—	—	—	—	—	—	9.2
65～75	—	—	—	3.0	—	—	—	—	—	—	9.3
95～105	—	—	—	3.8	—	—	—	—	—	—	8.6
130～140	—	—	—	2.0	—	—	—	—	—	—	9.3
150～160	—	—	—	4.7	—	—	—	—	—	—	8.7
180～190	—	—	—	无	—	—	—	—	—	—	9.2
剖面 4a											
0～5	1.40	0.099	8.2	6.6	—	—	—	6.0	2.00	0.87	8.9
5～15	0.86	0.052	9.4	5.8	—	—	—	6.0	2.50	0.84	9.1
20～30	0.62	0.055	6.4	1.2	—	—	—	11.0	5.00	1.53	9.2
32～42	—	—	—	2.4	—	—	—	—	—	—	9.2
50～60	—	—	—	0.5	—	—	—	—	—	—	9.3
75～85	—	—	—	0.5	—	—	—	—	—	—	9.5
北巴尔喀什沿岸,剖面 41											
0～4	1.05	—	—	2.6	—	4.1	48.1	5.00	1.00	0.4	8.9
5～12	0.55	—	—	2.5	—	1.7	46.2	5.00	1.50	0.4	8.9
15～20	0.73	—	—	0.7	—	0.2	24.9	7.50	2.50	0.2	8.8
30～40	—	—	—	4.3	—	—	—	8.50	无	0.1	8.7
90～100	—	—	—	4.5	—	—	—	—	—	—	8.7
剖面 7											
0～8	0.81	0.043	10.7	7.1	—	4.1	68.0	3.0	3.0	0.49	8.7
9～19	0.81	0.052	8.8	5.6	—	2.4	51.0	4.5	2.5	0.54	8.5
20～30	0.99	0.085	6.7	2.0	—	2.6	30.0	2.5	2.5	0.75	8.4
35～45	—	—	—	6.9	—	—	—	8.0	4.5	1.24	8.3
100～110	—	—	—	1.5	—	—	—	—	—	—	8.2
阿尔滕－艾梅利山脉,剖面 132											
0～8	0.66	0.060	—	4.0	—	—	—	3.84	0.75	0.42	—
20～30	—	—	—	5.0	—	—	—	10.70	0.25	0.42	—
40～50	—	—	—	1.2	—	—	—	5.8	1.22	无	—
75～85	—	—	—	无	—	—	—	—	—	—	—

表 8.10　中部荒漠灰褐土有机物团粒组成(%总碳)

剖面号	深度/cm	原土中C/%	脱钙	水解	未水解残留物	腐殖酸 I	II	III	合计	富里酸 I	II	III	合计	碳·腐殖酸/富里酸
					乌斯秋尔特高原									
5	0~5	0.300	6.33	8.33	50.66	无 5.00	5.33		10.33	7.00	8.60	8.00	23.6	0.4
	5~10	0.411	8.27	9.73	51.58	4.86	2.92		7.78	8.51	8.76	5.35	22.62	0.3
	15~25	0.324	7.40	10.18	47.84	7.71	4.93		12.64	8.64	3.08	8.02	19.74	0.6
142	0~4	0.510	19.41	8.43	41.17	7.45	无		7.45	7.05	12.00	5.49	24.54	0.3
	4~10	0.417	18.10	8.63	40.04	7.19			7.19	4.07	15.80	4.10	23.97	0.3
	13~23	0.320	13.75	7.19	47.82	7.50			7.50	4.68	15.00	4.06	23.74	0.3
					喀拉克米尔高原									
4	0~6	0.377	6.36	9.01	47.48	无 5.04	5.83		10.87	11.40	4.24	7.42	23.06	0.5
	6~16	0.367	24.52	7.63	40.05	4.08	3.81		7.89	3.81	7.63	7.90	19.34	0.4
	16~22	0.332	无	14.15	46.08	8.13	5.12		13.25	6.32	11.44	8.13	25.89	0.5
	24~34	0.332		13.20	51.81	5.61	4.62		10.23	16.93	8.58	9.24	24.75	0.4
18	0~10	0.624	2.72	5.77	47.59	6.25	8.65		14.90	12.02	8.49	6.89	27.40	0.5
	13~23	0.492	6.91	6.30	45.53	6.30	7.52		13.82	10.16	2.84	16.87	29.87	0.5
					别特帕克达拉高原									
3	0~5	0.721	9.71	11.23	41.75	无 7.99	6.10		13.59	10.68	6.38	6.38	23.44	0.6
	10~20	0.493	13.59	8.52	46.45	7.10	6.29		13.39	6.49	3.04	8.52	18.05	0.7
	22~32	0.429	4.66	7.92	59.90	7.46			7.46	7.46	7.22	5.36	20.04	0.4
4a	0~5	0.946	10.15	13.63	41.75	7.82	5.92		13.74	7.50	5.81	3.91	17.22	0.8
	5~15	0.573	8.55	7.15	51.31	7.15	5.76		12.91	7.85	5.76	6.45	20.05	0.6
	20~30	0.508	2.16	9.84	55.90	8.86			8.86	6.30	6.69	10.23	23.22	0.4
					北巴尔喀什沿岸									
41	0~4	0.771	16.60	7.91	36.70	无 9.98	6.09		16.07	10.63	7.00	4.41	22.04	0.7
	5~12	0.438	18.95	5.93	41.09	5.93	5.02		10.95	8.67	10.50	3.42	22.59	0.5
	15~20	0.499	14.43	5.81	46.09	6.81	5.21		12.02	7.61	5.21	6.01	18.83	0.6
	30~40	0.464	11.42	7.32	46.98	6.03	5.81		11.84	8.19	7.11	4.52	19.82	0.6
7	0~8	0.577	14.03	7.10	39.16	5.54	5.72		11.26	7.62	11.44	6.76	25.82	0.4
	9~19	0.573	13.26	9.42	40.14	7.85	4.71		12.56	7.68	8.37	5.23	21.28	0.6
	20~39	0.636	11.16	8.65	44.97	7.70	5.03		12.73	6.92	9.59	4.71	21.22	0.6
					阿尔滕-艾梅利山脉									
132	0~8	0.270	—	—	51.22	4.29	10.00	2.48	16.77	14.81	13.33	2.48	30.62	0.5
	20~30	1.080	—	—	50.85	2.47	10.35	2.81	15.63	10.85	18.00	1.93	30.68	0.5

表 8.11　中部荒漠灰褐土水溶解盐含量/%

土样深度/cm	含盐量	碱度 HCO3	CO3	Cl	SO4	Ca	Mg	Na+K	石膏
			乌斯秋尔特高原,剖面5						
0~5	0.141	0.090	0.017	0.004	0.009	0.002	0.003	0.003	—
5~10	0.076	0.044	0.005	0.003	0.009	0.004	0.002	0.014	—

（续表）

土样深度 /cm	含盐量	碱度		Cl	SO₄	Ca	Mg	Na+K	石膏
		HCO₃	CO₃						
15～25	0.111	0.061	0.010	0.005	0.014	0.004	0.002	0.025	0.2
35～45	1.547	0.012	无	0.242	0.815	0.233	0.044	0.201	3.8
55～65	1.374	0.010		0.100	0.850	0.286	0.021	0.107	26.4
90～100	1.483	0.012		0.098	0.932	0.281	0.035	0.125	25.6
剖面 142									
0～4	0.047	0.031	无	0.002	0.002	0.007	0.001	0.004	—
4～10	0.136	0.028		0.002	0.068	0.026	0.003	0.009	—
13～23	0.061	0.024		0.006	0.012	0.009	0.001	0.009	—
30～40	1.092	0.017		0.018	0.741	0.283	0.016	0.017	17.9
80～90	1.471	0.014		0.151	0.866	0.295	0.035	0.110	29.1
喀拉克米尔高原,剖面 4									
0～6	0.050	0.027	无	0.001	0.009	0.006	0.002	0.005	
6～16	0.063	0.032	0.002	0.001	0.014	0.008	0.002	0.006	
16～22	0.082	0.037	无	0.001	0.023	0.010	0.003	0.008	
24～34	0.077	0.027		0.001	0.028	0.010	0.002	0.009	
40～50	0.842	0.019		0.040	0.536	0.194	0.015	0.038	
65～75	1.210	0.015		0.000	0.757	0.290	0.021	0.044	—
90～100	1.160	0.015		0.054	0.746	0.301	0.009	0.035	25.9
120～130	1.122	0.007		0.036	0.746	0.196	0.006	0.031	25.5
剖面 18									
0～10	0.068	0.066	0.004	无	0.005	0.006	0.002	0.009	—
23～35	0.070	0.046	0.001	0.001	0.005	0.006	0.002	0.010	
40～50	0.057	0.037	0.001	0.001	0.005	0.006	0.002	0.006	
75～85	0.090	0.044	0.002	0.001	0.021	0.004	0.002	0.018	—
140～150	—	—	—	—	—	—	—	—	11.1
190～200	0.033	0.024	无	无	无	0.004	无	0.005	0.1
别特帕克达拉高原,剖面 3									
0～5	0.077	0.051	无	0.001	0.005	0.004	0.002	0.015	无
22～32	0.068	0.044		0.001	0.005	0.006	0.001	0.011	
95～105	0.139	0.049	0.002	0.035	0.010	0.004	无	0.041	2.9
130～140	0.772	0.022	无	0.052	0.464	0.108	0.026	0.100	6.1
180～190	0.451	0.024		0.044	0.245	0.054	0.010	0.074	10.0
剖面 4a									
0～5	0.083	0.056	0.001	无	0.005	0.009	无	0.013	—
20～30	0.081	0.058	无	0.001	无	0.002		0.020	—

(续表)

土样深度 /cm	含盐量	碱度		Cl	SO₄	Ca	Mg	Na+K	石膏
		HCO₃	CO₃						
32~42	0.078	0.056	0.004	0.001		0.002	0.001	0.018	—
75~85	0.181	0.066	0.004	0.032	0.026	0.002	0.001	0.054	9.9
北巴尔喀什沿岸,剖面 41									
0~4	0.058	0.037	无	0.001	0.005	0.008	0.001	0.006	—
15~20	0.043	0.027	—	无	0.005	0.006	0.001	0.004	—
30~40	0.054	0.037	—		0.005	0.006	0.004	0.002	0.1
90~100	0.053	0.038	—	0.001	无	0.006	0.002	0.005	0.2
剖面 7									
0~8	0.157	0.105	0.012	0.001	0.010	0.004	0.005	0.032	无
9~19	0.106	0.078	0.007	0.001	无	0.006	0.002	0.019	—
20~30	0.085	0.058	0.002	无	0.005	0.004	0.002	0.016	
35~45	0.153	0.093	0.004	0.004	0.014	0.008	0.001	0.033	0.19
100~110	0.077	0.039	无	0.003	0.014	0.006	0.002	0.013	0.02
阿尔滕－艾梅利山脉,剖面 132									
0~8	0.102	0.051	无	0.005	0.003	0.004	0.001	0.017	—
20~30	0.492	0.051		0.185	0.030	0.015	0.003	0.131	—
40~50	0.480	0.023		0.187	0.055	0.030	0.007	0.108	—
75~35	1.524	0.016		0.190	0.750	0.277	0.013	0.146	—

表 8.12　中部荒漠灰褐土粒度组成(风干土)

土样深度 /cm	粒度/%								
	>3 mm	3~ 1 mm	1~ 0.25 mm	0.25~ 0.05 mm	0.05~ 0.01 mm	0.01~ 0.005 mm	0.005~ 0.001 mm	<0.001 mm	<0.01 mm
乌斯秋尔特高原,剖面 5									
0~5	1.0	—	0.3	20.0	41.6	10.7	21.1	6.3	38.1
5~10	2.1	—	0.5	17.5	46.5	8.5	20.0	6.4	34.9
15~25	0.5	—	0.3	11.8	53.8	8.4	18.2	7.5	34.1
35~45	10.0	3.0	1.9	32.8	38.6	6.7	6.4	10.6	23.7
55~65	48.0	3.0							
剖面 142									
0~4	1.6	3.8	1.2	10.1	39.2	14.7	20.5	10.5	45.7
4~10	1.2	2.1	1.1	9.7	39.1	15.9	20.2	11.9	48.0
13~23	2.5	6.2	2.2	15.1	28.8	14.7	14.8	18.2	47.7
30~40	13.0	6.0	8.5	30.4	29.9	25.2			25.2
喀拉克米尔高原,剖面 4									
0~6	32	4.0	6.8	27.6	34.4	8.1	14.0	5.1	27.2
6~16	10	3.0	8.9	29.0	32.8	6.5	12.6	7.2	26.3

（续表）

土样深度/cm	粒度/%								
	>3 mm	3～1 mm	1～0.25 mm	0.25～0.05 mm	0.05～0.01 mm	0.01～0.005 mm	0.005～0.001 mm	<0.001 mm	<0.01 mm
16～22	4	2.0	10.0	23.3	28.3	7.5	16.7	11.7	35.9
24～34	25	4.0	8.6	31.9	22.8	4.8	14.0	13.9	32.3
40～50	27	14.0	22.3	31.1	10.2	4.4	7.8	10.2	22.4
65～75	71	12.0	22.2	29.3	18.0	1.6	8.1	8.8	18.5
90～100	—	—							
剖面 18									
0～10	—	—	3.9	38.7	24.9	8.1	15.8	8.6	32.5
13～23	—	—	1.6	55.2	2.0	10.1	22.0	9.1	41.2
25～35	—	—	1.5	57.6	1.7	3.2	15.7	20.3	39.2
140～150	21.7	14.0	46.7	31.0	0.5	1.0	3.4	3.4	7.8
190～200	34.7	25.0	64.3						
别特帕克达拉高原,剖面 3									
0～5	2.0	2.0	3.6	33.5	16.6	3.3	4.3	6.7	14.3
10～20	1.4	2.0	3.4	10.8	41.6	8.4	21.1	12.7	42.2
22～32	1.9	2.0	3.7	11.4	42.3	3.9	4.5	32.2	40.6
40～50	0.9	0.5	2.7	36.0	22.0	2.8	8.9	26.1	37.8
95～105	1.4	2.0	27.6	38.5	9.6	0.5	3.9	17.9	22.3
150～160	1.2	10.0	37.4	33.3	8.0	0.7	2.3	8.3	11.3
剖面 4a									
0～5	2.9	4.0	6.8	62.4	12.0	1.2	5.9	7.7	14.8
5～15	0.6	—	4.8	55.8	17.2	0.9	9.9	11.4	22.2
20～30	0.8	—	8.9	12.8	21.9	9.5	18.4	28.5	56.4
32～42	1.2	12.0	10.9	24.9	13.1	4.7	10.9	23.5	39.1
75～85	7.2	8.0	70.1	1.8	5.6	0.3	2.5	11.7	14.5
北巴尔喀什沿岸,剖面 41									
0～4	8.0	8.7	25.1	23.7	22.0	6.3	11.3	2.9	20.5
5～12	无	4.6	25.5	26.8	17.5	8.4	11.8	5.4	25.6
15～20	6.0	3.9	35.2	17.5	17.6	3.5	9.0	13.3	25.8
30～40	28.0	5.7	27.3	22.1	15.3	6.0	9.9	13.7	29.6
90～100	16.0	55.1	9.5	7.6	7.7	2.2	6.9	11.0	20.1
剖面 7									
0～8	无	0.3	42.3	20.7	13.5	2.5	7.4	13.3	25.2
9～19		1.3	10.6	34.7	20.2	8.3	17.0	7.9	33.2
20～30		0.5	11.2	29.6	13.9	6.4	22.9	16.1	45.4

（续表）

土样深度 /cm	>3 mm	粒度/%							
		3～1 mm	1～0.25 mm	0.25～0.05 mm	0.05～0.01 mm	0.01～0.005 mm	0.005～0.001 mm	<0.001 mm	<0.01 mm
35～45		无	4.3	13.9	9.3	27.5	19.0	26.0	72.5
100～110	5.0	5.1	37.2	37.9	9.6	1.1	3.8	5.3	10.2
剖面 132									
0～8	—	27.3	3.2	27.2	8.3	9.1	6.1	7.7	25.9
20～30	—	25.5	6.5	22.7	8.5	10.1	9.3	7.2	26.6
40～50	—	34.6	8.1	24.5	6.5	8.0	5.5	8.1	21.6
75～85	—	41.0	10.1	25.0	5.7	7.7	5.7	5.6	19.0

　　土壤的水解氮和活性磷贫乏（40～50 mg/kg,30～40 mg/kg）,但钾的含量充足（400～500 mg/kg）。在灰褐土腐殖质构成中,富里酸的含量是腐殖酸的 3～3.5 倍,同时,与褐土相似,这一比例不超过 1.0～1.5。灰褐土腐殖质的富里酸组分也与褐土相近,主要与钾相关。较少程度与倍半氧化物有关。并且完全缺乏腐殖酸的初馏分,第三馏分含量相对较高,未水解残留物非常高,这证明了粗腐殖质、腐殖酸的简单结构及其不佳的形成条件。

　　对于灰褐土盐剖面,除碳酸盐和石膏外,在硬壳（外皮）和淀积层还有非常高的全碱（HCO_3 为 0.03%～0.05%或更高）,是由碳酸氢盐碱性土引起的;有时还常存在相当数量的标准碳酸盐（CO_3 为 0.002%～0.004%或更高）,明显是生物发生过程的结果。

　　因此,灰褐土具有碱性和残积盐化特征。

　　所研究的土壤形成于不同成土岩类型。按机械组分,该类土壤为中性砂质黏土和轻质砂质黏土粉状变异（变种）;轻质土壤明显较少（砂壤和砂土）,通常在砂土区边缘,局部属于锡尔河与克孜勒库姆区山岗残丘。

　　灰褐土机械组分特点（表 8.11）是在其构成中细砂和粉状微粒占优势（0.25～0.05 mm）,这也是荒漠成土所特有的,这些地区岩石的机械破碎过程大于化学侵蚀（风化）过程。淤泥微粒（<0.001 mm）含量在 5%～10%至 20%～30%之间变动,且其趋势与褐土相似,在以土壤内部侵蚀（风化）过程为条件的剖面中层黏质部分呈增加状态。

　　对灰褐土进行的全面分析（表 8.12）,在剖面更深层部分未发现大量的分解物和新生物质的迁移。在土壤中占优势的是硅酸和倍半氧化物,氧化铁和铝的弱移动性,土壤层上部的生物蓄积为钠、镁和磷。氧化物分子关系揭示出剖面中部黏质含铁土壤层的形成,证实了粒度分析数据和土壤形态的描述（密实、淤泥粒级增加）。对淤泥粒级的化学分析表明,SiO_2/R_2O_3 的比值仅为 2.3～3.4,在剖面倍半氧化物含量中几乎为常态,相对于土壤中的铝（反比关系）,氧化铁占据相当大的优势。

　　总之,获得的数据证实了关于在灰褐土剖面中部普通层面黏质化、铁质化和弱黏土形成的状况。

　　根据成土母质的组成,灰褐土可分为如下亚类:普通的（标准的）、碱化的、盐化的、含石膏的和未充分发育的土壤。普通土壤的检验,指标符合前述亚型指标的描述,其他类型土壤的特征如下:

碱化灰褐土　该种土壤通常形成于砂质黏土和重砂质黏土,在假木贼和猪毛菜-假木贼植被稀少(15%~20%)的砂壤碳酸盐成土岩类地区较少。灰褐土普通型土壤具有相似的剖面特点,但也有所区别,如腐殖质层较薄(A+B,25~30 cm),更加密实,结构粗糙,外皮呈蜂窝状,在 15~25 cm 处为淀积层 B,其色调更深、构造更加密实,核状、棱形核状和光滑结构,在略深处(30~80 cm)与石膏层相似,存在易溶盐。

该类土壤腐殖质含量明显贫乏(约 1%),通常在土壤层 B 有所增长。在吸附量普遍较低的情况下,在淀积碱化土层其数量有所增加,相对于钙和镁,该处含有大量的加强土壤碱化性质的交换钠(15%~20%或更高)。增加的钠含量(5%~10%)也常表现在土壤硬壳(外皮)。这种土壤被划分为碱化外皮型土壤。特征是在 A 和 B 层具有高全碱度(HCO₃ 超过 0.03%~0.05%),全部剖面的水悬浮液 pH 呈碱性(8~9 或更高)。土壤为氯化物和硫酸钠中等或强盐碱。

盐化灰褐土　该类土壤通常形成于不同岩相种类中-强盐渍化成土岩,含有易溶盐(氯化钠、硫酸钾等),一般始于深度 10~30 cm 处。灰褐盐土按形态和理化性质特征与灰褐普通型土壤类似。

石膏灰褐土　位于与连续石膏层表面接近的地层区。形成于较高海拔的不排水或排水能力非常弱的平原(包括山前平原),具有砂壤和砂质黏土,以及砾岩砂质成土岩形态,表层覆盖有稀疏的猪毛菜-假木贼、假木贼、艾蒿-猪毛菜型植被,局部有艾蒿型。差异性剖面是灰褐普通型和碱土型的特点,其特征之一就是在深度 30~80 cm 处(通常位于腐殖质和碳酸盐淀积层下)存在连续的含石膏层(或带有若干数量细微粒杂质)。石膏呈粉状、微小晶体状结构,柱状也可见(通常在乌斯秋尔特、曼格什拉克和别特帕克-达拉古高原)。

表 8.13　中部荒漠灰褐土总化学组分(风干土/灼烧且不含碳酸盐土)/%

土样深度 /cm	因灼烧损失	SiO₂	R₂O₃	Fe₂O₃	Al₂O₃	CaO	MgO	K₂O	SO₃	MnO	Na₂O	P₂O₅	分子关系		
													SiO₂/R₂O₃	SiO₂/Al₂O₃	SiO₂/Fe₂O₃
乌斯秋尔特高原,剖面 5															
0~5	15.80	48.10	11.38	3.30	8.08	15.64	3.41	2.01	0.39	0.09	1.46	0.11	8.7	10.2	53
		67.34	15.93	4.62	11.31	0.74	4.77	2.81	0.55	0.13	2.04	0.15			
5~10	16.29	47.65	11.70	3.49	8.21	15.81	3.05	2.05	0.34	0.09	1.37	0.11	7.7	9.8	37
		66.78	16.49	4.92	11.57	0.65	4.57	2.89	0.48	0.13	1.92	0.16			
15~25	14.37	50.78	13.40	4.17	9.23	13.09	3.29	2.10	0.39	0.09	1.48	0.10	7.4	9.3	36
		66.52	17.55	5.46	12.09	1.12	4.31	2.75	0.51	0.13	1.94	0.13			
35~45	14.76	48.10	11.94	3.49	8.45	15.98	2.44	1.95	2.48	0.08	1.48	0.09	8.1	9.7	50
		63.01	15.64	4.57	11.07	2.60	3.20	2.55	3.25	0.11	1.94	0.12			
55~65	15.10	17.08	4.47	1.64	2.83	28.55	3.05	0.85	28.71	0.04	0.68	0.03	9.0	11.9	37
		22.20	5.47	1.72	3.68	18.23	3.96	1.10	37.32	0.05	0.88	0.04			
90~100	19.00	19.59	7.48	2.52	4.96	27.20	3.05	1.08	20.64	0.04	0.73	0.04	5.2	6.6	23
		43.10	16.45	5.54	10.91	—	6.71	2.38	45.41	0.09	1.61	0.09			
淤泥粒级(<0.001 mm),剖面 5															
0~5	9.07	56.48	32.86	21.45	11.41	2.17	4.43	2.78	—	—	0.40	—	3.3	4.5	13.2
5~10	9.25	55.42	32.96	21.52	11.44	3.36	4.03	2.72	—	—	0.38	—	3.3	4.4	13.0

（续表）

土样深度/cm	因灼烧损失	SiO₂	R₂O₃	Fe₂O₃	Al₂O₃	CaO	MgO	K₂O	SO₃	MnO	Na₂O	P₂O₅	分子关系 SiO₂/R₂O₃	SiO₂/Al₂O₃	SiO₂/Fe₂O₃

土样深度/cm	因灼烧损失	SiO_2	R_2O_3	Fe_2O_3	Al_2O_3	CaO	MgO	K_2O	SO_3	MnO	Na_2O	P_2O_5	$\dfrac{SiO_2}{R_2O_3}$	$\dfrac{SiO_2}{Al_2O_3}$	$\dfrac{SiO_2}{Fe_2O_3}$
15～25	10.15	56.03	32.42	21.93	10.49	2.24	3.52	2.69	—	—	0.36	—	3.1	4.3	13.3
35～45	8.68	56.20	32.11	21.83	1.28	2.33	4.02	2.54	—	—	0.34	—	3.4	4.4	14.6
55～65	9.12	57.51	31.12	21.93	9.18	2.51	3.87	2.48	—	—	0.44	—	2.9	3.5	16.8
土壤，剖面 142															
0～4	2.02	48.61	15.90	3.49	12.49	17.71	2.64	—	0.85	0.12	—	0.24	5.6	6.7	38
		57.21	18.71	4.11	14.70	5.46	3.11	—	1.00	0.14	—	0.28			
4～10	3.04	48.57	15.20	3.90	11.10	15.03	2.39	—	0.92	0.14	—	0.23	6.1	7.4	34
		58.67	18.36	4.71	13.41	1.02	2.89	—	1.11	0.17	—	0.28			
13～23	1.53	47.97	15.20	4.48	10.50	14.30	2.75	—	1.52	0.08	—	0.22	6.1	7.7	28
		56.27	17.83	5.25	12.32	1.32	2.52	—	1.78	0.11	—	0.26			
30～20	2.66	44.13	15.25	2.99	12.02	18.37	1.90	—	2.89	0.05	—	0.22	5.4	6.3	39
		49.0	17.14	3.36	13.52	10.03	2.13	—	3.25	0.06	—	0.25			
喀拉克米尔高原，剖面 4															
0～6	11.26	58.94	11.90	3.69	8.21	10.88	2.07	1.98	0.17	0.08	1.17	0.11	10.5	12,9	56
		71.31	14.39	4.46	9.93	1.33	2.50	2.38	0.20	0.10	1.41	0.13			
6～16	10.50	60.92	11.91	3.20	8.71	9.86	2.81	2.05	0.17	0.09	1.14	0.10	10.6	11.8	60
		72.98	14.29	3.84	10.45	1.07	3.37	2.46	0.20	0.11	1.37	0.12			
16～22	9.90	60.62	13.27	3.78	9.49	8.84	3.05	2.31	0.17	0.08	1.17	0.09	9.2	11.0	57
		72.74	15.93	4.54	11.39	1.32	3.66	2.72	0.20	0.10	1.40	0.11			
24～34	8.09	65.20	13.53	3.78	9.75	6.63	1.95	2.04	0.19	0.08	1.09	0.07	9.4	11.3	57
		72.37	15.02	4.20	10.82	1.66	2.16	2.26	0.21	0.09	1.20	0.08			
65～75	7.05	62.74	8.42	2.52	5.90	10.20	1.34	1.59	6.36	0.03	0.90	0.02	16.2	19.1	104
		69.01	9.26	2.77	6.49	6.00	1.47	1.75	7.00	0.03	0.99	0.02			
90～100	8.87	40.40	3.65	1.75	1.90	21.42	—	0.72	23.12	0.02	0.61	0.02	24.7	37.0	74
		44.84	4.07	1.94	2.13	16.83		0.80	25.66	0.02	0.68	0.02			
120～130	9.69	39.30	2.95	1.16	1.79	23.19	—	0.80	22.56	—	0.50	—	27.8	39.0	97
		47.16	3.54	1.39	2.15	16.18		0.96	27.07		0.60				
淤泥粒级（＜0.001 mm），剖面 4															
0～6	10.27	56.64	33.67	22.10	11.57	1.57	3.51	2.72	—	—	0.44	—	2.3	4.4	13.9
6～16	8.87	55.41	34.51	22.55	11.96	1.14	3.70	2.78	—	—	0.34	—	3.1	4.2	12.5
16～22	9.39	58.22	34.61	23.53	11.08	2.36	3.17	2.78	—	—	0.34	—	3.2	4.2	14.0
24～34	9.05	56.70	33.19	22.82	10.37	2.21	3.59	2.40	—	—	0.31	—	3.3	4.2	14.8
65～75	9.46	58.04	32.47	22.56	9.91	2.24	3.76	1.98	—	—	0.24	—	3.4	4.4	15.6
90～100	10.04	56.89	32.77	21.60	11.12	2.22	4.11	1.89	—	—	0.22	—	3.4	4.4	15.6
土壤，剖面 18															
0～10	12.93	54.85	12.66	3.80	8.86	11.81	2.45	2.17	0.53	0.09	1.22	0.17	8.2	8.3	36
		71.31	16.46	4.94	11.52	0.77	3.18	2.82	0.69	0.12	1.59	0.22			
12～23	12.90	53.52	13.95	4.20	9.75	11.72	2.64	2.28	0.42	0.03	1.25	0.15	7.3	9.4	34

（续表）

土样深度/cm	因灼烧损失	SiO₂	R₂O₃	Fe₂O₃	Al₂O₃	CaO	MgO	K₂O	SO₃	MnO	Na₂O	P₂O₅	分子关系		
													SiO_2/R_2O_3	SiO_2/Al_2O_3	SiO_2/Fe_2O_3
		69.58	18.13	5.46	12.67	1.25	3.43	2.96	0.55	0.04	1.62	0.20			
25~35	10.27	56.05	17.0	5.20	11.85	7.70	2.89	2.71	0.38	0.06	1.08	0.14	6.3	8.1	29
		67.26	20.46	6.24	14.22	1.37	3.47	3.25	0.46	0.07	1.30	0.17			
40~50	11.16	55.46	15.69	4.80	10.89	9.10	2.96	2.48	0.68	0.06	1.06	0.09	6.8	8.7	31
		66.55	18.83	5.76	13.07	1.62	3.55	2.98	0.82	0.07	1.27	0.11			
190~200	0.79	89.86	4.26	1.20	3.06	0.76	0.13	1.47	0.38	0.06	0.68	0.04	40.4	49.9	214
		89.86	4.26	1.20	3.06	0.76	0.13	1.47	0.38	0.06	0.68	0.04			
别特帕克达拉高原,剖面 3															
0~5	13.32	53.30	13.16	4.30	8.86	11.90	2.39	2.40	0.38	0.09	1.29	0.22	8.4	11.2	32.9
		69.29	16.11	5.59	10.52	1.76	3.11	3.12	0.39	0.12	1.68	0.29			
10~20	12.24	54.12	15.82	4.90	10.92	10.41	2.58	2.49	0.42	0.09	1.25	0.20	6.5	8.4	29.3
		70.36	20.57	6.37	14.20	1.16	3.35	3.24	0.65	0.12	1.63	0.26			
22~32	6.79	61.88	20.19	6.00	14.19	2.71	2.70	3.22	0.55	0.11	1.12	0.13	5.8	7.4	27.6
		68.07	22.21	6.60	15.61	1,14	2.97	3.54	0.60	0.12	1.23	0.14			
40~50	10.20	57.70	16.38	5.20	11.18	8.22	2.39	2.66	0.30	0.07	1.15	0.13	6.8	8.8	29.5
		69.24	19.66	6.24	13.42	1.66	2.87	2.95	0.36	0.08	1.38	0.16			
65~75	6.60	67.32	14.18	4.10	10.08	5.60	1.13	2.34	0.47	0.08	1.32	0.08	9.0	11.3	44.0
		75.05	15.60	4.51	11.09	1.94	1.24	2.57	0.52	0.09	1.45	0.09			
剖面 4a															
0~5	11.39	57.80	14.52	4.10	10.42	9/27	2.39	2.25	0.55	0.11	1.25	0.22	7.6	9.5	38.7
		69.36	17.42	4.92	12.50	1.03	2.87	2.70	0.66	0.13	1.50	0.26			
5~15	10.56	56.93	15.23	4.60	10.63	8.48	2.96	2.40	0.53	0.09	1.29	0.17	7.2	9.1	33.5
		69.48	18.35	5.52	12.83	1.51	3.55	2.88	0.64	0.11	1.55	0.20			
20~30	6.64	63.16	19.61	5.60	14.01	2.62	2.52	2.79	0.77	0.09	1.25	0.11	6.1	7.7	30.4
		69.48	21.57	6.16	15.41	1.20	2.77	3.07	0.85	0.10	1.88	0.12			
32~42	7.01	65.48	15.52	4.60	10.92	4.37	1.89	2.40	0.42	0.06	1.22	0.09	8.1	10.2	38.7
		72.03	17.07	5.06	12.01	1.46	2.08	2.64	0.46	0.07	1.34	0.10			
50~60	10.19	63.32	11.30	3.50	7.80	9.18	1.63	1.65	0.15	0.05	1.12	0.07	10.8	12.6	44.5
		69.52	13.56	4.20	9.36	0.88	1.96	1.98	0.18	0.06	1.34	0.08			
北巴尔喀什沿岸,剖面 41															
0~4	5.69	70.67	19.65	4.73	14.92	2.36	1.10	3.30	0.85	0.09	2.24	0.13	6.8	8.1	42
5~12	5.01	69.72	18.58	5.01	13.57	1.85	1.50	3.38	0.61	0.09	2.52	0.12	7.2	8.9	37
15~20	3.82	69.85	18.38	4.30	14.08	2.42	1.65	3.46	0.94	0.06	3.07	0.05	7.0	8.4	43
0~40	7.17	70.20	19.21	4.90	14.31	0.82	1.94	3.15	1.37	0.07	2.52	0.09	6.7	8.2	38
90~100	8.32	68.79	19.90	5.34	14.56	0.47	1.89	3.48	0.89	0.05	2.19	0.06	6.5	8.0	34
剖面 4															
0~8	10.49	—	—	—	—	—	—	—	—	—	—	—			
		68.33	17.96	5.17	12.79	0.84	3.01	3.14	0.98	0.10	2.98	0.15	7.6	9.5	38

（续表）

土样深度/cm	因灼烧损失	SiO₂	R₂O₃	Fe₂O₃	Al₂O₃	CaO	MgO	K₂O	SO₃	MnO	Na₂O	P₂O₅	分子关系		
													SiO₂/R₂O₃	SiO₂/Al₂O₃	SiO₂/Fe₂O₃
9～19	9.42	—														
		67.43	20.03	5.28	13.75	0.90	4.00	3.31	0.61	0.10	2.69	0.11	7.0	8.6	37
20～30	6.60	—														
		72.04	20.47	5.99	14.48	1.96	2.65	3.40	0.80	0.09	2.49	0.08	6.7	8.6	30
35～45	12.22	—														
		63.10	23.24	6.80	16.44	1.06	3.64	3.51	0.81	0.10	2.14	0.10	5.2	6.5	26
100～110	3.42	—														
		71.21	17.22	3.92	13.30	2.43	0.93	3.02	0.64	0.6	3.20	0.07	7.4	9.1	40
阿尔滕－艾梅利山脉，剖面 132															
0～8	8.10	58.20	22.75	2.70	14.93	10.10	2.93	—					6.0	6.7	54
		64.60	19.64	3.00	16.64	5.30	3.25								
20～30	7.29	59.58	21.22	4.38	16.72	5.20	3.07						5.2	6.0	38
		68.52	24.28	5.04	19.24	—	3.53								
40～50	7.26	58.96	24.08	4.93	19.09	4.70	1.38						4.6	5.4	34
		61.32	24.98	5.13	19.85	3.23	1.43								
75～85	6.23	70.90	17.69	1.64	15.00	3.81	1.30						7.4	7.9	119
		71.61	16.81	1.66	15.15	4.00	1.31								
100～110	—	77.36	10.49	2.38	8.04	3.86	0.30						14.3	16.1	129

该类土壤的理化性质与灰褐土普通型和碱化土相似（腐殖质、组分、吸收盐基、CO₂、pH等）。灰褐石膏土中同时可见非盐碱土和盐化土（多数为氯化物和硫酸盐化合物）、非碱化土和碱化土、细土和含各种程度砾石土。

未充分发育灰褐土　该类土壤常见于哈萨克丘陵、山前平原、高原残丘和山岗，往往分布着顶峰、陡坡、山丘环带和宽谷，具有沉积－坡积碎砾石砂质黏土形态，下垫与泥灰岩、密实基岩接近，常露出地表。部分土壤表面常被带有深色荒漠"黝黑"特征砾石外甲覆盖。细土层薄和含砾石确立了其土壤发育更加干旱的条件。由于植物生长弱，植被覆盖非常稀疏（10%～15%），主要有艾蒿－猪毛菜、艾蒿和塔斯假木贼群丛。

该类土壤的剖面较薄，腐殖质层（A＋B）为 20～30 cm，细土部分含有不同程度的碎砾石。上部（A 为 5～15 cm）发育成淡黄或褐浅灰多孔外皮，下部为鳞片状。更深处为密实的 B 层（15～20 cm），无明显碳酸盐新产物，有时在石块表面覆有碳酸盐皮状物，转变为泥灰基岩或直接变为高密度岩石。在此情况下，在泥灰岩或高密度岩石残片上常见含石膏皮状、须状和梳状物质。

尽管剖面薄且多粗骨型，未充分发育土壤仍具有地带性灰褐土的一些化学特性：腐殖质化程度不高（0.5%～1.5%），全部剖面的碳酸盐化呈碱性反应（pH 8.2～8.5），主要是由于结皮层和层下的全碱度高，以及钙和镁占优势情况下交换量低，易溶盐盐渍化缺乏，但有时呈石膏化。根据机械组分，该类土壤通常为砂质黏土，有不同程度的砾石存在。

第 9 章　漠土土纲

漠土土纲是指在温带干旱区和暖温带极端干旱的气候条件下发育的土壤,其共同特点是:具有荒漠结皮、鳞片状层次和褐棕色紧实层,以及易溶性盐、石膏、碳酸钙在剖面中的累积。

中亚地区为极端干旱的暖温带漠境地区,依据腐殖质累积、可溶性盐、石膏和石灰的累积特性,漠土土纲划分为温漠土亚纲,其下有灰漠土和灰棕漠土两个土类;暖温漠土亚纲,其下只有棕漠土一个土类。

9.1　灰漠土

灰漠土过去称为灰漠钙土、荒漠灰钙土,由于无钙积层,故改称灰漠土。

9.1.1　成土条件和主要成土过程

生物气候

灰漠土形成于温带荒漠的生物气候条件下,夏季炎热干旱,冬季寒冷多雪,春季多风而且风力较大,年平均气温 4.5～7.0℃,≥10℃年积温 3000～3600℃,年均降水量 140～200 mm,年均蒸发量 1600～2100 mm,冬季积雪厚 20～30 cm,干燥度 4～6。植被组成较复杂,计有:①以博乐蒿为主的荒漠植被,伴生少量类短命植物等,覆盖度为 20%～30%,主要分布于近天山北麓的倾斜平原;②以梭梭(*Haloxylon ammodendron*)、假木贼(*Anabasis*)为主的荒漠植被,伴生猪毛菜(*Salsola collina*)、琵琶柴(*Reaumuria soongonica*)等,覆盖度 10%～15%,主要分布于盆地南缘临近沙漠一带;③以琵琶柴为主的盐化荒漠植被,伴生碱柴(*Kalidium foliatum*)、盐穗木(*Halostachys caspica*)等,覆盖度 10%～13%,主要分布于古老冲积平原上;④以芨芨草(*Achnatherum splendens*)、红柳(*Tamarix ramosissima*)、白刺(*Nitraria tangutorum*)为主的植被,伴生苦豆子(*Sophora alopecuroides*)、芦苇(*Phragmites australis*)等,覆盖度可达 30 %以上。主要分布在冲积—洪积扇与古老冲积平原之间的交接地带及河谷阶地上。

地貌、水文及水文地质

灰漠土分布区的地貌、水文及水文地质特点有 3 种主要类型:

山前洪积—冲积倾斜平原　由于坡度较大,大部分沉积物质较粗,且其下部有深厚松散的砂砾层,地下水埋深于数十米乃至上百米之下,矿化度极低。

古老冲积平原　在古老冲积平原区,地下水位较深,一般在 6～7 m 以下,部分为弱矿化水。

冲积平原和干三角洲　在冲积平原和干三角洲,地势低平,沉积物较细,地下水径流缓慢,矿化度较高,常大于 10 g/L。

灰漠土主要发育在黄土状母质上,包括:

洪积黄土状母质　主要来源于山地中下部的黄土经雨雪侵蚀和洪水搬运而覆盖于山前倾

斜平原上,呈淡黄色或棕黄色,质地为砂壤或粉砂壤土。

冲积—洪积红土状母质　主要来源于山前隆起带的第三纪红色泥岩风化物,经雨雪侵蚀和流水搬运而堆积于地势低缓的山前倾斜平原和扇间洼地上,多为红棕、棕红色黏壤土或黏土。一般土层较厚,质地层次变化小,在颗粒组成中细粉粒和黏粒占 70% 左右,其中小于 0.002 mm 黏粒含量常高达 30%～50%,土壤全量化学组成中铁、铝氧化物的含量显著高于黄土状母质,而钙、镁氧化物含量一般又低于黄土状母质。

冲积黄土状母质　主要分布在古老冲积平原和干三角洲。土层深厚,但质地层次常变化较大。在颗粒组成中,几乎不含粗砂,细砂占绝对优势;小于 0.002 mm 黏粒在不同层次中往往变化较大,一般变化范围在 10%～30%。

黏化和铁质化过程

在温带漠境地区,土壤水热状况的强烈变化,促使灰漠土土表下层产生了黏化和铁质化过程,形成了褐棕色紧实层(残积铁质黏化层)。

土壤有机质的积累过程

灰漠土的有机质含量比其他漠土稍高,但在不同亚类中的差异较大。表层有机质含量在 5.3～17.19 g/kg,其中以草甸灰漠土最高,碱化灰漠土最低。

灰漠土有机质中的腐殖酸碳约占有机碳总量的 30% 左右,比其他漠土高,富里酸碳含量高于胡敏酸碳。

灰漠土不存在游离态腐殖酸。腐殖酸都以钙和三氧化物结合态存在,并以腐殖酸钙为主,但根据李述刚等(1984)研究,碱化灰漠土的腐殖酸与游离三氧化物结合态多于与钙结合态存在。

盐化与碱化过程

在灰漠土内,部分有盐化和碱化过程。这与成土母质含盐和脱盐碱化以及在母质风化过程中形成一定量的苏打有密切关系。随着盐化与碱化过程的发展,使灰漠土的盐化和碱化过程明显提高,灰漠土中可溶性盐量可高达 15 g/kg,钠碱化度可达 15% 以上,碱化层厚度达 20～40 cm。

灌耕熟化过程

灰漠土在开垦后,便进入人工管理下的灌耕熟化阶段。由于灌耕年限和利用方式以及耕作制度的不同,在熟化程度上存在差别。与土壤熟化过程相反,灌溉不当而引起灰漠土在开垦后发生水蚀、次生盐碱化和土壤板结,使土壤肥力下降的现象也是常见的。

9.1.2　土壤剖面特征和理化性状

形态特征

发育比较好的灰漠土具有以下发生层次:

(1)荒漠结皮层。地面常有一些黑褐色地衣和藻类,酷似粗糙不平的"哈蟆皮"。荒漠结皮厚 2～3 cm,呈浅棕灰或棕灰色,干而松脆,多海绵状孔隙。

(2)片状—鳞片状层,紧接结皮层下,厚 4～5 cm,略显棕色,呈片状—鳞片状结构,松脆,多小孔。

（3）褐棕色紧实层，位于片状－鳞片状层之下，厚 8～10 cm，比较黏重，紧实，呈块状或棱块状结构，或具有不同程度的碱化特征。

（4）在紧实层之下为过渡层，多呈黄棕、棕黄或淡黄色，块状结构，稍紧实。

（5）可溶性盐和石膏聚集层。多位于地表 40 cm 或 60 cm 以下，有明显的灰白色盐斑，粉状或晶粒状石膏。

理化性状

灰漠土的颗粒组成虽常因母质来源及沉积环境不同而异。但总的来看，除发育在洪积扇中上部的薄层灰漠土外，一般不含砾石，粗砂含量也很少超过 20%，而粉砂和黏粒含量和 Fe_2O_3 含量在剖面中部多有明显增高，而以褐棕色紧实层最为明显。

除灌耕灰漠土外，其余各亚类，通体都相当干燥和紧实。土壤风化淋溶弱，除钙在剖面中有较明显移动外，其他元素无大的变化。

灰漠土表层和亚表层有机质含量相对较高，在腐殖质组成中，与矿质紧密结合的胡敏素占 70% 左右，胡/富比值大致在 0.4～1.0 变动，其中以灌耕灰漠土为最高（一般为 0.5～1.0），而其他亚类多在 0.4～0.6。碳酸钙含量 50～150 g/kg，石膏通常聚集在 40～100 cm，最高含量一般为 20～30 g/kg。除在山前洪积扇中上部发育的薄层灰漠土为非盐化者外，其余大多为中位或深位盐化，最高含盐层一般在 40～60 cm 以下，最大含盐量通常高达 15 g/kg，且大多含有少量苏打。灰漠土中部分有碱化特征，碱化度常可达 10%～30% 或更高。但由于大多数的灰漠土盐基交换量都很低，所以交换性钠含量一般仅为 1～4 cmol（＋）/kg。

根据灰漠土的主导和附加成土过程，将其暂划为：灰漠土、盐化灰漠土、碱化灰漠土、草甸灰漠土和灌耕灰漠土 5 个亚类。

9.2　灰棕漠土

灰棕漠土过去称为灰棕色荒漠土，是温带荒漠区的地带性土壤。

9.2.1　成土条件和主要成土过程

灰棕漠土是在温带大陆性干旱荒漠气候条件下形成的。气候的主要特征是夏季炎热而干旱，冬季严寒而少雪，春、夏季风多风大，气温年日差较大。一般年平均气温为 6～10℃；夏季极端最高气温达 40～45℃，冬季极端最低气温 －33～－36℃，年均日较差 10～15℃，最大时较差可达 26℃，≥10℃的积温为 3000～4100℃·d，年降水量 50～100 mm，6—8 月降水量占全年降水量的 50% 左右，且多以短促暴雨形式降落，年蒸发量 2000～4100 mm 以上；冬季积雪极不稳定，最大积雪深度一般仅 5～10 cm。

灰棕漠土的形成与分布，与主要风区关系密切，反映出风力在灰棕漠土的形成中起了重要作用。灰棕漠土分布区的平均风速多在 4～6 m/s，最大风速达 20～50 m/s，平均大风日数多在 70～160 d。

在上述干旱的气候条件下，植被主要为旱生和超旱生的灌木、半灌木，如梭梭、麻黄、假木贼、戈壁藜等，覆盖度一般在 5% 以下。

灰棕漠土广泛发育在砾质洪积－冲积扇、剥蚀高地及风蚀残丘上。成土母质主要为砾质洪积物或砾质洪积－冲积物和石质坡积－残积物，其共同特征是富含粗骨性石砾。

砾质化过程　温带漠境的土壤砾质化过程是土壤矿物质的弱风化作用与大风吹蚀作用相互结合的过程。在干旱的气候条件下,不管是砾质洪积物、砾质洪积—冲积物,还是石质坡积—残积物,其细土物质特别是粉粒和黏粒含量本来就不高,成土过程中形成的细粒物质也极其有限。就是这有限的细颗粒又不断遭受大风吹蚀,致使砾石和砂粒在土壤表层的比重越来越大,粗骨性越来越强。只有当地表细颗粒被强大的风力搬运殆尽,大小砾石和砂粒在风力和短暂暴雨作用下,互相镶嵌而在地表形成较密实的砾幂以后,土壤的砾质化过程才会明显减弱。

残积盐化、碳酸钙表聚及石膏聚积过程　在干旱少雨蒸发强烈的气候条件下,由于缺乏足够水分将可溶性盐分及碳酸钙、石膏等从土体中淋出,因而就随着成土年龄的增长而在土体中不断聚集。灰棕漠土的可溶盐含量可达 $10\sim30$ g/kg;碳酸钙含量 $80\sim200$ g/kg,且呈明显的上多下少现象;而石膏含量在石膏层中最高可达 $100\sim300$ g/kg。

灰棕漠土的可溶性盐分及石膏含量除与成土年龄有关外,尚受母岩和母质的影响。发育于新生代地层的比发育于古、中生代地层的含量多;发育于坡积—残积和洪积母质的比发育于冲积母质上的含量多。因此,分布于第三纪地层的坡积—残积物和古老洪积母质上的灰棕漠土,常形成厚 $20\sim40$ cm 石膏积聚层。石膏大量积聚的原因除风化产物就地累积外,对于发育在古老砾质洪积物上的灰棕漠土,还与短暂暴雨所形成的地表侧流沉积有密切关系。此外,部分为地质过程或化学沉积过程所形成。

亚表层的铁质黏化过程　灰棕漠土虽然粗骨性强,但亚表层的黏化现象仍相当明显,其黏粒含量往往显著高于上、下土层。当然,由于灰棕漠土的干热程度比灰漠土强烈,所以其黏化层也就相应减薄,层位明显升高。

生物积累过程　灰棕漠土土壤表层有机质含量仅为 $3\sim5$ g/kg,在剖面中无明显聚积层。腐殖质组成中的腐殖质碳只占有机碳的 25% 左右,而与矿质紧密结合的胡敏素碳占有机碳的 70% 以上。胡/富比仅为 $0.3\sim0.5$。总之,灰棕漠土在腐殖质含量、组成以及结合态等方面与灰漠土有明显差别,而比较接近于棕漠土。

硝酸盐累积过程　灰棕漠土的表层和表下层多存在明显的硝酸盐积累现象。$0\sim30$ cm 土层的硝态氮含量高达 $150\sim900$ μg/g,比下层高出十几倍至数十倍。这主要是干热的气候条件所致,同时还可能与生物和硝化细菌的活动密切相关。

此外,由于灰棕漠土粗骨性强,加之气候干热,所以碱化过程一般表现不明显。对于开垦种植较久的灰棕漠土,尚有一个附加的灌耕熟化过程。

9.2.2　土壤剖面特征和理化性状

发育较好的灰棕漠土,具有以下发生层次:

砾幂层　一般由 $1\sim3$ cm 大的砾石镶嵌排列而成,其间隙多由小石砾和粗砂所填充,厚 $2\sim3$ cm,表面光洁,多呈黑褐色。

孔状结皮和片状—鳞片状　孔状结皮层厚度 $2\sim3$ cm,且多含少量小砾石。片状—鳞片状层在粗骨性强的剖面上往往缺失。

棕色残积黏化层(紧实层)　厚 $3\sim7$ cm,较紧实,块状结构,结构面上常有白色盐霜。

石膏积聚层　厚 $10\sim30$ cm,常含大量砾石。石膏多以灰白色晶粒状或粉末状夹杂在砂砾之间,多呈纤维状、晶族状与石砾同时交结一起,或形成硬盘。

理化特性

突出地表现在颗粒组成上的粗骨性、碳酸钙的表聚性、有机质和全氮的贫乏以及矿质元素沿剖面分布的稳定性等方面。

灰棕漠土的砾石含量常高达 20%～50%,细土部分中砂粒多占到 50%～90%,而且一般自紧实层以下粗骨性愈来愈强。

碳酸钙在剖面上部聚集十分明显。0～10(30)cm 的碳酸钙含量常比下层高。表层有机质含量多低于 5 g/kg,除钾素外,其他养分相当贫乏。各种矿质元素,除钙在碳酸钙和石膏聚集层中明显增高外,其他都基本未发生移动。

灰棕漠土划分为灰棕漠土、石膏灰棕漠土和石膏盐磐灰棕漠土三个亚类。

9.3　棕漠土

9.3.1　成土条件和主要成土过程

棕漠土是在暖温带极端干旱的荒漠气候条件下发育而成的地带性土壤。其分布地区的气候特点是:夏季极端干旱而炎热;冬季比较温和,降雪极少,无雪被。年均大于 10℃ 的积温多为 4000～4500℃·d。1 月份平均气温多在 −6～−12℃;7 月份平均气温为 23～32℃,年平均气温多在 10～14℃。无霜期 180～240 d。年降水量不到 100 mm,大部分地区低于 50 mm,年蒸发量一般在 2500～3000 mm,干燥度多在 8～30。

这样的水热状况决定了棕漠土的化学风化很弱。由于降水少,土壤浸润不深,强烈的蒸发作用造成土壤水分运行以上升为主,母质风化和成土作用的产物未被淋移,从而形成了特殊的地球化学沉积规律。风大且频繁,年平均风速 1.5～5.0 m/s,最大风速可达 20 m/s 以上,风蚀作用十分强烈,土壤表层细土多被吹走,残留的砂砾便逐渐形成砾幕,从而造成棕漠土的粗骨性和沙化。

棕漠土分布地区植被稀疏而简单,多属肉汁、深根、耐旱的小半灌木和灌木荒漠类型,如麻黄、伊林藜(戈壁藜)、琵琶柴(*Reaumuria soongorica*)、泡果白刺(*Nitriaria sphaerocarpa*)、假木贼、合头草(*Sympegma regelii*)、沙拐枣(*Calligonum mongolicum*)等。由于常年干旱缺水,植物繁衍生长缓慢,覆盖度常常不到 1%。干物质产量多不足 375 kg/hm²,其中灰分含量为 45 kg/hm² 左右,氮素约 4.5 kg/hm²。由此可见,棕漠土形成过程中的生物累积作用是极其微弱的。

棕漠土分布地区的河流季节性很强,洪枯悬殊。洪水携带的泥沙,年复一年地随灌溉水大量进入农田,对棕漠土的改良熟化影响很大。

由于棕漠土多分布在洪积－冲积扇上部等地形部位较高的地方,地下水位常深达 20～30 m,甚至 50～60 m;但因母质含盐和气候极端干旱,所以残余盐化极为普遍。此外分布在扇形地下部的棕漠土,也常因大量灌溉水引入灌区,使地下水位抬升,而产生次生盐渍化现象。

地形及母质　棕漠土所分布的地形主要是山前倾斜平原。

棕漠土的成土母质主要有洪积－冲积细土母质、砂砾质洪积物、石质残积物和坡积－残积物。

微弱的腐殖质累积过程　前已述及棕漠土分布地区植被覆盖度很小,每年能为土壤提供的有机物质一般仅有 300 kg/hm² 左右。加之干热的气候条件又促使这些有机物质迅速分解和矿化,土壤中积累的腐殖质数量极为有限,无明显的有机质层。其含量一般小于 10 g/kg,大部分在 5~9 g/kg 的范围内。

明显的碳酸钙表聚作用和强烈的石膏及易溶性盐聚积过程　由于气候干旱,母质风化和土壤形成过程中产生的重碳酸钙一部分就地积累,一部分随短暂的降水向上运移,移至土壤表层,当土壤增温干燥后,重碳酸钙便迅速转化成碳酸钙,在表层产生聚积现象。棕漠土无论母质粗细或成土年龄大小,土壤剖面中下部都有不同程度的石膏和易溶性盐累积,有的甚至出现很厚的石膏层和盐磐层。石膏和易溶性盐的累积程度通常随着气候干旱程度的增强而增强。但也与母质的类型和成土年龄密切相关,在古老的残积物和洪积物上发育的棕漠土,其石膏和易溶性盐的富集远较在新的沉积物上发育的明显。石膏和易溶性盐的来源,大致有如下三条途径:一是母岩经长期风化就地形成;二是长期的地表侧流沉积的结果;三是过去水成的残遗物。

较弱的残积黏化作用和较强的铁质化作用　棕漠土的干热程度远较灰漠土和灰棕漠土强烈,所以,其残积黏化现象也就相对较弱。不仅其黏化层相应减薄,层位较高,而且铁质化作用也相对增强;一般土壤表层活性铁的含量高达 1.0 g/kg 以上,往下其含量显著减少。这是因为棕漠土的残积黏化现象是随降水透湿深度增加而增强的,而铁质化作用是随气候干热程度的增加而增强的。

灌淤熟化过程　处于扇形地中下部的棕漠土,地形较平坦,细土物质较多,灌溉历史悠久,大多有明显的灌淤熟化过程,部分已发育成具有深厚灌淤层的灌淤土。灌溉历史较短的,其灌淤熟化过程尚处在附加成土过程阶段。

现代积盐过程　由于大量河水引入灌区,导致地下水位逐渐抬升,盐分活化表聚,从而使部分棕漠土产生了一个附加的次生盐化过程,在盐化过程的同时,也有一定的草甸化过程。

9.3.2　土壤剖面特征和理化性状

典型的棕漠土一般都具有如下三个发生层次:

表层有发育很弱的孔状结皮。其形成与土壤的弱腐殖化程度和强碳酸钙性及土壤表层的水热状况有关。

孔状结皮的形成是在土壤表层短暂湿润后随即迅速变干,促使钙钠的重碳酸盐转变为碳酸盐并放出 CO_2,从而造成土壤表层出现许多小孔隙。

结皮下面是红棕色的铁质染色紧实层。该层细土粒增加,厚度一般小于 10 cm。红棕色紧实层的形成,直接与土壤的铁质化和残积黏化作用相联系。在这一层中,活性铁、全铁及黏粒的含量都比较高,常显铁质染色现象;垒结紧实,呈块状或棱块状结构。

红棕色紧实层下是石膏和易溶盐聚积层。古老地貌上发育的棕漠土有明显的石膏层,厚 10~30 cm,最厚可达 40 cm。石膏呈蜂窝状或纤维状,含量最高可达 270~400 g/kg,剖面中下部有不同程度的盐渍化,甚至形成坚硬的盐磐层。发育完善的棕漠土,剖面分异都比较明显。但在粗骨性母质上,结皮层发育较弱;而细土母质上结皮层发育较好,厚度较大。紧实层和石膏层,不论母质粗细都有发育,但以成土年龄相对较老的土壤表现最为明显,部分剖面石膏与盐类胶结在一起形成石膏盐磐层。

粗骨性强是棕漠土的重要物理特性,发育在石砾质母质上的棕漠土,砾石含量常高达

20%～50%;细粒部分中,以砂粒占绝对优势,黏粒含量多小于 15%。只有发育在具有薄层细土物质上的棕漠土,剖面上、中部才有厚数十厘米的砂壤土或稍黏重的土层。

棕漠土与漠土土纲其他土类相比,除土壤全钾较丰而相互接近外,土壤有机质、全氮、全磷含量都比较低,而且分异也比较明显。棕漠土表层土壤有机质含量为 4.5 g/kg,下层变幅在 3.0～4.0 g/kg,除表层小于灰漠土和灰棕漠土外,其他各层土壤有机质含量小于灰漠土,而大于灰棕漠土;土壤全氮和有机质基本相似;土壤全磷以灰棕漠土为最小,棕漠土上层全磷含量小于灰漠土,而下层两者差异不大。

棕漠土的腐殖质组成极其简单。不仅胡敏酸碳和富里酸碳的含量都很低,二者之和仅占土壤有机碳总量的 30% 左右,胡敏素碳常占到 70%～80%,而且富里酸碳远高于胡敏酸碳,胡/富比值多在 0.1～0.65。

棕漠土碳酸钙含量比较高,表聚明显;和漠土土纲其他土类比较,其含量明显高于灰棕漠土和灰漠土;棕漠土石膏和总盐含量也比较高,明显高于灰棕漠土和灰漠土。

土壤化学组分全量分析统计结果,硅、铝等元素在剖面中基本无移动,剖面上下层的硅铝率均变化甚微。铁元素在鳞片状层和紧实层聚积明显,Fe_2O_3(占烘干重 g/kg)明显高于上下各层。与漠土纲其他土类相比,棕漠土类剖面上部 Fe_2O_3(占烘干重 g/kg)最高,剖面中下部小于灰漠土,而大于灰棕漠土;灰漠土表层 Fe_2O_3 最小,鳞片状层和紧实层 Fe_2O_3 有聚积,但剖面上下层变化较小,坐标曲线较平缓,这与灰漠土分布区降水稍多和土层深厚有关;灰棕漠土表层 Fe_2O_3(占烘干重 g/kg)低于棕漠土,高于灰漠土,向下呈逐渐减少趋势,而且 Fe_2O_3(占烘干重 g/kg)小于棕漠土和灰漠土,这可能与灰棕漠土区风蚀和土层薄、砾石含量高有关。

依据棕漠土发育分段及附加成土过程,棕漠土可划分为棕漠土、石膏棕漠土、石膏盐磐棕漠土、盐化棕漠土、灌耕棕漠土等五个亚类。由于棕漠土生物累积量少,除草甸棕漠土和经人工长期培肥的灌耕棕漠土外,其余各亚类的土壤有机质、全氮、全磷等含量均很低。

灰褐色土壤通常形成在石质荒漠的表面,显现出第三纪和白垩纪带有厚度不大的砾石－壤土和砾石－砂壤土沉积;洪积平原和低高山的冲积扇,冲积扇由不同厚度的石质化－碎石－细土冲积物组成;分水岭和低山平地厚度不大的砾石－壤土和古岩石演化的砂土,形成不同厚度的沉积。

典型灰棕土　见于乌斯秋尔特和克孜尔库姆中部,在卡拉库里斯克、布哈拉斯克和其他的高地,以及泽阿丁－泽拉布拉克、古吉坦克套山前洪积平原。主要发育在稀疏植被的基岩。植被主要是盐生假木贼(*Anabasis salsa*)、蒿属(*Artemisia*)的混合体,较少木本猪毛菜(*Salsola arbuscula*)和梭梭。土壤有明显差异的地形剖面,上层浅灰色,有时发红的颜色,多空的结皮,下层是鳞片状层,厚度 10～12 cm,还有橘色－褐色,有时呈樱桃红色的色调。

还要关注干燥的黏土层,带着碱性土的形态特征,和新形成呈眼状石灰斑的碳酸盐。这个层位的特点是密实的结构,纵向的裂缝,形成柱状构造层,以及多块团粒结构(Попов В. Г. ,Сектименко В. Е. , Попова Т. М. , Разаков А. М. , Гринберг М. М. ,1984)。按照吉姆贝尔格(Димо Н. А.)和罗赞诺夫(Розанов А. Н.)的意见,这个层位的形成是由于土壤内部风化作用下积聚成的细颗粒。这些土壤的碱化程度是由于硅酸盐的作用,厚度达到 30～50 cm。再深一些的地方有细粒石膏或石膏层,下层基岩呈板状贝类碎片的石灰。土壤的一般厚度达到 30～100 cm。

典型灰棕钙土,是在不同类岩石风化作用下的产物,特点是岩石机械成分的多样性。因此这些土壤的机械成分具有多样性,从壤土到砂土。在自然界中,主要是砂壤土和中—轻壤土。有时砂壤土,原生层以上通常是轻度砂壤土。在土壤粒度组成中,主要是细粒砂土,大部分是粗粒灰尘(达到48%)。格努索夫(Генусов А. З.,1957)和吉姆贝尔格(Кимберг Н. В.,1974)认为,典型灰褐色土壤与其他层位的岩石的区别,在密实淀积层与其他层位比较,黏土和淤泥含有较多的成分。

荒漠带土壤中腐殖质很贫乏,灰褐色土壤中腐殖质含量最少。但是,乌斯秋尔特中部,腐殖质比其他荒漠地区如克孜尔库姆、马利克丘里斯克草原同类土壤中要多一些(Шувалов С. А.,1949;Момотов И. Ф.,1953)。

土壤剖面上腐殖质层达到18~32 cm,灰棕色土剖面细土部分腐殖质含量为0.2%~0.9%,有时达到1%(表9.1)。在这种情况下,结皮层的腐殖质在0.5%~0.9%,在过渡层减少到0.3%~0.4%。氮含量为0.01%~0.15%,碳氮比为5~12。

表 9.1　典型灰棕色土农业化学分析结果

深度/cm	腐殖质/%	氮/%	碳:氮	P_2O_5		K_2O	
				总含量/%	活性磷/(mg·kg^{-1})	总含量/%	活性钾/(mg·kg^{-1})
典型的灰棕色土壤(位于基岩的残积层)							
0~2	0.8	0.05	8	0.12	1.58	33	190
2~14	0.6	0.04	10	0.11	1.71	24	482
14~22	0.5	0.02	11	0.09	1.83	6	426
22~40	0.4	0.02	11	0.07	1.78	5	294
40~62	0.4	0.02	11	0.08	1.44	4	210
62~80	0.2	0.01	9			3	72
典型的灰棕色土壤(位于洪积层)							
0~5	0.8	0.04	11	0.11	2.11	19	253
5~17	0.4	0.02	14	0.06	2.05	4	262
17~60	0.3	0.01	14	0.05	1.99	4	180
60~86							
86~130							
130~144							
144~160							
160~210							
典型的灰棕色土壤(位于坡积—洪积层)							
0~4	0.5	0.03	9	0.1	1.54	22	301
4~10	0.5	0.03	9	0.1	1.54	24	253
10~12	0.3	0.02	7	0.11	1.49	17	265
12~29	0.4	0.02	9	0.08	1.88	7	237
29~43	0.2	0.01	10	0.06	1.15	4	181
43~68	0.2	0.01	9	0.03	0.91	2	130
68~86	0.1						
86~105	0.1						

（续表）

深度/cm	腐殖质/%	氮/%	碳∶氮	P₂O₅		K₂O	
				总含量/%	活性磷/(mg·kg⁻¹)	总含量/%	活性钾/(mg·kg⁻¹)
				灰棕色龟裂土壤			
0～7	0.7	0.05	8				
7～20	0.5	0.04	7				
20～41	0.4	0.03	8				
41～66	0.3	0.03	7				
66～80	0.3	0.03	7				
80～97	0.3	0.03	7				
97～108	0.2	0.02	7				
108～128	0.3	0.02	8				

低含量腐殖质取决于旱生—短命植物的稀疏程度,这种植被的有机物数量,在地表和剖面,以及在干旱气候都非常稀少。衰败的植物含有很高的灰分,在春季,土壤微生物群落活动加强,枯萎的植被由短命植物组成,几乎完全矿化。罗波娃(Лобова Е. В. ,1960)注意到,灰棕色土剖面取决于水热状况的反差;温度升高时的湿度以及植物的残渣强烈矿化。

典型灰棕色土中磷总量十分丰富,在上层,其含量在 0.09%～0.12%,剖面下层 0.04%～0.07%。磷含量在上层的增高,是由于土壤形成时期生物积累的原因。典型灰棕色土与其他荒漠带土壤相比,磷总量比较贫乏,这可以解释为成土母质中这类元素十分贫乏。例如,发育在古冲积物上的土壤中磷总量为 0.12%(Кимберг Н. В. ,1974)。

乌斯秋尔特典型灰棕色土剖面细粒土的上层,活性磷含量为 6～35 mg/kg,比荒漠区其他地区的灰棕色土要多一些,在那里,不超过 17 mg/kg(Кузиев Р. К. ,1978)。与此同时,下层活性磷减少很多,为 4～6 mg/kg。土壤中,低腐殖质以及氮、磷保证率不高的直接原因是,由于很少有大量的枯萎植物(仅 0.5t / hm²)进入土壤(Махмудова Д. Г. ,1971)。

氮含量在典型灰棕色土中为 0.7%～2.0%,而且,大部分位于过渡层中(表 9.2)。土壤活性钾保证率从中等到较高等程度(200～600 mg/kg)。

表 9.2　典型灰棕色土化学分析/%

深度/cm	腐殖质	含碱量	Cl	SO₄	物理黏土含量	碳酸盐	石膏
			典型的灰棕色土壤(位于基岩的残积层)				
0～2	0.1	0.03	0.01	0.09	21.9	9.6	0.2
2～14	0.2	0.03	0.05	0.04	23.7	8.9	—
14～22	0.5	0.02	0.21	0.07	27.1	8.8	—
22～40	1.7	0.01	0.34	0.57	28.6	9.4	0.8
40～62	1.5	0.01	0.25	0.67	30.2	10.6	1.3
62～80	1.6	0.02	0.14	0.82	18.3	11.7	15.5
			典型的灰棕色土壤(位于洪积层)				
0～5	0.1	0.02	0.02	0.01	19.2	5.7	0.1
5～17	0.04	0.01	0.02	0.01	34.1	7.6	0.1

（续表）

深度/cm	腐殖质	含碱量	Cl	SO₄	物理黏土含量	碳酸盐	石膏
17～60	0.05	0.01	0.02	0.01	33.6	6.4	0.1
60～86	1.1	0.01	0.02	0.74	—	4.8	18.6
86～130	1.1	0.01	0.05	0.74	—	4.1	14.9
130～144	1.3	0.01	0.05	0.77	—	3	31.7
144～160	1.3	0.02	0.01	0.8	—	4.5	15.6
160～210	0.8	0.01	0.01	0.49	—	6.9	6
典型的灰棕色土壤（位于坡积-洪积层）							
0～4	0.2	0.04	0.07	0.03	16.2	9.5	0.3
4～10	0.3	0.03	0.13	0.04	18.2	9.3	0.4
10～12	0.4	0.03	0.15	0.06	26.7	9.7	0.6
12～29	0.6	0.03	0.27	0.12	25.4	9.3	0.6
29～43	0.7	0.02	0.16	0.28	18.5	10	1.1
43～68	1.5	0.01	0.15	0.77	16.6	8.4	19.6
68～86	1.5	0.01	0.13	0.77	13.3	8.4	16.5
86～105	1.5	0.02	0.15	0.78	15.9	8	27.1
灰棕色龟裂土壤							
0～7	0.2	0.05	0.06	0.06	—	11.8	—
7～20	1.1	0.02	0.33	0.33	—	11.6	—
20～41	1	0.02	0.23	0.29	—	9.7	—
41～66	0.8	0.02	0.21	0.3	—	9.7	—
66～80	0.9	0.02	0.23	0.35	—	12.2	—
80～97	1.1	0.02	0.22	0.41	—	12.2	1.7
97～108	1.2	0.02	0.14	0.67	—	11.4	3.4
108～128	1.3	0.01	0.09	0.72	—	11.5	3.2

　　典型灰棕色土碳酸盐含量在多数情况下，取决于成土母质的碳酸盐含量，这样就抑制了生物生成因素的作用（Кимберг Н.В.，1974）。土壤碳酸盐含量6%～12%，在剖面的分布比较均匀，只是在下层含量减少到4%～5%，有时则相反，增加到11%～12%。石膏含量（SO₄）在上层不高，为0.1%～0.9%。最大含量出现在剖面的下层，达到16%～70%。灰棕色土中石膏的积累有多种解释，尼基廷（Никитин В.В.，1926）认为，是由于来自水流携带而下含石膏岩石的冲积的结果。吉姆贝尔格（Кимберг Н.В.）的支持者认为，是风力携带着石膏，然后冲蚀到某个深度。但是，可以接受的是格拉希莫夫（Герасимов И.П.）和罗赞诺夫（Розанов А.Н.）的假设：石膏起源应该是接近地下水的土层，在过去和现在的化学和生物过程中，进行碳酸盐和碳酸钙之间的代换反应，或者硫酸盐还原菌氧化与碳酸盐结合的化学产物。在任何情况下，这些都是很长时间的过程。这些过程还伴随着在干旱气候条件下的土壤发育。石膏有残留的特征。

　　土壤有不同程度的盐化，有时在结皮层及其下有冲蚀。盐含量在0.1%～1.8%，随着深度盐含量有所增加。盐分组成主要是硫酸盐和氯化物,硫酸盐含量在盐渍化层中,为 0.30%~0.90%,氯化物含量在 0.09%~0.27%。在淀积层中,有的时候在全部过渡层和结皮层下,氯化物超过硫酸盐。可以看到较高的钾离子,在下面的层位达到 0.31%~0.33%,在剖面中部,钠离子起着主要作用(0.19%~0.22%)。盐渍化类型是氯化物-硫酸盐型和硫酸盐型,在氯化物占多数的层位,就是氯化物型。

典型灰棕色土的特点是碱性环境。pH 7.6~8.1。这些土壤吸附容量在上层比较高,为 3~5 mg 当量/100 g 土。

斜坡及平地土壤的特点是严重的切割,切割开始于小的沟谷和积水洼地。斜坡的北坡向比南坡显露较为平缓一些。斜坡严重的分割和持续的冲刷使地形比较平整。

典型灰棕色土在石质细土坡积和沉积-坡积构造中,形成的有坡度的平地和山前坡地,与以上所述的在冲积和冲积-坡积土剖面的区别,是有较厚的细粒部分的剖面,下层是砾石和碎石,再下层是基岩。原生层剖面比较分散。

土壤机械成分主要是轻壤土和壤土,较少中壤土。其中,轻壤土和中壤土主要是粗粒粉尘和细粒砂土。剖面中,淤泥成分达到 3%~23%。在褐色淀积层,淤泥达到 11%~20%,这是灰棕色土壤原生起源的特征(Генусов А. З.,1957)。在粒级组成中,砂壤土和轻壤土层大部分的粒级都是细砂土,粗粒粉尘略少一些。

细土层厚度为 50~100 cm,个别情况下为 30 cm,腐殖质层厚度为 10~15 cm。

土壤发育在不同的植被下,依赖于有机物和植物矿质营养元素的积累。土壤在蒿属植被下发育比较好,腐殖质含量为 0.4%~1.0%;土壤在稗草(Echinochloa crusgalli)下,腐殖质含量为 0.3%~0.6%,氮含量为 0.02%~0.04%,碳氮比为 7~14。比较窄的碳氮比说明腐殖质状态不够完好以及氮含量较少。在克孜尔库姆中部(Кузиев Р. К.,1978)和德夫哈宁高地(Каримова М. У.,1968),腐殖质氮含量比较富集。磷含量在土壤中为 0.05%~0.12%,最大值位于上层,这是微生物在土壤形成过程积累的原因。钾总量分布比较分散,从 0.50%~1.66%(冲洪积土壤)到 1.99%~2.11%(洪积土壤)。活性钾含量较高,在剖面上层为 250~540 mg/kg,下层为 13~180 mg/kg。活性磷在土壤中很少,最高含量位于结皮层,有时在结皮层下(从 17~29 mg/kg),再向下,其含量急剧减少到 2~7 mg/kg。

典型灰棕色土不同程度遭受盐渍化,在土壤剖面大的细土部分,盐含量在洪积土壤中达到 0.1%~0.3%,在冲积-洪积土壤中为 0.2%~1.5%。在各种情况下,盐的最大值形成在含有高含量石膏的原生层,应该注意到土壤剖面中盐的分布特点,这些土壤属于碱土土壤。

盐含量最小值位于上层,说明土壤有部分的冲蚀。较深的冲蚀位于洪积(50~60 cm)构造发育较好的土壤中,较浅的冲蚀在冲积-洪积层(15~30 cm)。

盐渍化类型主要是氯化物-硫酸盐型,有些地方,尤其是结皮层和结皮层下是硫酸盐-氯化物型。在严重石膏化剖面下层为硫酸盐型。在水浸出液的阳离子成分中,剖面上层主要是钠盐,下层是钙和钠盐。分布在平原的土壤,冲蚀成盐土盆地,盐渍化类型按阴离子为氯化物-硫酸盐型和硫酸盐型,按阳离子为镁-钙型和钙-镁型。CO_2 含量在土壤中在较大范围波动,从 3%~13%。其中,大部分在剖面上层,少量在石膏化层。高含量的碳酸盐只有当下层是石灰石的时候才能看到。高含量石膏在洪积土壤中出现在深度 50~60 cm(15%~32%),在冲积-洪积土壤中,深度为 40~50 cm(16%~27%)。剖面上层实际上等于没有石膏化(0.1%~0.6%)。

灰棕色土的吸附容量不高,这与低腐殖质有关,也与胶质贫乏有关。吸附容量在剖面下层增加到 $8\sim12$ mg 当量/100 g 土。吸附盐基组成和所有的灰棕色土一样,主要是钙。钙含量在土壤上层达到 90%(占盐基总数)。吸附镁的份额为 8%。随着深度变化,代谢钙下降到 $77\%\sim79\%$,镁增加到 $13\%\sim15\%$。

龟裂灰棕色土 形成在平缓的低地,在原生层有轻微的差别,表现明显的龟裂化土的特征。这就是有较厚的结皮;拉长的过渡层,其特点是灰色、淡黄色调,中壤土机械成分,团粒结构和不紧密的沉积。这个层位厚度达到 $80\sim90$ cm,在过渡层上层观察到较弱的翻动。下层是较轻的机械成分及最大的根系翻动。

在封闭盆地的灰棕色龟裂化土和平原的灰棕色龟裂化土之间的典型特征有很大的差别,这与它们的形成条件有密切关系。这些土壤的机械成分是中壤土和重壤土。在粒度组成中主要是粗粒粉尘,比细砂土粒度略少一些。淤泥粒度成分在过渡层中为 $10.0\%\sim14.5\%$,说明这里进行过土壤内部潜育。自然黏土在剖面下面增加到 $23.6\%\sim55.5\%$。

腐殖质在灰棕色龟裂化土壤中很少。剖面上层腐殖质含量在 $0.5\%\sim0.7\%$,在下层为 $0.3\%\sim0.5\%$。碳氮比 C:N 为 $7\sim8$。

灰棕色龟裂化土属于严重盐渍化(按干渣,盐含量为 $0.8\%\sim11.3\%$)。盐渍化类型在剖面上层是硫酸盐－氯化物型,下层是氯化物 － 硫酸盐型和硫酸盐型。按阳离子成分,在上层的 1 m 层位处主要是钠离子,下面是钙和钠。

灰棕色龟裂化土的碳酸盐剖面比较均质。碳酸盐 CO_2 含量达到 $9.7\%\sim12.2\%$。碳酸盐生物积累主要在剖面上层,这里没有出现典型灰棕色土的特征。

剖面上层几乎没有石膏,下部其含量位于 $1.7\%\sim3.4\%$。

灰棕色龟裂化土的吸附性能比较高,达到 $10\sim20$ mg 当量/100 g 土。在吸附盐基成分中相当大的份额是钠,从上而下,其含量从 32% 增加到 53%(占总数)。

未完全发育灰棕色土壤 在乌斯秋尔特南方、克孜尔尔库姆、德夫哈宁高地和其他地区可以看到灰棕色土壤形态特征很弱的土壤,这类土壤是浅灰色土,形成在乌斯秋尔特南部,以及其他地区,是没有完全发育的灰棕色土壤。土壤颜色是淡黄色,结构不密实,小团粒结构,构造不够紧密。土壤剖面上部有轻度翻动。

浅灰棕色土壤主要特点是不存在黏化和铁锈层位,或者显露不明显,这是灰棕色土壤的象征性特点。剖面细土部分的厚度比较厚,埋藏位置较深,石膏层不存在。这些土壤的剖面差异较小,比较单一,为黄色－淡黄色色调。

浅灰棕色土壤形成于残积层,残积－堆积层和堆积层,它们位于不同深度的基岩,在稗草与蒿属混合体的覆盖下(Богданов Н. М. ,Грязнова Т. П. ,1984)。

按照机械成分,浅灰棕色土壤是轻壤土和重壤土,有些地方是砂壤土的夹层,有时候剖面是石质地表。在土壤粒级成分中,主要是细粒砂土、粗粒粉尘和淤泥粒级。

这些土壤主要是盐土,干渣含量从 $1.2\%\sim1.7\%$。结皮层和结皮下几乎没有盐渍化(表 9.3)。在浅灰棕色土－盐土中见到中度盐土和盐土状土壤的差别。盐渍化是氯化物－硫酸盐钠型及钙－钠型。

表 9.3　未完全发育灰棕色土壤化学分析结果/%

深度/cm	干渣	Cl	SO₄	物理黏土含量	碳酸盐	石膏
位于坡积－洪积层的灰钙土的棕色土壤						
0～5	0.1	0.01	0.05	31.6	11	
5～9	0.1	0.02	0.02	37	12.4	
9～15	0.3	0.12	0.04	44.8	12.2	
15～32	1.2	0.28	0.4	44.2	11.9	
32～60	1.2	0.29	0.41	43	11.8	
60～80	1.2	0.3	0.44	43.7	11.2	0.8
80～103	1.7	0.23	0.85	35.9	10.1	2.9
103～132	1.4	0.2	0.71	32.8	11.7	3.1
132～150	1.6	0.13	0.91	27.3	11.5	9.5
位于石灰岩的坡积－洪积层的发育不充分的灰棕色土壤						
0～2	0.2	0.003	0.06	22	10.5	0.4
2～10	0.1	0.01	0.02	6.1	10.3	0.3
10～23	0.4	0.01	0.55	9.2	10.2	1
23～32	0.8	0.02	0.55	8.2	9.9	4.2
32～46	1.1	0.01	0.7	9.7	9.1	14.4
位于基岩的坡积－洪积层的发育不充分的灰棕色土壤						
0～3	0.1			19.8	5.9	0.1
3～12	0.1			24.6	6.3	0.1
15～22	0.1			38.7	5.1	0.2
30～40					0.8	5

淡灰钙土的有机物保证率比较弱,属于腐殖质较弱类。腐殖质渗透到 15～30 cm 处,腐殖质含量为 0.5%～0.9%,氮含量为 0.03%～0.05%;剖面下部腐殖质含量为 0.2%～0.4%,氮含量为 0.01%～0.03%,碳氮比在 6～12(表 9.4)。根据石膏含量土壤属于中度和重度石膏化,较少轻度石膏化。石膏化出现在下层,石膏含量有时候达到 30%～60%。碳酸盐在剖面分布比较均匀(10%～12%)(表 9.3)。

表 9.4　未充分发育灰棕色土壤农业化学分析结果

深度/cm	腐殖质/%	氮/%	碳：氮	P₂O₅		K₂O	
				总含量/%	活性磷/(mg·kg⁻¹)	总含量/%	活性钾(mg·kg⁻¹)
位于坡积－洪积层的灰钙土的棕色土壤							
0～5	0.8	0.05	9				
5～9	0.6	0.03	12				
9～15	0.7	0.04	10				
15～32	0.4	0.04	6				
32～60	0.3	0.03	12				

（续表）

深度/cm	腐殖质/%	氮/%	碳：氮	P₂O₅ 总含量/%	活性磷/(mg·kg⁻¹)	K₂O 总含量/%	活性钾(mg·kg⁻¹)
60～80	0.2	0.02	9				
80～103	0.2	0.01	12				
103～132	0.2	0.01	12				
132～150	0.2	0.01	12				
位于石灰岩的坡积－洪积层的发育不充分的灰棕色土壤							
0～2	0.5	0.04	8	0.08	1.44	26	217
2～10	0.3	0.02	8	0.07	1.35	14	142
10～23	0.3	0.02	9	0.07	1.20	8	130
23～32	0.3	0.02	8	0.06	1.20	5	130
32～46	0.4	0.02	8	0.05	1.09	3	121
位于基岩的坡积－洪积层的发育不充分的灰棕色土壤							
0～3	0.8	0.05	9				
3～12	0.9	0.06	8				
15～22	—	—	—				
30～40	—	—	—				

弱发育灰棕色土壤形成在冲积、坡积、堆积和混合沉积层,通常有粗糙石质的特点。

植被是稀疏发育不良的假木贼,低矮的蒿类,矮小的稗草,较少有混合生长的木本猪毛菜和短命植物。土壤表面散落的砾石,覆盖有斑状地衣。

弱发育灰棕色土壤与典型灰棕色土相比,细土层厚度较薄,发育较差,不存在潜育层,碱土地貌没有显示。土壤剖面在颜色和土壤起源都没有多大差别。

形成在缓坡台地的土壤在低山冲积扇被干涸的河床切割,这里经常见到新来的粗粒冲积物。

根据弱发育灰棕色土壤的机械成分,结皮层属轻壤土和砂壤土,粗粒粉尘－砂土。下层由于严重石质化和发育程度较弱,原生层呈现出黏性砂土,粒度成分为粗粒粉尘和中粒砂土或亚砂土带有较多粉尘和淤泥。

剖面机械成分差异比较明显,层位的差别既按照石质化程度,也按照自然黏土的含量,层状结构说明了冲积－坡积或者冲积－堆积的生成起源。结皮层下,剖面严重的石质化说明土壤发育较差。

按照弱发育灰棕色土壤的腐殖质含量,属于低保证率。在剖面腐殖质含量在0.2%～0.9%。结皮层和结皮层下腐殖质含量较高(0.5%～0.9%),沿剖面向下,腐殖质含量逐渐减少。氮含量沿剖面和腐殖质情况相似,在0.02%～0.06%(表9.4)。碳氮比在8～9。

磷化合物中,磷含量和活性磷在土壤中比较低。例外的是结皮层和结皮层下,硫酸盐的积累呈矿化和有机结合状态。上层中的磷总量和活性磷含量分别是0.07%～0.08%和14～26 mg/kg。剖面向下,其含量逐渐下降。类似的情况,也出现在钾总量和活性钾,其含量分别是1.3%～1.4%和142～217 mg/kg。

浸出液的分析资料说明,未充分发育灰棕色土的上层,由于可溶性盐(按干渣 0.1%～0.2%)的冲蚀程度,所有在这种情况下形成的土壤都有很高的盐分储备(0.8%～1.1%)。根据盐含量,这些土壤属于没有盐化或轻度盐土化,是严重碱化的类型。盐渍化类型是硫酸盐型,镁-钙型。

发育在冲积-坡积、石灰岩沉积的弱发育灰棕色土中,碳酸盐含量比较高,在 8%～11%之间,在石质化冲积-堆积土壤中为 0.8%～6%。在碳酸盐组成中,主要成分是钙,在严重石膏化层位中,可以看到碳酸盐下降的情况。

含石膏的土壤,但石膏含量不是很高,只有在深 20～30 cm 处才能够看到,这里石膏含量急剧增加到 4%～14%。在下层,就像地形地貌描述的和在化学分析的一样,石膏含量达到相当高的数值。

在未充分发育灰棕色土中吸附盐基总量较低,沿剖面在 2.3～3.2 mg 当量/100 g 土。钙离子占多数,占吸附盐基总数的 71%～85%,在结皮层附近,吸附性镁的成分有所增加。

原始灰棕色土 在乌斯秋尔特中部和南部切割的平原的南部高地,分布着阿萨克-阿乌丹盆地,这是盆地中最大的高地之一。东部末端与位于乌斯秋尔特范围以外的萨雷卡梅什低地接壤。在达利亚雷克多水的时候,不仅萨雷卡梅什低地,而且阿萨克-阿乌丹盆地都被水淹没。

升高了的岸边地形要素,比下层干涸的要早一些,这是由于长时间遭受剥蚀的原因,长时间的剥蚀引发许多高坡和残丘得到发展。地表大部分露头时,有不同大小的板状结壳石灰石。这种景观称为"石漠"。这里分布的较大面积,是由石漠灰棕色土和龟裂化土组成的结合体。

石漠灰棕色土形成在少量的梭梭和猪毛菜植被下,土壤表面是靠近灌木丛和多起伏的丘陵和砾石,经常有基岩露头和地衣。

在石漠灰棕色土剖面中,剖面细土部分呈现出水成起源的结构。土壤中有淡水介壳,这就证明是在水退出盆地时期形成的沉积层,土壤呈瓦蓝色-淡蓝色和铁锈-赭黄色斑点。

石漠灰棕色土机械成分剖面中,有砂壤土和砂土夹层。粒度成分中有很多中等砂土粒级,占 11%～80%。土壤上层,还观察到含量较多的粗粒粉尘,达到 40%～45%。再向下,其含量减少,剖面下部达到 1%～4%,中等粒度砂土增加到 88%。淤泥粒级含量不高,为 3%～8%。剖面中没有黏化的特征,证明灰棕色土壤的原始性(表 9.5)。

表 9.5 原始灰棕色土壤化学分析结果/%

深度/cm	腐殖质	氮	C:N	碳酸盐	石膏	干渣	Cl	SO₄	物理黏土含量
				石漠灰棕色土					
0～4	0.6	0.04	9	13.6	0.6	0.15	0.01	0.06	29.5
4～8	0.4	0.03	8	13	1.6	0.81	0.01	0.51	19.8
8～12	0.4	0.02	12	12.6	3.6	0.93	0.01	0.63	21.5
12～19	0.3	0.02	9	14.3	7.9	1.03	0.01	0.67	10.8
19～44	0.2	0.01	12	10.7	7.7	1.13	0.03	0.72	8.1
44～66	0.1	0.01	6	2.1	28.9	1.19	0.02	0.75	9.2
66～80	0.2	0.01	12	2.3	25.9	1.18	0.02	0.74	10.8

（续表）

深度/cm	腐殖质	氮	C:N	碳酸盐	石膏	干渣	Cl	SO₄	物理黏土含量
				石灰岩残积层的 бозынген 土					
0～3	0.5	0.03	10	13.6	9.7	1.2	0.01	0.78	44.6
3～10	0.5	0.03	9	14.9	8.8	1.15	0.01	0.73	55
10～18	0.5	0.02	13	13.7	3.8	1.17	0.01	0.71	43.6
18～30	0.8	0.03	16	6.2	34.8	1.37	0.02	0.83	9.6
30～50	0.7	0.03	11	1.2	51	1.29	0.02	0.81	8.3
50～70	0.5	0.02	15	1.9	46	1.4	0.05	0.81	9.4
70～90	0.6	0.03	11	5.1	36.7	1.71	0.15	0.9	23.7
90～105	0.4	0.02	12	11	4.7	1.78	0.16	0.93	32.6
105～125	0.01			2.3	44.4	1.75	0.12	0.95	14.2
125～135	0.3	0.01		1	48.6	1.36	0.04	0.9	5
				位于石灰岩坡积－洪积层 бозынген 土					
0～1	0.6	0.04	9	8.5	0.4	0.28	0.01	0.15	15.6
1～9	0.4	0.03	8	9.2	1.7	0.55	0.01	0.33	24.6
9～25	0.1	0.01	10	8.7	34.1	1.13	0.01	0.7	1.4
				位于石头洪积层的 бозынген 土					
0～5	0.7	0.05	8	15	3.1	0.99	0.003	0.62	27.9
5～20	0.2	0.01	12	10.2	21.3	1.34	0.01	0.96	22.8
20～32	0.2	0.01	12	2.8	36.5	1.05	0.01	0.65	8.8
32～62	0.1	0.01	6	1.9	40.3	1.15	0.01	0.79	8.5
62～76	0.1	0.01	6	1.8	47.9	1.15	0.01	0.8	7.5
0～5	0.4	0.06	6	7	2	0.8	0.003	0.54	16
5～16	0.1	0.03	6	2.1	39.7	1.1	0.003	0.74	7.3
16～35	0.1	0.01	6	0.9	45	1.1	0.01	0.72	5.1
35～59	0.1	0.01	10	1.1	44	1.1	0.01	0.7	8.2
59～80	0.1	0.01	10	0.2	43.2	1.1	0.01	0.76	9.9

　　石漠灰棕色土腐殖质含量，在上层为 0.4%～0.6%，下层为 0.1%～0.3%。氮含量状况和腐殖质在剖面中的情况基本一样，自上而下均为 0.04%～0.01%。碳氮比在比较大的范围波动，从 6～12。土壤中碳酸盐比较高，分布比较均匀。碳酸盐含量为 11%～14%。特殊情况下土层含有较多的石膏，这里碳酸盐含量只有 2%。

　　石漠灰棕色土属于盐土－盐化土类。在结皮层中，盐含量最低为 0.1%。再向下为 0.8%～1.2%（按干渣）。盐化化学主要是硫酸盐－钙－钠型。石膏最大含量开始于 40～45 cm 处，含量为 29%。石膏积累是经受变质作用的咸水生成。在剖面中没有呈现柱状，而是呈结晶状或白色粉状。

　　石膏土(高度石膏化土壤)　这是非常有特点的土壤，形成在很厚的石膏沉积中。实际上，这就是岩石,但局部见于轻度或中等的高地,在乌斯秋尔特、克孜尔库姆和马利克丘尔。石膏土发育在几乎露出地表上,只有薄薄的原始土覆盖其上。在这里看到的景观是两种不同种类的石膏土,区别是覆盖的植被。第一类,没有高大的植被,当地称为"бозынген",因为与"年轻的驼峰"十分相似,在景观中十分明显(Доленко Г. И. ,1930)。第二种,形成在茂密的梭梭群落丛中。梭梭群落称为 бозынген 的盐土－石膏土。Бозынген 见于组合体或者与灰棕色土壤的复合体,不会组成很大的范围。地表常常是石质的,覆盖着稀疏的植被,植被由发育不好的石膏植物－假木贼、薹草(Carex)、猪毛菜以及大量的地衣组成。Бозынген 形态剖面是原始形成的,由浅灰色结皮和柱状母岩组成,较少结晶的石膏和散落的沙子。岩石下层是不同成分和不同年代形成的基岩。马利克丘尔的 бозынген 非常坚固,近似于水泥程度的石膏土,这与过分潮湿和过分的石膏结晶有关,这种结晶是在喀斯特和潜蚀作用下,形成的柱状自型细粒结晶的痕迹。在马利克丘尔看到比较成熟的和比较厚实的 бозынген 土向灰棕色土演化过渡,开始先转向比较薄的,然后转向典型土。这是由于在自然剥蚀和土壤形成过程中,бозынген 土受到破坏的原因。在石膏淋溶之后,剖面逐渐成为细土,组成褐色,本质是灰棕色土的土层(Богданов Н. М. ,1984)。

бозынген 土的机械成分是多种多样的。剖面细土部分是中壤土和轻壤土,有时带有重壤土夹层。石膏结构呈现为散落的砂土,砂壤土,较少壤土。

上层的粒度成分中,主要是粗粒粉尘或粗粒砂土。细土以淤泥－砂壤土或沙土充满石膏层。土壤表面的石质化度在剖面十分严重。可以见到在结皮层有粗粒粉尘的积累。

бозынген 土的腐殖质很低。在细土部分腐殖质含量达到 $0.4\% \sim 0.6\%$。氮含量也相应地较少,为 $0.01\% \sim 0.04\%$。碳氮比为 8～10 到 11～16。

磷总量和活性磷保证率都很差。剖面细土部分,磷总量为 $0.05\% \sim 0.12\%$,活性磷为 4～23 mg/kg。钾含量为 $0.15\% \sim 1.65\%$,活性钾为 70～260 mg/kg(表 9.5)。

бозынген 土盐渍化程度差别很大,从未盐渍化到严重盐渍化。бозынген 土壤盐渍化较多存在于石灰岩残积层和洪积层($0.8\% \sim 1.8\%$),较少在残积层－堆积层($0.3\% \sim 1.1\%$)。在所有层位的盐分组成中,主要是硫酸盐,导致剖面石膏化。根据毒性盐的总数,盐渍化严重程度出现在上层。盐的成分中由于有大量石膏,盐化化学是硫酸盐型,按阳离子成分主要是钙盐和镁盐。

碳酸盐在 бозынген 土剖面中,分布非常不均匀,在细土层上层中达到 $8\% \sim 15\%$,在石膏化部分为 $1\% \sim 7\%$,有时候低于 1%。碳酸盐成分主要是钙。

бозынген 土的特点是有大量石膏积累,从 5～20 cm 处开始,而在石漠灰棕色土开始于40～45 cm 处。这就证明了 бозынген 土局限于比较高的地形,这些地形表现了残留地表的痕迹。细土层下石膏达到 $30\% \sim 60\%$。

龟裂化 бозынген 土,形成于和石漠灰棕色土的结合体中,位于残丘高地。植被是梭梭,地表是 прикустово 丘陵、多边形裂缝、干燥、深灰色,沿裂缝充满了碎石,有地衣覆盖。

这些土壤按形态剖面,上层为密实、多孔结皮层,结皮层下是石膏化细土层。如同石漠灰棕色土那样,这些土壤剖面的细土部分有水成起源的痕迹,石膏呈细粒结晶状。在结皮层,石膏含量较低,为 3.1%。随着深度变化,在 60 cm 处,石膏含量从 21% 增加到 48%。石膏层一般开始出现在 10 cm 处。剖面的上层碳酸盐含量很高,从 $10\% \sim 15\%$,在石膏层减少到$1.8\% \sim 2.8\%$。

龟裂化 бозынген 土剖面的细土部分,按机械成分主要是轻壤土或带有粗粒沙土的砂壤土。剖面上石膏层的细土部分有含量较高(88%)的中粒度黏性砂土。无论是形态特征或分析结果都没有显示潜育的痕迹。盐含量在这些土壤全剖面中都比较高(1.0%~1.3%)。盐渍化类型是硫酸盐,钙—钠型。

这些土壤腐殖质的突出特点,是从上层向下层明显的过渡。在结皮层中,腐殖质含量为0.7%,在结皮层下急剧降到0.2%,再向下,甚至达到0.1%。相应的,氮含量也有所减少,从0.05%~0.01%。碳氮比在6~12。

在低洼地形下比较厚的柱状石膏土中,有利于梭梭生长,发育着梭梭群落的盐土—石膏土。这里组成大片梭梭林,在梭梭林下有枯萎植物的积累,在结皮层,枯草可减轻机械成分。结皮层厚度不大。剖面构造从较紧密变化到疏松,从较浅深度开始形成柱状石膏。

灌溉灰棕色土　这些土壤在"石质荒漠"可以见到,那里的土壤形成于基岩,在不同程度上是石质化或严重石膏化。这些土壤虽然占有面积不大,但是分布十分广泛。在吉阿丁—吉拉布拉克山脉山麓平原低地,马利克丘尔草原、花拉子模皮特涅特斯克高地、布哈拉州的吉利万斯克高地、在库拉明斯克山前冲积扇、纳曼州西部、苏哈达利亚州库吉坦套山东南部冲积扇,以及在乌斯秋尔特高地共青团镇附近等荒漠地区都有分布。

灌溉灰棕色土在开发初期与荒地相类似,区别只在于耕作层的存在,耕作层是利用科技方法在结皮层和结皮层下以及部分过渡层形成的。下面是淤积层,通常是红色或橘红—褐色,和大量的眼状石灰斑,这个层位的显露程度取决于开发时间的长短。再往下是充满砂土的石膏层。

土壤剖面随着时间推移进行着形态的转变。潘柯夫(Панков M. A.,1970)注意到,灰棕色土在长时期灌溉时,会失去其特有的属性。土壤剖面全年都是潮湿的,易溶性盐和难溶性盐开始在土壤剖面移动,与此同时,在下层是第三纪不透水岩层的地方,可溶性盐上升到剖面上层。在石质坡积层上发育的土壤,大部分盐被冲洗到深层,可以促使土层拥有小容量的水和较高的透水性(Шувалов C. A.,1957)。

根据开发的时间,灌溉灰棕色土中,大部分是多样化的新灌溉和新开发的土壤。多年灌溉灰棕色土见到的比较少,因为在灌溉过程中,很快转变为灰棕色草甸土。

涅乌斯特鲁耶夫(Неуструев C. C.,1931)观察到,在荒漠中,所有的原生岩石都有自己相应的土壤景观界线,因此,原始的灰棕色土机械成分在不同的岩相—地理地貌条件下是多种多样的,但在灌溉过程中,重量逐渐增加和反差逐渐变小。现在,土壤上层主要是中等和重粗粒粉尘,中粒粉尘和淤泥粉尘状的壤土。在细土层范围内,在石膏剖面中机械成分充填物变成了砂壤土—砂土,很少轻壤土。在粒度成分中,主要是砂土和粗粒粉尘粒级(表9.6)。

表9.6　灌溉灰棕色土和灰棕色草原土/%

深度/cm	干渣	含碱量	Cl	SO_4	物理黏土含量	碳酸盐	石膏	pH
位于残积层的新灌溉的灰棕色土								
0~14	0.9	0.03	0.03	0.50	47.4	11.4	1.2	7.7
14~32	0.7	0.02	0.03	0.38	45.1	10.2	0.8	7.8
32~50	1.3	0.02	0.02	0.74	36.3	9.0	2.0	7.7
50~70	1.1	0.01	0.01	0.57	16.1	2.8	8.6	7.6

（续表）

深度/cm	干渣	含碱量	Cl	SO₄	物理黏土含量	碳酸盐	石膏	pH
70～100	1.4	0.01	0.01	0.79	14.6	1.1	7.1	7.6
100～120	1.5	0.01	0.01	0.84	15.3	1.9	24.8	7.0
位于石头洪积层的新灌溉土								
0～20	0.3	0.02	0.020	0.11	35.0	7.3	—	—
20～30	0.2	0.03	0.003	0.08	39.0	7.3	0.1	—
40～50	0.1	0.02	0.003	0.04	65.0	8.1	0.1	—
70～80	0.1	0.02	0.003	0.05	—	7.0	0.1	—
100～110	0.3	0.01	0.002	0.22	27.0	6.1	0.1	—
位于石膏洪积层的新灌溉浅棕色－草甸土								
0～21	0.5	0.02	0.03	0.27		7.8	0.4	—
21～31	1.0	0.02	0.03	0.66		6.9	3.5	—
31～50	1.0	0.01	0.01	0.60		6.6	7.0	—
50～65	1.0	0.01	0.01	0.65		7.2	7.0	—
65～80	1.0	0.01	0.01	0.60		7.8	4.2	—
80～100	0.8	0.01	0.01	0.51		7.9	2.0	—
100～125	0.1	0.01	0.004	0.04		10.2	0.2	—
125～150	0.1	0.01	0.004	0.05		8.5	0.3	—

格努索夫等（Генусов А. З. и др,1957）叙述了费尔干纳州西部多年灌溉灰棕色土,费里兹安特等（Фелициант И. Н.，Конобеева Г. М.，Горбунов Б. В.，Абдуллаев М. А.，1984）描述了布哈拉州多年灌溉灰棕色土,这些被他们列入绿洲灰棕色土的土壤,形成了厚实的农业灌溉层（1～2 m）,其实就是改变了灰棕色土特有的剖面,下层,在农业灌溉冲积物下部,还保持着以前褐色铁质化－碳酸盐淀积层和石质化－细土构造的痕迹,细土构造几乎没有石膏存在。农业灌溉层细土厚度超过新灌溉土的厚度,但是仍然拥有同样的机械成分,即中壤土和重壤土。农业灌溉土的特点是有同样的颜色和中壤土和重壤土的机械组成。

农业灌溉土的腐殖质含量分布很广。多年灌溉灰棕色土的腐殖质较高,在耕作层是1.2%～1.5%,在新灌溉土为0.8%～1.2%。与多年灌溉土的区别在于随着深度变化,腐殖质含量明显减少2～3倍,开始于耕作层。多年灌溉土中,相对高的腐殖质维持在0.5～0.6m处。最低腐殖质含量（0.5%～0.6%）在新灌溉灰棕色土,位于苏尔汗达利亚洪积层中（表9.7）。

表 9.7　灌溉灰棕色土和灰棕色草甸土化学分析结果/%

深度/cm	腐殖质/%	氮/%	总含量/%		活性/(mg・kg⁻¹)	
			P₂O₅	K₂O	P₂O₅	K₂O
位于残积层的新灌溉土						
0～14	1.2	0.08	0.12	—	6	169
14～32	0.6	0.04	0.10	—	5	84

(续表)

深度/cm	腐殖质/%	氮/%	总含量/%		活性/(mg·kg⁻¹)	
			P₂O₅	K₂O	P₂O₅	K₂O
32～50	0.4	0.03	0.08	—	2	130
50～70	0.2	0.02	0.03	—	1	128
70～100	0.2	0.02	0.02			161
100～120	0.1	0.02	0.01	—	—	—
位于石头洪积层的新灌溉土						
0～20	0.6	0.05	0.12	2.16	4	255
20～30	0.5	0.04	0.12	2.24	2	274
40～50	0.6	0.05	0.12	2.24	2	289
位于坡积－洪积层的常年灌溉(绿洲的)的浅棕色土						
0～20	1.5	0.09	0.20		227	—
20～38	1.2	0.07	0.18		125	
50～60	0.9	0.06	0.16		115	
位于石膏洪积层的新灌溉的浅棕－草甸土						
0～21	0.6	0.05	0.12	1.96	42	241
21～31	0.5	0.03	0.06	2.01		193
31～50	0.4	0.02	0.06	1.37		145
50～65	0.2	0.02	—	—		

在新灌溉和新开发灰褐色土壤中比较高的腐殖质含量出现在石灰岩残积层中,与荒地同样,这是由于乌斯秋尔特北方发育很好的植被以及植被残余较少矿化的原因。氮含量在新灌溉和新开发灰棕色土灌溉层中,为 $0.05\%\sim0.12\%$,在多年灌溉层中,分别为 $0.06\%\sim0.07\%$。

磷总量在新灌溉和新开发灰褐色土耕作层和耕作层下为 $0.09\%\sim0.14\%$,在多年灌溉层中,为 $0.18\%\sim20\%$,在剖面下层为 $0.03\%\sim0.16\%$。钾总量在石灰岩沉积土壤中为 $1.06\%\sim1.81\%$,在洪积层中为 $2.16\%\sim2.24\%$。

新灌溉和新开发土壤,按活性磷保证率很低到中等保证(从 $2\sim49$ mg/kg)。多年灌溉灰棕色土中磷含量比较丰富,从 $115\sim230$ mg/kg(Фелициант И. Н. ,1984)。土壤上层0.5 m处,活性钾含量位于从低到高的保证率范围($160\sim880$ mg/kg)。

灌溉灰棕色土盐渍化程度差别很大,盐在剖面的分布同样也有很大差别,这与土层的岩相－形态和矿化特征以及与灌溉条件有密切关系。灌溉时,通常都是利用没有盐渍化或轻度盐渍化的土壤。盐在灌溉时沿土壤垂直剖面产生一定的移动。

由于在残积和冲积基岩的灰棕色土进行灌溉,形成了两个盐分的最大值,分别是 $0.7\%\sim0.9\%$ 和 $1.1\%\sim1.5\%$。盐渍化类型是硫酸盐和氯化物－硫酸盐,钠－钙型或钙－钠型。在轻机械成分的同类土壤中,水溶性盐在 $40\sim50$ cm 处,从剖面中被淋洗。盐含量按干渣,不超过 $0.1\%\sim0.3\%$。盐渍化类型主要是氯化物－硫酸盐型和硫酸盐镁－钙型。类似的化学过程也在洪积－冲积层和洪积层灌溉土壤中进行。

碳酸盐含量在剖面的细土或石质化细土部分中比较高,从石膏化层中的 6%～11% 减少到 1%～5%。碳酸盐组成中主要是钙。

灰棕色土的特点是在较深层位中有较高的石膏含量(17%～40%),灰棕色土呈现出结晶状、多空柱状、板状和沉淀状态。在残积和冲积物上形成的土壤中石膏化层覆盖厚度(60～70 cm)比洪积－冲积层尤其是洪积层要高许多。灌溉灰棕色土的特点是沿剖面吸附能力不强,其值在 4～5 mg/kg 和 9～14 mg/kg。较高的吸附能力主要在含有淤泥和有机物的层位,较低的位于石膏化层。在新灌溉土吸附盐基在全剖面都是钙盐(45%～80%),在新灌溉土耕作层主要是镁盐(55%～75%)。吸附性钠占 0.3%～8%。较高的镁和钠含量在土壤吸附组合体中,对其物理和水物理性能可能产生负面影响。

在荒漠过渡带的土壤中,要特别关注草甸－灰棕色土壤(Кимберг Н. В.,1974)。在荒漠地区低山山前平原边缘,由于坡度降低和岩性变化,地下水接近地表,土壤底层形成湿润的 сазовый 状态。这样的土壤在克孜尔库姆西南部的库里朱克套山前平原和卡尔拉布斯克草原南部的萨拉套山前平原都有分布。

草甸－灰棕色土壤形成在被牲畜践踏破碎的植被下,在不同地区,植被可以见到 абдрасран,较少见到柽柳(Tamarix chinensis)、猪毛菜、骆驼刺(Alhagi sparsifolia)、蒿属、早熟禾(Poa annua)等。土壤表面覆盖大量的砾石和碎石。

这些土壤形态剖面与灰棕色土的剖面十分相似,只是有时候在下部可以见到潜育的痕迹。与灰棕色土的区别,是这些土壤在厚度程度被易溶盐盐渍化,在剖面上层有明显的氯化物积累。所有这些说明土壤的水成性和盐化过程的显示程度。盐分的最大值并不总是在上层,而是经常在其下面。盐含量达到 0.9%～1.2%。

腐殖质在这些土壤中很少,土壤碳酸盐含量在各地区有所不同。在克孜尔库姆西南部,碳酸盐含量很高(11%～18%),比卡尔拉布秋里(3%～8%)高出许多。剖面上部有较弱的石膏化,下部石膏含量有时达到 11%～28%。

草甸－灰棕色土分布不广,在自然界经常见到灌溉灰棕色－草甸土,位于花拉子模州、布哈拉州、纳沃伊州和卡什卡达里州。

灰棕色草甸土形成于灰棕色土的含水地区。由于灌溉,有些地方在不透水层下冲洗,形成土壤地下水层,地下水层可能是长期的,暂时的或季节性的。土壤剖面大半年时间都是潮湿的,这就从根本上改变了水热状态。因此,灰棕色灌溉土随着时间而演化,最初向灰棕色草甸土,然后逐渐演化成草甸土。在剖面下部毛细管外围部分开始进行氧化还原过程,导致下部层位潜育化。灰棕色草甸灌溉土剖面在最初阶段,根据剖面结构和灰棕色灌溉土十分相似,根本的区别是灰棕色草甸土形成在接近地下水的地方(2～3 m)。

根据开发程度,灰棕色草甸土属于新灌溉土和新开发土,按照机械成分,这里的土壤和已经投入生产的灰棕色土的区别是多样性。因为它们形成在不同的土壤基岩岩石中,主要是轻壤土和砂壤土。重壤土和中壤土机械成分在时间不长的灌溉土中很少见到。在轻壤土和砂壤土中,自然黏土占 10%～30%,其中淤泥份额占 0.4%～15%。重和中壤土占自然黏土的 32%～47%,在自然黏土中淤泥占 20%。土壤有不同程度的石质化,既在地表,也在剖面。

在灰棕色草甸土耕作层中,腐殖质层位于荒地灰棕色土结皮层和结皮层下含有腐殖质的层位。在根系(0.5～0.6 m)分布层,其含量为 0.3%～0.8%。最大数值位于耕作层,大部分从 0.6%～0.8%,较少从 0.9%～1.4%。氮含量从 0.03%～0.05%。磷总量在根系层从

0.04%～0.12%,钾总量从 1.4%～2.0%。土壤中活性磷较低,保证率也很低(从 7～15 mg/kg 到 22～40 mg/kg)。活性钾从较低(36～96 mg/kg)到中等保证(241～253 mg/kg)(表 9.7)。

　　灰棕色草甸灌溉土的区别是碳酸盐剖面分布差别不大,碳酸盐含量为 7%～8%。石膏和易溶盐随着灌溉从耕作层淋洗出。有时候从耕作层下析出。随着时间推移,土壤失去以前剖面的石膏化,石膏含量减少到 2%～7%。但是,土壤剖面盐渍化程度,由于水溶性盐有较大的移动,而逐渐从弱到中度盐渍化,从而促进附近地下水矿化。在其他灌溉不良后果中,喀斯特－潜蚀现象是土壤剖面中石膏层冲蚀的结果。

　　吸附容量不高。在土壤荒地状况下吸附盐基组成中,钙的成分超过其他成分,在灌溉影响下,钙的成分下降,镁的份额,有些地方钠的成分在增加,这有可能出现含镁或含钠的碱土土壤。

第 10 章　初育土纲

初育土发育微弱,土壤和母质相比,母质特征明显,土壤特性分异较差,表现在剖面中 0～50 cm 范围内缺少鉴别土纲用的诊断层或诊断特征。初育土纲以下分土质初育土亚纲和石质初育土亚纲。土质初育土亚纲包括新积土、龟裂土和风沙土 3 个土类;石质初育土亚纲包括石质土和粗骨土 2 个土类。

10.1　新积土

新积土是在新近流水沉积物或人工堆垫、引洪淤积物上发育的幼年(A)－C 土,过去多归入草甸土等土类中,但由于其成土时间非常短,剖面发育微弱,宜作为独立的土类划出。

新积土有 3 个基本特征:

一是沉积层理或人工堆垫的痕迹清晰可辨;二是除部分剖面略显易溶盐的表聚外,其他物质没有淋溶和淀积;三是除部分剖面因水分状况较好,植物生长量大,或因近年内大量施用有机肥,使表层有机质含量略高外,土壤有机质含量在剖面无分异,A 层分化不明显。

新积土分为新积土和冲积土两个亚类。后者是在新近的河流冲积物上发育的幼年土,而前者则纯系快速堆垫的"人造田"。

冲积土多是在新近的河流冲积母质上形成的初育土,在河漫滩的冲积土洪水期还遭到淹没。主要分布在中亚各地的大河河曲堆积岸及新三角洲地带。

冲积土质地较粗,沉积层次清楚,无明显的剖面发育。但由于大多地下水位较高,水质良好,植被较多,故表层稍显腐殖质累积,剖面中多能见到锈纹锈斑,部分有盐分表聚现象。

冲积土土属　水分条件较好的地段生长着芦苇、滨草、甘草等草甸植被,总盖度 50％～70％,草高 30～40 cm。水分条件差、卵砾石含量高的地段,生长着极为稀疏的小灌木,夹杂有少量禾草类。剖面中冲积层次非常清楚,一般是砂壤相间,但也有的以卵砾石和粗砂为主,细土很少,表层略显腐殖质累积。有的地表有白色盐霜,但通体盐分含量很低。除剖面中多可见到锈斑外,基本不显物质的淋溶和淀积。

草甸冲积土　当草甸河泛土在淹没土的影响下露头时,就开始逐渐向草甸冲积土过渡。它们形成的条件之一是有长期埋藏、深度 2.5 m 的地下水。这是残余草甸土和其他过渡土壤的区别,这些土壤形成在明显低水位(3～7 m)的环境。草甸土维持相对稳定的地下水,是由于受现在水渠、人工湖泊和大片灌溉地的影响。

地下水通常有不同程度的矿化,含盐量为 2～10 g/L。盐的质量随着矿化度增加而增加,从硫酸盐型变到硫酸盐－氯化物型。

植被下形成的草甸土主要是狗牙草、阿哲热克和稀疏的芦苇(*Phragmites australis*),有时可见胡枝子(*Lespedeza bicolor*)、柽柳(*Tamarix chinensis*)和胡杨(*Populus euphratica*)。

现在的草甸冲积土和草甸河泛冲积土一样,形成在冲积沉积层,其区别是具有充分的土壤剖面和显露良好的腐殖质层,其表面有很好的生草层。土壤剖面有明显的潜育,呈现出瓦灰色和黏性层位,分布在剖面下部,取决于地下水的水位(Сектименко В. Е.,Исманов А. Ж.,2004)。

生草层的腐殖质含量不高,在 0.3%～0.6%。在有些草甸土中,其含量达到 1.5%～3%,有时达到 4%。较高的腐殖程度是良好发育土壤固有的性能,低含量腐殖质取决于气象条件,有助于有机物快速矿化。

腐殖质含量在剖面中比较低,为 0.3%～0.4%,但在淹没层中增加到 0.5%～0.7%。氮总量在剖面上层接近 0.03%,在淹没层为 0.04%～0.06%。碳氮比较低(4～7),清楚地说明了腐殖质的质量(表 10.1)。

表 10.1　草甸冲积土化学成分

深度/cm	腐殖质/%	氮/%	碳:氮	总含量/%		物理黏土含量	盐渍/%			碳酸盐/%	石膏/%
				P$_2$O$_5$	K$_2$O		干渣	Cl	SO$_4$		
0～3	0.6	—	—	—	—	51.9	1.4	0.5	0.16	—	0.36
3～16	0.4	—	—	—	—	30.6	0.4	0.12	0.07	—	0.12
16～30	0.4	—	—	—	—	20.1	0.3	0.08	0.05	—	0.08
30～39	0.4	—	—	—	—	1.9	0.1	0.04	0.04	—	0.09
39～51	0.5	—	—	—	—	42.6	0.3	0.07	0.04	—	0.1
51～80						—	0.2	0.05	0.03	—	
80～107						—	0.2	0.04	0.03	—	
107～112	0.6					—	0.3	0.08	0.07	—	0.1
112～140	0.6					—	0.3	0.05	0.03	—	0.1
0～4	0.3	0.03	6	0.09	1.54	15.9	0.2	0.03	0.09	8.6	0.17
4～15	0.3	0.03	7	0.11	1.47	15.8	0.1	0.01	0.05	8.6	0.13
15～30	0.4	0.03	6	0.12	1.9	22.7	0.1	0.01	0.02	8.9	0.12
30～39	—			—	—		0.1	0.01	0.02	—	
39～55	—			—	—		0.1	0.01	0.01	—	
55～70	—			—	—		0.1	0.01	0.02	—	
70～100	0.7	0.06	7	—	—	55.5	0.1	0.08	0.03	8.6	0.12
100～140	0.3	0.04	4	—	—	39.1	0.1	0.01	0.03	9.4	0.09

地下水埋藏深度和矿化度决定土壤的盐渍化程度。土壤机械成分比较轻,盐化较弱,或者完全没有盐化。盐分的主要成分是硫酸盐。中等和严重盐化只见于河道的草甸土中,主要是氯化物－硫酸盐型和硫酸盐－氯化物型。

草甸冲积土的特点是高含量的碳酸盐(8%～10%),碳酸盐在土壤剖面的分布均匀,冲积土层既没有清晰的形态,也没有准确的分析。石膏在土壤中很少(0.08%～0.36%)。

土壤吸附容量很低,说明土壤中淤泥颗粒和腐殖质含量很少。

灌溉草甸冲积土　新灌溉草甸冲积土在阿姆河三角洲下游局部分布,这些地区能够利用灌溉水。由于三角洲地区自然和人工排水程度减弱,这些地块在生长季进行灌溉时,地下水升高到距地面 1 m,在停止灌溉后地下水位下降 3 m 或更多。地下水的高水位促使土壤盐化(尤其在重壤土和黏土层）。在土壤转变为盐土的情况下，这些土壤就失去农业利用价值。现在许多灌溉土或者其中一部分已经由于盐化而撂荒。

在能够进行人工排水的地方，尤其是在砂壤土和轻壤土，利用冲洗和机械生长季灌溉，保持土壤脱盐或处于轻度盐化。长期灌溉和高地下水水位引发灌溉土快速生长芦苇，但想要消灭芦苇十分困难。

土壤盐渍化表现在灌溉之间或者在生长季停止灌溉之后，盐分最大的积累局限在土壤剖面的上层，比较频繁的盐分移动出现在重土层。灌溉层的盐渍化，在硫酸盐－氯化物（钙－钠）型的土壤中盐含量达到 1.6%；低于灌溉层和灌溉层下，盐渍化急剧下降到最低值，或者完全没有显露（表 10.2）。这里盐渍化类型是硫酸盐或氯化物－硫酸盐（钠－钙）型。

在层状轻壤土中，干渣通常不超过 0.1%～0.3%，在盐分构成中相当大的比例是活性和毒性的氯离子。总的来说，土壤没有盐渍化，有时盐渍化比较弱，在个别情况下达到中度，盐渍化类型属氯化物－硫酸盐（钠－钙）型。

灌溉地的剖面上层，在土壤开发过程中发生了某些形态变化，主要在耕作层的深部。发育在降水聚集小区土壤的机械组成主要是轻壤土和砂壤土，粒度成分是细粒砂土和粗粒粉尘。发育在湖区的土壤是重壤土和黏土，它们的区别之处是有较多的粉尘和淤泥颗粒。

灌溉草甸冲积土中腐殖质十分贫乏，在重机械成分的土壤中腐殖质含量比较高，为 0.9%～1.3%，在轻机械成分土壤中为 0.3%～0.7%。更多的腐殖质位于淹没层，在耕作层和耕作层下为 0.6%～1%。氮含量随着腐殖质而变化，在重质土中为 0.05%～0.06%，在轻质土中为0.01%～0.05%。碳氮比在重壤土中为 9～12，在轻壤土中为 8～14。

磷总量及活性磷在轻机械成分中，尤其是耕作层和耕作层下比较高，磷总量在重质土中比较富集。钾总量在重质土中占 1.61%～1.88%，在轻质土中占 0.92%～1.38%。活性钾也是同样的情况，在重质土中为 205～217 mg/kg，轻质土中为 87～193 mg/kg（表 10.2）。

表 10.2　灌溉草甸冲积土化学成分

深度/cm	腐殖质/%	氮/%	碳:氮	P₂O₅ 总含量/%	P₂O₅ 活性磷/(mg·kg⁻¹)	K₂O 总含量/%	K₂O 活性磷/(mg·kg⁻¹)	物理黏土含量	盐渍/% 干渣	盐渍/% Cl	盐渍/% SO₄	碳酸盐/%	石膏/%
				P_2O_5		K_2O			盐渍/%				
				总含量/%	活性磷/(mg·kg⁻¹)	总含量/%	活性磷/(mg·kg⁻¹)	物理黏土含量	干渣	Cl	SO₄	碳酸盐/%	石膏/%
河床相													
0～11	0.6	0.05	8	0.13	70	1.2	116	21	0.1	0.02	0.04	7.1	0.78
11～31	0.6	0.04	9	0.13	26	0.92	111	38.5	0.2	0.03	0.07	7.1	0.49
31～47	0.3	0.01	14	0.11	4	0.92	87	15.8	0.2	0.01	0.08	7.3	0.72
47～73	0.7	0.05	9	0.11	3	1.38	193	91.1	0.2	0.02	0.09	8.4	1.12
73～97	0.7	0.04	12	0.11	4	1.38	157	73.6	0.2	0.03	0.06	8.1	0.61
97～134	0.5	0.03	10	0.11	4	1	96	39.3	0.1	0.01	0.04	7.7	0.43
134～180	0.3	0.01	14	0.11	4	1	87	26.9	0.1	0.01	0.05	7	0.7
180～200	0.4	0.02	14	0.12	3	1.2	120	34.3	0.1	0.03	0.06	7.2	1.38
200～215								9.2	0.1	0.01	0.03		
215～246	0.4							14.7	0.1	0.01	0.03		

（续表）

深度/cm	腐殖质/%	氮/%	碳:氮	P₂O₅ 总含量/%	P₂O₅ 活性磷/(mg·kg⁻¹)	K₂O 总含量/%	K₂O 活性磷/(mg·kg⁻¹)	物理黏土含量	盐渍/% 干渣	盐渍/% Cl	盐渍/% SO₄	碳酸盐/%	石膏/%
246~268								58	0.1	0.01	0.06		
268~281	0.6							72.9	0.1	0.02	0.06		
281~306								82.4	0.2	0.02	0.11		
湖相													
0~24	1	0.06	10	0.09	26	1.64	217	68.5	1.6	0.4	0.56	8.8	0.42
24~52	0.9	0.05	10	0.09	20	1.7	205	71	0.7	0.03	0.38	6.7	0.36
52~80	0.9	0.05	10	0.08	4	1.81	205	90.6	0.2	0.02	0.11	8.2	0.15
80~99	0.9	0.06	9	0.08	5	1.81	205	90.1	0.2	0.02	0.06	7.4	0.16
99~107	1.3	0.06	12	0.08	5	1.88	205	89.6	0.2	0.03	0.09	6.9	0.21
107~130	0.9							90.2	0.3	0.02	0.07	8.1	0.14
130~155	1.1							79.8	0.3	0.02	0.1	7.1	0.57
155~170	1.2							54.3	0.3	0.02	0.18	9.9	0.13
170~200	0.4							49.7	0.1	0.02	0.03	8.6	0.06
200~245	0.2							—	0.3	0.03	0.02	5.1	0.07

所有土壤中的碳酸钙大体上都差不多,碳酸盐含量在剖面的分布比较均匀,在7%～9%。碳酸盐的成分中大多数是钙,石膏很少,只是在个别层位其含量达到1%。

灌溉草甸冲积土具有不同的吸附能力,在整个土层都有较大变化。最大值出现在湖区沉积的重壤土和黏土中。这里吸附性盐基总量在7～15 mg当量/100 g土,这是由于土壤中矿物和有机胶质含量比较高。发育在显著层状河床沉积上的灌溉草甸轻壤土的吸附能力比较低,其值在5～11 mg当量/100 g土。最低吸附容量出现在沙土和砂壤土夹层。在所有土壤中,吸附盐基构成主要是钙盐(60%～74%),在有些层位中比镁盐多2～3倍。镁盐的绝对含量,在吸附复合体中同样很高(23%～40%),这是形成含镁碱化的原因。

10.2 龟裂土

龟裂土在中亚都有分布,但总面积不大。所处地貌类型为山前洪积平原、古老冲积平原、干三角洲和丘间低地。其分布常呈小片或小块状与残余盐土、风沙土呈复区出现。在山前洪积平原上多呈狭长条带状分布,不完全连续;在古老冲积平原上,特别是接近沙漠边缘,多呈小块状分布。

10.2.1 成土条件和主要成土过程

龟裂土的形成过程具有一般荒漠土壤形成过程的共同特点,即土壤表层有机质积累过程很弱;表层出现明显的黏化和铁质化过程;由于降水稀少,风化和土壤形成过程中形成的盐类难以从剖面中淋溶,所以使 $CaCO_3$ 在土壤表层就有聚积,剖面中部石膏化很普遍,易溶盐在剖面中、下部聚集也具有很大的普遍性。

龟裂土的形成具有自身的特殊性,微弱的地表水流在龟裂土的形成中起相当大的作用。

10.2.2　土壤剖面特征和理化性状

龟裂土地下水位较深,一般多在数十米以下。土体干燥,植物生长条件差,几乎没有高等植物,只偶见极个别的红柳(*Tamarix ramosissima*)、梭梭(*Haloxylon ammodendron*)等孤立灌丛和单株琵琶柴(*Reaumuria soongonica*)等小灌木。地表面平坦、光滑、坚硬、板结,有明显的龟裂纹,形成不规则的多角形个体,但裂缝不深,宽度只几毫米,其间有砂粒充填。龟裂土由于光滑平坦无植被,所以又称作"光板地"。

龟裂土的剖面构造具有漠土的发生层次,一般可划分为以下 3 层:①孔状结皮和结皮层以下的片状层,厚 2～5 cm 不等,孔状结皮层紧实,呈大孔状或海绵状;片状层呈鳞片状或层片状,略带浅红棕色。②块状或棱块状的紧实层,厚度不等,紧实,坚硬,呈红棕色或棕褐色。③母质层,通常具有洪积和冲积层理,质地不一,砂壤、轻壤、黏土及细砂层均有,有时还有锈斑、腐根孔穴等水成土的残遗特征。剖面干燥,几乎无植物根系,石灰性反应通体较强。

龟裂土的养分含量很低,有机质含量 0～20 cm 土层平均为 5.4 g/kg,全氮 0.41 g/kg,全磷平均含量为 0.86 g/kg,也相对较低,地区变化也较大,低者 0.55 g/kg,高者 1.18 g/kg。全钾含量丰富,表层 15～20 g/kg。C/N 比较窄,一般在 5～9。腐殖质组成中,胡敏酸碳为 0.2～0.54 g/kg,富里酸碳 0.22～1.05 g/kg,胡/富比为 0.2～0.86,富里酸碳占绝对优势。

龟裂型(状)土　该类土壤广泛分布于荒漠区,特别是在灰褐土亚带较为显著。该外部分地方有非常大范围的分布区,如在锡尔河、楚河、伊犁河和卡拉塔尔河等冲积平原(干涸古河道),这些区域的地下水位很深(10～15m 或更深),未对现代成土过程产生影响。这是过去河滩冲积草甸土,由于河流水文状况的改变而产生严重的荒漠化。这种土壤呈现平坦、低矮的地貌,包括干河道、风蚀谷地、阶地、岸堤和其他地貌元素,具有斑驳的古冲积和冲积—洪积占优势的轻质粉砂土形态(砂土、砂壤),砂质黏土沉积层(沉积物)较少。该类土壤的植被非常稀少,主要为梭梭—猪毛菜(*Salsola collina*)—艾蒿(*Artemisia argyi*),夹杂有少量的短命植物和沙生植物。

在表层存在浅灰或淡黄灰纹理,且多孔隙状疏松的具有结皮和多边形个体的碎石,这是该类土壤所特有的表征。其厚度在 2～4 cm 至 10～12 cm。下层为灰色(5～10 cm 至 15～20 cm)和褐灰鳞片状皮下土壤层,过渡到褐色时明显密实且呈弱腐殖质化(20～25 cm 至 30～50 cm),位于层状冲积层。在冲积层可见成土的水成状况:腐烂的芦苇根茎和叶片,深色的沼泽层,氧化还原过程的痕迹(赤褐色潜育层斑点)。涉及现代成土的层厚通常不超过 0.5～1.0 m。在这一层会出现强烈的生物活动。

龟裂型土的剖面形态描述如下。

剖面 13　位于南因卡尔达里亚古盆地地势较高的台地(锡尔河谷地左岸的扎纳—因卡尔达里亚之间),植被为夹杂着少量小椴树(*Tilia tuan*)、滨藜(*Atriplex patens*)、角果藜属(*Ceratocarpus*)、蓼属(*Polygonum*)、旱麦草(*Eremopyrum*)、无叶假木贼(*Anabasis aphylla*)和梭梭等的艾蒿(*Aremisia argyi*)类群丛。表层 HCl 泡沫反应。

0～10 cm　　　浅灰色,干燥,疏松,砂壤,0～1 cm,多孔隙结皮。

10～30 cm　　原农业灌溉同源灰色土壤,干燥,带有昆虫通道的粉块结构,低密度,轻砂质黏土。

30～50 cm　　浅褐色,干燥,非常密实,小块与大块状物质分散于微小核鳞状个体上,大孔隙,中砂质黏土。

50～95 cm　　带微小铁锈色斑点的褐色,带有腐烂植物残体,干燥,非常密实,核状结构,重砂质黏土。

95～130 cm　　蓝灰色带铁锈色斑点,干燥,非常密实,大核状结构,重砂质黏土。

130～180 cm　　蓝铁锈褐色黏土,干燥,非常密实,块状。

180～200 cm　　褐灰色,带铁锈斑点,干燥,细粒砂

剖面 3007　位于前穆雍库姆平原,楚河下游谷地,梭梭—北方艾蒿植被。表层 HCl 泡沫反应。

0～5 cm　　浅灰淡黄色,干燥,小孔隙结皮,砂壤。

5～11 cm　　浅褐淡黄色,干燥,鳞状结构,轻砂质黏土,砂壤。

11～50 cm　　亮黄色,干燥,低密度,不坚固块状,轻砂质黏土,田鼠洞。

50～82 cm　　淡黄色,干燥,密实,砂壤。

82～154 cm　　浅黄褐色,新鲜,低密度,沙土。

154～172 cm　　同样沙土,分层,碳酸盐弱团化,低密度,沙土。

172～192 cm　　浅黄褐色,潮湿,沙土。

剖面 479　位于卡拉塔尔河下游谷地(塔尔迪库尔干州),植被为稀疏的夹杂有艾蒿—假木贼(Anabasis)和白梭梭(Haloxylon persicum)。表层 HCl 泡沫反应。

0～7 cm　　淡黄灰色布满裂纹的疏松的、来自下层严重剥落砂壤结皮。

7～13 cm　　灰色,薄层结构,干燥,密实,鳞片状,轻砂质黏土。

13～37 cm　　栗灰色,略有层理,干燥,密实,有孔隙,鳞片状。铁锈色斑点,轻砂质黏土。

37～100 cm　　淡黄褐色,新鲜,疏松颗粒,砂壤。

对龟裂型土剖面类型描述的分析数据和统计见表 10.3～10.8。

表 10.3　龟裂型土形态指标和化学性质 (n=131)

土壤特征与性质	土壤层	统计指标	
		$\bar{X}$	$S\bar{X}$
厚度/cm	A+B	32	0.56
腐殖质含量/%	A	0.7	0.02
	B1	0.6	0.02
	B2	0.6	0.02
全 N 含量/%	A	0.05	0.02
	B1	0.05	0.02
	B2	0.05	0.03
C:N	A	8.6	0.3
	B1	8.2	0.3
	B2	8.4	0.4

（续表）

土壤特征与性质	土壤层	统计指标	
		$\bar{X}$	$S\bar{X}$
碳·腐殖酸/富里酸	A	0.6	0.05
	B1	0.8	—
	B2	0.8	0.1
活性元素含量/(mg·kg⁻¹)			
氮	A	48	16
	B1	42	12
	B2	45	11
磷	A	30	11
	B1	24	5
	B2	15	4
钾	A	458	133
	B1	517	148
	B2	419	152
碳酸盐含量/%	A	8.2	0.27
	B	8.2	0.30
	C	7.9	0.36
吸收的盐基量/	A	7.9	0.43
(mg 当量·(100 g 土)⁻¹)	B1	8.9	0.49
	B2	10.3	0.64
水悬浮液 pH	A	8.7	0.08
	B	8.6	0.10
	C	8.5	0.09
R_2O_3	A	14.3	—
	B	17.6	—
	C	17.7	—
SiO_2/R_2O_3	A	9.9	—
	B	7.2	—
	C	8.1	—
SiO_2/Al_2O_3	A	11.7	—
	B	9.7	—
	C	9.9	—
SiO_2/Fe_2O_3	A	62	—
	B	34	—
	C	36	—

龟裂型普通土(非盐渍化)　由于其轻质机械组分,冲积层良好的渗透性和较弱的毛细水的上升,可溶盐可冲淋至地下 1.5～2.0 m 处。剖面中未见碳酸盐淀积层,但个别情况下发现强碳酸盐层,是过去成土过程的水成状况的反应。龟裂型普通土腐殖质和植物营养元素贫乏,吸附性差。富里酸型腐殖质含量不超过 1%(0.5%～1.0%),仅在个别情况下(覆盖的土壤层)达 1.5%～3.0%,总氮为 0.03%～0.1%。碳氮比值低(6～10)。土壤活性氮(30～90 mg/kg)和磷(20～40 mg/kg)的保障程度低,吸附力低于 5～10 mg 当量/100 g 土,交换盐基中钙和镁占主导地位。虽然土壤上部具有高全碱度(HCO_3 达 0.05%～0.07%),但交换钠含量低于 3%～5%。各剖面的土壤溶液反应呈碱性和强碱性(pH 9.0～9.5)。从剖面的形态和化学组分方面未见碱化现象。土壤为碳酸盐型,CO_2 含量为 3%～5% 至 10%～15%,由于土壤年龄的原因,未见 CO_2 转移。土壤未被盐渍化(盐量低于 0.05%～0.2%)。

龟裂型盐碱化土　该类土壤位于平坦河道间、地表相对抬升的冲积平原,为砂质黏土和黏土占优势的残余盐渍化层冲积物。植被通常为稀疏梭梭林下的假木贼,部分地方有艾蒿等。

表 10.4　龟裂型土的理化性质

深度/cm	腐殖质/%	总氮/%	C:N	CO_2/%	活性元素/(mg·kg^{-1})			交换的阳离子/(mg 当量·(100 g 土)$^{-1}$)			水悬浮物 pH
					NO_2	P_2O_5	K_2O	Ca	Mg	Na+K	
剖面 13											
0～10	0.54	0.046	6.7	6.5	2.7	3.4	40.6	4.0	0.5	0.3	9.2
15～25	1.52	0.093	9.4	8.2	3.5	2.7	37.5	7.5	2.5	0.6	9.1
35～45	0.65	0.39	9.5	9.3	4.6	1.0	38.9	5.0	4.0	0.4	9.0
65～75	—	—		10.2	—	—	—	—	—	—	9.3
100～110	—	—		10.3	—	—	—	—	—	—	8.6
150～160	—	—		9.2	—	—	—	—	—	—	8.6
190～200	—	—		5.6	—	—	—	—	—	—	9.2
剖面 3007											
0～5	0.83	0.056	8.6	3.7				4.1	1.0	0.2	—
5～11	0.72	0.050	8.2	3.7	—	—	—	2.1	1.0	0.2	—
22～32	0.35	0.025	8.0	3.6	—	—	—	2.1	1.0	0.2	—
63～73	0.15	—		2.1							
99～109	—	—		1.6							
132～142	—	—		1.4							
155～165	—	—		1.0							
剖面 479											
0～7	0.70	—		4.0	—	—	—	4.0	1.0		—
7～13	0.90	—		6.1	—	—	—	7.0	1.0		—
15～25	0.80	—		9.8	—	—	—	5.0	2.0		—
27～37	—	—		8.8							
90～100	—	—		2.3							

土壤形成于地表,淡黄灰色和浅灰色密实结构(与龟裂土相同),有厚度 5~10 cm 的大孔隙结皮,过渡至疏松浅灰鳞片皮下层(从 5~10 cm 至 20 cm)。从该层土壤变为褐色密实淀积—碱化土壤层(10~30 cm),多核块状构造,下部有时有不明显的污点和碳酸盐薄皮。更深处是层状冲积层,带有氧化还原过程痕迹,表现为铁锈色潜育斑点。这种状况在土壤剖面时有存在。

腐殖质层厚度从 20~30 cm 至 35~40 cm。土壤为碳酸盐和强碳酸盐型,但碳酸盐淀积层的表现不显著。盐析出物出现在深度 30~70 cm 的冲积层。

根据腐殖质含量(0.5%~0.8%)及其组成,土壤的总氮和活性营养物质数量、碳酸盐剖面特征和吸附量与龟裂型普通土没有差别。但是,它还同时兼有碱化和盐化的形态特征与理化组分。在非常低的吸附量情况下(从 3~7 至 10~15 mg 当量/100 g 土),土壤的碱化层存在大量的交换钠(从 10%~15% 至 20%~30%)。土壤全碱很高(HCO_3 为 0.05%~0.10%),pH 在大多数情况下呈强碱性(8~9.5)。盐层含盐量超过 0.3%。

表 10.5　龟裂型土的粒度构成

剖面标号	采样深度/cm	吸水性/%	各粒级含量/%						
			1~0.25 mm	0.25~0.05 mm	0.05~0.01 mm	0.01~0.005 mm	0.005~0.001 mm	<0.001 mm	<0.01 mm
13	0~10	0.8	0.9	30.5	14.5	3.9	8.3	2.9	15.1
	15~25	1.6	0.1	67.1	8.4	12.2	10.5	1.7	24.4
	35~45	1.0	0.1	34.0	31.2	13.9	14.3	6.6	34.8
	65~75	1.4	—	0.7	40.2	20.0	21.2	18.1	59.3
	100~110	1.8	—	41.6	3.6	3.9	26.6	21.3	51.8
	150~160	2.2	—	14.5	15.4	14.0	35.9	20.2	70.1
	190~200	1.2	0.8	83.0	9.8	3.1	2.1	1.2	6.4
3007	0~5	0.7	7.0	57.2	17.6	6.4	5.8	6.0	18.2
	5~11	0.8	8.5	57.0	18.8	3.6	7.7	4.4	15.7
	22~32	0.8	6.6	61.1	8.3	8.1	10.6	5.3	24.0
	63~73	0.6	6.9	68.9	11.4	3.1	4.1	5.5	12.7
	99~109	0.4	19.0	67.9	9.6	1.2	2.9	5.5	9.5
	132~142	0.4	11.4	77.3	3.3	0.6	0.6	6.8	8.0
	155~165	0.7	8.2	68.9	6.5	0.5	1.9	9.2	11.6
479	0~7	—	无	67.6	14.8	3.1	6.8	5.9	15.8
	7~13	—		52.4	19.2	4.5	12.4	9.9	26.8
	27~37	—		41.0	28.2	5.0	10.8	12.3	28.1
	90~100	—		80.0	8.1	0.4	8.9	2.0	11.3

龟裂型盐化土　该类土壤形成于隆起较弱的冲积平原地形(河床堤等),植被为稀疏的梭梭—猪毛菜群丛。成土母质为残余盐化层状冲积淤积物,其中主要是砂质黏土和黏土。土壤具有明显的硫酸盐—氯化物特征,有时带有碱反应特征,冲积物盐化层位于距地表 30 cm 深

处。该层含盐量超过 0.3%～0.5%。土壤剖面中未见碱化形态与特征,但在结皮和结皮层下层常见生物起源的高碱度(HCO$_3$ 为 0.06%～0.08%)。

龟裂型盐土 该类土壤的发育条件与龟裂型盐化土类似,其剖面形态与龟裂型普通土相同。但与后者不同的是,除个别条件下的结皮和皮下层外(厚度 10～20 cm),在所有剖面具有非常高的残余盐化特征,冲积层为砂粒机械组分。在 30 cm 以上的土壤层,易溶盐数量超过 0.3%～0.5%,且在黏土和砂质黏土冲积层组分中达 1.5%～2.0% 或更高。土壤为中度或强盐氯化硫酸盐、硫酸氯化物和硫酸钠类型,带有碱或碱显示反应特征。

龟裂型砂土 该类土壤分布于冲积平原区,与沙漠相邻,和前几种土壤相比地貌呈低矮状。是砂粒吹向龟裂型土壤表面的结果,初始积于灌木植物处,之后扩展至全部层面,厚度 5～10 cm 至 40～60 cm。植被构成以稀疏密集的艾蒿和短命类植物－艾蒿群丛为主。

表 10.6　龟裂型土水溶性盐含量/%

剖面标号	土样深度/cm	含盐量/%	碱度		Cl	SO$_4$	Ca	Mg	Na+K
			HCO$_3$	CO$_3$					
13	0～10	0.064	0.037	无	0.001	0.009	0.010	0.001	0.006
	15～25	0.084	0.056	0.004	0.001	0.005	0.006	0.001	0.015
	35～45	0.134	0.063	0.006	0.001	0.037	0.010	0.008	0.015
	65～75	0.210	0.068	0.008	0.040	0.037	0.010	0.004	0.055
	100～110	0.735	0.024	无	0.056	0.431	0.073	0.029	0.124
	150～160	0.335	0.027		0.067	0.135	0.016	0.011	0.079
	190～200	0.054	0.019		0.013	0.005	0.006	无	0.011
3007	0～5	0.049	0.036	0.001	0.001	无	0.007	0.001	0.004
	5～11	0.048	0.035	0.001	0.001	0.001	0.006	0.002	0.003
	22～32	0.056	0.041	0.003	0.001	0.001	0.007	0.002	0.004
	63～73	0.149	0.104	0.012	0.001	无	0.007	0.002	0.027
	99～109	0.157	0.114	0.029			0.002	0.001	0.039
	132～142	0.162	0.118	0.031			0.002	0.001	0.041
	155～165	0.260	0.189	0.044			0.002	0.001	0.067
	182～192	0.196	0.142	0.034	0.001		0.002	0.001	0.050
479	0～7	0.090	0.038	无	无	0.006	0.004	0.001	—
	7～13	0.080	0.087		0.004	0.001	0.008	0.001	—
	27～37	0.090	0.045		0.004	0.001	0.008	0.003	—
	90～100	0.150	0.050		0.009	0.030	0.003	0.001	—

表 10.7　龟裂型土有机物团粒组成含量(占全 C 比例%)/%

剖面号	样品深度/cm	原土中C/%	未水解残留物	脱钙	水解	腐殖酸				富里酸				碳:腐殖酸/富里酸
						Ⅰ	Ⅱ	Ⅲ	合计	Ⅰ	Ⅱ	Ⅲ	合计	
13	0～10	0.302	46.35	4.96	6.62	无	10.59	5.63	16.22	12.58	7.61	4.96	25.15	0.6
	15～25	0.921	37.13	8.90	1.95	1.95	26.05	5.86	31.91	5.54	5.86	3.04	14.44	2.2
	35～45	0.378	42.33	3.44	3.97	无	20.37	6.08	26.45	10.05	7.93	2.91	20.89	1.3

（续表）

剖面号	样品深度/cm	原土中C/%	未水解残留物	脱钙	水解	腐殖酸				富里酸				碳:腐殖酸/富里酸
						I	II	III	合计	I	II	III	合计	
3007	0～5	0.484	34.71	9.30	11.98	10.74	6.00		17.15	10.33	9.30	5.79	25.41	0.7
	5～11	0.418	35.40	18.42	8.37	9.57			9.57	10.76	9.32	7.18	27.27	0.4
	22～32	0.204	47.54	9.80	10.78	8.33			8.33	7.35	6.86	8.33	22.54	0.4

表 10.8　龟裂型土总化学组成/硬化和无碳酸盐重量中/%

剖面号	土样深度/cm	SiO₂	Fe₂O₃	Al₂O₃	CaO	MgO	K₂O	Na₂O	SO₃	P₂O₅	MnO	分子关系		
												SiO_2/R_2O_3	SiO_2/Al_2O_3	SiO_2/Fe_2O_3
13	0～10	76.37	3.31	10.37	1.44	2.98	2.93	2.28	0.27	0.10	0.06	10.6	12.7	63.5
	15～25	71.13	5.12	11.56	1.82	5.48	3.01	2.06	0.30	0.20	0.08	8.5	10.8	39.6
	35～45	69.30	4.80	13.13	1.47	4.66	3.06	2.09	0.60	0.12	0.11	7.7	9.7	38.6
	65～75	65.77	6.51	15.54	1.29	3.75	3.46	2.04	0.74	0.13	0.13	5.8	7.3	27.5
	190～200	77.88	2.97	10.03	2.82	1.29	2.87	2.145	0.40	0.07	0.05	10.8	13.0	65.0

土壤表面的沙盖层和更加密集的植被改变了土壤形成的水热状况，并为动物和昆虫的掘土活动建立了良好的条件。在这种情况下，多孔隙结皮退化，转变为粉状和易碎鳞片状物，这是龟裂型土的特征，更深处为鳞状土层，过渡到砂质黏土和黏土冲积层。土壤具有较高的腐殖质量(1.0%～1.5%)，埋深为 60～200 cm，盐化程度低，为氯化－硫酸盐类型。强盐渍化的土壤仅在重砂质黏土和黏土成分中时有所见。

龟裂型古灌溉土　该类土壤在锡尔河、楚河、伊犁河古三角洲和古河道附近的小部分地区可见。在古灌溉区段发现有保留下来的不同历史时期城市、堡垒和居民点废墟的残留物以及渠道和灌溉区。植被为梭梭－猪毛菜和猪毛菜群丛。

按照形态结构和理化性质，龟裂型古灌溉土总体与龟裂型非盐化土相似，但与后者的区别是具有残留的古灌溉征状。在这种龟裂型结皮下的土壤剖面中，保留的不同厚度的古农业灌溉层非常突出(20～40 cm 或更厚)。这一土壤层是整体层，与分布于更深处的母质层存在显著差异。有着颜色更深的腐殖色调、块状和粉块状结构，缺少层理，同源构造，存在各种异质断裂的陶瓷、砖等杂物，以及显著的生物活动迹象(植物、昆虫)。古农业灌溉土壤层具有较高的腐殖质、碳酸盐、活性营养元素含量和吸收量，是过去耕作、成土过程的结果。

根据盐化水平和类型，这种土壤的差异性很大。其中，既有非盐渍化土，也有不同盐化水平的土壤(盐化土和盐土)。在这种情况下，土壤中的含盐量与粒度构成直接相关，越是重质的冲积层，盐分含量越多。

沙质荒漠土　该类土壤被划分到灰褐土亚带中，为位于平缓起伏、弱起伏和波形平原的沙区部分，植被对其有较好的固定作用，在受生物因素影响的地方有成土过程发展，上部被相对较薄的沙层包裹(20～30 cm)。与地带性自同构土壤相比，砂质荒漠土的植被较为密集，且更加多样化。

土壤剖面的分层差异较弱。从表面起 0.5～1.5 cm 为浅灰色脆皮，有时有流动沙层填补。

其下是多根的明显的腐殖质层 A(5～10 cm),带有较弱的层理或鳞片表现,过渡到根茎较少但明显密实的土层 B(10～15 cm)。下层是疏松沙层,未涉及土壤形成。尽管土壤表层为碳酸盐型,但碳酸盐淀积层和盐层在剖面中未显现。

该类土壤腐殖质、矿物营养元素非常贫乏(0.2％～0.5％),C∶N 仅为4～8,呈弱碱反应(pH 7.5～9.5),低吸附量(2～3 mg 当量/100 g 土),饱和钙与镁;碳酸盐在剖面中分布均衡。在腐殖质层剖面上部常为细沙,但与岩石相比明显粉粒丰富。

龟裂土　该类土壤广泛分布于荒漠区,特别是在灰褐土亚带的古冲积平原和沙漠区的局部更为常见。土壤形成于恶劣的地貌环境——封闭平坦的洼地和不同大小的浅凹陷地,可蓄积降水和从周边较高处冲积下的固体矿化物质及溶盐。由于年复一年的淤泥沉积,在干湿变化周期的影响下,龟裂土表面变得平坦,完全平面碎裂为多边形个体。

龟裂土是一种独特的、短命表层水成荒漠土壤。地下水位很深,且无法对土壤形成产生影响。在这种土壤上几乎不存在高等植物,仅局部有稀疏的随遇性盐土植物驻留(主要为盐地假木贼、为数不多的干枯梭梭灌木或柽柳。春季或夏季的短暂降水使得大量苔藓和藻类植物(蓝绿色占多数)在龟裂土干枯后留在了表面形成卷缩凝结状的薄膜。

普通龟裂土(非盐渍化)　对于该类土壤而言,其母岩主要是重砂质黏土和黏土沉积物型,这些沉积层位于 30～50 cm 深处,层状砂—黏土淤积物之下。土壤层上部厚度 1.5～2.5 m,部分不含有毒性易溶盐层。

在土壤层表面形成非常密实的淡黄—灰色或灰白色多孔外壳,且被缝隙碎裂为多边形、厚度为 5～7 cm 的个体是龟裂土典型的形态特征。其下是颜色更深的鳞状层,深度 10～15 cm 至 20～25 cm。更深处是密实的、有时是融合的土壤层,分为块状、大块状或核状部分,其深厚度呈差异性。在该层常发现有腐烂或半腐烂的植物残留和氧化还原过程的剩余物(铁锈色、潜育斑点、被膜等)。下层是变化较小的母岩层,岩性为层状砂质黏土冲积层、第三纪黏土等。

这种土壤为表层碳酸盐型。碳酸盐 CO_2 含量为 2％～3％至 8％～10％。在此情况下,通常在剖面中碳酸盐淀积层表现不明显,但在个别情况下有表层碳酸盐汇集发生。腐殖质含量通常不超过 1％(0.3％～0.9％),但在较深土层的含量可显著增加。C∶N 仅为6～9。土壤溶液在剖面各处均呈碱性或强碱性反应(pH 值为 7.5～9.5)。吸附量低(5～10 mg 当量/100 g 土),但皮下层常有增加。土壤吸收复合体为饱和钙和镁,交换钠含量不高(3％～5％)。结皮(外壳)过高的全碱度和皮下层较低的碱度水平是龟裂土的特征之一(HCO_3 为 0.03％～0.06％或更高)。这产生了主要的生物碳酸盐形式并与流入龟裂土的水化学组分、生物过程相关联(苔藓与藻类的分解产物)。在土壤剖面内为非盐化,也无碱化征兆。

土壤层上部岩石具有高含量的粉状淤泥部分,决定了土壤不良的农业物理和水气性质(结构密实、弱透水性、无构造性)等。

盐碱龟裂土　该类土壤的形成条件与普通型龟裂土相似,因此具有同样的剖面结构(外壳、皮下层等)。但在理化指标、性质方面与前者存在差异。碱化特征在剖面内没有形态上的表征,即在剖面中缺乏淀积碱化层。但即使存在这一状况,在土壤厚层上部,特别是结皮(外壳)和层下部分,经分析发现有大量吸收钠和镁,给予了土壤以碱化性质。在交换量达 10～15 mg 当量/100 g 土的情况下,土壤交换钠含量为 10％～20％至 30％～50％,镁为 20％～30％至 40％～60％。同时,该类土壤还具有高全碱性,HCO_3 为 0.05％～0.20％。土壤溶液大部分呈强碱性反应(pH 为 8.5～10.5)。

按上部盐层埋深,龟裂土归为盐土。在剖面 0～30 cm 处可见易溶盐氯化物和硫酸盐(有时带有纯碱),密实残留物含盐量超过 0.3%。

含盐龟裂土　该类土壤有与其他龟裂土相似的多孔外壳,其下部或皮下层的起始部分以及更深处存在易溶盐,其程度达到盐土的盐渍化水平。外壳的含盐量通常不高(0.1%～0.3%),深处则增加为 1.0%～2.0% 或更高。剖面中碱化度征兆未显现。

褐色含盐碱土　该类土壤在北部荒漠褐土亚带占优势,在中部荒漠灰褐土亚带较为少见。

这种土壤的大多数同源区通常分布在具有第三纪盐渍化黏土形态的区域,但最主要是形成多样化的有着地带性自同构土壤复合体。

褐色碱土形成于较高的表层地貌——高平原、台地、山脊、山丘坡地、宽谷等,这些地方分布着面积不一、形式不同的低洼地,地下水埋深较深(超过 6 m)。成土岩中碳酸盐和盐渍化(主要是钠盐)黏土与不同育龄和发源的砂质黏土型占优势。

褐色含盐碱土的植被构成主要是单一的稀疏盐土植被——假木贼和艾蒿,夹杂有少量的短命和类短命植物(独行菜(*Lepidium apetalum*)、旱麦草(*Eremopyrum*)、阿魏(*Ferula*)等),局部有假木贼。在土壤表面常见黏在一起的小圆饼状苔藓。

该土壤剖面明显分为 3 种发生层:

A. 残积层或上碱土腐殖质层 A:厚度 3～5 cm 至 10～15 cm,超过该厚度的极少。色调淡黄或浅灰,密度较小,多孔,粉块、鳞叶片状结构。有时 A 层与薄脆多孔的外壳底层分离。在中部荒漠灰褐土中的碱土里,上碱土层 A 分出浅灰色或淡黄灰色密实多孔结皮与浅褐色鳞状皮下层。

B. 淀积腐殖质或碱土层 B:厚度 10～15 cm 至 20～30 cm,具有深色或栗褐色特征,非常密实,核状棱形、柱形核状、块状或棱形结构,且在断裂处带有光泽薄膜。矿物胶质丰富(由于淤泥部分的存在而呈强烈的黏质化),与上层相比,具有更黏重的机械组分。在多数情况下,淀积碱土层 B1 在其下部常与碳酸盐重合,含有非易溶盐,形式为涂层、污点和白色斑,此外,在个别剖面发现有纹理和微晶体状的溶盐析出物。B2 层在剖面为淀积碳酸盐型或第二碱土层时,其厚度与 B1 相同或接近。该层为弱腐殖质化,具有褐色或白褐色、密实结构,有大量碳酸盐斑。

C. 更深处为无结构层 C:低密度,含盐,通常为石膏层,取代成土岩。

盐碱土的腐殖质层(A＋B)总厚度为 15～30 cm。与地带性褐土和灰褐土类似,在多数情况下都为表层盐酸泡沫化反应。剖面中(0～30 cm 层)含易溶盐。

上碱土 A 层的腐殖质含量通常低于 0.5%～1.0%,总氮 0.02%～0.07%,交换量 5～10 mg 当量/100 g 土。在 B 层,上述指标增加至 1.0%～1.5%,0.05%～0.01% 和 10～20 mg 当量/100 g 土。褐碱土吸收复合体具有相对高的碱性阳离子饱和度。在这类土壤中,只有 A 层留有非碱化或弱碱化特征,含有低于 10% 的交换钠。在碱土层 B 其含量达 20%～30%,个别情况下可达 40%～60% 的吸收量。但由于交换量的绝对值低,钠在土壤中的数量不多。

高全碱度也是褐色盐碱土的特有指标,特别是在 B 层表现明显,该层的 HCO_3 的含量达 0.05%～0.1% 或更高。在剖面中常存在纯碱,至含毒水平。pH 通常都呈碱性和强碱性(7～10 或更高)。根据淤泥和物理黏土含量,碱土剖面淀积－砂质层(A)、淀积－黏土层(B)和蚀变母岩区分明显。

褐色盐化碱土　该类土壤在荒漠区较少分布。其形成条件、形态指标和理化性质总体与上述土壤相似,区别在于在土壤剖面的 30～80 cm 处含有易溶氯化物和硫酸盐,在密实残留物中的含量超过 0.3%。

褐色龟裂型盐碱土　该类土壤主要见于中部荒漠褐土亚带,在锡尔河、楚河、伊犁河和其他河流的高海拔古淀积和古三角洲平原,有面积不大的分布区域。有着平坦、略低矮的表面和较深的地下水(超过 6m),具有层状冲积沉积层形态,含砂质黏土。植被稀疏,主要为假木贼、塔斯假木贼等。

土壤表面覆盖着大孔隙略紧密的浅灰色龟裂型外壳(5～10 cm)。其下分布着密度更低的层鳞状的壳下层(5～10 cm),转变为深褐色极密实的淀积碱土层 B(10～15 cm)。最后部分有棱形核状、层核状、柱状和块状结构,断裂处不平整。更深处为同样密实的碳酸盐层或盐层,带有脉状和斑点型可溶盐。再深处是少量盐渍化层状古冲积沉积物(层)。

龟裂型碱土的理化性质与褐色盐碱土相似。腐殖质含量通常不超过 0.5%～1.0%,总氮低于 0.1%,C:N 仅为 8～10。土壤具有低交换量(5～10 mg 当量/100 g 土)、高交换钠含量特点,既表现在上碱土层(5%～10% 至 15%～20%),也存在于淀积碱土层(20%～40% 至 50%～60%)。在所有剖面中,碳酸盐含量都很高(达 5%～10% 或更高)。土壤呈碱性和强碱性反应(pH 为 8～10)。在龟裂型碱土中,只有上碱土层的上部是非盐渍化或弱盐渍化,这些部分的盐量通常低于 0.3%,在碱土层,特别是在盐层,易溶盐含量急剧增加(超过 1%),根据盐层剖面,该类土壤属盐土。在龟裂型盐化碱土中,存在着中等的和多钠的外壳,多为微小形状。

草甸褐色盐碱土　该类土壤多分布于北部荒漠褐土亚带。形成于各种凹形地貌——平原洼地、河湖低河漫滩台地和在地下水毛管浸润影响下的盐土,这些地下水埋深在 3～5m,且常呈矿化性质。常见于同源区,以及和草甸褐土的混合区。植被为艾蒿－盐生植物,其中主要有滨藜(*Atriplex* sp.)、艾蒿(*Aremisia* sp.)、假木贼,局部有獐毛(*Aeluropus sinensis*)、补血草(*Limonium sinense*)、牡荆(*Vitex* sp.)等。该种土壤的形态剖面与褐色碱土相似,区别在于存在含水层,使得可溶盐转移上升和剖面强烈的盐渍化。

在剖面中白灰色或灰淡黄色层叶片状的上碱化层 A1 表现突出,厚度 5～10 cm。该层剧烈转为暗褐色密实碱化层 B(10～20 cm),核状、棱形、块核状或柱状结构,与 A 层相比,机械组分更加黏重。再深处分布有较密实斑状碳酸盐层。

大多数草甸褐色碱土属于盐化土,即在 0～30 cm 处含有易溶盐,表层为碳酸盐型。腐殖质层厚度(A＋B)25～45 cm。腐殖质和氮的含量通常比褐色碱土高,分别为 1.5%～2.0% 和 0.05%～0.10%。淀积层吸收盐基构成中含有高比例的交换钠(在交换吸收量为 15～20 mg 当量/100 g 土情况下为 50%～60%)。土壤剖面分层明显,可分为残积上碱土层、淀积碱土层和弱变化母岩。

草甸褐色(弱)盐化碱土　该类土壤在荒漠区较为稀少。形成条件与前者相似,形态剖面也接近。盐渍化上部界限位于 B2 层,与表层相距 30 cm。

龟裂土　是荒漠带有自己特色的土壤,龟裂土失去了高等植被,正如吉姆贝尔格(Кимберг Н. В.,1975)所描述的:呈现出中亚"外来物种"和明显的荒漠标志。龟裂土形成在古冲积和洪积平原的龟裂化土壤及残余盐土的综合体中,以及在第三纪阶地的砂土和灰棕色土壤中。格努索夫等(Генусов А. З.,Горбунов Б. В.,1955)查明了,龟裂土与固体径流积累的中小地形有密切关系。龟裂土的面积取决于地表水流域和洼地面积的大小。龟裂土在洪积平原的面积比在冲积平原要大一些。在第三纪阶地的面积也小一些。

　　根据龟裂土起源,存在有两种观点:地质原因(Димо Н. А.,1915)和土壤原因,有时候在土壤形成过程和形成条件方面有细微的差别。吉姆贝尔格(Кимберг Н. В.,1974)在分析关于龟裂土形成问题中,支持格拉希莫夫(Герасимов И. П.,Чихаев Л. К.,1931)的意见,认为碱土－盐土起源的可能性要大一些。

　　龟裂土表面比较平坦,覆盖着坚固多空的结皮,厚度 2～8 cm,被裂缝切割成多边形,边缘开裂的地块,有时候下层是鳞片状层理或者薄板状结构,厚度 8～13 cm。在滞留水期间,龟裂土结皮和结皮层下膨胀而逐渐连成一片。地表生长藻类,当干燥时,龟裂土变成玫瑰色或灰色。根据这个特点,格努索夫(Генусов А. З.,1958)提出了把龟裂土划分为不同的两种:灰色龟裂土和玫瑰色龟裂土。下面是粗团粒结构和密实结构的层位,有时候呈鳞片状和棱形节理。在边缘看到明显的盐霜,在深度 30～40 cm 处,开始向岩石过渡。在第三纪岩石龟裂土可以见到岩石碎片,在地表下组成羽枝柱状石膏。在古冲积平原下面的岩石有残积或残积－洪积的沉积,有些地方有熟化的腐殖质层,在厚沙土上见到龟裂土。在剖面中部有时可以看到翻动的状况。

表 10.9　龟裂土化学分析结果/%

深度/cm	干渣	Cl	SO₄	物理黏土含量	碳酸盐
位于残积－坡积层的龟裂土					
0～2	0.88	0.37	0.10	61.9	10.1
2～6	1.05	0.44	0.10	69.3	10.0
6～33	0.92	0.31	0.20	57.9	9.6
33～58	0.65	0.17	0.16	39.9	9.8
58～80	0.68	0.12	0.25	37.3	9.7
80～100	1.37	0.10	0.76	22.9	8.3
位于古洪积层的龟裂土					
0～2	0.53	0.22	0.14	30.3	6.5
2～5	0.88	0.43	0.12	28.9	6.1
5～17	0.79	0.30	0.10	19.2	9.1
17～46	0.45	0.18	0.08	7.0	9.1
48～80	0.32	0.12	0.08	6.1	8.2
80～110	0.21	0.06	0.01	2.1	7.3

　　龟裂土的机械成分很不均匀(表 10.9)。大部分龟裂土是重壤土,但是还可见到中壤土,甚至轻壤土和砂壤土(Расулов А. М.,1976)。在重壤土和黏土中,自然黏土达到 55%～87%,在中壤土中达到 40%～44%,较多淤泥颗粒含量以及加重的土壤机械成分,是由于周边地区分散的细粒残积物堆积的原因。还可以观察到自然黏土在剖面自上而下逐渐减少的情况。下层机械成分减弱,是由于岩层由冲积或轻度风蚀残积物质构成的原因。淤泥颗粒自上而下从 21%～42%减少到 9%～16%,同时细沙土增加到 25%～29%。

　　龟裂土的特点是有潜藏土壤的存在,特别是显露在较薄的龟裂土下面,可能是由于灰棕色土、龟裂化土或者砂壤土,有时候是以前灌溉土和残余盐土占据了较低地形的原因。当龟裂土接近或分布在沙土构造,经常可以看到它们在局部或全部砂质化伴随中逐渐成长。

对浸出液的分析结果,证明龟裂土不同程度的盐渍化,既表现在盐渍化程度上,也表现在盐分的构成上。龟裂土属于盐土和盐化土范畴。盐剖面结构证明盐分最初的移动取决于浸湿的深度,深度可以决定地表湿度的状况。浸湿深度一般在温和气候条件下不超过 $30\sim50$ cm。但在气温异常的年份,温暖的冬季和长时间下雨时期,龟裂土浸湿深度达到 $1\sim1.5$ m。盐分和来水一起在不同深度进行移动。在干热条件下进行反方向的过程。盐分和上升的水分向土壤表面上升,但是在还没有到达地表的时候,在某个深度就已经结晶了。这样一来,在龟裂土剖面就出现了饱和盐($0.3\%\sim1.4\%$),盐含量的最大值是 $1.2\%\sim1.4\%$,有些地方达到 2% 和更多(表 10.10)。结皮层盐渍化通常比结皮层下要低。盐渍化类型通常取决于盐渍化程度,以及从硫酸盐向氯化钠的转变。

表 10.10　龟裂土农业化学分析结果

深度/cm	腐殖质/%	氮/%	碳:氮	总含量/%		活性/(mg·kg^{-1})	
				P$_2$O$_5$	K$_2$O	P$_2$O$_5$	K$_2$O
位于残积—坡积层的龟裂土							
0～2	0.4	0.04	7	0.15	2.41	26	904
2～6	0.4	0.04	6	0.15	2.60	21	872
6～33	0.3	0.03	6	0.12	2.21	10	390
33～58	0.3	0.02	7	0.12	2.00	6	180
58～80	0.3	0.01	11	0.10	1.78	5	174
80～100	0.2	0.01	8	0.06			
位于古洪积层的龟裂土							
0～2	0.4			0.09		10	241
2～5	0.5			0.10		8	352
5～17	0.6			0.11		5	132
17～46	0.4			0.12		3	96
48～80	0.3			0.12			
80～110	0.2			0.10			

龟裂土盐渍化取决于下面岩层和堆积物的特点及盐渍化程度。

龟裂土没有全部被碱化。在阿姆河和锡尔河古冲积平原钠盐很少,碱化度表现不明显。新龟裂土也没有显露出碱化情况。格努索夫(Генусов А. З.,1957)观察到,龟裂土在龟裂化形成的特殊条件下获得碱土性能,在这个过程中,在地表个别地块累积了饱和碱的胶溶物质,这种物质存在于弱碱性溶液周期的作用下。因此,在龟裂土发育的早期阶段,通常吸附钠都不显露。在比较成熟的龟裂土中,当碱化度强烈时才被发现。吸附钠占盐基总数的 $14\%\sim43\%$。

碳酸盐在剖面的分布与机械成分遵循着相关的关系。形成于残积—堆积的龟裂土中,碳酸盐含量 $3\%\sim10\%$。碳酸盐中主要是钙盐,石膏化积累几乎不存在(0.1%),在残积—堆积的龟裂土下层可能达到 $2\%\sim14\%$。

龟裂土的特点是有不同含量的腐殖质(表 10.10)。在上部较重层位中腐殖质含量在很大范围变化,从 0.4%～0.7%到 0.9%～1.3%之间(Умаров М. У.,1974)。土壤较轻机械成分中观察到腐殖质从结皮层以下增加。格努索夫(Генусов А. З.)认为,这种现象是碱水溶解腐殖质和淋溶到下层的原因。氮含量在龟裂土中,在 0.01%～0.04%到 0.06%～0.08%之间。碳氮比为 4～12。

磷总量在龟裂土中,从 0.06%～0.18%。钾总量从 1.2%～2.8%。活性磷在上层为 10～40 mg/kg,活性钾为 400～1000 mg/kg。龟裂土这样高的钾保证率,证明细粒钾元素的富集程度。

冲积层龟裂土不是很高,从 6～10 mg 当量/100 g 土,在残积－洪积层的龟裂土中,从 8～16 mg 当量/100 g 土。在吸附盐基构成中,主要成分是钙,在冲积层占 60%～90%,在残积－堆积－洪积层,占 50%～85%,镁盐份额分别是 7%～35%和 13%～26%(占盐基总数)。吸附钠在残积和洪积层土壤中比在冲积层土壤中要多得多,这说明较弱的碱化龟裂土存在于冲积沉积中。

冲积及洪积平原土壤

龟裂化土　是荒漠带的自型土壤形成在地下水位较深(超过 5m),地下水对土壤形成不产生影响。这类土壤在阿姆河、卡什卡达利亚河、舍拉巴德河、泽拉夫尚河以及其他河流古代冲积物在过去荒漠时期干旱气候条件下生成。龟裂土在冲积平原经过水成阶段的发育(Ковда В. А.,1946),与荒漠地区其他自型土壤相比,积累了大量的有机物质和可溶性盐。吉姆贝尔格(Кимберг Н. В.,1975)观察到,当三角洲平原干涸和荒漠化时,在冲积平原附近,前茬土壤附近演化的龟裂土就是草甸龟裂土。还可以在乌斯秋尔特高地以前的水流低地(阿萨克－阿乌丹盆地)见到龟裂化土。山前的洪积平原没有经过水成阶段,直接形成洪积沉积,吉姆贝尔格(Кимберг Н. В.)称这就是原发性土壤。土壤底层盐的积累靠的是来自山区固体和液体带来的盐分。

龟裂化土在冲积平原范围内的形成,有时候是由于以前大片土地灌溉的原因,在土壤剖面中发现淹没的农业灌溉层的痕迹。龟裂化土或者单独占据大片地块,或者存在于龟裂土、残余盐土,较少和沙土及灰棕色土的组合体中。这种组合体大部分在乌斯秋尔特。

天然植被十分稀少,不能生成生草层。在这里形成淡灰色、比较密实、细小裂缝的结皮,厚度 1～2.5 cm。在形成结皮的基础上,格努索夫(Генусов А. З.,1957)引用格拉希莫夫(Герасимов И. П.,1931)和科夫达(Ковда В. А.,1946)等人的意见,认为上层出现强化扩散性方向的物理变化,是在高度碱化地表水和土壤溶液影响下出现的,土壤溶液是盐渍化土壤进行化学物理反应的结果。

荒漠带自型土壤结皮层下,有着明显疏松的平板层状结构,厚度 5～12 cm。向下逐渐密实牢固,并且转变成垂直方向裂缝切割的大块褐色土壤。在深度 40～50 cm 处转化为冲积,洪积－冲积或者其他的生成起源,几乎不触动土壤形成过程,其特点是在粒度组成中有明显的层理。龟裂化土剖面的下部常常看到淡锈色和灰蓝色斑点,证明以前土壤水成阶段的发育情况。

龟裂化土的机械成分非常多样化(从黏土到砂壤土,取决于土壤母质成分的特点。吉姆贝尔格(Кимберг Н. В.,1975)把龟裂化土列入荒漠带比较重的机械成分类的土壤。土壤上层主要是中和重壤土,轻壤土和砂壤土都很少,下层由主机和洪积沉积组成。特点是层理性表现较弱。这里经常见到黏土层,壤土和砂壤土－沙土成分,有时候有石质土的混合物(表 10.11)。

这种土壤底土的特征是,有丰富的淤泥和粗颗粒粉尘。在重壤土和中壤土中,粗粒粉尘达到35％～65％。淤泥颗粒成分在土壤中,在8％～12％,在重壤土中从12％～26％,在黏土中有较多的粗粒和细粒粉尘。在砂壤土和沙土中有明显的中粒度沙土,从5％至62％。土壤粒度构成可以清楚地看到土壤形成中水的状况。

表 10.11　龟裂化土壤荒地化学分析结果/％

深度/cm	干渣	碳酸氢根	Cl	SO₄	物理黏土含量	碳酸盐	石膏
位于古洪积层(卡什卡达利亚河)							
0～10	2.6	0.07	0.67	0.61	39.7	6.6	—
10～30	—	—	—	—	52.7	6.7	—
30～41	2.1	0.07	0.38	0.82	56.9	8.5	—
41～64	2.3	0.06	0.34	1.04	73.4	7.3	—
64～81	0.8	0.08	0.08	0.35	26.4	6.9	0.73
81～108	1.0	0.07	0.09	0.46	38.1	8.7	0.99
108～120	1.8	0.06	0.15	0.94	74.3	7.1	2.76
位于古洪积层(卡拉卡勒帕基娅河)							
0～2	1.6	0.02	0.33	0.41			
2～17	0.8	0.02	0.08	0.34			
17～33	0.2	0.02	0.05	0.05			
33～50	0.2	0.01	0.04	0.03			
50～70	0.1	0.03	0.01	0.03			
70～100	0.004	0.03	0.004	0.02			
100～130	0.1	0.03	0.01	0.02			
130～150	0.1	0.02	0.01	0.02			
位于古洪积层的曾经灌溉过的土壤(卡拉卡勒帕基娅河)							
0～30	2.1	0.03	0.38	0.52			
30～50	0.4		0.10	0.06			
50～70	0.4		0.10	0.03			
70～100	0.3		0.10	0.06			
位于古湖积的土壤(乌斯秋尔特盆地)							
0～1	0.2	0.05	0.01	0.03	10.0	12.6	0.6
1～14	0.1	0.03	0.01	0.01	3.2	11.9	1.0
14～23	0.1	0.03	0.004	0.01	24.0	13.6	0.4
23～33	0.8	0.02	0.01	0.50	35.7	12.9	2.0
33～44	1.0	0.02	0.04	0.60	24.4	13.3	1.8
44～65	1.4	0.02	0.09	0.80	31.7	12.4	9.1
位于洪积层的土壤							
0～2	0.1		0.002	0.05	—	—	—
2～11	0.8		0.001	0.18	—	—	—

（续表）

深度/cm	干渣	碳酸氢根	Cl	SO₄	物理黏土含量	碳酸盐	石膏
11～25	0.4		0.01	0.23	—	—	—
34～39	1.7		0.28	0.59	—	—	—
50～62	1.2		0.38	0.44	—	—	—
90～105	1.3		0.10	0.65	—	—	—
150～160	1.1		0.16	0.59	—	—	—

　　荒漠带自型土壤中的龟裂化土有较丰富的有机物质,尤其在冲积平原中,前茬土壤在水成条件下得到很好的发育。龟裂化土残余的腐殖度在较大幅度,这是土壤地貌条件、土壤年龄、起源属性、前茬土壤以及机械成分所决定的。

　　腐殖质含量在结皮层和结皮层下,从 0.5%～0.7% 到 1%～1.3%（表 10.12）。随着深度变化腐殖质含量随之减少到 0.3%～0.4%。有时候在淹没层有许多农业灌溉携带物,其含量 1%。氮含量取决于腐殖质含量,为 0.01%～0.10%。上层的碳氮比为 6～9,下层为 3～7,说明腐殖质有很高的氮含量。

表 10.12　龟裂土荒地农业化学分析结果

深度/cm	腐殖质/%	氮/%	碳:氮	总含量/%	P₂O₅活性磷/(mg·kg⁻¹)	K₂O活性钾/(mg·kg⁻¹)
			位于古洪积层（卡什卡达利亚河）			
0～10	0.8.	0.06		0.10		
10～30	0.8	0.04		0.09		
30～41	0.4	0.03		0.01		
41～64	0.3	—		—		
			位于古洪积层（卡拉卡勒帕基娅河）			
0～8	0.8	0.07	6	0.09	15	
8～41	0.6	0.06	6	0.10		
41～52	1.0	0.09	7	0.10	9	
52－76	—	0.04	—	0.11		
			位于古洪积层的曾经灌溉过的土壤（卡拉卡勒帕基娅河）			
0～30	0.9	0.09		0.20	32	220
30～50	0.4	0.08		0.09	17	280
70～100	—	0.04		—	—	—
			位于古湖积的土壤（乌斯秋尔特盆地）			
0～1	0.9	0.06	9			
1～14	0.4	0.04	6			
14～23	0.4	0.02	12			
23～33	0.5	0.03	10			
33～44	0.3	0.02	9			
44～65	0.4	0.02	12			

深度/cm	腐殖质/%	氮/%	碳∶氮	总含量/%	P$_2$O$_5$活性磷/(mg·kg^{-1})	K$_2$O活性钾/(mg·kg^{-1})
			位于洪积层的土壤			
0～2	0.6	—		0.13	—	
2～11	0.4	—		0.11	—	
11～25	0.3	—		0.12	—	

　　磷总量取决于成土母质的化学成分和土壤生物活性。磷总量一般都不高，通常都在0.09%～0.14%，最大值位于上层。在以前的灌溉土壤中，磷总量达到0.18%～0.20%。土壤中活性磷很少，从4～9 mg/kg到20～40 mg/kg。钾总量为1.1%～2.9%，活性钾为160～600 mg/kg（从低到高的保证率）。

　　土壤中碳酸盐含量，首先取决于土壤母质的碳酸盐含量，形成在冲积层龟裂化土中的碳酸盐含量在7%～9%，在乌斯秋尔特高碳酸盐石灰岩中，达到10%～14%。碳酸盐在剖面分布十分均匀，只有一部分取决于原生层的机械成分（表10.11）。在天然土壤中淤泥层地形状况没有显露。在以前灌溉土壤中，上层碳酸盐的痕迹比下层要少一些。

　　龟裂化土的特性是可溶性盐，这些不同数量的盐分，积累在以前的水成阶段。土壤盐渍化在盐渍化程度和特点方面有很大的不同，这就决定了土壤形成条件。对于龟裂化土来说，大部分上层是淡化的（0.1%～0.2%），其他残余部分盐渍化盐分含量达到0.8%～1.7%。这说明了有自然脱盐的趋势，土壤逐渐成为碱性的。土壤盐渍化类型在上层是硫酸盐型，下层是氯化物－硫酸盐型。

　　与此同时，还看到这里的含盐量达到0.8%～2.1%（按干渣），在下层减少到0.1%～0.4%。盐渍化类型，在上层是硫酸盐－氯化物，有时候是氯化物，下层是氯化物－硫酸盐和硫酸盐型。还可看到盐土－盐性土，有很高的盐含量，从0.8%～2.6%，分布在全部剖面。所有的原生层位几乎都是重机械成分，按剖面属于硫酸盐和氯化物－硫酸盐型的盐渍化。阳离子大部分是钙，有时候是镁。龟裂化土几乎没有石膏，只是有时候在下层，能够观察到石膏的存在，其含量为1.6%～2.3%。

　　在龟裂化土经常显露出不同程度的碱化情况。格努索夫（Генусов А. З.，1957）观察到，龟裂化土壤碱化是在荒漠气象条件发育过程中进行的，土壤中碱性离子十分富集，其来源是枯萎的荒漠灌木植被，这些植物从地层深处析出盐分带出地面。山麓平原的土壤碱化来源是第三纪地表的咸水，咸水携带着易溶性钠盐。在这个过程中，土壤机械成分起着很大的作用，主要有很高的吸附容量。

　　以前长时间发育，形成古代地表的龟裂化土，剖面有显著的碱性显示（Генусов А. З.，Горбунов Б. В.，1960）。

　　龟裂化土的吸附容量不高，从3～16 mg当量/100 g 土，在个别较深的层位可能达到较大的数值。在吸附盐基中，钙盐占多数，从40%至90%，镁盐从7%至40%，镁盐的作用在下层逐渐增大。

　　灌溉龟裂土　常见于古冲积和洪积平原，主要在布哈拉州和苏哈达里亚州。土壤或者单独位于相对大片的面积，或者在荒地龟裂化土和灌溉龟裂化－草甸土中的小片地块。地下水比较深，达到5 m。土壤根据农业利用时间的长短，划分为新灌溉和多年灌溉地。

灌溉龟裂土在开发初期与荒地的区别在于剖面的上部。在结皮层和结皮层下具有典型的龟裂土地貌特征,表现在耕作层,显示出人为影响土壤的结果。地表疏松层的存在在很大程度上,说明土壤剖面处于水成状态。尽管有耕作层出现,土壤向结皮化的倾向仍然存在,这反映了块状耕地的状况。在黏土和重壤土机械成分的土壤中,组成密实的下部耕作层,占有较多的灌溉土壤。这个层位以下,新灌溉土与地貌剖面与荒地相类似。在长时间灌溉土上形成的农业灌溉层,其特点是在颜色、结构和机械成分方面有相对的同质性。

按土壤机械成分,在耕作层范围内,主要是重壤土和中壤土。耕作层下新灌溉土中,或多或少有层状冲积或洪积沉积。多年灌溉土壤中,部分土壤剖面部分达到深 $0.7\sim1$ m 处,有时由同质的农业灌溉冲积物构成,通常是重壤土和中壤土机械成分,在其下层和新灌溉土一样,也存在层状的冲积物或坡积物(表 10.13)。粗颗粒和中粒灰尘在重壤土中为 $10\%\sim14\%$,在中壤土中占 $25\%\sim37\%$,在轻壤土中占 $37\%\sim70\%$。淤泥颗粒在黏土和重壤土中占 $16\%\sim29\%$,在中壤土中占 $11\%\sim17\%$,在轻壤土中占 $5\%\sim6\%$,粗粒粉尘粒度在其组成中,既是基本粒子,也是微团聚体,履行重要农业结构功能。

表 10.13　龟裂化土和龟裂草甸土化学分析结果/%

深度/cm	干渣	碳酸氢根	Cl	SO$_4$	物理黏土含量	碳酸盐	石膏
位于冲积层的新灌溉龟裂土壤(卡拉卡勒帕基娅河)							
0～28	0.2	—	0.02	0.06	—	7.9	0.20
28～50	0.1	—	0.01	0.05	—	9.5	0.12
50～70	0.2	—	0.01	0.06	—	9.3	0.20
70～100	0.2	—	0.02	0.07	—	9.3	0.15
位于冲积层常年灌溉的龟裂土(卜什卡达利亚河)							
0～28	0.2	0.03	0.02	0.04	56.8	8.8	—
28～40	0.1	0.03	0.01	0.01	55.7	8.6	—
40～65	0.1	0.04	0.01	0.03	58.5	9.1	—
65～85	0.1	0.03	0.02	0.02	55.7	9.0	—
85～120	0.1	0.02	0.01	0.02	36.1	6.9	—
120－145	0.1	0.02	0.02	0.02	24.7	9.0	—
位于洪积层常年灌溉的龟裂土(苏哈达里亚河)							
0～31	0.2	0.04	0.05	0.04	24.6	8.6	0.51
31～49	0.2	0.03	0.02	0.05	22.4	8.9	0.63
49～70	0.1	0.03	0.01	0.04	35.8	8.3	0.16
70～91	0.6	0.02	0.02	0.33	46.4	8.8	0.20
91～128	0.3	0.03	0.03	0.16	43.4	8.8	—
128～170	0.5	0.03	0.04	0.30	42.2	—	—
位于洪积－冲积层的常年灌溉的龟裂－草甸土(苏哈达里亚河)							
0～20	0.1	0.02	0.02	0.04	—	—	—
30～40	0.1	0.02	0.02	0.03	—	—	—
60～70	0.1	0.02	0.02	0.02	—	—	—
90～100	0.1	0.02	0.03	0.02	—	—	—
100～120	0.1	0.03	0.01	0.04	—	—	—

新灌溉土壤的腐殖质层厚度超过耕作层腐殖质层厚度,达到 $30\sim40$ cm。在多年灌溉土中还要厚一些,在农业灌溉冲积背景下,有时厚度可能大体相同。在开发初期,虽然进入土壤的有机物质明显增多,新灌溉土中腐殖质含量与荒地中的含量仍然差别不大。格努索夫(Генусов А. З.,1957)认为,这是由于微生物有机物质积极矿化的原因。拉扎列夫(Лазарев С. Ф.,1954)在卡拉卡尔帕克查明,龟裂土的灌溉,引起微生物活动疯狂的增强。随着时间推移,直到腐殖质达到平衡,这种状况才能够稳定。

灌溉龟裂土的腐殖质含量在很大范围内波动,这取决于起源、机械成分和灌溉时间的长短。在耕作层,土壤腐殖质含量在 $0.5\%\sim1.6\%$。耕作层下减少到 $0.4\%\sim0.7\%$,剖面下 1m处,腐殖质下降到 $0.3\%\sim0.4\%$。冲积灌溉土中腐殖质比洪积层有所增加(表 10.14)。

表 10.14　灌溉龟裂土和龟裂草甸土农业化学分析结果

深度/cm	腐殖质/%	氮/%	P_2O_5		K_2O	
			总含量/%	活性磷/(mg·kg^{-1})	总含量/%	活性钾/(mg·kg^{-1})
位于冲积层常年灌溉的龟裂土(卡什卡达利亚河)						
0~28	1.2	0.11	0.15	28	—	233
28~50	0.7	0.07	0.07	16	—	—
50~70	0.5	0.05	0.18	—	—	—
70~100	—	—	0.27	—	—	—
位于洪积层常年灌溉的龟裂土壤						
0~28	1.0	0.09	0.16	47	2.30	399
28~40	0.7	0.07	0.16	9	2.30	316
40~65	0.7	0.06	0.15	9	2.35	304
65~85	0.7	0.06	0.15	3	2.35	313
85~120	0.4	0.04	0.15	4	2.22	241
120~145	0.3	0.03	0.11	4	2.26	—
位于洪积层常年灌溉的龟裂土						
0~10	0.8	0.05	0.15	32	—	289
10~20	0.9	0.06	0.15	—	—	236
20~30	0.7	0.04	0.14	20	—	210
40~50	0.4	0.02	0.11	6	—	198
位于冲积层新灌溉龟裂土壤						
0~23	1.4	0.10	0.14	34	—	—
23~36	1.5	0.08	0.13	—	—	—
36~50	0.9	0.06	0.12	—	—	—
50~60	0.6	—	—	—	—	—
60~76	0.5	—	—	—	—	—
位于冲积层的新灌溉的龟裂—草甸土壤						
0~31	0.8	0.07	0.20	21	1.70	289
31~49	0.5	0.07	0.14	10	1.44	241

（续表）

深度/cm	腐殖质/%	氮/%	P$_2$O$_5$		K$_2$O	
			总含量/%	活性磷/(mg・kg^{-1})	总含量/%	活性钾/(mg・kg^{-1})
49～70	0.3	0.05	0.15	5	1.40	165
70～91	0.2	0.05	0.15	3	2.10	225
91～128	0.3	—	—	—	—	—
位于洪积－冲积层的常年灌溉的龟裂草甸土壤(苏哈达里亚河)						
0～20	0.8	0.06	0.16	12	1.70	169
30～40	0.6	0.05	0.14	4	1.83	169
60～70	0.6	0.05	0.14	2	2.08	157
90～100	0.5	0.04	0.13	—	2.24	—

氮含量取决于腐殖质含量，在 0.04%～0.11% 之间变化。碳氮比为 6～14，这说明由于氮的原因，腐殖质富集有所减弱。

磷总量在很大程度上取决于母质的矿物成分，从 0.09%～0.17%。土壤活性磷非常低和低保证率(7～32 mg/kg)。土壤中钾含量有较大的保证率：钾总量为 2.2%～2.4%，活性钾为 200～400 mg/kg。

灌溉龟裂土吸附能力较低，这是由于腐殖化程度不高的原因。吸附容量在 7～10 mg 当量/100 g 土。较大数值在腐殖质层。吸附盐基成分中，钾占总数的 64%，镁占 27%，有些土壤钠的份额在 3%～9%，引起土壤碱性减弱。钠在剖面下层消失。

龟裂化土，也包括灌溉土，由于水成起源的原因，逐渐遭受盐渍化。当深部地下水稳定的时候，盐渍化过程只在土壤表面的下层进行。在灌溉水的影响下，上层出现脱盐直到无盐或者轻度盐渍化状态(表 10.13)。在这种情况下，由于地下水上升，盐分最大值分布在毛细管水分消失的地方。在生长期灌溉，尤其在冲积平原，地下水位比标志高度高出 5 m。在这个时期，很难分出灌溉龟裂土和龟裂草甸土的区别。地下水升高伴随着盐溶液沿着全剖面移动。大量的盐分积累在第二个 0.5 m 处(从 0.5%～1%，达到 2%，按干渣)，但有一部分达到上层。盐渍化土壤达到轻度和中度(0.3%～0.7%)。盐渍化类型在任何情况下都是硫酸盐和氯化物－硫盐型。

大量和长期灌溉龟裂化土可能会伴随着地下水位全面上升到 3～5 m 处。由于岩石－地貌条件，这个现象或者出现在开发阶段的末期(新开发土壤)，或者发生在熟化阶段(新灌溉土壤)。在灌溉和土壤毛细管湿度上升的影响下，从根本上改变水热状况，开始出现相反的形成过程，返回到草甸化。土壤中这个发育阶段，龟裂化土和草甸土的重合，成为龟裂化土和草甸土的过渡土壤。

龟裂化－草甸土和草甸－龟裂化土是荒漠自型土向泛域地区水成土壤过渡的土壤，或者相反。龟裂化－草甸土大部分形成于经受荒漠化的排水较差的冲积或者洪积－冲积平原地面。土壤位于绿洲周边或靠近绿洲，形成在地下水二次升高到 2～3 m 的条件之下，土壤底层成为半水成的湿度状态。龟裂化草甸土逐渐失去地带性自型土壤的特点，并且具有水成土壤的特征，尤其是剖面的下部。在这里激活了氧化还原过程，显露出潜育的特征。地表保留较弱多边形裂缝的结皮和结皮下的鳞片状层位。腐殖质含量在这里达到 0.7%～1%。

草甸—龟裂化土则相反,发育在地下水影响较弱的地方,这里地下水深 3～5 m,在人为排水和自然作用下,改变了水文地质条件。土壤在这种情况下逐渐具备地带性自型土壤的特征和性能。这个组的土壤,与草甸土和龟裂土不太明显的特征重合在一起。腐殖质是不相同的,从 0.9%～1.3%,有时达到 2%。这就在一定程度上反映了水成生成的时间不长。土壤机械成分也是多种多样的。盐渍化程度分为未盐渍化和盐渍化两种类型。

龟裂化土在荒地状况下,尤其是草甸—龟裂土在荒漠带很少见到,特别是在卡拉卡尔帕克地区。草甸—龟裂土在灌溉地储备也很少,因为在灌溉时,它们很快的返回到自己起始发育的水成阶段。

灌溉龟裂化—草甸土壤比灌溉龟裂土分布要较为广泛,经常见于布哈拉州、卡什卡达里亚州、和纳沃伊州冲积平原,还有在苏哈达利亚州的洪积—冲积平原。根据土壤引用农业灌溉时间长短,划分为新开发,新灌溉和多年灌溉土。

新开发龟裂化—草甸土局限在新的荒地上,位于卡什卡河三角洲低地。这里的特点是自然地下水流比较困难。这里如此大片土地,供水—排水系统很差或者没有保证。由于这个原因,当进行集约灌溉时,地下水很快就达到临界深度 2～3m,并且开始积极影响到土壤转化。龟裂化土转化为龟裂化—草甸土壤。

新开发龟裂化—草甸土结合了前茬土壤—龟裂土的残余特征和性能,又重新产生草甸土的特征。最初开发的前几年,剖面上部经历了重大改变:结皮层和结皮层下的鳞片状层转变成耕作层,剖面下部由于湿度增加,出现了潜育,呈现出铁锈色和瓦蓝色斑点,这是草甸化的特征。

土壤机械成分是轻壤土,比较少见重壤土的夹层。在粒度成分中,很少有淤泥粒级,较多为粗粒粉尘和细沙土。腐殖质层不厚,常常与耕作层厚度一样。腐殖质含量在 0.3%～0.8%,氮总量为 0.04%～0.07%。土壤活性磷保证率很低,为 2～21 mg/kg,土壤活性钾为中等保证率,即 240～400 mg/kg。

碳酸盐比较均匀地分布在剖面,在剖面的下部有不太明显的增加(7.8%～9.8%)。碳酸盐的构成主要是碳酸钙,石膏在土层中比较少(0.16%～0.62%),但有时在剖面下层达到 12.5%。

新开发龟裂化—草甸土全部遭受到严重盐渍化。土壤中盐的构成,在数量和质量上都比较多样化。与未盐渍化同时存在的还有轻度盐渍化和中度盐渍化土。盐渍化类型主要是硫酸盐和氯化物—硫酸盐型。由于土壤中腐殖质含量较低,吸附容量下降到(6.2%～7.5% mg 当量/100 g 土)。吸附盐基组成中,主要是钙(达到 80%～90%)。吸附钠占总量的 0.9%～3.9%,镁占 15%～25%,吸附钾占 6%～10%。

这些土壤在灌溉方面,也在农业化学方面都需要进一步的改善。要求采取熟化土壤的措施,防止土壤二次盐渍化。

新灌溉龟裂化—草甸土经常出现在卡什卡达里亚州冲积平原和苏尔汗达利亚州洪积—冲积平原。它们都处于土壤熟化阶段,生产能力不高。荒地龟裂土残余的形态特征残留下来的不太多。由于剖面上层的变化,组成农业耕作层,主要的是基本改变了水热条件,这些条件可以促进可溶性物质自上而下或自下而上随水流移动,还可以增加腐殖层的厚度(与新开发土壤相比),强化了土壤潜育特征。

耕作—腐殖层厚度 30～40 cm,颜色比较暗淡。腐殖质含量取决于机械成分和农业环境达到 0.5%～1.5%。氮含量在 0.3%～0.11%,随着土壤中腐殖质含量增加而增长。碳氮比为 6～7。土壤中活性磷非常低,因而磷保证率也很低,为 5～28 mg/kg,磷总量平均为 0.11%～0.14%。土壤中活性钾是中等保证率(225～400 mg/kg)(表 10.14)。

按土壤机械成分属于中壤土和轻壤土,很少有重壤土。特点是有相当高的沙化程度和粗颗粒粉尘。土壤碳酸盐为 7%～10%,这反映出土壤母质原生的碳酸盐性。碳酸盐在剖面分布是均匀的,不存在淀积层,与此类土壤年青地质年代以及气候条件有关。土壤下部有时可以见到石膏,达到 2%～12%。吸附容量较低,在 6.2～7.5 mg 当量/100 g 土。吸附盐基主要是钙盐,达到 85%。

龟裂化—草甸土形成的条件,是地下水自然流动困难和地下水位不够稳定,因此,这里的土壤发育大多是在盐渍化过程。由于盐渍化取决于水文地质条件,所以土壤盐渍化程度是不同的。主要是轻度和中度盐渍化土壤,地表是冲蚀盐土。盐渍化类型在冲蚀和轻度盐渍化土壤中是硫酸盐型和氯化物—硫酸盐型,在高度盐渍化土壤中是硫酸盐—氯化物型。轻度盐土灌溉龟裂草甸土的碱化度在 0.063%～0.075 %(HCO₃)。

多年灌溉龟裂化—草甸土见于布哈拉州、纳沃伊州和苏哈达利亚州,形成于较高的地貌部位和地下水湿度较差的地方,位于深度 2～3.5 m 处。在最大量供水和用水时期,地下水位在短时间内可以提高到 1～2 m 处。这些土壤剖面上层在深度 1～2 m 的地方,通常有农业灌溉冲积物的沉积,呈现出不同类的壤土,很少有黏土和砂壤土。土壤呈暗灰色、褐色或灰蓝色的暗影。剖面下部是层状组合体,由冲积物和洪积物沉积而成,分布着大量的赭石—铁锈色斑点,这是氧化—还原过程的结果。有些地方下面是碎石层。

较高地势处的龟裂草甸土比龟裂土遭受盐土程度要轻一些。虽然有较少的盐渍化和轻度的冲蚀,但是在这些土壤中还是可以看到不同类型的盐渍化(表 10.13)。中度和重度盐渍化土壤占有面积不大。盐渍化类型是硫酸盐型,较少氯化物—硫酸盐型。有时可以见到轻度碱化土壤,含碱量为 0.06%～0.075% HCO₃。

在多年灌溉龟裂土—草甸土腐殖质渗透厚度达到 0.5～0.7 m,有时候与农业灌溉层相一致。耕作层的腐殖质含量不太高,在 0.5%～1.2%,剖面下部腐殖质含量减少到 0.05%～0.09%到 0.2%～0.6%,有时候在淹没层增加到 1%。氮含量在 0.04%～0.10%,下层减少到 0.03%～0.05%。土壤中活性磷保证率很低(2～12 mg/kg),活性钾保证率也不高,为 160～170 mg/kg(表 10.14)。

土壤中碳酸盐含量取决于土壤母质成分及剖面形态。碳酸盐含量在农业灌溉层的分布均匀(7%～9%),在下层的冲积和洪积—冲积沉积中分布不太均匀(6%～10%)。碳酸盐的组成中,主要是碳酸钙。

剖面上半部中石膏含量不超过 1%,下部石膏含量逐渐增加,在 2 m 开始的地方可达到 2.5%。

吸附容量由于腐殖程度不高,不超过 9～10 mg 当量/100 g 土。在吸附盐基组成中,主要是钙(占 70%～80%),镁比较多(20%～30%),钾含量很低(3%～4%),钠占 2.5%。

10.3　风沙土

风沙土是风沙地区风成沙性母质上发育的土壤。

10.3.1　成土条件和主要成土过程

风沙土在中亚各地均有分布,其形成条件虽略有差异,但都极端干旱,看来干旱条件就是风沙土形成的主要条件之一。大风对风沙土形成也给予巨大的影响,一般以5—6月气流活动频繁,风速最大,常有大风发生。

风沙土的主要植被有沙蒿(*Artemisia desertorum*)、骆驼蓬(*Peganum harmala*)、三芒草(*Aristida adscensionis*)、沙拐枣(*Calligonum mongolicum*)、阿魏、红柳、梭梭等,植物生长稀疏,覆盖度不大。风沙土的成土母质是风成沙,母质来源是多方面的,主要是岩石风化物和风积物,亦有部分冲积物和湖积物。

由于气候干旱,温差大,冷热变化剧烈,促进了地面岩石的物理风化,经大风吹扬,形成风沙,风与沙相辅相成,风助沙威,沙仗风势,风与沙形成风沙流。在近地面搬运的过程中,风沙流因风速减弱,或遇障碍,则沙粒陡落形成沙堆。所以,风沙土是在风的搬运、堆积下形成的。

风沙土的成土过程微弱,由于风蚀和沙积作用,成土过程经常被中断,成土作用时间短,很不稳定。通常在剖面中看不见成熟土壤的发生层次,一般仅有不明显的结皮和稍紧实的表土层,其下即为松散的沙质。表现为十分微弱的腐殖质层和明显的母质层,在绿洲附近,经常可见一层或多层的埋藏层。

风沙土的形成过程大致分以下3个阶段:

流动风沙土阶段　植物极少,存在土壤微生物活动,含有一定植物营养元素,但由于风沙流动,植物难以定居,处于成土过程的最初阶段。

半固定风沙土阶段　随着植被继续滋生,覆盖度增大,流沙逐渐成为半固定状态,地表开始形成薄结皮,表层变紧实,并被腐殖质染色,剖面稍有分异,成土特征明显。

固定风沙土阶段　半固定风沙土上植物进一步发展,沙丘上生长各种沙生和旱生植物,例如,梭梭、红柳等,阻挡风沙流动和使沙丘固定。地表结皮增厚,表层沙面变得更紧实。植物的枯枝落叶堆积物和根系成为土壤粗有机质,使表层分异明显,土壤剖面可见雏形发育的A—C层。

在靠近绿洲边缘的半固定风沙土和固定风沙土经人为垦荒种植,冲沙造田,平整土地,修渠引水,耕种施肥,植树造林,使风沙土朝着熟化方向发展,形成灌耕风沙土。因原来成土条件的改变,随着作物的不断栽培种植,根系穿插,有机体增多,原粗有机物腐解,又经施肥,引洪灌淤,灌溉水中的黏粒、粉砂粒淤积,改变了原沙土的松散状态,促进了土壤结构的形成。但由于耕垦时间短,土壤还保留风沙土特性,熟化程度低,肥力不高。而且不合理的耕种或缺水灌溉,造成植被破坏,如果管理不善,也会造成再次沙化,使灌溉风沙土逆转演变成半固定风沙土甚至流动风沙土。

综上所述,风沙土的主要形成过程为砂粒的固定过程,此外,还有人工熟化附加过程。

10.3.2　土壤剖面特征

风沙土土体干燥,质地粗,松散,发育微弱,层次简单且不明显。

　　风沙土由风成沙性母质发育而来,风力的分选作用,土壤颗粒组成十分均匀。充分分选的流动风沙土,以 0.2~2.0 mm 的粒级占优势,含量 62%~67%,其次是 0.02~0.2 mm,含量占 31%~36%。随着风搬运的沙尘停积在土壤表面,半固定风沙土和固定风沙土的颗粒组成以 0.02~0.2 mm 粒级占优势,含量都高达 90% 以上。这对改善风沙土的理化性状和提高土壤肥力都有很大意义。随着细粒和有机质增加,土壤容重减小,土壤孔隙度增大。

　　风沙土的化学组成表明,风沙土随着土壤的发育,主要化学成分二氧化硅相对减少,流动风沙土二氧化硅的含量 747~757 g/kg,半固定风沙土表层大约为 698 g/kg,而钙、镁、铝等其他化学成分随土壤发育有相对增加的趋势。这与细土物质逐渐累积以及植被增多有关。

　　风沙土矿物组成中,重矿物含量低,但种类多,其中以角闪石、绿帘石、石榴石为主。受地质条件和地理环境影响,在地区分布上有明显的差异。

　　荒漠地区的风沙土,往往含有一定量盐分。随着风沙土剖面的发育,$CaCO_3$ 在剖面表层中的积累也逐渐增加。

　　除了种植适生的植物以合理利用风沙土外,对风沙土的防治,首先要保护原有的风沙土植被,在此基础上,植树种草,防风挡沙,特别是在灌耕风沙土上或其边缘的风沙土荒地,更应加强农业措施,如合理耕、种、灌水和施肥等以加强保护,而使其固定和熟化。

　　荒漠风沙土　　形成在丘陵和平坦的沙地,属于自成型土壤,分布在以前咸海和陆地的接壤地带,在阿日巴依湾和阿卡拉—乌尊卡伊尔斯克高地,那里地下水位于 5 m 处。这一地区沙土和风蚀发源地交替形成牢固的沙土构造。有些地方沙土沉积到黏土层。大片沙土表面覆盖着植被,由单独的柽柳(高 1~2 m),矮小的柽柳以及猪毛菜和甘草(*Glycyrrhiza uralensis*)组成。

　　土壤剖面上部呈现根节状,根节最多位于 3~5 cm 到 15~20 cm 吹来的沙土层下,组成疏松的草根土块。活着的或枯萎的草根一般的渗透深度达到 1.5~2 m。

　　土壤机械成分是沙土,较少是存在于不同深度的亚沙土,深度取决于下层是黏土或者重壤土和中壤土沉积的厚度。在沙土—亚沙土层,比较多的是细沙土和粗粒粉尘。在黏土—亚沙土沉积中细粉尘和淤泥颗粒成分有所增加。

　　荒漠沙土剖面中含盐量不高(0.1%~0.4%),因为侵蚀地形在形成时期疏松物质遭受风蚀,盐粒随着粉尘—淤泥从沙土吹扬,一部分被大气降水淋溶。沙土具有非常高的透水性和很差的提水性能,从而深部地下水盐分不能进入土壤剖面上部,特殊情况是上层已经构成沙土层,含盐量达到 1%。盐分积累主要依靠风蚀和生物因素带来的冲积物,因为这时植被已经固定,很少遭受尘土飞扬。沙壤土和黏土层与上部沙土层的区别是含有大量的可溶性盐(0.7%~2%)。最大盐分存在于深度 4~4.5 m 处,在当前矿化地下水影响的范围内(表10.15)。

表 10.15　荒漠风沙土土壤化学分析结果/%

深度/cm	干渣	含碱量	Cl	SO_4	物理黏土含量	石膏	碳酸盐
0~3	1.1	0.02	0.09	0.65	6.9	4.51	9.3
3~16	0.4	0.022	0.03	0.2	2.6	0.54	8.7
16~28	0.3	0.024	0.03	0.12	2.1	0.25	8.5
28~55	0.3	0.039	0.08	0.1	4	0.22	8.5

（续表）

深度/cm	干渣	含碱量	Cl	SO₄	物理黏土含量	石膏	碳酸盐
55～87	2.2	0.016	0.92	0.43	53.9	0.36	10.1
87～125	0.4	0.023	0.16	0.07	2.6	0.17	9.5
125～150	1.2	0.02	0.46	0.24	54.3	0.4	10
175～200	1.1	0.02	0.43	0.25	52.9	0.36	9.3
250～300	1.2	0.02	0.51	0.28	74.5	0.38	10
350～400	0.9	0.023	0.36	0.24	68.9	0.53	9.7
450～500	1.5	0.019	0.61	0.38	61.5	0.59	9.1

在严重盐渍化土壤上部可以看到难溶盐（无毒性占盐总量的 69.1％）超过毒性盐（30.9％）。在下层毒性盐逐渐增加,无毒盐减少。

剖面上部砂壤土－沙土层盐渍化,按阴离子属于氯化物－硫酸盐和硫酸盐型,下层砂壤土－黏土沉积属硫酸盐－氯化物,很少有氯化物型和氯化物－碳酸盐型;按阳离子属钠盐型。

咸海底部剖面生草形成和根结程度是荒漠沙土土壤沙土沉积过程的特征,这些土壤正在进行着发育的初级阶段。这些土壤还缺少荒漠沙土的特征,即土壤剖面中牢实的淤积层充满了细粒淤泥和新生成的碳酸盐。因为这些土壤刚刚形成和极轻的机械成分。在重壤土夹层中以前的三角洲表面,腐殖质含量增加到 0.6％。土壤中氮含量很少,为 0.02％～0.03％。土壤中磷总量和活性磷都很缺乏,分别为 0.10％～0.11％和 5～6 mg/kg。钾总量也不多,为 1.87％～2.17％,活性钾也很少,为 160～259 mg/kg（表 10.16）。

表 10.16 荒漠沙土土壤农业化学分析结果

深度/cm	腐殖质/%	氮/%	P₂O₅		K₂O	
			总含量/%	活性磷/(mg·kg⁻¹)	总含量/%	活性钾/(mg·kg⁻¹)
0～3	0.5	0.03	0.11	16	2.17	259
3～16	0.2	0.02	0.11	5	1.93	174
16～28	0.2	0.02	0.11	5	1.93	160
28～55	0.2	0.02	0.1		1.87	
55～87	0.6					

碳酸盐含量很高,在沙土层为 8.5％,在重壤土和黏土中为 10％。它们在剖面分布均匀,在黏土－砂壤土沉积的表层积累不多。

荒漠沙土中石膏含量不高（0.17％～0.59％）。只是在盐渍化的上层和在 4.5 m 深处的毛细管边缘带比较高（4.5％）。

轻机械成分和不够牢固的植被,促使加速显露风蚀过程,尤其是疏松沙土土壤容易遭受强烈风蚀,不能固定植被,导致这里出现风蚀地形。这个地区推行植物土壤改良有利于固定土壤表面。

水成及半水成沙土 在以前的阿基巴依湾西部和乌斯秋尔特沿陡坡一带地下水位于 1.3～1.4 m 深处,含盐量达到 20～21 mg/L,盐渍化类型属于硫酸盐－氯化物、镁－钙盐类。这是在平缓地面形成的水成沙土土壤,沙土堆积中可以见到局部保留的咸海湖底,覆盖着淤泥细土层,保存着风蚀沙土沉积,淤泥细土层一般都不太厚,当被破坏时就暴露出来沙子,被风吹散形成沙土表层。虽然风力活动十分活跃,但是这里大而深的风蚀中心没有形成,主要是平缓风蚀累积地形。在沙土上经常见到滨藜(*Atriplex* sp.)和碱蓬(*Suaeda glauca*),还有单独个体年轻的梭梭。沙土表层还保留着大量的贝壳碎片。

沙土土壤的岩性剖面主要与沙子和砂壤土有关,沙子是红色杂质夹入很多贝壳碎片,剖面中部是铁锈色,下部是灰色的潜育斑点。剖面中细土夹层可经常见到厚度较薄的点状晶体形状(表 10.17)。沙土和砂壤土构成中有许多细沙,有时候是粗粒粉尘。砂壤土中,粉尘和淤泥起着很大作用。自然黏土成分中沙土和砂壤土层中到处都是淤泥。含有很多盐分的淤泥和粉尘颗粒,是沙土沉积风蚀作用生成的主要堆积物,这种情况在湖底沙土沉积,机械分析与吹散的沙子比较时得到了证实(Сектименко В.Е.,1990)。

表 10.17 水成和半水成沙土土壤化学分析结果/%

深度/cm	干渣	含碱量	Cl	SO₄	物理黏土含量	石膏	碳酸盐
			水成沙土				
0～6	1.6	0.017	0.48	0.5	18.2	0.93	11.8
6～10	0.2	0.016	0.04	0.03	7.2	0.26	10
10～29	0.1	0.013	0.03	0.03	6	0.33	12.6
29～47	0.2	0.014	0.05	0.04	8.8	0.43	10.7
47～61	0.2	0.016	0.06	0.06	6.8	0.3	8.4
61～76	0.7	0.017	0.24	0.21	31.6	0.37	11.9
76～100	0.3	0.018	0.11	0.08	12.4	0.3	8.5
100～130	0.2	0.013	0.07	0.07	11.2	0.51	8.1
130～160	0.2	0.013	0.07	0.07	7.6	0.34	10.1
			沙				
0～10	0.6	0.017	0.18	0.18	1.7	0.47	11.3
			半水成沙土				
0～7	0.3	0.018	0.04	0.17	5.2	0.59	8.4
7～23	0.4	0.015	0.04	0.2	2.3	0.51	9.2
23～40	0.3	0.018	0.1	0.1	1.7	0.43	9.8
40～62	0.7	0.018	0.19	0.25	4.5	0.81	10.5
62～74	0.4	0.018	0.14	0.14	2.7	0.41	10.9
74～83	0.5	0.015	0.15	0.15	1.9	0.74	11.9
83～94	1.6	0.018	0.56	0.47	29.9	2.19	11.7
94～103	1.8	0.018	0.58	0.51	60	0.93	11.6
103～114	1.9	0.018	0.33	0.58	27.3	0.79	12
114～126	1.2	0.021	0.45	0.34	9.2	1.26	12.2
126～150	1.5	0.018	0.53	0.46	8.6	1.16	12.1
150～180	3	0.018	1.02	0.88	26.8	1.53	12.1
180～200	0.3	0.018	0.1	0.1	2.4	0.5	9.2
			沙				
0～10	0.2	0.018	0.04	0.11	2	0.08	8.8

　　这些土壤的盐渍化程度都不高,由于土壤底土机械成分较轻,严重的盐渍化只发生在砂壤土上部(达到0.16%)和剖面中部的壤土夹层(0.7%)。剖面的其他部分盐渍化较轻,很少达到中等程度,含盐剖面与岩性有密切的相关性。

　　盐渍化类型按阴离子属于磷酸盐-氯化物型,按阳离子属于钠或钙型。盐的成分中主要是毒性盐,占含盐总量的70%～88%,无毒盐占12%～30%。NaCl含量在所有的湖底干涸土中占盐总量的40%～53%。水成沙土土壤剖面中腐殖质含量很低(0.1%～0.2%)。相应的腐殖质状况也存在于飞扬的沙土中。比较高的腐殖质含量存在于剖面上部(1.2%～1.6%),这是由于土壤表面植被枯萎和剖面根结程度的原因。氮含量在土壤中为0.05%～0.07%。土壤中磷总量和活性磷比较贫乏,分别为0.06%～0.09%和4～8 mg/kg。钾总量相对较少(1.63%～1.91%),尤其是活性钾很少(104～444 mg/kg)(表10.18)。

表10.18　沙土土壤农业化学分析结果

深度/cm	腐殖质/%	氮/%	P$_2$O$_5$		K$_2$O	
			总含量/%	活性磷/(mg·kg^{-1})	总含量/%	活性钾/(mg·kg^{-1})
水成沙土						
0～6	1.4	0.07	0.09	8	1.91	44
6～10	0.2	0.04	0.07	7	1.89	120
10～29	0.1	0.05	0.06	4	1.63	104
沙						
0～10	0.1	0.05	0.05	5	1.61	137
半水成沙土						
0～7	0.6	0.05	0.05	8	1.77	259
7～23	0.2	0.02	0.05	6	1.76	137
23～40	0.1	0.01	0.04	6	1.68	120
沙						
0～10	0.2	0.02	0.05	5	1.72	104

　　水成沙土土壤没有形成石膏化,石膏含量在土壤剖面中为0.3%～0.5%,甚至在上部盐渍化层中也很少,仅占1%。

　　碳酸盐含量比较高,在8.1%～12.6%,沙土土壤上部较高的碳酸盐,取决于贝壳碎屑进入,也取决于从乌斯秋尔特破损的陡坡,风力携带的碳酸盐产物。沙土土壤发育在潮湿的水成条件,遭受强烈的风力侵蚀。

　　从上述沙土土壤再向南一些,分布有大片沙土地,有些地方是чоклакя地形。这里生长着相当多不同形状的灌木和生草植被柽柳、梭梭,адраспан、滨藜、碱蓬等。地下水位2～3 m,含盐量达到11～17 g/L。盐渍化类型属于硫酸镁型。这里形成半水成沙土土壤,长满杂草植被的沙土土壤层,组成早期荒漠沙土,剖面下部见到潜育痕迹,上层是植物的根部。

　　半水成荒漠沙土土壤,主要由连贯的和疏松的沙土组成。只有在剖面一半以下才可见到薄薄的砂壤土夹层。在沙土沉积的组成成分中,有许多细砂土和细粒粉尘,有些地方是中等粒度。在砂壤土夹层粉尘颗粒和淤泥起着明显的作用。

沙土沉积厚度从乌斯秋尔特陡坡向咸海水面移动而逐渐增加,经过若干千米后,在表面沙子下面形成黏土－壤土沉积。沙土土壤上半部盐渍化是弱度和中等程度,在干渣中盐含量在 0.3%～0.7%,最少盐含量可在上部看到。在表层的 0～23 cm 处,盐分组成主要是钾,占总含量的 41%～52%,氯化物占 20%～27%。在这种情况下观察到无毒性盐超过毒性盐。这些盐积累的相似关系,在自型荒漠沙土中也可以看到。

对土壤机械成分、盐含量在荒漠土上部的组成以及飞扬的沙土进行对比,可以确定它们的作用十分相近,可以证明它们的起源的同一性。对比还表明,沙土在吹扬的同时,随着粉尘和淤泥也失去一部分盐分(Сектименко В. Е. ,1990)。

剖面下半部盐渍化非常严重(1.2%～3.0%)。盐分构成中,氯化物占 48%～58%,无毒盐只占 7%～20%。这些层位比较高的盐渍化制约了严重矿化地下水对毛细管补水,从而有助于剖面下半部生成较多的粗颗粒粉尘。

上层盐渍化是氯化物－硫酸盐型;下部主要是硫酸盐－氯化物型;很少氯化物－硫酸盐－钠盐型。

半水成沙土形成于新生成的表面和不久前显露的植被之下,其特点是低含量腐殖质。剖面中腐殖质含量在 0.1%～0.2%(在沙土也是一样),在上层增加到 0.6%。氮含量与腐殖质含量相差不大,在 0.1%～0.2%。磷总量和活性磷很少,分别是 0.04%～0.05% 和 6～8 mg/kg。土壤中钾的保证率比较低,钾总量为 1.7%～1.8%,活性钾为 120～259 mg/kg(表 10.18)。

半水成沙土土壤的碳酸盐比较高,为 8%～12%。在这种情况下,碳酸盐含量从上层到下层增加,最大值显露在剖面中部,分散在毛细管周围。

荒漠风沙土　是丘陵荒漠沙土及其他沙土形成不可分割的残余部分。荒漠风沙土形成于固定沙漠中。在流动沙漠和半固定沙漠中,这种土壤不会产生。在第三纪高原和古沉积平原,地下水深(大于 10m)条件下,它们处于流动沙土、灰棕色土、龟裂化土和龟裂土的结合体之中。

在现在冲积三角洲平原及其外围的丘间低地,这里地下水接近地表,与荒漠砂壤土及沙土的综合体属于盐土和水成土壤(Доленко Г. И. ,1953,Фелициант И. Н. ,1964)。

土壤形成母岩是不同年代的冲积、堆积、残积构造演化加工的疏松产物。地层疏松结构有助于无障碍渗透和保持大气降水水分蒸发。根据杜边斯基和奥尔洛夫等人的资料,在沙土不同的地方(80～150 cm),有长期潮湿的层位,这是空气水分在土壤内部凝结和大气降水渗透的结果。新月形沙丘一年的蒸发不超过地表水分的 50%(Боровский В. М. ,1971)。因此,在沙土上积累水分,这些水分足够保证植物生长。与其他荒漠自成土壤相比,这里的植物生长比较丰富。

莎薹草(*Carex bohemica*)在固定沙土和形成荒漠沙土土壤方面起着很大作用,莎薹草的根系形成厚实的生草层(8～10 cm),能够防止沙土飞扬。有些生草层生长在深度 3～6 cm 的疏松扬沙处,这里不生长根系植物。具有穿透能力的只有堇状植物。生草根部层在"成熟"荒漠沙土中,层状结构不够明显。这个层位及下层(厚度 10～15 cm)的颜色是淡黄色－灰色或是淡黄色－褐色,并出现腐殖质层(Кузиев Р. К. ,1977)。

在荒漠沙土土壤剖面经常出现白色暗影,有新形成不明显的碳酸盐痕迹,下层是没有触动过的土壤形成的疏松沙土(表 10.19)。荒漠沙土剖面,机械成分大部分都是沙土,只有在沙丘之间和其他低洼处,可以见到土壤或单独的砂壤土层,有时候是轻壤土成分。粒度组成中,主要是沙土粒级(90%)。根据沙子的起源,其粒度是各不相同的,从细粒到粗粒。在加重的土壤中,粉尘粒度份额增加到 3.2%～3.8%,淤泥颗粒很少(2.5%～3.7%),只有在上层可以见到。荒漠沙土形成在洪积平原的沙土上,下层是石质土和石膏化土层(Расулов А. М.,1976)。

表 10.19　荒漠风沙土土壤化学分析结果

深度 /cm	腐殖质 /%	氮 /%	C∶N	P$_2$O$_5$		K$_2$O		干渣/%	Cl /%	SO$_4$ /%	物理黏土含量 /%	CO$_2$ /%	SO$_3$ /%
				总含量 /%	活性磷 /(mg· kg^{-1})	总含量 /%	活性磷 /(mg· kg^{-1})						
位于风力堆积的沙丘(位于第三层基岩)荒漠沙土土壤													
0～3	0.6	0.06	6	0.10	24	1.99	200	0.05	0.003	0.01		4.8	0.08
3～12	0.4	0.04	7	0.10	16	1.99	176	0.07	0.02	0.02		5.3	0.17
12～25	0.3	0.03	6		8		154	0.08	0.01	0.01		5.9	0.16
25～50	0.2	0.02	7					0.12	0.04	0.04		6.6	0.11
位于风力堆积的沙丘土壤(位于古堆积层)													
0～6	0.2			0.08	5		120	0.06	0.004	0.01		5.9	
6～20	0.2			0.07	5		142	0.05	0.005	0.01		5.5	
20～50	0.2			0.07	3		104	0.11	0.004	0.04		5.7	
50～100	0.2			0.07	1		48	0.06	0.007	0.01		5.8	
0～4	0.2							0.06	0.004	0.01	2.5	3.5	
12～34	0.1							0.07	0.002	0.02	3.7	2.7	
34～60	0.1							0.08	0.004	0.01	2.5	2.2	
60～85								0.07	0.004	0.01	1.8	1.9	

　　荒漠风沙土土壤较高的透水性和较低的水容量,是土壤在 100～150 cm 层位没有全面盐渍化的主要原因。在较深的层位,尤其是与不同起源和不同盐渍化接触的层位,盐渍化在增强,有些地方达到 1%～1.2%(干残渣)。盐分中主要是硫酸盐。在卡尔申草原东南面的有些土壤中,大部分属于氯化物型。这里经常在第三纪岩土中,见到轻度—中度盐化土壤,在冲积和洪积砂壤土沉积中,见到中—重盐化土壤(卡桑—穆巴拉克高原)(Умаров М. У.,1974)。

　　尽管剖面有丰富的植被和穿透较深的根系,但是荒漠风沙土腐殖质含量仍然很低。在上层 20～30 cm,腐殖质含量从 0.2%～0.6%。这样大的变化是由于土壤成熟程度、草丛不同的覆盖度以及坡向的原因。腐殖质含量低是因为有机物残体有比较好的矿化条件。荒漠风沙土形成在卡尔申草原(达乌罕宁高原地区),有丰富的腐殖质,在 0.4%～0.8%。氮含量在所有荒漠风沙土的上层中,都是在 0.01%～0.06%。碳氮比相对较窄,即 6～7。磷含量极少,为 0.07%～0.11%。土壤活性磷保证率很低,为 3～28 mg/kg。钾总量在土壤剖面中占 1.4%～2.0%。活性钾保证率很低,很少达到中度(104～225 mg/kg)。在荒漠沙土剖面上部,基本上没有石膏。只是在最低层,当盐渍化存在时,有时候可以观察到含量不高的石膏化。碳酸盐含量有 2%～7% CO$_2$。

　　荒漠沙土土壤中腐殖质含量很低,机械成分也很轻,几乎没有胶体。土壤特点是很低的吸附容量(5.2～5.9 mg 当量/100 g 土)。根据布茨科夫和穆拉维也娃(Буцков Н. А.,

Муравьева Н. Т. ,1965)的资料,克孜尔库姆荒漠沙土看到吸附盐基总数很低(3~3.6 mg 当量/100 g 土)。在吸附盐基组成中,镁盐和钙盐占 78%~90%,碱性基为 10%~22%,钠盐达到 2%。

沙土(沙地) 广泛分布在克孜尔库姆、布哈拉、卡拉库里和其他高原,位于泽拉夫尚、阿赫恰达利亚和阿姆河平原,在苏尔汗低地,在卡尔申草原西南部,费尔干纳河谷及共和国其他地区。

沙漠主要是疏松的沙土,在风力影响下形成风蚀表面,其特点是好的地形和不好的地形元素交替形成的地表。沙土表面很不稳定,经常在风力作用和气候干旱条件下变化,在不固定和固定较差的沙土条件下形成。风成土呈现为畦状沙丘和畦状地形,有时候是新月形沙丘。沙丘顺着子午线方向伸展,任何形状的沙土运动都是自北向东北和自南一向西南方向,这是风力运动的主导方向。沙土的高度达到 20m,或更高。砂丘之间的低地常常是风力侵蚀的发源地,深度达到 10 m,宽达到 200~300 m。有时候在沙丘之间的低地组成小沙丘。东北方向沙土形成的坡地比较平缓,对面的坡地比较陡峭。

沙地表面温度在夏季达到 80℃,在深度 25 cm 处,不超过 22~23℃。这种温度分布逐渐加深,到 5 月末达到 75 cm(Кашкаров Д. Н. ,1933)。根据费多洛维奇(Федорович Б. А. ,1981)的资料,当空气温度为 28.5℃时,沙土地对面温度达到 44.7℃。

在古冲积平原和第三纪平原可以见到平缓波浪状的沙土覆盖层,厚度 1~2 m,有时候大量这样的沙土和古冲积以及第三纪地面残留物在风蚀中心轮番交替。畦状沙丘和新月形沙丘之间,在第三纪岩石条件下,可以见到龟裂化土和龟裂土。在地下水较浅的沙丘间低地,形成盐土和重度盐渍化水成或半水成土壤。

沙土形成是多种多样的,比较古老的沙土形成在第三纪高原的表面,沙土的来源是新第三纪砂岩破损的产物。此外,潘柯夫(Панков М. А. ,1957)认为,古老沙土的重要作用是,把古代和现在冲积平原,洪积的沙土一碎石沉积带到沙土形成中,以及把淤泥沙土从灌溉和排水系统排出。第三纪岩石呈红色一铁锈色,河床河沙是灰色一淡黄色,瓦片状。

风成沙土的特点是粒度构成的同质性,在不同程度粉尘中,主要是细一中等粒度(占90%),粗粒和中粗粉尘占 0.5%~1%到 5%~10%,淤泥成分占 1%~2%。自然黏土不超过3%~4%。较少数量的粉尘和黏土在沙土中,位于第三纪岩石和新月形沙丘的沙子中。

风成沙土中有机物非常贫乏,腐殖质比在下层母质岩石中,壤土成分要少得多。腐殖质和磷含量在第三纪岩石沙土中,比冲积沉积中要少(分别为 0.02%~0.04% 和 0.02%~0.03%)(表 10.20)。

表 10.20 沙土化学分析结果/%

深度/cm	腐殖质/%	总含量		碳酸盐/%	石膏/%
		P_2O_5	K_2O		
风积沙丘(位于第三基岩)					
0~10	0.03	0.02	1.38	2.7	0.03
0~10	0.04	—	—	2.1	0.03
0~5	0.02	0.03	1.74	2.8	0.06

（续表）

| 深度/cm | 腐殖质/% | 总含量 | | 碳酸盐/% | 石膏/% |
		P_2O_5	K_2O		
		风积沙丘（位于现代的冲积层）			
0～10	0.14	—	—	3.7	0.04
0～20	0.16	0.08	1.1	4.2	0.1
0～20	0.11	0.08	1.1	4.1	0.08

沙土碳酸盐强度不高。在风成—冲积沙地中碳酸盐含量为 4%～6%，在第三纪风成沙地为 1.5%～3%。

风成沙地大部分都没有盐渍化，也没有石膏。只是在靠近矿化地下水的地方进行盐渍化，在低层砂岩中有一定程度的石膏化。但是，沙土盐渍化比较高的发生在沙丘间的低地，那里，在以前风干的盆地有时候有地下水渗出，长有草甸类和猪毛菜等植被，在植被下形成水成沙土和盐土。盐渍化类型是多种多样的：硫酸盐型、氯化物—硫酸盐型和氯化物型。

风成沙地粉尘容易受到风力侵蚀，风蚀程度取决于沙土植被的牢固程度。沙土分为未固定—流动沙土，较少固定和半固定砂土。为了固定疏松沙土，首先需要莎薹草，莎薹草的根系和砂土交织在一起，组成厚实的生草层。此外，这里还生长鳞茎早熟禾（*Poa bulbosa*）和其他禾本科—短命植物。在稀疏的灌木丛中，可以见到沙拐枣、银沙槐（*Ammodendron argenteum*），在低洼处有东方猪毛菜（*Salsola orientalis*）、稗草（*Echinochloa crusgali*），在流动沙漠上有三芒草、木本猪毛菜（*Salsola arbuscula*）、сингрен、白梭梭。

第 11 章　半水成土纲和水成土纲

　　半水成土纲是指地下水位较浅,地下毛管水前锋能到达地表形成的土壤。该土纲有三个土类,即暗半水成土亚纲的草甸土和林灌草甸土,半水成土亚纲的潮土。水成土纲是指由于地表积水或地下水埋深接近表层而过湿,在嫌气还原条件下形成的各类土壤。本土纲有 2 个土类,即水成土亚纲的沼泽土和泥炭土。

11.1　草甸土

11.1.1　形成与分布

　　草甸土的分布与生物气候、水文地质、地貌部位、河系、中小地形的关系极大,主要分布在河流的河滩低阶地、冲积平原、洪积扇和湖滨地带。

　　草甸土是由地下水直接参与,在其上发育草甸植被并产生了一定生物积累过程的半水成土壤。主要母质为河流冲积物,也有少量洪积物、湖积物。地下水埋藏深度一般在 1～3 m,矿化度 1～3 g/L。土壤受地下水浸润,草甸植被发育良好,但类型比较简单,多见芨芨草(Achnatherum splendens)、芦苇(Phragmites australis),伴生有甘草(Glycyrrhiza uralensis)、苦豆子(Sophora alopecuroides),还有罗布麻(Apocynum venetum)、灯心草(Juncus effusus)等,覆被率 50%～80%,高者超过 90%。植被的种类及其盖度主要取决于土壤水分的补给量和盐化程度。在草甸土的成土条件中,水、热条件与植被条件是主要因素。

　　草甸化是草甸土的主要成土过程。包括两个方面,即表层土壤有机质积累和下层土壤季节性氧化还原交替的过程。在中亚地区特殊的水文地质、生物气候作用下,草甸土普遍附加盐化过程。还有在人为开发利用后,因灌溉、耕种而出现灌耕熟化过程。

11.1.2　形态特征和理化性质

11.1.2.1　形态特征

　　草甸土有多个沉积层次,其质地、结构和厚度各不相同。但从发生学上区分,基本上可分为两个发生层,即腐殖质层、氧化—还原层(或称锈色斑纹层)。

　　腐殖质层　位于剖面的表层,厚度不等,主要取决于生物作用的强弱,薄者 10 cm 左右,厚者可达 40 cm 以上。一般而言,扇缘草甸土比河滩地草甸土的腐殖质层深厚,颜色因其有机质的含量高低,而呈暗灰色或灰色等。质地受冲积物的影响,多砂壤质。结构与生物过程和沉积作用有关,多粒状和团块状或层片状。腐殖质层根系密集,多半腐状死亡的根系或枯枝落叶,孔隙较多。在河滩地或低阶地的草甸土上,土壤的草甸化过程与地质沉积作用交替进行,并形成几个埋藏腐殖质层,新发育的腐殖质层薄,色浅,多层片或块状结构。

　　锈色斑纹层　位于剖面的心土层及其以下的部位,土壤潮湿,根系显著减少,土壤颜色也随剖面的深度而变浅。由于该层段由多个沉积层组成,土壤质地变化较大,从砂质至黏质土不一,但每个自然沉积层的质地基本一致。锈纹锈斑是该发生层的主要形态特征,量的多寡与氧化还原过程强弱一致,锈斑都较明显,但少见铁锰结核。此外,部分地区的草甸土剖面下部常出现砂姜,以扇缘石灰性草甸土居多,这与富钙母质和地下水侧向活动的停滞有关。

11.1.2.2　理化性质

草甸土容重与生物过程积累的有机质含量有关。

草甸土经人为耕种后,耕层毛管孔隙度增加,非毛管孔隙减少,水分特性随之发生变化,毛管水体积相应增加。

草甸土有较大量的有机质积累,但受地理位置和地貌的影响很大。此外,同一地区不同地形部位的草甸土有机质积累也有明显差别。一般而言,扇缘草甸土比河滩低阶地的高。

草甸土的腐殖质组成以胡敏酸为主,胡/富比高达 $1.5\sim2.5$,胡敏酸的 E4 值也很高。草甸土含氮化合物的分解特点与土壤水分和微生物有密切关系,硝态氮在土壤表层约 20 cm 的范围内占绝对优势,向下迅速逆转,氨态氮占主体,硝态氮仅为速效氮的 15% 左右。

中亚地区草甸土一个最显著的特点是普遍具有盐化特征,地表常常可以看到白色的盐霜。碳酸钙含量较高,它在剖面分布与地下水作用有关,在富含石灰的冲积母质地区,土壤全剖面碳酸钙含量都较高,但有一定的移动和聚积特征。由于碳酸钙溶解度小,在随水上升移动过程中易达到饱和状态而最先析出,所以常在石膏和盐分的聚积层之下较为富集。大部分草甸土缺乏钙质结核,只有扇缘地下水溢出带的草甸土常有大量钙结核,或碳酸钙与砂砾胶结成硬盘,在下部形成不透水层。

草甸土土体全量化学组成表明,剖面中 SiO_2(占烘干土重)小于 600.0 g/kg,而且基本上呈自上而下递增的趋势。土体分子比率 SiO_2/R_2O_3、SiO_2/Fe_2O_3 等一般在生草层下的心土层偏低,几乎与水分的过渡层一致,可见亚铁随毛管水上升后在该层氧化淀积的特点。

草甸土根据草甸过程和盐化附加过程,分石灰性草甸土、盐化草甸土两个亚类。

草甸土是开发利用价值较大的土壤类型之一。处在自然生态状态的草甸土是良好的放牧地,已开垦利用的草甸土,大都已成为或正在成为中亚地区粮食或棉糖生产基地。各地还在草甸土上建成了林牧结合利用的双层草场,提高了草甸土的利用率。未开发利用的草甸土应因地制宜合理开发利用,更多的应用于草场建设。各地有相当一部分弃耕草甸土,应查清土情,复垦利用。

中亚地区草甸土都存在一个盐化草甸土改良和防止次生盐渍化的问题。盐化草甸土通过改良可以改善牧草质量,其中的耕地更需要采用生物、工程措施进行改良,防重于治,改良与利用相结合,合理利用,不断提高土地生产力。在洗盐与培肥的关系上,应以排盐为先导,以培肥为中心,创造良好的土壤环境。

灌耕草甸土的培肥,一是对地下水位高、矿化度也较高的土壤,开挖排水渠降低地下水位,并加强中耕、伏耕、秋翻,改善土壤通气、导热性能,克服土壤冷性,这是发挥土壤潜在肥力的关键;二是增施肥料,用养结合,培肥地力,针对土壤普遍缺磷和缺微量元素锌的情况,增施磷肥和锌肥,加强土壤的熟化过程。还可采用草田轮作、广种绿肥等建立合理的耕作制度,培肥地力。

普通褐色草甸土　该类土壤见于北部荒漠褐土亚带范围内。这一区域地势降低,且地下水埋深在 $2\sim5$ m,使得毛管上升水可给予成土过程以影响。在由积雪和降水补充地表水分的同时,土壤深层水分获得补充。在土层范围内,土壤形成于各种砂质黏土型占优势的成土母质,不具备碱化、脱碱和易溶盐冲淋的特征。由于土壤的补充水分,与自同构地带性土壤相比,该类土壤的植被更加密集(投影盖度 40%～50%),表现为夹杂着冰草(*Agropyron crista-tum*)、芨芨草和甘草等的荒漠－草甸、杂草－牧草－艾蒿群丛。

土壤剖面按土壤发生层区分。腐殖质层位于上部(A 层),呈褐灰、叶状层理多孔隙构造,密度低,多植物根系,厚度达 10～20 cm。过渡到土壤层 B(20～30 cm),通常色调更深——深褐或褐色,密实,核块状、核柱状、块状结构。在 B 层下部或略深处有碳酸盐斑点、色素斑和膜,更深处,属于地下水(土壤水)毛管网的影响带,出现赤褐色(铁锈色)潜育斑点,这是氧化还原过程的结果,以及纹理、微小晶体和点状水溶盐蓄积(硫酸盐、氯化物)等。

褐色草甸土的腐殖质层总厚度约为 40～60 cm。B 层盐酸泡沫反应,碳酸盐析出物出现在 40～80 cm 处,水溶盐出现于 80～100 cm 处,有时更深。上部腐殖质含量为 1.5%～3.0%,往深处呈减少趋势,总氮含量为 0.10%～0.20%,吸附量为 10～20 mg 当量/100 g 土,其中交换性钾和镁占优势,吸附性钠不超过 3%～5%。土壤呈弱碱和碱反应(pH7～9)。在土壤剖面上部 1～1.5m 未见有毒性盐渍化。

深度泡沫反应褐色草甸土　该类土壤见于普通褐色草甸土区,常分布于平坦低矮的沙土区表层,具有沙土和轻质砂壤成土母质。

与普通褐色草甸土不同的是,该类土壤剖面差别不大,腐殖质层厚度大(A＋B 达 60～70 cm),有同源的浅灰和灰褐色,在发生层之间有明显渐近过渡,腐殖质层结构疏松。该土壤的典型特征是其深层盐酸泡沫反应(60～70 cm),缺乏明晰的碳酸盐层(有时仅在 80～100 cm 处出现)。腐殖质含量低(0.6%～0.9%),C∶N 值不高(7.5～8.5),矿物营养元素缺乏(除钾以外),土壤溶液呈碱性反应(pH8.0～9.5)。该类土壤位于 1.5～2.0m 厚的土壤层上部,无盐渍化(含盐量低于 0.1%～0.2%)、无碱化和脱碱特征。

碳酸盐褐色草甸土　该类土壤广泛分布于北部荒漠褐土亚带(有的文献称之为灰褐"淋溶"土)。形成于不同岩相组分的碳酸盐成土母质,深度 2～5 m 处有地下水(矿化和淡碳酸氢盐水),植被的形成条件和特征在许多方面与普通褐色草甸土相似,这决定了其剖面形态和理化性质具有很大的相似性。土壤的 A、B、C 层区别明显,有腐殖质层,厚 40～60 cm,其中褐灰片层 A 为 10～20 cm,密实褐土层 B 为 20～30 cm。表层盐酸泡沫反应,碳酸盐常在 30～60 cm 处以色斑、点和皮状形态在砾石上表现出来。腐殖质含量的变化取决于成土母质的粒度组成,在轻质土中的腐殖质含量低于 1.0%～1.5%,砂质黏土和黏土中为 2.5%～3.5%。吸附量从 10～15 至 20 mg 当量/100 g 土,极少情况下,按钙镁组分吸附量略大。吸收性钠低于 2%～4%。土壤呈碱性至强碱性反应(pH 7.5～9.5)。

碱化褐色草甸土　该类土壤分布区域与前两种土壤大致相同,但表层排水较好,且在 2～5 m 深处含矿物土壤水。土壤中砂质黏土和黏土成土母质占优势。植被构成与草甸褐色普通型土在种类、性质方面相似,有明显的喜盐植物(分枝冰草(*Agropyron* sp.)、艾蒿(*Aremisia argyi*)等)。该种土壤的剖面特征之一是腐殖质层相对不厚(A＋B 为 30～50 cm),形成于深度 10～30 cm 处,密度较高,有时与淀积碱化层 B 融合,核块、棱形结构,带有光滑缺口,含交换性钠,来自上层的淤泥颗粒丰富。虽然土壤大部分为表层泡沫反应,但碳酸盐淀积层和盐层表现并不清晰,水萃取物揭示出在离表面 60～80 cm 处有明显的溶盐。

碱化褐色草甸土的理化性质在许多方面与非碱土相近。在土壤中,腐殖质含量不高(1.2%～2.5%),随深度增加,土壤溶液的碱性、强碱性反应(pH 8～10)和交换量(10～20 mg

当量/100 土)急剧下降。淀积碱化土层 B 的吸收性盐基成分与钙相似,有大量的交换钠(10%～15%或更高),个别情况下,镁的含量较大(超过 30%～50%),给予土壤碱化土性质。此外,在水提取物中发现有增加的全碱度,这在 B 层中更为显著,易溶盐成分也较常见(氯化物和硫酸钠),其中包括碳酸盐。

盐化褐色草甸土 该类土壤有别于普通褐色草甸土,特点是其盐析出带位于 30～80 cm 深处。土壤盐渍化的来源主要是矿化地下水(潜水)(2～5 m),这些水分通过毛细管定期润湿土层。在不同岩性条件下,土层的盐渍化程度和类型存在差别。在形态和理化性质方面则与普通型和碳酸盐土相同。

草甸褐色盐土 该类土壤的形成,受矿化和强矿化地下水的影响(埋深 2～5 m),使得可溶盐定期冲出至土壤剖面上部。盐带出现在 0～30 cm 处,并常常环绕整个土壤层,在此情况下,非盐渍化仅存在于 A 层和部分 B 层。剖面中盐含量超过密实残留物的 0.3%,并随深度递增。总的土壤形态与化学性质与普通型和碳酸盐土类似。

在乌兹别克斯坦灌溉土地资源库中,水成土壤面积占 50%,其中 70%位于荒漠带内。这里不包括半水成土壤,根据乌兹别克斯坦土壤分类(Горбунов Б. В., Кимберг Н. В. и др.,1975),半水成土壤属于亚类,列入草甸土类。大部分现在的水成土壤有赖于最初形成的冲积湿度状态,这种状态形成于自然条件下的冲积－三角洲和低台地平原,以及在有水压增湿状态的山前缓坡和冲积扇。三角洲平原和低台地冲积土经常形成于河泛地－冲积土之前,同时,剖面湿度的存在,不仅是近地层地下水毛细管作用,而且还由于洪水时期的地表水。

同样在这里,在草甸土中,不良地形因素和在过多水分条件下,形成沼泽土和沼泽－草甸土。按照湿度状况水成土分为河泛－冲积土,冲积土－沼泽土。

除了水成土壤外,在自然环境下,经常见到和它们同样的土壤,这些土壤形成在自型荒漠土壤过渡时期,演化成水成土壤。这个现象的主要原因,是在人工排水地区,引水和大规模开发荒漠自型土壤进行农业灌溉。地下水在最初 3～5 年出现抬升,不仅在进行灌溉的农业用地,而且还包括邻近的荒地。这种情况主要发生在不同年代的冲积平原,参与开发的是荒漠化龟裂土,有时候还有荒漠沙土,这些土壤的前身,过去经历过土壤形成的水成阶段,这种现象在山前平原和第三纪高原很少出现,因为被灰褐色土、砂土、荒漠沙土所占据,龟裂土也很少。

水成土壤的地貌特点是土壤形成不可缺少的条件,这就是地下水深度不得大于 2～2.5 m。在这个水位范围的地下水积极影响土壤形成过程,包括整个剖面。这也是水成土壤与自型土壤形成条件的区别。强烈的毛细管作用有利于土壤表面植被生长,形成有特色的生草层。在这些土壤上进行着明显的有机物积累。腐殖质含量波动很大,取决于土壤湿润程度、盐渍化程度以及气象条件。在荒漠条件下有机物很快矿化,有大量腐殖质积累的情况例外。

草甸土形成过程发生在碳酸盐环境下,这是因为,土壤形成母质和地下水有很高的碳酸盐。较高的矿化地下水位有利于通过毛管水携带盐分到土壤剖面的不同层位。当地下水在冲积和灌溉状况下,硫酸钠、硫酸镁和氯化钠起着积极的作用,在积水状态下主要是碳酸钙和碳酸镁起作用。冲积扇周边和山前平原处于积水状态的水中,碳酸盐可以增加硫酸盐和氯化物含量。

草甸河泛－冲积土 形成于毛细管地下水湿润的条件下的河泛阶地,以及周期性洪水携带的悬浮物,其结果出现土壤表面修复。剖面具有层状的特点,在多样化的机械成分中,从黏土到砂壤土和沙土。在粒度构成中,轻壤土主要是粗粒粉尘和沙土,在黏土层中是细粒粉尘和淤泥。地下水位在平常时期为 1～2 m。腐殖化表现较弱,而且分散。腐殖质含量 0.5%～0.8%,上层为 0.7%～0.8%(表 11.1)。氮含量在 0.04%～0.08%。

表 11.1　荒地-撂荒草甸土化学分析结果

深度 /cm	腐殖质 /%	氮 /%	P₂O₅ 总含量 /%	活性磷/ (mg·kg⁻¹)	K₂O 总含量 /%	活性钾/ (mg·kg⁻¹)	物理黏土含量 /%	干渣/ %	Cl /%	SO₄ /%	碳酸盐 %
			P_2O_5		K_2O						
深度 /cm	腐殖质 /%	氮 /%	总含量 /%	活性磷/ (mg·kg⁻¹)	总含量 /%	活性钾/ (mg·kg⁻¹)	物理黏土含量 /%	干渣/ %	Cl /%	SO₄ /%	碳酸盐 %
草甸河滩-冲积土											
0～20	0.7						21.2	0.7	0.05	0.34	
30～38	0.6						4.6	0.3	0.07	0.05	
38～45	0.5						10.5	0.3	0.06	0.07	
0～9	0.8	0.13	18	2.36				0.3	0.05	0.09	9.1
9～30	0.5	0.30	8	2.15				0.1	0.01	0.03	9.1
30～50	0.5	0.10	6	2.07				0.2	0.01	0.07	9.8
草甸冲积土											
0～7	3.3	0.23		13		200		0.8	0.04	0.41	7.4
7～20	1.4	0.11		7		140		0.6	0.05	0.30	6.4
20～35								0.3	0.07	0.23	
35～52								0.3	0.05	0.12	
52～61								0.5	0.07	0.22	
67～78								0.3	0.06	0.10	
78～98								0.2	0.03	0.04	
草甸沼泽土											
0～7	2.6	0.12					76.1	0.1	0.00	0.01	7.9
15～30	1.8	0.10					76.3	0.1	0.00	0.01	9.2
35～45	1.4	0.09					70.2	0.1	0.00	0.02	8.5
90～100	—	—					48.6	0.1	0.00	0.01	

河泛-冲积土由于长时间被淹没,没有新鲜冲积物的土壤,这种土壤拥有生草层,腐殖质含量达到 3%,氮含量为 0.25%。磷总量和钾总量都不高,分别为 0.09%～0.13% 和 2.1%～2.4%,活性磷很少,为 6～18 mg/kg。碳酸盐含量取决于成土母质的碳酸盐强度,为 8.6%～9.8%。

河泛-冲积土的特点是不明显的沼泽化。只是在重机械成分土壤剖面中见到铁锈色和瓦蓝色-灰色潜育的斑点,不存在潜育层。

土壤遭受过盐渍化,在没有被洪水淹没地段出现盐渍化,有时候达到盐土程度。盐渍化类型-硫酸盐型,这类土壤在以后被洪水淹没时,盐渍化可能消失。当洪水淹没全部消除盐渍化时,土壤形成趋向草甸冲积土类。

草甸冲积土形成在冲积三角洲平原和河道阶地。这类土壤生成很早,但是在北部地区形成较晚是由于龟裂土－草甸土演化生成的原因。这些土壤被灌溉系统和灌溉土的渗流水淹没。荒地草甸冲积土占据面积不大,经常以小地块分散分布在灌溉地或附近的荒地。这种土壤发生在地下水位1～2.5 m处,对土壤形成产生积极影响。灌溉－冲积土的地下水位随着季节在0.5～1 m变化。荒地比较高的水位出现在河流多水时期,以及在附近的灌溉地进行冲洗和生长季灌溉时期。

剖面下部由于长期过湿,导致铁和锰的一氧化物和氧化物的氧化还原过程的发展,潜育化显露出铁锈色和瓦蓝色和深褐色潜育斑点,出现在重黏稠土层的地貌环境中,形成深度取决于地下水的水位。

荒地草甸土壤有生长很好的生草层,厚度达到15～20 cm,草甸土的前茬土壤是龟裂土。没有生成传统的生草层,表现出介于结皮层和生草层之间的中间层。结皮层下和生草层下有大量的根系,厚度达到6～8 cm。土壤上层通常是暗灰色的细团块结构。腐殖质积累在荒地冲积土,厚度35～40 cm,有时更多。腐殖质呈灰色,根结状,当重机械成分时,十分干燥,裂缝比较多。潜育特征不明显。

按机械成分,这些土壤在纵向剖面和在广大范围都非常多样化,从黏土和重壤土到轻壤土－沙土。

腐殖质含量在生草层和生草层下,为0.4%～33%,取决于土壤机械成分和土壤形成环境。腐殖质积累一般不超过上述范围,因为荒漠气候条件能够保证有机物很高的矿化。随着深度加深,腐殖质减少到0.2%～0.7%。上层氮含量为0.04%～0.2%。生草层的碳氮比为6～8。

草甸冲积土的特点是活性磷保证率很低,这是由于碳酸盐和倍半氧化物富集的原因,因此,磷参与了化学结合,形成了难溶解的形状。上层的活性磷为7～14 mg/kg,磷总量为0.13%～0.17%,活性钾为1.6%～2.30%。

碳酸盐含量在土壤中为5%～10%,剖面分布与原生层的机械成分有关。

埋藏较深的矿化地下水创造有利条件显露盐土形成过程。所有的草甸土都遭受盐渍化。土壤盐渍化程度取决于地下水的矿化程度,取决于盐溶液析出的速度,这决定剖面中不同机械成分层理交替的顺序。荒地土壤分布在绿洲周边或者灌溉土中,盐渍化十分严重,有时达到盐土的程度。盐渍化类型大部分是氯化物－硫酸盐、硫酸盐－氯化物,甚至是氯化物。盐分按剖面分布特点是盐土类的盐渍化,最多盐分存于上层。随着深度增加,含盐量逐渐减少,取决于层位的机械成分而有所变动(表11.1)。

草甸沼泽土没有广泛的分布。这类土壤见于荒漠带索赫斯克和伊斯法伊冲积扇的周边地区,由洪积－冲积物沉积而成。这些土壤形成,必不可少的条件是较浅的承压地下水。土壤一般含毒性盐不多,但是钙盐比较丰富。

地下水位在1～2 m,相对稳定,这有利于土壤保持长期湿润,使得植被快速发育和造成有机物残留物分解的缺氧条件,从而形成高腐殖层。

山前平原的缓坡和冲积扇逐渐平缓,地下水散失,水位下降,压力减弱,由于这些原因,土壤水成状况也随之改变,随着这些变化,矿化程度和地下水化学程度也在变化,从碳酸氢盐水变为碳酸氢盐－硫酸盐水,然后氯化物－硫酸盐水在冲积扇周边和山前缓坡成为硫酸盐－氯化物水(Панков М. А.,1957)。地下水矿化度增强,决定了土壤盐渍化,直到盐土生成。

草甸沼泽土层状剖面比较少,冲积扇上层和山前平原土壤是轻壤土、中壤土和石质土,下层常常是砾石层,边缘部分由于粒度成分中加入淤泥和细粒粉尘,土壤重量加重。生草层腐殖质含量取决于土壤形成条件,在相对大的范围内波动,为 1.5%～6%,在 0.5 m 层达到 0.5%,与此相对应,氮含量变化也比较明显,为 0.04%～0.20%。

土壤碳酸盐含量比较高(8%～11%),沿剖面分布比较均匀,但在剖面下层形成密实的土层,其中有石膏加入,呈现出石膏和石灰石的积累。

灌溉草甸土　是灌溉土中分布最广的土壤。土壤的形成,除了自然水成条件外,影响最大的就是灌溉。区域长期充水和农作物定期灌溉是决定水成土壤形成的重要因素。在灌溉土壤中形成的灌溉水分状态,在自然—人为条件下,按照这种水分状况和预定条件把灌溉土壤分为冲积土和沼泽土。

吉姆贝尔格(Кимберг Н. В. ,1949)早在 1949 年就观察到,在灌溉利用草甸土时,根本的办法是改变水热和其他条件的状态,结合起来导致形成新的草甸土—灌溉冲积土和灌溉沼泽草甸土。在开发的初期阶段,它们之间的区别在某种程度上还在继续,但以后在地貌方面逐渐变得十分相似。

在灌溉草甸土中,分布比较少的是新灌溉土和多年灌溉土。

新灌溉草甸土属于亚型,常常见于卡拉卡尔帕克州、卡什卡尔达里亚州、费尔干纳州和花拉子模州。在地貌结构中,土壤具有明显前茬荒地的特点。除了人为的耕作层厚度 28～32 cm 外,土壤有减少了的腐殖质层。腐殖质层的厚度,包括耕作层达到 30～45 cm,这取决于开发时间长短。土壤有灰色和暗灰色颜色、有时候褐色色调,根结状。下面是较少根结的过渡层,有时候有新生成的碳酸盐。过渡层下是淡色层位,呈现出土壤母质—明显层状的冲积层,这里较少层状洪积层或者较多同质的黄土和黄土状壤土,带有许多灰色和铁锈色的潜育斑点。

草甸冲积土的腐殖质含量在 0.4%～1.5%,草甸沼泽土为 0.6%～1.8(2.5)%,在下面,腐殖质含量逐渐减少。在沼泽土中,腐殖质分布在腐殖质层较冲积层均匀。氮含量在冲积土壤耕作层中,为 0.06%～0.12%,下层氮含量下降,与腐殖质相对应。按机械成分土壤中活性磷属于低保证率(18～30 mg/kg)。活性钾的保证率非常多样化,从低到很高,从 140～200 mg/kg 到 320～580 mg/kg。磷总量在 0.09%～0.14%(在冲积土中)和 0.10%～0.28%(沼泽土)。按钾总量,从 0.75%～1.72%,易吸收营养元素明显减少(Исмнов А. Ж. , Попов В. Г. ,1997)。

表 11.2　新灌溉草甸土壤化学分析结果/%

深度/cm	腐殖质/%	氮/%	P₂O₅ 总含量/%	活性磷/(mg·kg⁻¹)	K₂O 总含量/%	活性钾/(mg·kg⁻¹)	碳酸盐/%	石膏/%
			位于冲积层草甸土壤(卡拉卡尔帕克斯坦州)					
0～30	1.1	0.09	0.14	24	—	196	9.1	0.22
30～50	0.6	0.07	0.12	15	—	—	9.0	0.14
50～70	0.4	0.04	0.09	—	—	—	9.6	0.21
70～100	0.6	—	0.10	—	—	—	9.7	0.48
			位于冲积层草甸土壤(卡什卡达利亚河)					
0～28	0.6	0.06	0.12	28	1.20	320	9.3	0.55

深度/cm	腐殖质/%	氮/%	P₂O₅		K₂O		碳酸盐/%	石膏/%
			总含量/%	活性磷/(mg·kg⁻¹)	总含量/%	活性钾/(mg·kg⁻¹)		
28～42	0.3	0.03	0.10	4	1.16	270	8.3	0.41
42～61	0.2	0.04	0.12	5	1.17	260	7.8	0.38
61～100	0.2	0.02	0.10	5	1.5	240	7.5	0.31
位于洪积层的草甸沼泽土（苏哈达利亚州）								
0～10	0.6	0.03	0.11	18	1.95	222	7.2	—
10～19	0.5	0.03	0.11	8	2.23	228	7.2	—
20～30	0.4	0.02	0.10	6	2.23	205	7.4	—
34～45	0.2	0.01	0.11	4	2.06	145	7.4	—
50～60	0.2	0.01	0.12	—	2.23	—	7.3	—
85～90	—	—	0.11	—	1.91	—	8.8	—
140～170	—	—	0.12	—	2.77	—	8.2	—

新灌溉草甸土的机械成分是多种多样的，但占多数的是中壤土和轻壤土，这些土壤拥有良好的水力性能。形成在不同土壤母质草甸土的区别是多种粒度成分，而冲积平原的区别是剖面的明显层理。灌溉草甸沼泽土和冲积土有时候从 $0.5～1$ m 处有砾石层。

灌溉草甸土的碳酸盐强度很高。取决于原生层机械成分，剖面中碳酸盐含量为 $6\%～10\%$。石膏在土壤中很少，为 $0.08\%～1\%$。下层草甸沼泽土，在毛细管边缘散失区碳酸盐含量最高，为 $14\%～25\%$，石膏为 $20\%～25\%$，使得形成厚实的平地，称为 **арзык**。在碳酸盐组成中，碳酸氢钙和碳酸氢镁含量较高。库古契科夫（Кугучков Д. М.，1953）查明，在灌溉沼泽土中，在很多情况下，栽培作物遭受到高浓度碳酸镁的侵害。

新灌溉草甸土全面遭受盐渍化。在沼泽水分状态下，盐渍程度比冲积和灌溉－冲积土情况下表现要弱一些。中度和轻度盐渍化土壤分布比较广泛。一些土壤由于冲洗的原因没有遭受盐渍化。重度和中度盐渍化土壤的特点是有很高的含盐量，达到 $1.1\%～2.6\%$（表 11.3）。盐渍化类型主要是氯化物－硫酸盐和硫酸盐类。

表 11.3　新灌溉草甸土浸出液分析结果/%

深度/cm	干渣	HCO₃	Cl	SO₄
0～25	0.3	0.02	0.03	0.19
25～38	0.3	0.03	0.04	0.12
38～56	0.2	0.02	0.03	0.08
56～75	0.1	0.02	0.01	0.04
75～88	0.1	0.03	0.02	0.03
88～105	0.1	0.02	0.01	0.03
0～28	0.7	0.03	0.1	0.35
28～42	0.5	0.03	0.05	0.22

（续表）

深度/cm	干渣	HCO₃	Cl	SO₄
42～61	0.5	0.02	0.04	0.24
61～100	0.4	0.02	0.03	0.2
110～138	0.4	0.03	0.03	0.18
0～34	1.5	0.02	0.32	0.58
34～45	0.4	0.02	0.11	0.16
45～56	0.5	0.02	0.11	0.21
56～70	0.3	0.02	0.07	0.1
120～140	0.3	0.02	0.1	0.05
0～10	0.1	0.03	0.002	0.02
10～19	0.1	0.02	0.002	0.03
20～30	0.1	0.04	0.002	0.02
34～45	0.1	0.03	0.002	0.01
50～60	1.1	0.02	0.004	0.69
85～95	0.4	0.01	0.004	0.22
140～170	1.5	0.01	0.030	0.90

　　吸附容量在灌溉草甸沼泽土中为 12～14 mg 当量/100 g 土。在较弱的腐殖化草甸冲积土中,吸附容量在 8～10 mg 当量/100 g 土。吸附盐基成分主要是钙,占总数的 50%～70%,镁占 19%～40%,剖面下部逐渐减少。吸附性钠的含量极少。土壤没有碱化。荒漠带多年灌溉草甸冲积土广泛分布在花拉子模州、布哈拉州、费尔干纳州和卡拉卡尔帕克州南方地区,草甸沼泽土分布在费尔干纳州西部地区,在索赫斯克高地和伊斯法林冲积扇边缘的北方,它们的地面都比较平整。地下水位于这些土壤 1.5～2(3)m 深的地方,灌溉－冲积或者灌溉沼泽土。

　　这些土壤的特点是有农业灌溉层的存在,厚度取决于土壤利用时间和灌溉水源的距离,在 1～2 m。耕作层占据农业灌溉层的上部,厚度为 28～32 cm,灰色或暗灰色,粉尘团粒结构。在耕作层下,在多年灌溉土壤中,尤其在加重机械成分土壤,组成耕作层下的层位(厚度 5～7 cm),这个层位与耕作层的区别是有较高的密实度和粗糙的团粒结构。这些土壤可见到根节植物。在土壤严重盐渍化时出现小斑点的盐粒。

　　农业灌溉层通常是单调的颜色和单质的结构。灌溉层被很好地耕松过,经常可以看到人为作用的痕迹(煤炭、器皿的碎片、碎砖块等)。农业灌溉层以下是土壤母质,有不同程度层状的机械成分。这部分土壤剖面有潜育的特征,铁锈色和瓦灰色斑点。

　　腐殖质层在多年灌溉土壤中延伸到 60～70 cm,经常和农业灌溉层重合在一起,暗灰色,归入到农业灌溉层,具有比较明亮的色调。在不同的流域中,色调是不同的(褐色、瓦蓝色、红色等)。

　　荒漠带多年灌溉草甸土总体上腐殖质含量不高,在耕作层中为 0.4%～0.9% 到 1.0%～1.5%。在布哈拉绿洲边缘可以见到腐殖质含量比较高,含量较低的出现在卡什卡达里亚三角洲的风成土壤,和其他在发育过程遭受荒漠化的地区。灌溉草甸冲积土的形成在于地下水抬升的条件,在草甸化过程发生前,这里曾经发育过龟裂土。剖面中腐殖质含量分布比较均匀,向下逐渐减少。在其他条件相同情况下，重质土中腐殖质比轻质土相对多一些。在沼泽土中达到3%。氮含量与腐殖质含量相对应，为0.04%～0.19%。碳氮比为6～10。

表11.4　多年灌溉草甸土化学分析结果

深度 /cm	腐殖质 /%	氮/%	P$_2$O$_5$		K$_2$O		碳酸盐 /%	石膏/%
			总含量/%	活性磷 /(mg·kg^{-1})	总含量/%	活性钾 /(mg·kg^{-1})		
0～31	0.9	0.09	0.20	25	—	220	8.6	0.27
31～50	0.6	0.07	0.14	15	—	—	8.8	0.19
50～70	0.7	0.06	0.10	—	—	—	—	—
70～100	—	—	—	—	—	—	9.7	0.29
0～30	1.1	0.10	0.12	39	—	181	8.0	0.23
30～50	0.7	0.07	0.11	10	—	123	8.9	0.30
50～70	0.6	0.06	0.10	—	—	—	8.7	0.19
70～100	0.4	—	0.09	—	—	—	9.5	0.21
0～30	0.7	0.06	0.11	21	—	165	8.8	—
30～50	0.6	0.05	0.11	11	—	89	8.5	—
50～70	0.2		0.09	—	—	—	6.8	—
0～10	0.7	0.04	0.14	24	2.13	330	7.4	—
20～30	0.6	0.04	0.14	21	2.10	330	7.2	—
40～50	0.4	0.03	0.12	3	—	284	7.8	—
70～80	0.3	0.02	0.12	—	—	—	7.8	—
100～110	0.3	0.03	0.11	—	2.00	—	7.2	—

活性磷含量在比较大的范围波动，在花拉子模和卡拉卡尔帕克草甸土，为20～50 mg/kg，在布哈拉草甸土为90～350 mg/kg，这样就可以把这类土壤列入从低到高保证率的等级。土壤磷含量保证率低，是由于很少在土壤中施用磷肥的原因。磷总量取决于土壤形成母质的性能，也在比较大的范围波动，从0.09%～0.26%（在上层）。活性磷在耕作层中很少，保证率从低到高，为165～350 mg/kg。向下层，活性钾逐渐减少，到耕作层时达到90～130 mg/kg（属于低或很低保证率）。钾总量的储备相当高，在上层为1.4%～2.1%。

按耕作层机械成分，多年灌溉草甸土主要是中壤土和轻壤土。在剖面中低于农业灌溉层的首先是中一重壤土，埋藏着土壤形成母质，按机械成分有层状结构特点（表11.5）。

表11.5　多年灌溉草甸土浸出液分析结果/%

深度/cm	干渣	HCO$_3$	Cl	SO$_4$
0～32	0.4	0.02	0.04	0.16
32～46	0.2	0.03	0.02	0.09
46～60	0.2	0.03	0.02	0.10
60～75	0.2	0.03	0.01	0.09
75～93	0.2	0.02	0.02	0.13
150～165	0.2	0.02	0.02	0.09

（续表）

深度/cm	干渣	HCO₃	Cl	SO₄
0~29	1.2	0.02	0.20	0.53
29~14	0.2	0.03	0.03	0.10
44~68	0.3	0.03	0.03	0.12
68~89	0.2	0.03	0.03	0.09
89~110	0.2	0.03	0.04	0.07
110~152	0.1	0.03	0.30	0.05
0~10	0.2	0.02	0.01	0.07
20~30	0.1	0.02	0.004	0.03
40~50	0.1	0.02	0.01	0.05
70~80	0.1	0.02	0.01	0.06
90~110	0.1	0.02	0.01	0.07
110~120	0.2	0.02	0.01	0.09
0~10	0.5	0.02	0.03	0.29
20~30	0.6	0.02	0.02	0.33
40~50	0.7	0.01	0.02	0.42
70~80	0.5	0.02	0.02	0.29
100~110	0.5	0.02	0.02	0.30
140~150	0.5	0.01	0.02	0.38

　　多年灌溉层通常粗粒粉尘和细粒砂土十分富集,淤泥粒级在这个层位中和冲积土的含量大体相当。吉姆贝尔格(Кимберг Н. В.,1974)认为,灌溉时,好像冲积过程仍然在继续,实际上,这个过程在自然进程中已经结束了。在多年灌溉草甸沼泽土中,洪积土中的粉尘颗粒比冲积土中明显要少,但中-粗砂土颗粒较多。

　　在费尔干河谷地区和泽拉夫尚冲积扇布哈拉上游,多年灌溉草甸土有时在深 1~2 m 以下有碎石垫层。

　　碳酸盐在多年灌溉草甸沼泽土与其他成因的草甸土相比,含量多一些,碳酸盐沿剖面分布不均匀,从一方面看,和灌溉时冲洗有关;从另一方面看,是由于冲积物和洪积物不同质的原因。沼泽土中,有时在剖面下层,碳酸盐含量增加到 13%~28%,石膏在多年灌溉草甸土中很少(1%),但是草甸沼泽土例外,在那里剖面下部其含量明显增加,和碳酸盐一起组成密实结构"арзык"。

　　荒漠带多年灌溉草甸土全部遭受盐渍化,使得较浅的地下水和炎热气候条件随着风力促使盐渍化。土壤盐渍化程度,在轻度盐渍化和未盐渍化(冲洗)到严重盐渍化之间变化。有时出现盐土的斑点。但是在自然界有轻度盐渍化和冲洗的多年灌溉草甸土壤(表 11.5)。

　　盐渍化从流域上游向下游逐渐增加。当盐渍化程度很高时,盐的成分中可见到数量很多的氯化物和硫酸盐。硫酸盐不是毒性盐,如果氯化物对植物(棉株)表现的不良影响超过 0.01% 的话,那么,硫酸盐数量就已经超过 0.6%~0.7%。多年灌溉草甸土盐渍化类型大都是氯化物-硫酸盐和硫酸盐型。

多年灌溉草甸土与荒漠带其他土壤的区别是,在腐殖质层上层有较高的吸附容量(12～14 mg 当量/100 g 土)。剖面下部减少到 8～10 mg 当量/100 g 土。在吸附离子组成中,主要是钙(占总数的 40％～90％),剖面向下减少,镁的份额增加。在深度 0.5～1m 处,镁的含量增加到 20％～40％,代谢钠一般很少(2％～3％),或者完全不存在。

过湿水成沼泽土　属于这类土壤的是沼泽草甸土、草甸沼泽土和沼泽土,它们在亚热带荒漠亚带中占有不大的面积。防治土壤盐渍化的措施,是把地下水降低到临界水位,可以减少高湿度土壤面积。

这类土壤地域分布为数不多,它们常常处于草甸土的复合体中,或者参与草甸土的组成。在自然界可见到这类土壤的小块零星地块,不具有多大的生产意义,因此,对这类土壤的研究很少。

过湿水成土壤全部或部分见于亚热带荒漠亚区。在这些土壤中划分为河泛－冲积土、冲积土和沼泽土。前两种占有较大面积,位于卡拉卡尔帕克州、花拉子模州、布哈拉州和苏哈达利亚州。这里它们形成在三角洲平原、河流阶地和河泛地,与干涸的沼泽、湖泊连接起来成为较大的地域。有时候这些土壤形成在开发低地,这些低地是在自然和人工排水灌溉条件下种植落芒草的冲积平原平地。

过湿水成沼泽土壤在荒漠地区,可以在费尔干纳河谷西部见到,在纵向壅水区和地下水沿索赫斯克和伊斯法林冲积扇边缘渗出的地区,由洪积物沉积而成的。

沼泽－灌溉冲积土　形成在地下水深 0.5～1 m 处,有时候地下水位可以低于或者高于这个数值。作为过渡土壤,携带着草甸土和沼泽土的生成特征。这种优势的形成过程取决于地下水的水位。因此,这类土壤在不同时期能够提供过渡阶段的发育状况,既有可能是沼泽土转为草甸土,也有可能相反,从草甸土转向沼泽土。

在河泛阶地形成沼泽－草甸、河泛－冲积土壤。在它们中间同样遵循着向草甸土过渡的趋势,但是周期性的洪水和土壤表面的充水,强化土壤沼泽化过程,使得土壤表面过渡状态更为稳定。

沼泽草甸土沼泽湿润状态形成在地下水比较稳定的水位,因此,在这些土壤中过渡土壤的特征更为明显。

荒地沼泽－草甸冲积土由于洪水淹没的影响不能利用,而沼泽草甸沼泽土有发育很好的生草层。较厚的生草－腐殖层有发乌的色调,颗粒状结构,下层直接是潜育层。

在沼泽－草甸冲积土壤的上层,腐殖质含量达到 2％～3％,氮含量为 0.1％～0.3％。在沼泽草甸沼泽土中,腐殖质含量明显较高,达到 4％～6％,在沼泽－草甸和河泛－冲积土中明显减少。在沼泽－草甸土有些地方显露出腐殖质层含有较高的腐殖质,有时候含有泥炭。

按机械成分土壤是多样的,但是,其中重壤土和黏土占多数。剖面有明显的层状。有时候在 0.5～1 m 处有砾石垫层。

土壤的碳酸盐强度,由于广泛的地理分布和不同的发生因素而多样化。碳酸盐含量在 5％～11％。在沼泽土潜育下层碳酸盐达到 25％～30％。

所有的沼泽草甸土都有不同程度的盐渍化,河泛－冲积土除外,那里的盐被地表水冲洗。盐渍化程度很高时,盐渍化类型可能是硫酸盐－氯化物型和氯化物型,当盐渍化程度较低时,主要是硫酸盐型。

灌溉－草甸土(草甸－沼泽)　在上述地域范围占据面积非常小,虽然有时候也显露一些不同的地形生成特点,但把它列入多年灌溉或新灌溉土没有实际意义。

荒地沼泽草甸冲积土和沼泽土,在它们发育的初期阶段,已经失去了生草层,部分潜育层被耕作层吸收。在疏松耕作层,改善通气导致有机物矿化程度加强、还原过程被氧化过程替代。紧跟着在耕作层开始形成潜育层,在沼泽土中经常由于密实的潜育层和淹没的泥炭而结束。在适度湿润的土壤中潜育层发育成紧实的土壤层。在新开发的土壤中农业灌溉层很少区分开来,几乎总是和耕作层相重合,在开发时间很久的农业灌溉冲积层,厚度达到 0.7～1 m。这些冲积层厚度增加和实施土壤改良,将导致地下水逐渐加深,减弱和终止沼泽化过程,使沼泽草甸土向草甸土转化。

在灌溉沼泽－草甸土中可见到增加的残余腐殖质。在沼泽－草甸冲积土的耕作层中腐殖质含量为 1%～4%,在沼泽土中为 2%～6%(在有些资料中达到 9%～12%)。氮含量与腐殖质含量相对应,在 0.08%～0.3%(冲积土)和 0.1%～0.40%(沼泽土)(表 11.6)。

表 11.6 灌溉过湿水成土壤化学分析结果/%

深度/cm	腐殖质/%	氮/%	P$_2$O$_5$		K$_2$O		干渣	Cl	SO$_4$	碳酸盐	石膏
			总含量/%	活性磷/(mg·kg^{-1})	总含量/%	活性钾/(mg·kg^{-1})					
0～7	1.0	0.08	0.10	3	2.52	230				9.6	0.10
7～20	0.9	0.07	0.10	3	2.25	220				9.6	0.04
20～30	0.5	0.05	0.11	6	2.19	180				10.2	0.03
30～60	0.8	0.05	0.11	2	1.81	60				9.6	0.02
76～100	0.4	0.02	0.10	2	2.51	60				10.8	0.14
0～19	3.8	0.12									
20～30	2.4	0.11									
35～45	0.3	0.06									
67～70	6.7										
0～10	4.8	0.21					1.6	0.10	0.84		
10～20	4.1	—					1.3	0.02	0.56		
35～45	4.1	0.24					0.2	0.01	0.18		
							4.0	0.19	2.29		
							0.1	0.01	2.02		
							0.1	0.01	2.02		
0～25	1.3						0.2	0.02	0.10	8.6	0.26
25～50	0.7						0.7	0.02	0.45	10.0	0.24
50～100	0.6						0.8	0.03	0.49	9.9	0.36

在卡拉卡尔帕克州南方和中部地区,见到有些反常现象。沼泽土在土壤灌溉开发的时候,地下水位埋藏很深。草甸土、龟裂草甸土、甚至龟裂土都可以归于这一类土壤。有时候,这类土壤表现出荒漠化和古撂荒地的特征,还可显露出某些变形的农业灌溉层。

这些土壤在种植水稻作物时出现沼泽化。过湿的土壤表面在开发初期,并没有观察到灌溉水和地下水结合。在这个时期,这些土壤可以有条件地称为沼泽土或草-甸沼泽土,因为沼泽化只有当落芒草在水中站立时,才能积极地进行。随着水从畦田下降,上层水很快消耗在蒸发中,而当下层排水时,地下水出现在 2～3 m 处。当长时期利用土壤种植水稻时,沼泽化进程逐渐加快。在这些土壤上组成两种比较大的潜育层,一种是耕作层下的潜育层,有时也包括下层部分;第二种是地下水强烈影响的地带。

腐殖质,在这些土壤中反映出原生土壤的腐殖质含量在 0.7%～1.5%。氮含量取决于腐殖质,在 0.05%～0.12%。

磷总量在所有的土壤中都不高,为 0.04%～0.13%,钾总量比较多,为 1.5%～2.5%。土壤活性磷保证率很低,活性钾含量也不高。

按机械成分,沼泽-草甸土和草甸-沼泽土中主要是重壤土和黏土,也可以看到较轻的土壤。在很早灌溉的农业灌溉层,土壤剖面在结构和机械成分方面都是相同的。在新灌溉土中,没有农业灌溉层,剖面反映出冲积层理和洪积的特点。由于土壤母质来源和成分的区别,土壤中碳酸盐含量从 6%～7% 到 9%～14%,尤其是高含量碳酸盐,在沼泽土的下层可以看到,因为在那里有潜育土层或密实的 арзык 层。

根据盐渍化程度和盐的成分,土壤是非常多样化的。盐渍化较少的是沼泽草甸沼泽土,形成于接近淡水或者轻度矿化水的地方。在伊斯法林冲积扇外围,在静止水和费尔干纳大运河壅水条件下,有时候在灌溉-草甸-沼泽土,见到斑点状盐土,含盐量在硫酸盐型盐渍化时达到 4%。比较强烈的盐土化过程在河泛地的阶地和三角洲平原形成,那里埋藏不深的地下水有很高的矿化度。轻度盐渍化和淋溶土壤比较均匀分布在中度和重度盐渍化的土壤中,有时可见斑点状的盐土。盐渍化类型多样化,在轻度盐渍化土壤中,主要是硫酸盐型,随着盐渍化程度加深,类型也在变化,达到硫酸盐-氯化物和氯化物型。

11.2　沼泽土

11.2.1　沼泽土的形成与分布

沼泽土的分布与河流、湖泊的发生特点相联系,并受水文地质条件支配,分布广,但十分零星。中亚地区多季节性河流,并多内流河,流域较窄长,部分河流在下游形成内陆湖或湖泊。沼泽土则多分布在湖水矿化度较低的湖滨。

在干旱气候条件下,沼泽土的形成主要有 3 个条件:

地形凹洼,为地下水补给和汇集创造条件。中亚地区洪积-冲积扇十分发育,其扇缘和扇间洼地是地下水汇集的区域。与河流相联系的河滩地、低阶地和湖泊的湖滨等,都是水源补给充足、容易形成沼泽土的低平地区。

地下水位高,埋深在 1 m 以内。地下水矿化度各地虽有一定差异,但多为淡水或弱矿化水。

湿生植被生长繁茂,覆盖度高,种类有芦苇(*Phragmites australis*)、毛腊(*Typha davidiana*)、莎草(*Cyperus*)、三棱草(*Juncellus serotinus*)等,在盐化沼泽土上还有盐生植物生长。

沼泽土的主要成土过程是沼泽化过程。主要包括两个方面:剖面上部腐殖质化过程,剖面下部潜育化过程。此外,还有盐化附加过程。

11.2.2　剖面形态与理化性质

沼泽化过程的实质主要是腐殖质化和潜育化,所以沼泽土的剖面主要由腐殖质层和潜育层组成。

腐殖质层　顶部有 $5 \sim 10$ cm 厚的生草亚层,草根密集,颜色棕灰或灰色,有大量锈斑。腐殖质层厚 10 cm 以上,呈暗灰或黑灰色,大多为粒状结构,多锈纹锈斑,常可见到螺壳、枯枝和死亡根系等生物残体。

潜育层　灰色或青灰色,结构多为块状,质地变化较大,母质为冲积物的质地多为砂质土或壤质土,母质为湖积物的多黏质土。该层上部连接腐殖质层,中间无过渡层次,部分剖面下部可见到灰白色层和无结构的"腐泥层"。

沼泽土的腐殖质层疏松多孔,结构良好。其顶部的生草亚层是水分的易变层,根系密集,小于 0.001 mm 黏粒含量一般在 $5\% \sim 10\%$,容重小于 1 g/cm³,孔隙度大于 65%。生草亚层之下小于 0.001 mm 黏粒含量一般在 $10\% \sim 20\%$,容重为 $0.9 \sim 1.6$ g/cm³,孔隙度 $40\% \sim 65\%$。潜育层因长期处于水分饱和呈浸水状态,土体结构致密,孔隙度小,土壤容重偏大。处在淹水状态下的潜育层,土粒分散,土体呈烂泥状,形成的"腐泥层"孔隙度更小,结构性能极差。

沼泽土腐殖质层的有机质含量变幅范围大,在 $20 \sim 400$ g/kg,主要受土壤水分条件和生物作用的支配,同时又具有地域性特点。

沼泽土普遍有盐渍化特征,盐分表聚明显,是中亚地区沼泽土的重要特点。盐分组成大多以硫酸盐为主,部分含有少量苏打,土壤 pH 较高。沼泽土 $CaCO_3$ 含量较高,但无淋溶和淀积特征。

沼泽土的潜育作用强烈。大量的有机质在分解过程中产生较多的还原物质,使土壤中的氧化铁转化成为亚铁,一部分被淋失,一部分亚铁随毛管水上升,在上部土层中氧化成高价氧化铁,形成腐殖质层中的铁锈斑纹。但大部分亚铁离子使土壤颜色变蓝色或青灰色,潜育层中的锈斑都形成在苇根孔壁,有的形成铁锈管,这与苇根生理作用有关。

11.3　泥炭土

泥炭土往往与泥炭沼泽土组成复区,且多出现在泥炭沼泽土的内缘。

泥炭土区的地下水位多在 $30 \sim 50$ cm 以内,地表常有积水,矿化度较低,主要植物为芦苇,伴生有少量其他湿生植物类型,覆盖度几乎为 100%。每年芦苇残体被水淹没或堆积于地表,在嫌气条件下分解十分缓慢,残体堆积量大于分解量,大部分转变为泥炭,极少量腐解为腐殖质。所以,泥炭土的主要成土过程是这种半分解的残体积累的过程,即泥炭化过程。形成的泥炭层大于 50 cm,有的厚 $1 \sim 2$ m,土壤有机质含量 $300 \sim 600$ g/kg,分解极差,碳氮比 20 以上,结构不明显,土壤容重低于 1g/cm³,土壤含水率 $1500 \sim 2800$ g/kg 以上,土壤有轻度盐化,pH 7.0 左右。

第 12 章　盐碱土纲

凡土壤中可溶性盐类的含量或碱化度分别达到盐土或碱土指标,即属盐碱土纲。它包括盐土和碱土两个亚纲。

12.1　盐土

中亚地区的盐土是特定的气候、母质、地形、水文和水文地质、植被等自然条件和人为活动的产物。中亚地区盐土面积大,分布广,含盐量高,种类多。在盐土形成中,积盐过程十分强烈,具有独特的积盐特点,为世界所罕见。科夫达(Ковда В. А.,1956)认为,中亚地区是世界盐碱土的博物馆。

12.1.1　成土条件和主要成土过程

12.1.1.1　盐土的形成条件

(1)干旱荒漠气候是形成盐土的重要条件

中亚地区地处欧亚大陆中心,远离海洋,是世界著名的干旱地区之一。中亚地区高温干燥和强烈蒸发条件,决定了土壤的上升水流占优势。在自然条件下,土壤的淋溶过程和脱盐过程十分微弱,土壤中的可溶性盐借助毛管水上行积聚于表层,导致土壤普遍积盐,形成大面积的盐土。土壤中的盐分运动,具有明显季节变化特征。冬季气温低,土壤盐分相对稳定。开春后,气温骤升,土壤返盐速度增强,至 4—5 月份,随着土壤蒸发加强,返盐亦更加强烈。夏、秋之交,土壤返盐达到全年的最高峰。

(2)母岩和母质含盐是形成盐土的物质基础

在前山有含盐地层的地区,由含盐地层风化的成土母质,通过水流把含盐地层的盐分带到平原,使地面水和地下水的矿化度逐渐升高,成为土壤盐分的主要来源。盐土的盐分组成与母岩的类型和成分有密切的联系。

(3)地表水和地下水的补给是形成盐土的动力

中亚地区气候极端干旱,母质盐源丰富,地表水和地下水的补给成为盐碱土形成的动力。

发源于山区的河流,由山麓流入盆地后,矿化度升高,各河流不同程度地含有较多盐分。河水矿化度的垂直分布规律从上游到下游、从高山至低山逐渐增高。在低山带由暴雨径流形成的季节性河流,洪水期矿化度增高。河水径流量大小也是决定矿化度增减的另一因素,径流量越大,矿化度越低。

矿化地下水是中亚地区形成大面积盐土的重要因素之一,地下水矿化度与土壤积盐明显相关。在气候和埋深相同的情况下,地下水矿化度愈高,地下水向土壤输送的盐分愈多,土壤积盐愈重。地下水盐分组成与土壤盐分组成表现为一致性。

土壤积盐的强度与地表潜水的蒸发强度有关。

(4)封闭地形是形成盐土的强化因素

中亚地区四周为高山环绕的封闭式内陆盆地,大部分河流是内陆河,地下径流缺乏出路,土壤盐分只能在盆地内部重新分配。这种特点使盐分从高地向低地转移,从而强化了低地的积盐过程。

中亚地区地貌单元分为山前洪积冲积扇、干三角洲和冲积平原。每个地貌单元,又可细分为上、中、下3部分,沉积物由粗变细,地下水从上部到下部,由深变浅,矿化度由低变高。

大河流域除形成冲积平原和三角洲外,还因大河之间常有阶地出现而形成河间低地。垂直河床的方向上,沉积物由粗变细,地下水位由深变浅,矿化度由低变高,土壤积盐增强。

中亚地区许多盆地最低洼处有湖泊或沼泽,常成为周围地表水和地下径流的汇集区。因此,也是盐分汇集中心,甚至形成盐湖。由于湖水的涨落和强烈蒸发,在湖滨地区形成大面积含盐很高的矿质盐土、盐壳和盐泥,成为中亚地区盆地的现代积盐中心。

(5)盐生植物是形成盐土的加速因素

盐碱土上生长的盐生植物,具有较强的适应盐碱的能力,它们的根系在吸收水分和养分的同时,能将深层土壤或地下水中的盐分带入体内,淀积在细胞间或滞留在细胞液中。有的盐生植物还能通过特殊的组织,将盐分泌出体外。因此,当这些盐生植物的分泌物散落或残体分解时,将盐分累积于地表,年复一年,加速和增强了土壤盐碱化进程。

有些盐生植物的植株所含盐分以氯化物为主,例如骆驼刺(*Alhagi sparsifolia*)、铃铛刺(*Halimodendron halodendron*)、琵琶柴(*Reaumuria soongonica*)、无叶假木贼(*Anabasis aphylla*)、碱柴(*Kalidium foliatum*)等;有些则以硫酸盐为主,例如珍珠猪毛菜(*Salsola passerina*)、盐穗木(*Halostachys caspica*)等;还有些植物含有较多碳酸盐和重碳酸盐,例如胡杨(*Populus euphratica*)、碱蓬(*Suaeda glauca*)、猪毛菜(*Salsola collina*)、梭梭(*Haloxylon ammodendron*)等。它们不仅给土壤带来大量的盐类,还带来一定数量的苏打,对加速周围土壤的盐化和苏打化起了很大作用。

(6)人为因素形成灌区次生盐碱土

在灌区,因水库渗漏、渠道渗漏及田间灌水渗漏等人为因素引起地下水位上升、超过临界深度,并形成次生盐碱土。同时,耕作不当、土地不平整,使条田内的高地形成盐碱斑,有的盐斑土壤的含盐量可达盐土标准。在残余盐化或脱盐不彻底的土壤上,若灌水技术差、灌水量太少,则不能把土壤剖面中、下部聚盐层的盐分压到深层,反而使该层盐分活化,造成上层土壤含盐量增加,甚至有的变成盐土。灌水不均匀,使没有灌上水的地方成为干排盐地,也逐步变成盐土。无计划撂荒,赤地休闲等不合理耕作制度,使土壤长期裸露,在蒸发强烈的情况下,加速了土壤盐分表聚过程。

上述的人为因素,除了影响灌区地下水位上升外,同时也影响灌区周围和灌区内部一些荒地或夹荒地的地下水位上升,成为干排盐地,导致这些土壤盐分积累增加,变成盐土。

12.1.1.2　盐土的形成过程

在干旱气候条件下,强烈蒸发,矿化地下水借助土壤毛管水流,将盐分源源输送聚积于地表和土体上部,当土壤可溶盐累积到一定数量时,则形成盐土,植物发生凋萎和死亡。盐化过程是盐土的主导成土过程,亦为土壤形成过程中所产生的易溶性盐分在土体一定深度内聚积的过程。现代积盐过程,主要发生在受地下水影响的土壤上。除了在自然状态下发生现代积盐外,还可因人为工程和农业灌溉措施不当而造成地下水位升高,引起积盐。例如,平原水库下游和四周、渠道两旁、耕地内部等的积盐也为现代积盐。总之,无论是自然因素或人为因素造成的高地下水位,导致地下水位以上土层处在地下水毛管浸润作用范围之内,毛管上升水流抵达地表,溶于水中的盐分在地表蒸发、聚积起来,形成盐霜、盐结皮或盐壳,统属现代积盐过程。

在以毛管水为动力的土壤盐化过程中,同时伴随着生草过程和潜育化过程。随着盐化过程的加强,盐分不断聚积,生草过程不断减弱,盐化过程上升为主导过程,草甸化过程和沼泽化过程逐渐演变为次要的成土过程。原来的草甸土演变成草甸盐土以至典型盐土,沼泽土演变成沼泽盐土,由于人为原因,也可使地带性荒漠土壤演变成各种盐土。

12.1.2　土壤剖面特征和理化性状

盐土剖面形态的基本特点是发育层次不明显,一般无腐殖质层。盐分在土体中的累积和明显的表聚性,是盐土土类剖面的主要形态特征。依据盐量聚集的多少,分别在盐土地表呈盐霜、盐结皮或盐结壳等形态。重盐土的盐结壳,其厚度可达到 10 cm,多由氯化钠和硫酸钠组成,有的还有脱水石膏,其下为疏松层,是盐和土的混合层。由于盐析作用,使土粒凝聚成粒状,故洗盐初期透水良好,但随着盐析作用消失,土壤透水性大为下降。盐晶聚积层位于疏松层之下,在剖面上层盐溶液浓缩成结晶析出,盐斑数量由剖面上层向下逐渐减少,有的可见盐磐。

由草甸土和沼泽土演变成的盐土,表层有较明显的草甸层和腐殖质层,土体比较湿润。地下水位一般较高,水位随灌水和蒸发而变动,地下水位间歇升降,心土和底土有较明显的锈纹锈斑,可见地下水经常浸渍的蓝灰色条纹斑块。有的草甸盐土的底土层,因受地下水侧流影响,可形成大小不一的碳酸钙结核或砂姜。

盐土剖面中,植物根系的数量及分布,与土壤含盐量多少及土壤水分状况有关,土体湿润的轻盐土,耐盐能力强的草甸植被和部分盐生植物生长较好,在剖面上层根系较多。土体较干的重盐土,草甸植物稀少,为泌盐小灌木。例如盐穗木、盐生梭梭等,剖面中植物根少。在含盐很重的盐土上,没有高等植物,而呈现一片独特的盐漠景观。

12.1.2.1　物理性状

一般盐土所处的地貌部位大多较低下,其土层一般都较深厚,土壤质地以壤质土为主;位于沙漠边缘的盐土,受风沙影响,多以砂壤土或沙土为主。

盐土容重多为 1.3~1.4 g/cm³,某些有机质含量较高的盐土,表层土壤容重可达到 1.0 g/cm³左右。心土和底土较紧实的土层,土壤容重在 1.5 g/cm³以上。土壤孔隙度多为 45%~55%,一般表层稍高,底土层较低。

盐土的土壤结构,因土壤质地和盐分类型不同而有差异,一般以壤质土为主的多为块状结构。以砂质土为主的多为碎块状结构。较黏重的层次可有较明显的片状结构。苏打含量较高的层次可为棱块状结构。以中性盐为主的盐土,结构性弱。由其他土壤演化而来的盐土,往往保留着原土类的某些物理特性。以苏打为主的盐土,含盐量虽不高,但因含有苏打,碱性强,分散性大,湿时膨胀,干时收缩。

漠境盐土主要是指古代或过去的积盐过程所形成的残余盐土。由于自然条件发生变化,例如地质构造运动引起地层上升,河流下切,或河流改道等,现已不受地下水活动的影响,停止了积盐过程。由于它是漠境地区所特有的一类盐土,故称"漠境盐土"。

漠境盐土主要分布在老洪积冲积平原、干三角洲上部古河道和戈壁地上。地下水埋深

5～7～10 m 以下,脱离了地下水的影响。现代积盐过程终止,荒漠过程增强,有的被风蚀或表层被风沙埋没,成为埋藏盐土,或覆以细土而龟裂。天山南坡古老洪积扇上部,因洪水带来盐分而形成漠境盐土,又称洪积盐土。漠境盐土生长的植被有红柳(*Tamarix ramosissima*)、盐穗木、琵琶柴、梭梭、骆驼刺、盐蒿(*Artemisia halodendron*)、胡杨和少量旱生的芦苇(*Phragmites australis*),一般覆盖度 5%～10%。

漠境盐土有残余盐土和洪积盐土(漠境盐土)两个亚类。

残余盐土主要是地下水位降低,脱离了毛细管作用的影响,现代积盐已基本终止,所以又称"干旱盐土"。广泛分布于山前洪积平原、古老冲积平原的局部高地和古河道及河谷高阶地,以及沙漠边缘。

残余盐土分布区地下水在 7～9 m 以下。有些地区原来是地下水位较高的草甸盐土,后来由于上游大量用水和灌区打井抽水,地表水和地下水量大大减少,土壤向荒漠化方向发展。积盐过程已比较微弱,草甸化过程也基本停止,生长植被为盐穗木、红柳或梭梭、琵琶柴、铃铛刺等,因而逐渐演变为干旱盐土。

洪积盐土又名"漠境盐土",是漠境地区特有的盐土,主要分布在山前洪积扇和洪积冲积平原上,其形成条件是山体中有含盐地层。山洪暴发时,洪水经过含盐地层,将盐类溶解带到山前洪积平原,随着物质的沉积和下渗水的蒸发,盐分又聚积形成盐土,属于现代积盐一种特殊类型。但地下水位很深,一般不可能参与土壤现代积盐过程。

洪积盐土的特点是土壤盐分组成与地层盐分组成一致。盐分由下而上逐渐增加,大量盐分聚积表层 30 cm 土层,平均含量 40 g/kg。地表有盐霜和薄盐结皮,具龟裂纹,表土以下为土、盐混合层,再向下为盐斑层。

残余盐土 　分布在平缓底部与现在干旱河床之间的低地,在以前"活跃"的三角洲干旱时期,邻近地区被排干,被典型盐土占据。盐土下的地下水下降,使得转变为残余土。土壤下层还保留着过去水成土残余痕迹。

地下水下降到 4～5 m 的地方,切断了剖面上层与毛细管的联系。活跃的盐土化过程已经停止。非常高的盐渍化在很短时间使这些土壤成为残余土。剖面在长时间盐土过程积累了大量盐分,从 1.7%～4.9%。在这种情况下,最大含盐量急剧积聚在典型盐土层的上层。下层含盐量有所减少。盐分在剖面中的分布随着原发层位机械成分而有所变化(表 12.1)。盐化类型主要是氯化物型和硫酸盐－氯化钠型。

表 12.1　内陆性盐土化学成分

深度/cm	腐殖质/%	氮/%	碳:氮	P$_2$O$_5$ 总含量/%	P$_2$O$_5$ 活性磷/(mg·kg^{-1})	K$_2$O 总含量/%	K$_2$O 活性磷/(mg·kg^{-1})	物理黏土含量	盐渍/% 干渣	盐渍/% Cl	盐渍/% SO$_4$	碳酸盐/%	石膏/%
						残余盐土							
0～9	1.4	0.1	8	0.1	7	0.7	294	20.8	4.9	1.65	1.2	8.8	3.2
9～25	0.6	0.02	15	0.1	2	0.79	154	32.6	2.5	1.21	0.08	10	0.22
25～55	0.3	0.01	20	0.08	1	0.75	72	2.6	0.9	0.32	0.22	8	0.12
55～80	0.7	0.02	17	0.08	—	0.95		31.3	2.6	1.07	0.35	9.3	0.78

（续表）

深度/cm	腐殖质/%	氮/%	碳:氮	P₂O₅ 总含量/%	P₂O₅ 活性磷/(mg·kg⁻¹)	K₂O 总含量/%	K₂O 活性磷/(mg·kg⁻¹)	物理黏土含量	盐渍/% 干渣	盐渍/% Cl	盐渍/% SO₄	碳酸盐/%	石膏/%
80～110	0.6	0.02	22	0.08	—	1.05		53.7	3.3	1.47	0.38	10.6	0.3
110～145	—							46.1	2.2	0.9	0.33	9.6	0.34
145～190	0.5							22.5	1.7	0.73	0.28	10.2	0.57
190～220	0.7							38.3	3.2	1.37	0.39		
270～320								71.2	2.4	1	0.41		
320～370								20.6	1.7	0.62	0.34		
残余草甸盐土													
0～1	1.3	0.06	13	0.09		1.44		52.3	8.8	4.28	1.03	5.2	0.81
1～12	1.5	0.1	9	0.11		1.69		57.7	7.6	3.78	1.04	5.1	0.26
12～22	1.3	0.08	9	0.1		1.32		79.4	5.6	2.46	1.01	7	0.38
22～32	1	0.06	10	0.08		1.56		76.8	5.3	2.81	0.42	8.6	0.58
32～46	0.9	0.05	10	0.09		1.44		73.5	4.2	2.1	0.46	12.8	0.77
46～64	0.3	0.01	12	0.08		0.76		8.4	1	0.42	0.29	5.1	0.54
64～68	0.4	0.02	12	0.1		0.65		20.6	1.2	0.43	0.33	12.7	0.47
68～95	0.3	0.01	12	0.09		0.76		6.2	0.6	0.23	0.15	5	0.22
204～254	0.6							57.7	3.5	1.34	0.7	8.6	0.33
334～354	0.4							46.4	2.8	1.2	0.54	8.5	0.68
354～380	1.1							—	—	—	—	8.4	0.71
残余沼泽盐土													
0～2	2.9	0.15	11	0.2		1.25		43.2	15.1	3.94	5.54	5.5	0.21
2～13	2.8	0.13	13	0.11		1.56		66.3	6	1.95	1.75	6.2	0.29
13～38	1.1	0.05	12	0.09		1.56		53	1.4	0.59	0.27	8.8	0.14
38～47	0.4	0.02	11	0.01		0.93		17.4	0.4	0.08	0.17	2.6	0.27
47～70	0.3	0.01	16	0.01		0.82		5.3	0.2	0.04	0.11	3.4	0.32
70～98	0.2	0.01	13	0.01		0.82		7.6	1.1	0.03	0.72	2.1	—
150～200	0.3	—	—	—		—		4.4	1.3	0.05	0.79	4.2	1.33
典型结皮－疏松盐土													
0～1	1.4							35.2	11.6	1.24	5.73	7	5.23
1～7	0.7							27.7	19.3	3.45	8.74	7	1.76
7～18	0.3							21.1	11.4	6.21	0.68	8.6	0.51
20～30	0.2							30.6	2.5	1.24	0.33	9	0.1
35～45								16.1	1	0.38	0.19	6.2	0.07
54～60								27	3.8	1.51	0.79	9.5	—
100～110								18.8	1.2	0.44	0.28	9	—
150～160								17.9	1.9	0.81	0.41	9	0.09

（续表）

深度/cm	腐殖质/%	氮/%	碳：氮	P₂O₅		K₂O		物理黏土含量	盐渍/%			碳酸盐/%	石膏/%
				总含量/%	活性磷/(mg·kg⁻¹)	总含量/%	活性磷/(mg·kg⁻¹)		干渣	Cl	SO₄		

深度/cm	腐殖质/%	氮/%	碳:氮	总含量/%	活性磷/(mg·kg⁻¹)	总含量/%	活性磷/(mg·kg⁻¹)	物理黏土含量	干渣	Cl	SO₄	碳酸盐/%	石膏/%
						典型疏松盐土							
0～0.5	0.8							23.1	5.3	2.08	1.21	7.6	2.43
0.5～6	0.3							31.2	5.1	1.99	1.13	8.5	2.5
6～14	0.3							18.7	2.3	0.89	0.61	8.8	0.94
20～30								24.1	1.1	0.48	0.24	9.2	0.17
70～80								8.1	1.1	0.56	0.08	8.4	0.13
160～170								24	1.2	0.56	0.16	10	0.61

索果罗夫（Соколов А. А.，1959）认为，残余土可能逐渐转变为龟裂状土，其剖面是严重盐渍化和一些脱盐的结皮层。

盐土剖面的机械成分非常多样化和有明显的层状剖面，重壤土和中壤土由砂土、砂壤土和轻壤土交替组成。在重壤盐土表面是细盐粒组成的结皮。砂壤土—砂土和轻壤土盐土表面覆盖着稀疏植被，植被由单独的盐节草丛和柽柳（Tamarix chinensis）组成，轻度的风蚀伴随着灰尘吹向三角洲邻近地区。

残余盐土与三角洲下部的盐土相比，腐殖质程度较弱。较高腐殖质含量位于上层（1.1％），剖面下层其含量急剧减少到 0.3％～0.7％，随着原生层的机械成分而变化。氮含量在这种土壤中很少（0.01％～0.02％），只有在结皮层增加到 0.1％。剖面中，碳氮比为 15～22，有些碳氮比（8）存在于盐土上层。所有这些都清楚地说明腐殖质质量很差，限制了有机盐分的储存。

磷总量也和其他盐土一样（0.08％～0.10％），而钾含量减少 2 倍（0.70％～1.05％），活性磷和活性钾十分贫乏，分别为 1～8 mg/kg 和 72～294 mg/kg。

土壤剖面中碳酸盐含量一般，在 8％～10％，石膏很少，为 0.12％～0.78％。特殊情况是盐土上层，这里石膏含量增加到 3.2％。

残余盐土吸附容量比较低，从 3.1～14.5 mg 当量/100 g 土，在吸附性盐基中镁含量占多数（占总数的 60％～92％），比钾和钙多许多倍。钠只存在上面两层，而且在第二层，其份额达到总数的 30％。

残余草甸盐土和残余沼泽盐土　是在阿姆河三角洲底部（过去活跃的）、咸海南部人为荒漠土条件下与其他残余水成土壤同时形成残余水成土壤，具体的这些土壤就是残余草甸盐土和残余沼泽盐土。这些土壤在草甸沼泽土河泛—冲积原生特点的基础上，由于矿化地下水逐渐下降的情况下形成的。这些发生在干旱三角洲的个别地块，其特点是非常稀薄的土壤生草层。所有这些盐土有一个共同的生成特点，这就是在其他土壤形成因素下，盐土形成过程的压力。

决定大陆性土壤发生的主要因素是气候和水的供应。干旱气候造成了盐分在地下积聚，和盐土及含盐撂荒土壤剖面的形成（Рубанов И. В.，1977）。现在阿姆河三角洲下部的盐土，在荒漠化条件下的形成,取决于土层可溶性盐的饱和度和毛细管的性能。盐的积累由于阿姆河三角洲许多世纪以来,都是中亚中部第四纪冲积平原最低的地区,成为固体和液体径流的接收器。

严重毒性的盐土不可能在其植被上积累大量的盐分,其中包括毒性较大的氯化物。在较低毒性的盐土上主要是喜盐植物:盐穗木、кабарак、俄罗斯猪毛菜(Salsola sp.)、锦鸡儿(Caragana sinica)以及一些小的猪毛菜等。在典型盐土植被上,还生长盐角草(Salicornia europaea)、碱蓬,有时在沙丘上长有少量的柽柳丛或梭梭丛。

残余草甸盐土形成于显露不明显的河床高地,残余沼泽土形成于较为平整的地面,地面不均匀,经常泥泞,有时有冲蚀和吹扬的 купак,携带枯萎的残余芦苇。地下水位于 4～5 m 处,残余草甸土、残余沼泽土和其他所有的残余水成土一样,在剖面携带有以前土壤形成时期的痕迹。此外,以前干旱阶段水文形态对盐分积累的持续时间和影响程度,决定了这些盐土剖面结构的差异。

残余草甸土盐渍化过程,早在以前的草甸河泛冲积土壤形成时期,就已经开始了向盐土过渡,那时地下水位 1～2 m。地下水在干旱条件下成为高度矿化水,这是土壤剖面比残余沼泽土盐含量更高的原因,这些土壤在沼泽时期土壤表面周期性遭受淹没。盐剖面在残余草甸盐土中伸展比较长,这些土壤盐土层的含盐量(7.6%～8.7%)比残余沼泽土(6.0%～15.1%)要少。剖面下面可溶性盐减少,说明盐土过程还在继续。盐分在剖面中的分布,随着土壤层机械成分而变化:盐含量在重机械成分中比较多,在轻机械成分中比较少。残余草甸盐土和残余沼泽盐土的盐渍化类型是钠质氯化物,在有些剖面层位中是氯化物—硫酸—钙质的。

残余草甸盐土和残余沼泽盐土机械成分从地表起,都属于重壤土和黏土土壤。在下层可见到厚厚的沙土和砂壤土夹层。重壤土和黏土层主要是淤泥粉尘和粗颗粒灰尘。轻壤土和砂壤土—沙土夹层的成分,是粉尘和细沙及含量不多的淤泥颗粒(占 7%～8%)组成。残余沼泽盐土在有些砂壤土夹层中看到中粒度的沙子。总之,在上述盐土下层,占 20% 的粉尘和淤泥主要是细粒和中粗沙子。

残余草甸盐土的腐殖质层厚度(50 cm),比残余沼泽盐土腐殖质层(40 cm)要厚一些,这与土壤不同的年代有关,但是腐殖质程度比较高的是残余沼泽盐土,上层腐殖质含量为 2.8%～2.9%,残余草甸盐土腐殖质含量减少到 1.3%～1.5%,再向下腐殖质含量更少。有时在剖面中显露出淹没层,腐殖质只有 1%。碳氮比在各类盐土中都比较高(大多数是 10～13),这说明氮含量比较低。在盐土腐殖质层中,氮含量在 0.05%～0.15%。活性磷和活性钾在腐殖质层中分别为 0.08%～0.20% 和 1.25%～1.69%,在剖面上层占有不太明显的优势。按照土壤营养元素及活性含量,属于低保证率状态。

残余沼泽盐土和残余草甸土拥有大体相同的碳酸盐剖面。在上层厚度 10～15 cm 的地方,主要是重壤土和黏土,碳酸盐含量 5.1%～6.2%,也就是说,比较低含量存在于结皮层和结皮层下,这种情况和淤泥形成过程十分相似。在下层,同样的机械成分,碳酸盐含量增加到 7%～13%。在砂壤土和砂土夹层中,其含量在 2.1%～5.1%。

在碳酸盐组成的全部剖面中,主要是钙,特殊情况是严重盐渍化的表面,那里碳化镁有明显的增加。土壤中石膏含量很少超过 1%。

典型盐土 阿姆河"活跃的"三角洲地区,典型盐土占据冲积平原,在现在水文地质条件下和人为影响下,地下水保持在 2～3.5 m。

典型盐土分为结皮、结皮－疏松和疏松 3 类。地表或者全部覆盖薄薄的粗糙结皮,或者不连片覆盖,其他的盐土表面,覆盖不同程度细粒的盐花层－疏松土层。盐土植被十分贫乏,主要是五敛子和少量猪毛菜。当出现本质是松软盐土的砂质的"чоколак"时,除了五敛子、柽柳外,还迁移来的梭梭。

土壤剖面中可以见到少量活的或者枯萎的植物根茎,在不同深度可见到以前水成时期形成的瓦蓝色－灰色的潜育锈斑。

在比较高地形冲积平原的盐土,拥有占优势的中壤土和轻壤土机械成分。剖面由轻壤土、砂壤土和沙子综合沉积而成。粒度成分主要是粗粒粉尘,占 33%～68%,还有细粒沙土占 4%～34%。

典型盐土形成在半水成形态条件,其特点是减小的腐殖层以及上层低含量腐殖质(0.7%～1.4%)。剖面下层腐殖质含量急剧减少到 0.3%。腐殖质低的原因是,在过去发育时期,现在的盐土上长着非常稀疏的植被,这些植被有时根本就不生长。

磷总量和活性磷以及钾总量和活性钾在盐土中与上述土壤一样,含量都很少。

碳酸盐含量在剖面中占 6%～10%。没有看到明显的淤积痕迹。剖面中碳酸盐的分布和原生层的机械构成有关。

土壤中石膏很少,为 0.07%～5.23%,石膏按盐土类在剖面中分布,最大含量位于上层(1.76%～5.23%)。

残余盐土中可溶性盐含量十分丰富(按干渣从 1.0%～19.3%),最高积累存在上层,达到 5%～19%,厚度为 6～18 cm。盐渍化主要是氯化物,较少氯化物－硫酸盐,钙钠型。从盐土剖面构造,可以明显看出盐分积累是按照盐土类型进行不断的积累。

12.1.2.2　咸海盆地干涸地区土壤

在咸海干旱湖底特殊条件下,土壤形成分为特殊的亚型盐土－沿海盐土。它们还分为自型的、水成的和过渡型的。除了沿海盐土,这里荒漠沙土和沙土获得很好的发育。这些土壤还组成了许多复合体,在干涸的湖底反映出各种各样的土被(Сектименко В. Е. и др,1991)。

沿海自型盐土土壤(残余)　这类盐土分布在干旱湖底的南部,前三角洲平缓地表,这些土壤是阿姆河内陆三角洲冲积平原自然的延续。盐土表面比较平坦,有些地方有小土丘,覆盖着稀疏的干燥的猪毛菜残茬。裸露的地面有许多贝壳碎片。在不大的湖泊状低地,生长着发育不良的单独或团状的柽柳和芦苇。

剖面呈层理不强的沉积,大部分是冲积生成的黏土、重壤土和中壤土机械成分。地表覆盖的海相沉积由砂土－砂壤土－淤泥组成,厚度从冲蚀地区冲积平原的 1.5～5 cm,一直到对面外围地区的 29 cm。剖面下部有冲积黏土和砂壤土沉积,由海相生成的砂壤土和沙土层状交替而成(Сектименко В. Е.,1987)。

土壤粒度成分,在全剖面都是带有淤泥的粗粒和细粒粉尘。在干涸情况下,这样的土壤底土体积缩小,出现干燥的裂缝。在这些裂缝基础上,随着时间出现潜蚀的溶洞,有的时候有很大的规模。

湖底干涸初期,在裸露的前三角洲,水成和半水成盐土随着地下水的深度(达到 0.5～3 m)而发育(Рафиков А. А.,Тетюхин Г. Ф.,1981)。到目前,地下水下降到 5 m 以上,具有很高的矿化度(22～39 mg/L)。矿化类型是氯化物－镁－钠型。水成和半水成盐土从此转变成自型盐土。

当地下水位较深时,盐土发育一般都处于残余状态,即上层脱盐和下层大量盐分移动。但是,在这一带沿海盐土,这种现象很少见到,因为在重岩相透水性很低,在 0.07~0.14 m/d (Таиров Т. М. ,1993)。

沿海自型生成盐土呈结皮状和结皮疏松状,有些地方呈龟裂化状。龟裂土占有面积不大,不能组成"纯粹的"多样性,分为结合体和复合体。

自型盐土剖面盐分分布特点取决于岩性构成、毛细管与地下水停止联系的时间,地表湿润程度以及地表微地形等因素。由于缺少大气降水的湿润和深度地下水的原因,盐分储备在盐土中基本上保持稳定。

自型盐土剖面盐渍化非常严重,但最大盐含量位于结皮层和结皮层下。干渣中盐含量从 3%~5.5% 到 16%~27%。剖面下层盐含量明显减少,在上层 0.5 m 的范围内盐含量下降到 1.3%~4.0%。其次,取决于原生层机械成分和在剖面中的位置,盐含量为 0.5%~1.7%。最大盐含量(0.6%~1.7%)取决于严重矿化地下水在下层的位置,正是在这个位置,地下水能够达到毛细管的周围。

含盐的土质结皮牢牢地保护盐土表层,并且防止粉状松软层遭受分离破坏。风力在很大程度上对板结-膨胀盐土,尤其对膨胀盐土和机械成分轻的盐土造成侵蚀。风力携带物是这些土壤盐分消耗的主要原因。剖面盐渍化按阴离子主要是硫酸盐-氯化物型,按阳离子是钠盐型。有时在土壤中观察到有苏打存在,尤其在结皮层和结皮层下。

剖面中毒性盐和无毒盐的分布以及它们之间特殊的相互关系。在上面的结皮层减少到 54.3%,无毒盐则相反,增加到 45.7%。再向下毒性盐又重新增加。

当地下水深度达到 5 m 以上时,毛细管中的水严重饱和,不能到达土壤表层。深度在 3~4 m 处时,有时更深一些,磷酸钠盐达到溶解界线,沉降为沉淀物,呈石膏状。聚集的石膏分散在毛细管周围,导致难溶盐(无毒盐)份额增加(Ковда В. А. ,1946,Пеньков О. Г. ,1974)。

石膏在剖面的分布和可溶性盐的分布十分相似。石膏聚集在剖面上层(0.9%~11%)、下层(0.63%~1.27%)。在这两种情况下,石膏的积累通过毛细管从地下水携带。上层,现在是水成阶段的残余,下层形成于现在地下水的水位。土壤剖面的其余部分石膏含量不是很高(0.2%~0.8%)。

碳酸盐含量高,而且均匀分布在全部土壤剖面(8.8%~11.2%),在重机械成分的夹层,含量有稍许增加。黏土和混合沉淀物显微镜切片分析说明,碳酸盐起源于化学生成和生物生成,也是阿姆河水悬浮物参与的结果(Бродская Н. Г. ,1952)。

咸海水域以前的三角洲南部地区,形成在阿姆河固体径流冲积物中。这些悬浮物冲积的特点,是悬浮物中有相当多的有机物,在其作用下,前三角洲土壤有足够多的腐殖质。与大陆盐土的区别是腐殖质主要集中在上层,而沿海盐土,腐殖质在全剖面都有分布。这里腐殖质含量在 0.7%~1.2%。在有些土壤中下降到 0.5%~0.6%。最大腐殖质含量和其他土壤一样,都局限在上层,包括现在土壤形成过程中,腐殖层厚度不大,为 9~15 cm,腐殖质含量为 1.2%~2.2%。土壤中氮含量只有 0.04%~0.6%,氮含量低说明这些盐土中腐殖质质量不高。

磷总量和活性磷都非常少(分别是 0.08%~0.10% 和 7~22 mg/kg)。土壤中钾较为丰富,钾总量为 1.8%~2.3%,活性钾为 600~1900 mg/kg。

表 12.2　沿海自型盐土农业化学分析结果

深度/cm	腐殖质/%	氮/%	P₂O₅ 总含量/%	P₂O₅ 活性磷/(mg·kg⁻¹)	K₂O 总含量/%	K₂O 活性钾/(mg·kg⁻¹)	干渣/%	含碱量/%	Cl/%	SO₄/%	物理黏土含量/%	碳酸盐/%	石膏/%
						结皮—疏松盐土							
0～0.5	1.6	0.06	0.10	9	2.29	1446	17.0	0.024	4.22	6.53	20.8	8.8	10.37
0.5～3	1.3	0.06	0.09	7	2.10	1084	15.7	0.018	4.09	5.96	18.8	9.4	6.20
3～9	0.9	0.09	0.08	8	2.00	674	3.3	0.011	1.03	0.99	68.0	9.5	1.93
9～24	0.8	0.06	0.08	5	1.81	626	3.4	0.013	1.29	0.85	73.2	9.5	0.92
24～42	0.7						2.4	0.013	0.92	0.58	79.2	9.7	0.43
42～62							1.3	0.023	0.52	0.29	85.6	9.7	0.37
62～85							1.1	0.017	0.36	0.34	73.2	10.0	0.36
85～97							0.6	0.020	0.14	0.34	75.6	10.1	0.38
97～130							0.9	0.020	0.27	0.28	78.4	10.4	0.39
160～200							0.9	0.017	0.23	0.25	76.0	10.6	0.31
250～300							0.5	0.016	0.15	0.14	58.6	9.7	1.27
350～400							0.9	0.015	0.20	0.39	36.6	9.9	0.27
450～500							0.9	0.015	0.34	0.24	48.8	10.2	0.33
550～600							1.1	0.012	0.34	0.33	47.6	9.9	0.41

　　沿海自型盐土的吸附容量比较高,为 10～20 mg 当量/100 g。还要注意,较高的镁含量在吸附盐基中占 56％～86％。亚洲中部广泛分布着很高代谢镁含量的土壤(Кудрин С. А.,Розанов А. Н.,1938)。菲里慈安特(Фелициант И. Н.,1964)认为,"这是年轻土壤的特征,当物理化学进行过程中,由于石膏生成的原因,使得钙从溶液中退出,导致土壤溶液和吸附综合体由于镁的原因而富集"。这些干涸湖底年轻土壤,起主要作用是残余的地下海水。索科洛夫(Соколов С. И.)于 1963 年在研究镁盐土壤的起源后得出,镁随着地表水和地下水进入土壤,含有可溶性镁盐,这些盐的来源是海水。海水成分是硫酸镁,排在氯化钠之后位居第二(其中也包括咸海海水,Блинов Л. К.,1951)。镁深入到吸附综合体,排出其他的吸附阳离子,首先排出钠离子。代谢镁牢牢地吸附在综合体,不断地积累。

　　沿海半自型盐土　发育在地下水位下降、土壤湿度增加,咸海持续干旱的条件下。由于地下水下降到 3.5～5 m,土壤形成半水成条件被半自型条件取代。地下水矿化度达到 19～72 g/L,也就是从严重矿化水变成盐水(卤水)。矿化类型属于氯化物和硫酸盐—氯化物、镁—钠型。

　　咸海干涸湖底沿海半自型盐土,主要分布在前三角洲周边部分和沿岸残蚀地带。湖底表面比较平缓,有些地方呈小丘陵状,在遭受再次风蚀的地区有小的沙丘。植被是稀疏干旱的或生长着猪毛菜,有些地方有新生长的柽柳。土壤表面有许多贝壳碎片。沿海半自型盐土分为结皮、结皮—疏松和疏松 3 种类型。

　　沿海半自型盐土剖面机械成分非常不均匀,土壤 0.5 m 处的上层,主要是壤土—黏土沉积,有时重复覆盖着薄薄的轻壤土、砂壤土或沙土。重沉积物位于剖面下 1.5~2 m 处。剖面中部是轻壤土、砂壤土、重壤土和黏土夹层的层状综合体。在沿岸残余地区冲蚀成冲积平原和残余高地,土壤上层大多数是砂壤土和沙土。半自型盐土中的粒度成分,在轻土层中主要是粗粒粉尘,在细粒粉尘中是黏土。

盐土中盐的成分多样化,最大盐分位于上层(结皮层和结皮层下),在 7.8%~20.6%。随着深度变化盐含量减少,在 0.2%~0.4% 到 1.0%~3.1% 之间(表 12.3)。剖面中盐的相关性取决于原生层的机械成分(Сектименко B. E.,1991)。

表 12.3　滨海半自型盐土化学分析结果/%

深度/cm	腐殖质	含碱量	Cl	SO₄	物理黏土含量	碳酸盐	石膏
			结皮－疏松盐土				
0~1.5	10.5	0.009	4.46	1.73	24.7	9.5	4.79
1.5~7	5.0	0.009	1.95	0.92	46.8	10.7	2.63
7~25	3.1	0.012	1.22	0.58	64.1	11.3	1.24
25~53	1.5	0.015	0.54	0.37	70.5	11.1	1.05
53~62	0.5	0.018	0.13	0.15	27.8	8.5	4.30
62~71	0.2	0.018	0.06	0.09	14.8	9.4	0.36
71~87	0.5	0.018	0.16	0.14	55.7	9.4	0.45
87~111	0.4	0.021	0.14	0.11	30.0	9.0	0.24
111~140	0.3	0.015	0.11	0.09	16.8	9.1	0.29
200~250	0.8	0.018	0.26	0.22	74.7	9.1	0.42
300~350	1.0	0.015	0.35	0.26	71.8	9.1	0.43
400~450	1.3	0.012	0.48	0.35	61.7	9.6	0.55
			沙化盐土				
0~6	1.1	0.028	0.14	0.54	7.0		
6~14	3.3	0.009	1.17	0.88	75.2		
14~32	2.1	0.015	0.83	0.52	66.6		
32~40	1.4	0.015	0.55	0.28	51.4		
40~52	0.2	0.021	0.04	0.07	2.3	不确定	
71~88	1.7	0.015	0.43	0.70	76.3		
119~150	0.7	0.021	0.24	0.22	11.4		
170~200	0.6	0.015	0.20	0.43	8.9		
225~235	1.0	0.009	0.22		34.7		

土壤剖面盐渍化类型按阴离子属氯化物－硫酸盐型,上层主要是氯化物。按阳离子属钠盐型,很少有钙－钠和钠－钙型。

在结皮－疏松土壤上层,盐的构成主要是氯化物,占盐总量的 68%~73%。同时,还可看到含量均匀的毒盐－硫酸镁和无毒盐－硫酸钙。

半水成盐土剖面有机物成分丰富,和半自型盐土含量大体相当,含 0.5%~0.7% 到

1.2%～1.4%腐殖质。但是,还应该注意,在这些土壤中,没有显露出腐殖质层的形态和化学反应。腐殖质含量在结皮层和结皮层下的剖面一样。出现这种现象的原因是在这些土壤上几乎完全没有植被(表 12.4)。

表 12.4　滨海半自型结皮－疏松盐土农业化学分析结果

深度/cm	腐殖质/%	氮/%	P$_2$O$_5$		K$_2$O	
			总含量/%	活性磷/(mg·kg^{-1})	总含量/%	活性钾/(mg·kg^{-1})
0～1.5	1.2	0.06	0.08	10	2.00	1553
1.5～7	1.2	0.05	0.07	16	2.00	1060
7～25	1.1	0.07	0.08	17	2.01	8.54
25～53	1.0		0.09	17	1.93	6.42

石膏含量在土壤中相对较少。如果在 0.5m 层位的上层,石膏含量为 1%～4.8%时,在其下层急剧减少到 0.2%～0.6%。石膏在剖面的分布与原生层机械成分有相连关系。在毛细管周围,其含量有所增加。

半水成沿海结皮－疏松盐土和结皮盐土的碳酸盐含量很高(8%～11%)。0.5 m 层位碳酸盐含量(9.5%～11.3%)比较高,是由于碳酸盐物质比较富集,这些物质是海水矿化度增高情况下,导致贝类和软体动物死亡。低含量碳酸盐位于较轻机械成分剖面的中部。

滨海半自型盐土　形成于地下水深度 2～3.5 m 处,毛细管供水情况比较差。地下水矿化度 21～49 g/L,矿化类型主要是氯化物,较少硫酸盐－氯化物、镁－钠型。

滨海半自型盐土表面比较平坦,有微小的土丘和草丘,在所在的地面覆盖着稀疏(经常是干草)滨藜(*Atriplex patens*)和碱蓬组成的草丛。有些地方是裸露的,有非常多风干的裂缝,裂缝常常被其他物质充满,被堵塞的裂缝组成白色的浮盐(盐花)。有时可见到粉白色疏松的斑点,容易受到风力侵蚀。风力经常侵蚀土壤上层的砂壤土和沙土。

湖底有些地块由轻机械成分的岩石沉积组成,外部覆盖着沙土,随着风蚀过程土壤上自我生长的柽柳、梭梭以及茂密的滨藜丛。在排水渗入的地方生成柽柳－芦苇灌木丛,这些植物能够抵御风力的侵蚀。

半水成盐土由于广泛分布在不同机械成分的沉积中,有明显的层状剖面,有时候有混合海相起源的冲积物。在层状土壤底土有不规则混合的黏土－砂壤土,轻壤土夹层,有时在上层 1～2 m 处,较轻的沉积占多数,下层是重壤土和黏土。重机械成分盐土的表面覆盖着 5～10 cm 的轻壤土、砂壤土或者沙土。有时候,这些土壤剖面由亚沙土－沙土和亚黏土和黏土夹层组成。

在自然黏土中,几乎在所有原生层位中,细粉尘占多数。在自然沙土中粗粒粉尘占多数,在有些层位中是粗砂粒,在此层位中看到许多贝类碎片。

亚型半水成盐土分为结皮,结皮－疏松和少数疏松型的变种。土壤剖面整体上严重盐渍化,含盐量为 0.5%～5%。然而最大含盐量也和其他盐土一样,位于特殊层位(结皮层和结皮层下),取决于盐土本质。在这些层位中,盐含量达 6%～18%。在土壤剖面下层组成第二个含盐量最大值,为 1%～1.5%,这与地下水目前埋藏位置有关。

结皮土壤层上部盐渍化类型,大多数属于氯化物－硫酸盐类,结皮疏松层属于硫酸盐－氯化物类。在下层,盐渍化按阴离子大多数是硫酸盐－氯化物,较少氯化物－硫酸盐和氯化物类。按阳离子是钠盐型,较少钙盐和镁-钠型。

在半水成盐土剖面中,对比毒性盐和无毒盐的份额后,可以看出,当毒性盐占多数时,较多含盐量位于上层,在整个剖面中,活性盐中占多数是氯化钠,其份额占总数的50%～70%。

许多研究人员证明(Ким А.В.,1958),结皮-疏松盐土在一年的周期内有可能变成疏松盐土。按照他们的意见,在干旱炎热时期,根据疏松盐土形成程度,结皮表面退化和风化成为疏松盐土,并且构成单一的疏松层。结皮层转化为疏松状态是由于结晶水损失,盐分再结晶的结果。结皮-疏松盐土在多数情况下存在于微形高地。这些地块好像是吸收盐溶液的吸水器,收集来自周围地区的大气降水。

由于半水成盐土不同的生成条件以及多样的机械成分,腐殖质含量变化的范围非常广。盐土占有较大的面积,发育在几乎没有的植被地表,盐土表面是较轻的机械成分。在这些盐土中腐殖质为0.5%～1.2%,在密实的植被下,腐殖质含量为2%～3%,有时更多。土壤中氮含量很少,尤其在结皮-疏松盐土中(0.02%～0.03%)(表12.5)。

表 12.5　沿海半水成盐土化学分析结果

类型	深度/cm	腐殖质/%	氮/%	P_2O_5 总含量/%	P_2O_5 活性磷/(mg·kg⁻¹)	K_2O 总含量/%	K_2O 活性钾/(mg·kg⁻¹)	干渣/%	含碱量/%	Cl/%	SO_4/%	物理黏土含量/%	碳酸盐/%	石膏/%
结皮-疏松盐土	0～0.5	1.5	0.03	0.07	12	2.17	1928	14.7	0.047	5.73	3.96	16.9	6.3	
	0.5～5	1.1	0.03	0.09	9	2.17	1325	7.8	0.023	2.38	2.61	15.0	8.2	
	5～11	0.8	0.02	0.09	8	1.93	1020	5.2	0.017	1.75	1.48	33.3	9.2	
	11～31	1.3	0.04	0.08	7	1.89	1031	4.6	0.017	1.89	1.15	46.4	10.0	
	31～50	0.4						0.9	0.016	0.41	0.19	11.2	8.4	
	50～63							1.2	0.022	0.48	0.31	62.1	9.5	
	63～79							0.5	0.020	0.20	0.17	10.4	9.0	
	79～90							0.7	0.028	0.28	0.18	44.8	10.0	
	90～107							0.6	0.023	0.24	0.12	16.9	8.8	
	107～138							0.7	0.031	0.30	0.16	50.6	10.2	
	138～175							0.8	0.025	0.34	0.17	39.2	9.2	
	175～210							1.0	0.026	0.39	0.22	60.9	10.2	
结皮盐土	0～0.5	1.2	0.07	0.12	3	2.07	1687	18.5	0.012	5.08	6.50	24.0	8.0	14.99
	0.5～8	1.0	0.06	0.08	4	1.89	988	6.0	0.011	1.75	2.03	39.6	9.7	5.58
	8～23	1.0	0.06	0.09	5	1.89	864	4.4	0.006	1.49	1.38	49.2	10.8	2.15
	23～40	0.8		0.09		1.63		1.5	0.016	0.61	0.33	58.0	10.8	0.49
	40～70							0.9	0.021	0.33	0.21	69.2	11.8	0.43
	95～112							0.7	0.020	0.24	0.17	43.2	11.0	0.36
	124～150							0.6	0.012	0.24	0.10	8.8	7.7	0.14
	205～215							1.4	0.015	0.58	0.33	74.4	9.1	0.32
	250～300							1.0	0.015	0.38	0.29	50.4	8.8	0.36
	350～400							1.5	0.012	0.60	0.35	60.0	11.0	0.59

磷总量在0.07%～0.12%。土壤中活性磷十分贫乏(3～12 mg/kg),钾含量比较有保障。

钾总量在 1.63%～2.17% 范围内,活性钾为 864～1928 mg/kg。碳酸盐在剖面分布不十分均匀(6%～12%),这是由于原生层不同的粒度成分。石膏在土壤中很少,为 0.10%～0.49%。在严重盐渍化的上层,石膏增加到 6%～15%。

半水成盐土中疏松盐土对风力侵蚀有较大易变形性,盐土表面呈现出撒了白色盐粉的盐层。形成在砂壤土－沙土沉积的结皮－疏松盐土,结皮－疏松盐土在高温情况下损失水分,其后果使结皮遭到破坏,由于这些原因,结皮成为多孔、厚度变薄和更为脆弱。在风力作用下,土壤表面覆盖的层状物(板状)成为风蚀的发源地。这些盐土也成为含盐粉尘的积极制造者,风力携带粉尘覆盖咸海盆地周围。

沿海水成盐土　分布在咸海湖岸长条状地区,靠近灌溉水域,在湖底低洼部分和许多渗滤和残余的小型湖泊。

按照盐土土壤分类,分为几种亚型:典型、草甸、沼泽等类型。这个土壤名录的编制,是针对水成盐土土壤系列,这些土壤形成于一般条件下,即前茬作物发育在内陆性因素土壤形成下的土壤。这种盐土不可能不经过必要转变,就直接运用于咸海湖底干涸土壤。在草甸和沼泽盐土的个别情况下是不适用的。在咸海干涸湖底组成的水成条件,对水成盐土发育十分有利,但对于草甸和沼泽盐土来说就不适合,因为在这些土壤缺少草甸和沼泽盐土残余。这类土壤的特征是:发育不良的植被、草甸土壤生草层和腐殖质浸透。水成土壤潜育剖面的形成受到咸海影响,并且表现出严重酸化的形状。

沿海水成盐土分为适度水成和过湿水成盐土。湿地盐土和沼泽盐土都属于过湿水成盐土。

适度水成盐土形成在地下水 1～2 m 外,地下水矿化度达到 20～53 g/L。矿化类型是硫酸盐－氯化物和氯化物、镁－钠型。地下水矿化程度与深度无关,与现在湖岸距离无关。明显的矿化多样性取决于地下水水平方向的移动,这与地下水在干涸湖底不同位置,土壤剖面无规则岩性多层性和不同渗透性以及扬水性有比较大的关系。

咸海沉积有不同的岩性剖面,由不同厚度的层位和夹层以及不同粒度成分组成。在这些不规则情况下,经常可以看到 1 m 层位以下减轻的剖面。这里主要是海相生成的泥沙和砂壤土。在沙土和砂壤土成分中有许多中等细粒沙土,有时有粗粒粉尘。在壤土中主要是粗粒粉尘,在沙土和亚沙土层位的自然黏土中几乎都是淤泥。

以前的阿热巴依湾北方,在英热聂尔亚克－乌尔达巴伊斯克高地和杰尔特巴斯湖以北,土壤特点是有相对厚的黏土和壤土夹层。这些土壤表层常常覆盖沙土层,厚度可达 10～20 cm。

地下水位较浅和较高的矿化度,经常能够通过毛细管,携带盐分提升到土壤剖面上层。当土壤快要变干时,在其表层组成比较薄,但是牢固的含盐结皮,厚度为 0.1～0.5 cm,含盐量达到 6%～21%。剖面下部盐含量明显减少,但仍然有较高的盐含量(0.5%～2.4%)(表12.6)。

表 12.6　滨海水成盐土化学分析结果/%

深度/cm	腐殖质	含碱量	Cl	SO_4	物理黏土含量	石膏	碳酸盐
			适度水成砂土盐土				
0.01	6.2	0.090	1.43	2.72	4.3		
0.1～7	2.8	0.006	0.59	0.85	14.0	—	—

（续表）

深度/cm	腐殖质	含碱量	Cl	SO₄	物理黏土含量	石膏	碳酸盐
7～23	1.2	0.015	0.38	0.34	25.2	—	—
23～55	0.8	0.020	0.26	0.19	49.2	—	—
55～93	0.6	0.016	0.18	0.17	35.6	—	—
110～130	0.5	0.016	0.10	0.22	18.4	—	—
130～150	0.2	0.016	0.04	0.07	9.6	—	—
适度水成盐土							
0～0.3	11.3	0.012	4.51	2.66	22.8	3.36	4.4
0.3～6	0.3	0.009	0.10	0.10	4.8	0.28	4.7
6～31	0.3	0.009	0.09	0.07	4.4	0.15	2.8
31～42	0.7	0.009	0.05	0.41	4.8	0.33	2.5
42～75	0.3	0.007	0.08	0.09	3.6	0.19	2.6
75～110	0.2	0.015	0.06	0.05	1.6	0.17	1.5
过多的水成砂质盐土							
0～13	2.1	0.017	0.55	0.84	3.0	1.51	
13～22	2.9	0.018	1.08	0.70	4.3	0.72	—
22～42	3.6	0.020	1.55	0.78	4.7	0.90	—
42～80	2.4	0.020	1.00	0.50	7.6	0.62	—
80～100	6.3	0.014	2.55	1.16	32.0	0.98	—
水成盐土中的 бутристые 沙土							
0～30	0.8	0.017	0.26	0.18	1.3		
50～80	0.9	0.017	0.39	0.20	1.7	—	—
100～130	1.0	0.017	0.45	0.22	1.5	0.56	—
补充盐土							
0～8	2.2	0.014	0.59	0.89	6.3	4.68	9.0
8～14	1.5	0.020	0.52	0.43	51.6	0.76	10.8
14～50	0.8	0.022	0.31	0.21	56.7	0.70	11.8
50～83	0.6	0.026	0.24	0.15	50.4	0.43	11.3
83～90	0.7	0.029	0.25	0.16	61.6	0.38	11.2

在杰尔特巴斯湖灌溉湖地区，适度水成盐土中盐含量达到 28%～30%，在表层中达到 1.5%～9.2%。

在结皮层的构成中，主要成分是毒性盐，占总数的 87%～89%，无毒盐占 11%～13%。土壤底土的盐渍化类型主要是氯化物－硫酸盐和硫酸盐，钠质类，在有些层位有苏打参与。

在以前的塔克马克半岛、阿克别特金群岛（包括群岛外围）以北，发现海底有大量的沙子沉积。这个地区地形十分复杂，地形的形成与岩石生成的残积有关，也与土壤剖面的湿度有关。由于沙土的持水性能比较差，土壤剖面上层水分蒸发不能从毛细管水分得到补偿，虽然地下水位在 0.5～1.2 m。尽管不是到处在无休止的刮风，土壤仍然遭受风蚀的侵袭，在夏季逐渐干枯。湖底的个别地段覆盖着厚厚的层状枯萎水草和湖底细土外层沉积,这里没有遭受风蚀或者轻度风蚀。还有局部盐土保持着潮湿的表面,从而能够稳定地抵御风力侵蚀。

在残留湖底的地段,地下水位 0.50～1.2 m 处,形成适度水成和过度水成滨海砂质盐土,地下水高度矿化,含盐量大 40～138 g/L。矿化类型是氯化物型,很少硫酸盐－氯化物类和镁－钠型。沙质水成盐土表面呈小沙丘状,受风力侵蚀。植被是稀疏干燥的滨藜茎秆。在残余的地表是由水草组成的"毡状残余物"(войлок)。在个别地方有残余的梭梭树干,说明这里曾经生长过梭梭。土壤底土是沙土沉积物。粒度成分主要是中等粒度和细沙,粉尘颗粒和淤泥很少。

对沙质沙土和飞扬的沙子做比较,可以发现在粉尘和淤泥中沙土成分减少,在细粒和粗颗粒粉尘中增加(Сектименко B. E. ,1990)。

在湖底表面残留砂土－砂壤土形成的适度水成盐土上,组成不稳固的砂土盐结皮,盐含量达 11％～14％,砂土外壳中含盐量急剧减少到 3％～4％,覆盖着含盐结皮层 1～3 cm。剖面下层虽然盐含量减少,但仍然位于 0.3％～0.7％到 1.3％～3.1％。盐渍化类型按阴离子是硫酸盐－氯化物和氯化物型,按阳离子是钙－钠和钠盐型。

在水成过湿砂质盐土剖面中,盐含量比较多(2.1％～6.2％),分布比较均匀。较少盐含量位于上部疏松沙土层中。

形成于海底残留表面水成砂质盐土的结皮层中,毒性盐份额达到 89％以上,无毒盐只占11％,下层毒性盐有所减少,但仍然高于无毒盐(64％～80％)。

适度砂质盐土中碳酸盐含量较低,从 1.5％～4.7％,最大量碳酸盐位于上层(4.4％～4.7％),含有较多的贝类碎片。

石膏在这些盐土中也不多,最大量位于上层盐土(表 12.6)。

在沿海地区,当沙尘暴时期,涌入大量海水,组成滨海湿地盐土。这些盐土周期性遭受海水淹没,形成有特色的水冲蚀状态,由于这个原因,土壤表层没有形成固定的盐结皮。地下水位于 0.5～1 m 处,地下水严重矿化(23～44 g/L)。矿化属于硫酸盐－氯化物型、镁－钠型。

现在沿海堤岸滨海湿地盐土剖面,粒度构成很不均匀。从阿热巴依湾到乌尔达巴依支流土壤岩相剖面主要是重壤土和中壤土,表层由沙土多次覆盖。黏土夹层在剖面呈比较薄的层状。干涸海底的东部是轻度淤泥沙土沉积。

剖面上部在自然黏土构成中主要是中等和细粒灰尘(占 44％～49％),只有土壤最上层和最下层除外,那里主要是淤泥颗粒。

这些土壤上层厚度 6～8 cm 处,盐含量达到 2％～3％,逐渐减少到 0.6％～1.5％,但仍然保持在较高水平。海水浸透的土壤底层盐渍化类型主要是硫酸盐－氯化钠型。在整个剖面毒性盐占多数(63％～85％),毒性盐中比较多的是活性氯化钠(占总数的 47.8％～92.8％)。剖面中无毒盐在 12.1％～15.4％。最上层除外,因为上层无毒盐增加到 37％,是由于石膏含量(36.3％)的原因。

由重壤土沉积而成的湿地盐土碳酸盐含量(9％～12％)比较高,位于剖面上层,呈现黏性沙土状态。土壤中石膏含量很少(0.4％～0.8％),盐土上层除外,其含量达到 4％～5％。

所有滨海水成盐土中腐殖质含量比较少,区别于上述半水成盐土的腐殖质含量。在剖面中,腐殖质含量在 0.3％～1％,较少达到 1.2％。这时较高含量位于上层,厚度达到 2～14 cm。盐土表面吹扬的疏松沙土除外(0.3％腐殖质)。极少量腐殖质存在于飞扬的新月形沙丘上(0.05％)(表 12.7)。

表 12.7　滨海水成盐土农业化学分析

深度/cm	腐殖质/%	氮/%	P₂O₅		K₂O	
			总含量/%	活性磷/(mg · kg⁻¹)	总含量/%	活性钾/(mg · kg⁻¹)
适度水成盐土						
0～0.3	1	0.06	0.08	6	1.87	964
0.3～6	1.1	0.01	0.07	3	1.77	144
6～31	0.1	0.01	0.03		1.75	
过多的水成盐土						
0～0.5	0.3	0.02	0.05	7	1.87	374
0.5～1.5	1.2	0.1	0.03	6	1.72	307
1.5～2.7	0.3	0.02	0.03	3	1.72	281
沙丘水成盐土						
0～30	0.05	0.01				
50～80	0.05	0.01				
补充盐土						
0～8	1.0	0.06	0.09	11	2.00	723
8～14	1.0	0.06	0.09	6	1.93	587
14～50	0.8	0.06	0.09	4	1.93	482

　　由于咸海的干涸,伴随着干旱海底有些地方地下水水位下降,同时导致盐土形成过程消失,致使土壤底土彻底干涸。形成在底土的淤泥－沙土－砂壤土开始强烈风蚀。虽然这些盐土的盐分比壤土和黏土的含量要少,但是仍然成为盐分携带的发源地,在这里风力比较容易和更深度进行活动。这样的活动和最初沙土的转移,导致风蚀地形遍布,残留沿海周边地区。随着时间的推移和海底逐渐干涸,这种情况还广泛分布到咸海盆地的深部。

　　沙土物质的风力活动引起可溶性盐大量损耗。谢克季缅科(Сектименко В. Е. ,1990)已经查明,从海底沙土沉积物开始风蚀到第一批新月形沙丘形成时期,从飞扬的沙土携带出的盐分达到 60％～70％。沙土物质多次的风力活动导致脱盐,并且进行有特点的海底沙土风蚀土壤改良,从而进行植物土壤改良的有益工作。

　　阿克别特金斯克高地沙土－盐土复合体　在咸海干涸底部东部分布着大片有特征结构的阿克别特金斯克高地。这些高地的大部分属于以前的沙洲系统,有很大的高差,现已发展成为盐土复合体(Сектименко В. Е. ,Таиров Т. М. , Наумов А. Н. ,1991)。

　　沙土形成在以前的沙洲小岛,其高度达到 10～15 m,覆盖着梭梭和薹草(Carex)。这里很少看到刮风的发源地。荒漠沙质土壤形成于沙丘的斜坡,由松软的沙土构成,土壤粒度成分主要是中粒和细粒沙土(80％～95％),几乎没有粉尘和淤泥(0.08％～0.64％)。这说明沙丘沙是由吹扬和风力分选的沙土物质。

　　荒漠沙质土壤形成在没有盐渍化的沙土上(表 12.8),沙土的碳酸盐含量随着深度逐渐增加。土壤剖面含盐量只有 0.06％～0.12％,由于大气降水冲刷土壤而限制了土壤透水性。来自地下水的盐分没有进入土壤,是因为地下水很深,大于 10m。部分盐分通过风力携带物和植物残体矿化的产物得到补充。剖除面最上层外,全部剖面的盐渍化类型都是硫酸钠型。在稍低一些的沙土构造,位于沙洲小岛之间的平原可以分别见到轻度、中度和严重盐渍化土壤。

表 12.8　阿克别特金斯克高地土壤化学分析结果/%

深度/cm	腐殖质	含碱量	Cl	SO$_4$	物理黏土含量	石膏	碳酸盐
丘陵砂土处的荒漠砂土							
0～6	0.1	0.023	0.01	0.02	0.6		
6～16	0.1	0.016	0.004	0.03	0.2		—
16～39	0.1	0.024	0.004	0.04	0.2	—	—
39～51	0.1	0.023	0.004	0.04	0.3		—
51～80	0.1	0.024	0.004	0.05	0.6		
80～110	0.1	0.024	0.004	0.05	0.2		—
110～150	0.1	0.026	0.01	0.05	0.1		—
平原地区发育不充分的荒漠沙土							
0～3	0.1	0.030	0.004	0.63	1.5	0.21	7.2
3～4.5			水草毡				
4.5～17	0.1	0.023	0.004	0.06	0.9	0.47	7.7
17～28	0.7	0.022	0.09	0.36	15.9	0.38	7.6
28～42	0.2	0.029	0.02	0.11	3.6	0.65	7.8
42～58	0.1	0.028	0.01	0.07	1.2	0.53	8.0
58～77	0.2	0.018	0.01	0.09	1.3	0.90	7.8
77～105	0.2	0.014	0.02	0.09	1.3	0.48	7.8
105～132	0.6	0.011	0.05	0.41	2.2	0.98	7.9
132～162	0.7	0.011	0.05	0.40	2.4	0.51	7.6
162～184	0.3	0.012	0.06	0.16	1.4	0.33	7.8
184～220	0.3	0.016	0.09	0.10	1.3	0.56	7.9
水成过多膨胀的盐土							
0～4	18.8	0.123	7.02	4.27	21.7	11.40	
4～26	15.7	0.039	6.57	2.96	14.5	3.48	
26～45	4.0	0.021	1.87	0.79	8.4	1.34	
45～60	2.0	0.016	0.36	0.92	1.2	20.63	—
水成过多结皮的盐土							
0～0.2	17.6	0.061	3.42	7.80	20.1		
0.2～0.5	14.3	0.035	5.27	3.52	14.7		
0.5～21	20.1	0.042	8.87	3.17	17.0	—	—
21～30	12.3	0.035	5.12	2.10	12.7		
30～50	6.2	0.018	2.51	1.21	9.4	—	—

（续表）

深度/cm	腐殖质	含碱量	Cl	SO₄	物理黏土含量	石膏	碳酸盐
				沼泽盐土			
0～0.5	82.0	0.073	16.02	36.56			
0.5～4	18.2	0.018	6.65	5.18	—		
4～17	35.1	0.094	14.05	8.67	—	—	
17～24	33.3	0.088	12.45	8.89	—	—	
24～45	15.6	0.044	5.45	4.06	—	—	

在荒漠沙质土壤沙丘应该种植梭梭，首先应该阻止当地居民破坏遗留下来的梭梭林。连根拔除的做法，在阿克别特金斯克地区全境都可以见到。同时，还有重型机械车轮碾压破坏高大树木和灌木林及生草层，而这些都能够防止土壤风蚀。正是因为技术因素破坏土壤表层，成为风蚀过程最主要的原因。

略有起伏、中等高度的平原占有相当大的面积，有些地方占多数。地下水位于2～3 m处，含有29%～30%的盐。矿化类型属于氯化物镁—钠型。

平原由古代冲积、风蚀和海相起源的沙土冲积而成。地表生长有稀疏的怪柳、梭梭和荒漠薹草。杂草覆盖很不均匀，因此，有50%～60%面积露出，遭受风力侵蚀。上层有时都是沙土，土壤表面覆盖着吹来的大量贝类和死亡的软体动物。在茂密草层表面覆盖着吹来的薄薄沙土层。有些地方，在个别高大草丛附近形成小沙丘。在沙土和贝类碎片下埋藏着由枯死水草组成的"毡状残余物"。

这些土壤很少影响土壤形成过程，只是在局部有杂草地块，可以看到轻度的荒漠土壤形成痕迹，属于荒漠沙土形成的特征。

土壤岩相剖面，在平地也和在荒漠沙质土壤沙丘上一样，由疏松的沙土组成。粒度成分由粗砂组成（占80%～90%），粉尘和淤泥颗粒在这里稍微多一些。

轻微波浪起伏平原的土壤，比沙丘沙土含有较多的盐分。土壤中盐含量为0.12%～3.9%，通常有两个最大值，一个是上层，属于残留层，含盐量为0.4%～0.7%，位于大气降水水分渗透的深度，局限于轻壤土—砂壤土之间的夹层；另一个是下层，含盐量为0.7%～3.9%（按干渣），形成于现在剖面的下层，受高度矿化地下水毛细管提升的影响（表12.8）。

这里的土壤是有明显盐渍化特征的硫酸盐，存在于与地下水紧密接触的层位。氯化物占到总盐量的48%。这个剖面的盐分都是无毒的，下层有毒盐层除外。盐渍化类型，按阴离子是硫酸盐型，按阳离子是钠—钾盐型。尽管剖面呈现均值的机械成分，但是腐殖质含量沿着原生层分布非常不均匀，在0.2%～3.1%。最大值出现在上层（达0.7%），具有新形成土壤的特征，在剖面中部埋藏着亚砂土成分的层位，腐殖质达到3.1%，而在底部剖面，沙土为0.6%。这就证明了以前土壤表面腐殖质层厚度为25 cm。氮含量在上层为0.05%，在淹没层为0.2%。土壤的磷和钾含量很少，尤其是活性态，分别从5～15 mg/kg和129～408 mg/kg（表12.9）。

表 12.9　阿克别特金斯克高地土壤农业化学分析结果

深度/cm	腐殖质/%	氮/%	P₂O₅		K₂O	
			总含量/%	活性磷/(mg·kg⁻¹)	总含量/%	活性钾/(mg·kg⁻¹)
			平地处荒漠化砂质土壤			
0～3	0.7	0.05	0.06	15	1.86	129
3～45			草毡			
45～17	0.2		0.09	9	1.88	408
17～28	3.1		0.06	5	1.78	176
28～42	0.6					
42～58	0.2					
			结皮和水成过多的盐土			
0～0.2	2.0	0.11				
0.2～0.5	2.6	0.11				
0.5～21	4.6	0.76				
21～30	7.1					

土壤中石膏含量很少(0.21%～0.98%),在剖面中部可以看到较高的含量。碳酸盐含量在剖面中达到 7.2%～8.0%,碳酸盐在剖面的分布比较均匀。

这类土壤的机械成分适合于进行植物水土改良工作。土壤改良剂应该是耐旱和耐盐类植物。

在阿克别特金斯克高地范围有很多大片开阔的或封闭的河床低洼地,在洼地有一些小型湖泊,水源是多种多样的:残留海水、渗流水、大气降水和来自其他邻近地区的地下水。海水矿物质含量很高,达到 300～500 g/L。水分消耗只能通过蒸发。

在这些湖泊的低地形成特有的水文地质条件,形成不同的沿海盐土,从松软的到 copoвoe。松软的盐土形成在河谷的周围,地下水在 0.4～0.5 m,矿化度很高(45～50 g/L),是氯、镁—钠型的矿化类型。松软盐土的剖面在下半部分主要是沙土,上部是轻黏质土和亚沙土,有许多富集的淤泥粉尘微粒。

矿化地下水通过毛细管,水分到达土壤上层,在缺少植被的情况下,水分只能通过蒸发消耗。在土壤底土,按盐土类型形成的盐分剖面,在上层最大盐溶液达到 15%～19%(按干渣),底层盐分较少为 2.4%。在松软盐土中,盐分构成主要是氯化物,只有在松软土中才有硫酸盐成分。在盐土的低洼处,石膏含量比在平原和沙丘要多许多。松软盐土剖面中,石膏含量为 1%～21%。在这种情况下,石膏最大积累在松软的上层和在含水的下层,其重量分别达到土壤重量的 11% 和 21%。

Ковда В. А.(1946)和 Панков М. А.(1974)认为,盐土表面疏松松软层的形成是由于芒硝的转变,在高温影响下,十水合硫酸钠转为无水芒硝,形成脱水芒硝结晶。现已查明(Таиров Т. М.,1993),在沿海条件下形成疏松层,并不一定需要硫酸钠的存在。在靠近沿海盐土松软层中,盐的主要成分按以下顺序递减:NaCl、MgSO₄、CaCO₃、MgCl₂ 和 NaCO₃。在这种情况下,氯化物总量大于硫酸盐总量,次生矿物硫酸镁(MgSO₄·7H₂O)的含量很高,有可能形成松软层。

上层主要是毒性盐(占总数的 90%～95%),剖面下部含量减少,底部主要是无毒盐。

疏松盐土是取之不尽盐土堆积的源泉,是不断恢复盐土疏松层(厚度为 3～5 cm 或更多)的前提条件。

靠近湖区水面形成结皮和潮湿盐土。地下水位于地表以下 0.3～0.35 m 处,呈盐水溶液状态(50～55 g/L),属于镁、钠－氯化物矿化类型。

植被没有在低地出现,盐土结皮表面被薄薄的盐土覆盖,有些地方是隆起的。

土壤下部机械成分比平原地区和沙丘地带要重得多,主要是砂壤土,较少是轻壤土。在上层除了不同粒度的沙子和粗粒砂土外,在附近,还有相当多的淤泥(达到 13%～18%)。更深处的沙土呈沉积状,在剖面经常遇到有机层,由枯萎的水草和海洋植物混合组成,在盐土剖面中有枯萎的水草,有时还能看到在这里生长的沼泽植被,取决于比较高的腐殖程度。腐殖质含量根据原生层发生变化,为 2%～7%。还要注意特殊的剖面腐殖质分布,其含量增加是自上而下的(表 12.9)。

地下水沿着毛细管提升,对土壤盐分积累过程起着积极作用,盐土表面覆盖着薄薄的结皮盐,盐含量为 17%～18%。盐的成分主要是硫酸钠(占总盐量的 66%)。含盐量在通气区为 12%～20%(按干渣)。盐分的成分中,主要是氯化钠,占总量的 65%～72%。

这里的盐土目前还没有遭到风的侵蚀,但是水文地质条件向地下水变深的方向变化,以及在剖面干燥情况下逐渐成为盐土转移的来源。

当湖泊干燥,矿化水达到 300～500 g/L 时,尤其在湖泊沉积剖面,表面露出许多盐花,有时候组成凝固的堆积物,这样就形成了 copoыe 盐土。剖面由有机残留物沉积成为衰败的海洋动植物混合物,从而很容易散开成为细土微粒。

Copoыe 盐土上层的含盐量达到 82%。盐成分中硫酸盐占多数,达到 64%,超过氯化物 35%。盐含量在其他层位在 16%～35%。盐的构成主要是氯化物,在 copoыe 盐土中镁盐成分有增加。在阿克别特金斯克高地的盐土中,其中包括沼泽盐土,苏打成分较多,在个别层位达到 0.03%～0.1%。剖面碱化发生在苏打富集的地下水作用下,苏打是在可溶性硫化物和氯化物堆积后土壤形成的残余物。

在阿克别特金斯克高地东南部与残留河岸接触处有许多潮湿洼地,经常见到遭受荒漠化的隆起的地表。在隆起的地表,可溶性盐与其他低洼盐土相比并不多(从 0.7%～1.0% 到 3.6%～4.3%),因此不能称为沼泽盐土,但是石膏含量在一些层位中达到 50%～55%。石膏化的厚度达到 80～11 cm 或更多。这种沉积长时间遭受强烈风力侵蚀,其结果,洼地地形变成了柱状生物残迹。

12.1.2.3　荒漠带盐土

这是特殊的土壤群,在这类土壤原生层上层,最大限度积累水溶性盐(大于 3%,按干渣)。它们是从矿化地下水或上层积水升起的水流形成的渗出液条件下形成的。到达原生层的上层后开始蒸发,而被带出的盐分形成盐花、盐壳或灰白色的盐粒覆盖在土壤表面。弯曲的闭流或者难以流动的地下水,在炎热和干燥的荒漠气候条件下,水分蒸发超过大气降水,在这个条件下盐的积累过程达到很高的显露程度,形成很大的盐土系列。盐的来源是靠近地表的地下水、地表水或含盐的岩石。在第一种情况下,形成水成盐土的亚类(典型、草甸、沼泽)。这些土壤按属性可分为冲积土和沼泽土。此外,还有残余盐土,这是早先经历过水成发育阶段(主要是冲积)形成在含盐岩石中的"原生盐土"。最后一种盐土形成在含盐海相沉积而成的第三纪地层,特别要注意称为"盐沼土"的土壤,形成于长期靠近矿化水,严重干涸(或蒸发)的盐湖底部和封闭的冲积洼地以及第三纪平原。

取决于盐的组成,在不同地形的地表形成盐的积累。当盐的组成主要是氯化钠和石膏时,组成盐土结皮;当主要是硫酸钠时,形成疏松层;主要是氯化钙和氯化镁时,形成潮湿的或黑色的盐土。在较为复杂的成分中形成过渡状态的盐土。

吉姆贝尔格(Кимберг Н. В.,1974)注意到,关于荒漠带典型盐土特点的研究很多,但大都是有关浸出液的问题,而其他内容很少,这种情况也同样出现在其他类的盐土。

残余盐土　形成在古代三角洲的地表或者现在干旱的或荒漠化的地面,经常处于龟裂化土、龟裂土和沙土的复合体中。早先发育典型盐土下面的地下水位下降,有利于盐土形成。有时候,在这些盐土上可以看到以前灌溉的痕迹。地下水下降低于 7 m 的地方,同时发生毛细管中断矿化水与土壤剖面的联系,这个地下水的水位,被格努索夫和吉姆贝尔格(Генусов А. З.,Кимберг Н. В.,1957)确认,认为这个水位完全停止了毛细管携带可溶性盐到上层,在明显层状和同质轻土层条件下,这个现象也发生在地下水较浅的层位(5~3 m)。在这些水文地质条件下,土壤逐渐自型生成,同时盐土发育过程停止。土壤中积累的盐呈现出以前水成时期的痕迹,在剖面中表现得十分清楚。

含盐量在这些盐土上随时间推移,并没有发生实质性的变化,最大值集中在上层,达到7%~9%,有些地方达到20%(按干渣)。第二层的含盐量有所下降,但是这种状况并不持久。在寒冷季节,当土壤表面由于大气降水潮湿时,易溶盐在潮湿带内进行部分移动,盐的最大值转移到第二原生层,有时可能更深一些。当土壤半干枯的时候,氯化物游离盐部分返回到上层(表 12.10)。在这些盐土上层,有时候出现脱盐趋势。按阴离子成分,剖面上层有较多的阴离子,属于氯化物类,随着深度变化,变成硫酸盐-氯化物,然后为氯化物-硫酸盐。按阳离子,剖面上部盐渍化属钠-镁型,向下层过渡为钠-钙型。盐量的分布按层状剖面,随着原生层机械成分而变动,原生层有不同的容水量(从 0.7%~2.8%,按干渣)。

表 12.10　盐土化学分析结果/%

深度/cm	腐殖质	总含量/%		干渣	Cl	SO₄	物理黏土含量	碳酸盐	石膏
		P₂O₅	K₂O						
残余盐土(阿姆河三角洲)									
0~2				7.6	3.86	0.54	69.8	9.0	0.8
2~12				6.8	2.97	0.82	64.1	9.5	1.3
12~22				3.6	1.82	0.37	85.8	9.5	1.0
22~40				0.7	0.28	0.14	4.6	7.9	0.2
70~80				0.9	0.35	0.18	12.9	9.2	0.3
90~100				2.2	0.88	0.38	44.7	9.4	0.4
205~215				2.3	0.91	0.40	50.9	9.1	0.9
290~300				0.9	0.31	0.26	20.4	7.7	0.4
370~380				2.8	1.19	0.54	76.7	10.0	0.8
520~530				0.4	0.13	0.12	13.2	8.3	0.2

(续表)

| 深度/cm | 腐殖质 | 总含量/% | | 干渣 | Cl | SO$_4$ | 物理黏土含量 | 碳酸盐 | 石膏 |
		P$_2$O$_5$	K$_2$O						
600～610				1.2	0.37	0.34	62.0	9.2	0.5
690～700				0.7	0.20	0.24	80.1	9.7	0.5
900～910				0.2	0.04	0.05	10.1	9.5	0.1
龟裂残余盐土(阿姆河三角洲)									
0～1	3.2			1.3	0.04	0.7	33.8	9.4	2.5
1～5	3.8			2.5	0.52	0.76	35.0	6.9	3.2
5～33	1.0			2.1	0.52	0.56	37.9	9.8	1.4
33～60	0.3			0.4	0.13	0.07	8.3	9.2	0.2
60～100	0.4			0.4	0.12	0.04	5.7	9.1	0.2
100～130	—			0.4	0.10	0.06	8.1	9.2	0.2
201～225	—			1.1	0.38	0.13	43.0	10.2	0.3
270～290	—			0.1	0.04	0.01	5.4	6.9	0.03
灌溉冲积典型盐土(阿姆河三角洲)									
0～1	2.8	0.12	1.45	22.1	6.51	6.55		8.2	8.4
1～13	2.7	0.12	1.43	13.9	4.80	3.06		8.4	5.4
13～24	0.9	0.12	1.64	5.6	1.57	1.31		9.7	2.4
24～36	0.7	0.12	2.07	3.1	1.04	0.63		10.1	1.1
36～54	0.4	0.13	1.44	1.3	0.47	0.25		9.9	0.4
73～98	—	—	—	1.5	0.44	0.38		10.6	0.8
173～200	—	—	—	0.7	0.15	0.22		9.0	0.4
253～300	—	—	—	0.5	0.12	0.18		8.4	0.3
湿润型典型的沼泽盐土(舍拉巴达利亚盆地)									
0～1				31.3	6.42	12		3.8	
1～5				20.2	1.68	10.31		4.9	
5～15	0.8			6.8	2.08	2.32		6.3	
15～30	0.8			2.0	0.40	0.93		5.4	0.56
70～90	—			4.8	1.23	1.75		5.6	5.00
140～160	—			3.9	0.97	1.37		8.2	8.31
湿润型草甸冲积盐土(阿姆河三角洲)									
0～5	0.5			7.8	1.75	3			
5～20	0.4			1.6	0.12	1			
20～35	0.4			1.1	0.15	0.61			
35～55	—			1.0	0.14	0.52			
55～79	—			0.9	0.1	0.54			
90～115	—			0.6	0.09	0.33			
115～125	—			0.7	0.14	0.4			

（续表）

深度/cm	腐殖质	总含量/%		干渣	Cl	SO₄	物理黏土含量	碳酸盐	石膏
		P₂O₅	K₂O						
湿润型草甸沼泽盐土（索赫斯基冲积扇）									
0～10				5.2	0.08	3.36			
25～35				1.2	0.01	0.76			
45～53				2.3	0.01	1.06			
124～134				1.3	0.01	0.83			
наилок 洪积盐土（绍勒贾勒三角洲）									
0～10				4.2	1.73	0.75			
20～30				1.5	0.31	0.56			
60～70				2.1	0.3	1.05			
150～160				2.5	0.39	1.02			
基岩的洪积－坡积层渗入盐土（乌斯秋勒特）									
0～1.5	2.0			22.3	11.22	1.81	21.8	6.7	18.2
1.5～9	1.0			9.3	4.15	1.36	13.9	8.2	18.0
9～22	0.5			3.9	1.19	1.05	5.5	7.5	33.8
22～30	0.6			6.2	2.22	1.24	9.5	12.2	11.3
30～54	0.6			4.6	2.3	0.24	29.8	12.5	0.5
54～80	0.4			5.5	1.89	1.14	17.9	12.0	17.3
110～140	0.4			5.5	1.86	1.19	22.2	15.3	16.9

　　残余盐土形成于地下水位较深的地方，并且有盐渍化遗迹的特征，随着时间的推移，慢慢地可能转变为荒漠带自型土中的一种。在重机械成分中，它们可能转向龟裂化土、龟裂土。在轻机械成分，转向龟裂化土或荒漠沙土。这种状态可能是残余龟裂化盐土。

　　龟裂化残余盐土形成在和普通残余盐土一样的地表，但是局限在洼地，由于大气降水的积累，盐分从上层（0.1%～1.2%）进行天然冲洗和龟裂化。盐分最大值从某个层位到地表都在发生，取决于土壤机械成分，从 1～5 cm，甚至到数十厘米。盐含量在这里达到 2.5%～3.5%，土壤剖面其他部分的盐含量在 0.4%～2.6%。

　　这些盐土表面覆盖着结皮，厚度 1～2 cm。最大盐分位于结皮下灰白粉砂层。结皮层中没有盐分，说明盐被冲洗到较大的深处。剖面上层盐分布的特点是盐积累过程被脱盐过程取代。龟裂状结皮的存在说明，在显露盐土的过程中有自然脱盐的痕迹。龟裂状结皮的盐渍化是硫酸盐－碳酸钙型，含盐量最大值是氯化物－碳酸钙型，低于剖面的盐渍化逐渐成为硫酸盐－氯化物，氯化镁，氯化钙型。氯化物的混合物在下层也说明土壤的脱盐趋势。

　　按机械成分，残余盐土和龟裂土一样，在垂直剖面中是多样化的，其面积从黏土到砂壤土－砂土各种类型之间变化。这些盐土层上层腐殖质含量的变化，从 1%～1.4% 到 1.7%～3.7%。盐土中腐殖质表现出水成阶段发育的痕迹。当前在贫瘠植被的情况下，腐殖质含量没有增长。土壤中氮保证率很差，表明碳氮比比较大（8～21）。氮含量在上层不超过 0.01%，剖面向下，腐殖质含量明显减少，在 0.3%～0.7%（表 12.10）。

　　碳酸盐在这些土壤中为 6%～11%。把碳酸盐含量和原生层的机械成分相对照，可以明显看出它们之间的相互依存关系。在碳酸盐组成中，碳酸钙比碳酸镁超过许多倍。石膏含量在上层 20～30 cm 处达到 1％～3％,在较深层位很少超过 0.5％。

典型盐土 属于逐渐盐渍化的土壤群,最初在绿洲外围或绿洲中间占据小片地块。形成于地下水深度 2～3m 处的冲积层,灌溉—冲积地下水因为靠近灌溉农田以及充水性,在很大程度上影响地下水的状态。盐土在冲积平原的荒地形成,也在撂荒地和休耕地生成,在剖面保留以前灌溉的特征和人为的影响。有时候在地表可看到灌溉水渠系统的残余。

取决于当地的气象和岩相—地貌等其他条件,盐分积累在盐土中以不同的速度和在一定范围内进行。例如,在形成过程中,在"灰白粉砂层"水分蒸发明显减少,因为遏制了盐积累过程。根据科夫达(Ковда В. А. ,1954)提供的资料,由于土壤溶液浓缩,盐分携出有可能减少甚至停止,在夏季温度条件下水分蒸发不太明显。

典型盐土的实质是,在土壤严重盐渍化情况下,盐分最大积累厚度出现在土层的上部,这足以破坏植物区系,给土壤形成以另外新的形状。含盐量在土壤上层变化很大,按干渣,为 4％～50％,其他的为 2％～43％(表 12.10)。盐土中高含盐量的来源可能是来自邻近的灌溉土。盐在上层分布比均匀,在 0.2％～3％。易溶性盐向上提升程度,证明盐渍化逐渐发展的程度。盐土中盐的成分非常多样化,从而造成许多盐渍化类型。从硫酸盐型,到硫酸盐—氯化物型。氯化物数量的多少,取决于干残留物数量的多少。

根据机械成分,形成于冲积平原的盐土的特点,是垂直剖面明显的层状和较大的多样性。

典型盐土中的腐殖质含量是以前的残留物,取决于盐土年代和机械成分,在 0.3％～3％之间。氮含量为 0.03％～0.12％。高含量的腐殖质,现在由于盐分停止活动,可能储存在土壤形成的沼泽—草甸土阶段,也可能存在于以前土壤利用的灌溉阶段。根据资料,磷总量达到 0.12％～0.13％,钾总量达到 1.43％～2.07％。土壤活性磷为低到中等保证率。

荒漠土壤碳酸盐含量属于正常状况,其含量在 8％～11％。剖面中石膏分布与盐含量一致。高含量石膏位于盐渍化程度较高的剖面上层(2％～8％),剖面的下部石膏含量在 0.3％～0.11％。

沼泽湿润状态典型盐土在绿洲范围内见到,在绿洲以外较远的地方也可以见到。在绿洲分布的土壤呈斑点状,这些土壤以及典型冲积盐土受灌溉的影响,因而,地下水在这里实际上是灌溉沼泽状态。分布在绿洲以外的盐土,形成于有水压和水流渗出的山区地下水。这里形成的地下水水位比绿洲地下水的水位要稳定。

冲积—沼泽盐土继承了以前土壤的某些性状:首先是比较高的腐殖质含量,土壤上层腐殖质含量达到 0.7％～1.8％,这样高的腐殖质也保持在剖面(0.5％～1.6％)。这些盐土和前茬土壤一样,剖面下部也具有潜育化和石膏化的特征。

这些土壤中碳酸盐含量总体上都不很高,大部分在 4％～9％,但在下层通常增加到 12％～14％。这里还观察到高含量的石膏(8％～23％)。同时,如果在沼泽状态下,残留下来的腐殖质比较稳定,那么石灰(碳酸盐)和石膏的积累仍然在继续(Кимберг Н. В. ,1974)。

按照机械成分沼泽盐土主要由重壤土和黏土组成,剖面下半部可以看到水成的痕迹。

典型沼泽盐土的特点是全部剖面都高度盐渍化,但是最明显的盐分积累发生在剖面上部,这里的含盐量从 4％～7％到 40％～60％。下层盐含量为 1.3％～5.0％。盐土盐渍化类型大部分是硫酸盐,很少氯化物—硫酸盐。随着盐渍化增加,氯化物也在增加,按阳离子,盐渍化类型属钙盐型,有时候是钙—镁型。

草甸冲积盐土 分布在河谷较低的阶地和三角洲,而草甸沼泽盐土分布在冲积扇边缘和山前平原。它们形成在矿化地下水位 1～2m 处。由于这个原因进行着草甸荒地或者撂荒地的盐渍化。这些盐土属中等盐渍化程度,并且兼容草甸和盐土土壤形成的特点,土壤表面和草甸土一样,覆盖有茂密的灌木,由喜盐植物组成,如 аджерек、匙叶草(*Latouchea fokienensis*)、花花柴(*Karelinia caspia*)、芦苇等。生草层植物中主要是 аджерек。

保存草甸盐土状态的条件是,地表雨水或排放水周期性盐渍化,这些水流有助于从上而下排出部分盐分(Шувалов C. A.,1949),也有助于地下水脱盐和保持较高的水位。相反的情况,是高含量盐分在上层逐渐成为草甸植被的破坏者,在土壤表面形成盐分积累,呈现出结皮或灰白色盐粒。盐土在这种情况下转化成典型草甸土。

在生草层下显露出轻度的腐殖质层,腐殖质层不同的厚度取决于前茬土壤状况,在以前荒地,腐殖质层厚度不超过 10～15 cm,撂荒地厚度达到 30～40 cm 或更多。

草甸冲积盐土上层腐殖质含量达到 0.5%～0.2%,在草甸沼泽层中为 0.9%～3%。这些土壤中氮含量为 0.06%～0.18%。向下,在冲积草甸盐土层达到 0.3%～0.9%,在沼泽层达到 0.8%～1.6%。在这些土壤中高含量的腐殖质储存在重盐渍化的环境中,在那里微生物区系开始分解,有机物矿化也受到抑制。磷总量为 0.11%～0.15%,钾总量为 1.45%～2%。活性磷和活性钾土壤保证率很低。

在没有生草层的地表,覆盖着细盐土的结皮层或者灰白盐层,有时候是潮湿的。含盐量在这里达到 12%～20%。与此同时,在生草层中盐分达到 4%～8%(表 12.10)。随着深度变化盐分急剧减少,生草层下为 1.2%～1.6%,草甸沼泽层下层为 1.2%～2.3%,比冲积盐土含量(0.7%～1.1%)要多一些。

沼泽盐土的盐渍化类型,主要是硫酸盐型,冲积土是氯化物—硫酸盐型。随着盐渍化程度在两个亚类盐土都有增长,同时也增加氯化物份额。按阳离子盐渍化程度主要是钙盐,在深层位是钠—钙盐。土壤剖面中,几乎地表全面都有潜育的痕迹,随着深度增加而加强。

草甸冲积盐土剖面机械成分是多样化的。主要是细粒物质,从沙土到淤泥。沼泽土剖面较少层状,成颗粒状,比较黏重。

碳酸盐含量为 6%～10%,在剖面上的分布与机械组成有关。在黏土和壤土中比轻壤土、砂壤土和沙土中要多一些。石膏含量为 0.7%～1.0%。

草甸盐土形成在冲积和洪积平原,绿洲和绿洲中间封闭的低洼地,在第三纪平原和台地上的封闭洼地。这里盐土形成的必备条件是接近地表(0.5 m 以内)、不流动、严重矿化的地下水。地下水常常分布在沿湖的堤岸地区,长期接近地表的地下水依靠湖泊供水,或者附近较高地势的渗水保持水位。这里出现湖泊—冲积盐渍化(Шувалов C. A.,1949)。

在这些盐土中,还出现沼泽化和盐分积累过程结合在一起的现象。在中度盐渍化时期还生长耐盐植物,这些植物由于土壤盐渍化加强而枯萎,有时候剩下单独的个体处于发育不良状态(аджерек、芦苇)。

沼泽土壤盐渍化的形态特征是盐分积累在土壤表面,形状是含盐土质的结皮,灰白粉砂和含盐的外壳。剖面中,盐组成斑点状、脉状、点状的外观。沼泽盐土没有经历过冲蚀的表面盐渍化程度很高。盐土下的地下水含盐量达到 60～150 g/L。结皮层和灰白粉层的含盐量在 17%～20%～70%(盐壳)。盐土多样性的特点是高度盐渍化,和索拉型盐土或盐泥一样(Панков M. A.,1974)。盐在这里土壤的表面,呈现为略带白色结实的结皮,厚度 1～2 cm。在所有不同类型盐土中,盐积累层以下有被盐浸透的潜育层(2%～20%)(表 12.10)。盐的成分有很多,既有硫酸盐,也有氯化物。随着浸出液中干渣的增长,氯化物份额也在增加。剖面向下,盐渍化类型变化为硫酸盐型或混合性。在阳离子成分中主要是镁和钠。

　　在有些情况下,沼泽盐土与湖泊相连,在盆地形成的严重矿化地下水有明显减弱的趋势。由于强烈蒸发的原因,水的矿化度达到 $300\sim500\ g/L$(乌斯秋尔特的巴尔萨科里麦斯、克孜尔库姆的明格布拉克等地)。在很小的湖泊,盐的结晶形成小的盐层,好像融化的积雪一样,这里干残渣含盐量达到 80% ,剖面由充满单晶盐粒的黑色淤泥组成,直径 $0.1\sim1\ cm$ 。

　　非土壤盐土　属于盐土原生群,生成于荒漠气候条件,形成在第三纪高原或第三纪的产物,为地质成因。岩石多样化是形成不同种类盐土的主要原因,这些土壤与地下水没有固定的连接,不排除大气降水形成的渗漏水通过疏松土层到达不透水层,不透水层是黏土或密实的岩石组成的。这是一种与盐土形成条件类似情况下发育的土壤,盐的冲积物只有在剖面上层,当水流上升的情况下才能出现。

　　已查明多种形成于不同岩石-地貌和地质条件下类似盐土的变种。在一种情况下,它们形成于第三纪含盐岩石中,称为"残积或基岩盐土";另一种在洪积-冲积条件下,仍然是这些岩石,称为"洪积或泉华盐土";最后一种,位于巴尔萨科里麦斯盆地。巴尔萨科里麦斯盆地的特点是有很大的岩相-地貌、卤素地球化学、水文条件的多样性,这些条件决定了这个地区土壤形成的特点。从高原向盆地底部过渡,由于断崖造成不同程度的破损。有些地方由于破坏形成严重侵蚀阶梯状的斜坡,成为严重的侵蚀带。在这个区域内呈现出疏松卤化的和石质形成的土层。这些沉积物是第三纪高原含盐岩石破坏的产物。

　　盆地的坡地被许多密集的网状洼穴分割,这些洼穴汇合在一起形成近坡地的冲积扇。冲积扇是细小物质积累的地带,其机械成分和化学成分在很大程度上取决于第三纪沉积的岩石种类。

　　在冲积扇的中部和下部分布有盐土带,地下水有时位于 $1\sim2\ m$ 深的地方,属于暂时上层水,形成在疏松细土沉积下的隔水层和春季降水时期以及来自周围地区的洪积水。盐水矿化度很高,化学成分是氯化钠型。这里分布洪积盐土,盐分按盐土剖面分布,是典型盐土的特点,最大盐分在上层($8.3\%\sim22.3\%$)。基本盐土含盐淤泥为 4% 。这些土壤中氯化物多于碳酸盐,尤其在上层表现十分明显,说明正在进行盐土形成过程。盐渍化类型上层是氯化物,下层转为碳酸盐-氯化物,石膏很少,碳酸钙沿剖面分布决定于冲积扇上层、主要是土壤夹层的化学成分。

12.2　碱土

　　碱化过程是碱土的主要形成过程。土壤发生碱化过程应有一定的条件。首先,土壤质地比较黏重,有一定数量的黏粒,土壤吸收复合体的吸收性能较强;其次,土壤溶液中含有较多的交换性钠离子或交换性镁离子,以增加对吸收复合体的钙、镁离子的交换几率;最后,要有水参与,有季节性淋盐过程,土壤溶液有上下移动的能力和条件。由于土壤反复脱盐,在脱盐过程中,钠离子或镁离子交换了土壤吸收性复合体中的钙、钾离子,形成钠胶体或镁胶体,土壤溶液碱度增高,使土壤物理性质变坏,在土壤剖面形态上形成明显的褐棕色碱化层。

　　划分碱土必须把碱化度、pH、剖面形态和作物生长反应等结合起来,统一综合分析,才有可能提出比较符合实际情况的划分标准。中亚地区的碱土,包括草原碱土、荒漠碱土和草甸碱土 3 个亚类。

草原碱土　主要分布在栗钙土和棕钙土区内,多呈斑块状零星分布。草原碱土上长有由短命植物和蒿属等组成的干草原或荒漠草原植被,成土母质为黄土状物质,表层有较为明显的腐殖质层,亚表层为紧实柱状和拟柱状的碱化层,心土层有多量白色斑点组成的碳酸钙和石膏淀积层。草原碱土的表土层有机质含量可达 10 g/kg 以上;碱化层一般厚 10 cm 左右,碱化度可达 30% 以上;pH 在 9.0 以上;但盐分含量较低,多在 5 g/kg 以下,只是在底土层盐分含量略高。

荒漠碱土　地形低平,地下水埋深 7~8 m。黄土状母质,既含有盐,又含有较多的钠、镁碳酸盐,质地也较黏重。新构造运动很发育,地面抬升,为荒漠土壤脱盐碱化提供有利条件。虽处于温带荒漠区,但仍相对较湿润,年降水量 150~200 mm,冬季积雪,春季融冰化雪,季节性水分向下渗透淋溶和地下水位的升降,导致土壤季节性干湿交替和盐分的聚脱交替,增强了土壤中的钠离子的活力,使土壤胶体吸持交换性 Na^+ 量渐增,则碱化过程发生,碱性增强,黏粒下移。在干湿交替和冻融作用下,逐渐形成短柱状或馒头状的荒漠碱土。荒漠碱土地面呈现龟背状裂缝,几乎没有或只有稀疏的高等植物,潮湿季节仅生长斑块状藻类和地衣,或生长有梭梭。干时地表呈黑褐色有龟裂纹、疏松而脆的结皮。所以,荒漠碱土有机质仅 2~5 g/kg,质地比邻近土壤黏重,0~30 cm 为砂壤土,下部为黏壤土或黏土。

发育较好的荒漠碱土,地表有极薄的黑褐色藻类的土结皮,微显不规则的多角形裂纹,其下为 1~5 cm 轻壤质淋溶层,灰白色,稍紧实;淋溶层下面为 1~2 cm 厚的红棕色鳞片状或层片状过渡层,较紧实,易碎;再往下为碱化层,质地黏重,极紧实,有红褐色胶膜,呈短柱状或馒头状,厚度不超过 10 cm,在垂直裂缝中,充满了从土层下移的灰白色细砂粒和粉粒,湿涨干缩,透水性极差,碱化度高。碱化层下为石膏、碳酸钙和盐分淀积层以及母质层,通常具有明显的冲积层理。

草甸碱土　主要分布洪积－冲积扇下部近扇缘的泉水溢出带,与草甸盐土呈复区分布。地形基本平坦,小地形微有起伏。分布区有轻度盐渍化,含盐量少,一般不超过 5 g/kg,大量盐分集中在碱化层以下,普遍含有一定量的苏打盐类。pH 8.5~10.0。地表干燥,具有龟裂缝、结皮,局部盐斑较多。多为黏质或壤质沉积物。主要植被为碱蓬、碱蒿(*Artemisia anethifolia*)、芦苇、铃铛刺,伴少量猪毛菜、滨藜等,通常覆盖度小于 30%。

镁质草甸碱土是富含交换性镁的草甸碱土,分布在扇形地边缘、河间低地、河流下游低洼槽地或碟形洼地,常同苏打盐渍土呈复区分布。

镁碱化草甸碱土是在干旱气候条件下,地下水和地表水交互对黏质土体作用的结果,镁盐处于聚脱交替过程,含有一定量镁盐的地表水,通过渗漏或泄水,汇集洼地,并在洼地蒸发浓缩,日积月累,给表土带来大量镁盐。到下个灌溉季节,低洼地又呈现季节性积水,土壤处于淋盐过程,镁离子向下移动,同黏土胶体结合,成为镁质胶体,湿时泥泞干时裂,形成大土块状。随着灌溉季节过去,紧接又一个积盐过程的到来,地表形成薄盐结皮。

镁碱化草甸碱土表层和亚表层不甚明显,而其下层次非常清楚,从地表或 5 cm 开始,为 20~25 cm 厚的紧实层,具有从地表向下的垂直裂缝。紧实层以下无积盐层,而为潜育层。黏土层深厚,物理性黏粒含量达 64%~73%;而 60~100 cm 以下降为 29% 左右。镁质草甸碱土区别于钠质草甸碱土的一个重要标志,是钠质草甸碱土表层为淋盐层,其下为碱化层,紧接盐聚层;而镁质草甸碱土则从表层开始为整块垒结,并有垂直裂缝,深达 15 cm 以上;其下为潜育

中亚土壤地理

层,镁质草甸碱土具有次生现代积盐和脱盐同时进行的盐化过程和碱化过程,并有苏打化和草甸化相伴而存在。

总体而言,碱土是一类理化性状甚劣的土壤,由于碱化度高、土粒分散度大,湿时泥泞,干时板结、龟裂,水、肥、气、热等肥力因素不协调,宜耕性、宜种性、生产性都很差。荒漠碱土多是沙丘中的光板地,草甸碱土多为弃耕地。植被非常稀疏,牧用价值也不大。如要农业利用,应施用石膏或风化煤,并配合冲洗或种植水稻。在此基础上,实行深耕晒垡,种植绿肥,经过综合改良,可逐步种植利用。

第 13 章　其他土纲

13.1　灌淤土

灌淤土多分布于河流冲积平原、三角洲地带的灌溉农业分布区,在山前洪积扇的中下部及河流阶地上也有分布。

13.1.1　灌溉淤积过程

在中亚地区的绿洲部分,农业历史悠久,平原广阔,热量丰富,年平均气温 10℃ 左右,≥10℃ 的积温达 3 500℃ · d 以上,降水不足 100 mm,蒸发量却高达 2000 mm 以上。在这种极端干旱的气候条件下,没有灌溉就没有农业。因此,修筑密集的灌溉网以充分利用山地雪冰融水,既是农业发展的需要,又是灌淤土形成的主要因素。通过灌溉,一方面使土壤获得约相当于降水量 800~1000 mm 的大量水分,以满足作物生长发育的需要;另一方面,因灌溉水的作用而使土壤水分状况和物质移动方向发生了明显变化。同时,灌溉水中携带的大量悬移物质也随着进入农田,农业灌溉淤积物成为灌淤土的主要母质来源。中亚各大河流的泥沙含量多在 1~5 kg/m³,有的甚至高达 10 kg/m³。按一般灌水量,每年随水进入农田的泥沙平均可达 15 t/hm² 以上。随着耕种年代的增加,逐渐形成了深厚的灌溉淤积层,简称“灌淤层”。

13.1.2　耕作熟化过程

在灌溉淤积的同时,大量施用农家肥,并通过耕作措施,使土肥相融,改善了土壤结构。在灌淤耕作熟化过程中,土壤形成了肥沃的灌淤层。灌淤层上部的耕作层,容重降低,孔隙度增大,土壤有机质和田间持水量增加,地温变幅缩小。由于水热状况的改善,又促进了土壤微生物的活动,提高了土壤养分含量和保水保肥性能,协调了土壤水、肥、气、热矛盾,使土壤不断得以培肥和改良。其剖面形态和理化、生物性质都与原来土壤有本质的差别。由此可见,灌淤土的形成主要是由灌溉淤积过程与同时进行着的耕作熟化过程共同作用的结果。在任何起源的土壤上,只要具备这两种主要成土过程,都可形成灌淤土。

13.1.3　附加成土过程

对于处在地势相对较低部位的部分灌淤土,随着邻近地形部位较高的土地被开垦利用,往往因平原水库和渠系渗漏或长期超量灌溉等原因,使地下水位逐渐上升,最终使其土体中下部在高水位季节被地下水频繁浸润而潮化。在这种作用的长期影响之下,土壤剖面的形态特征和理化性质均发生明显变化。其中一部分地下水矿化度较高,强烈的地面蒸发使易溶性盐分随着水分上升而在地表聚集。部分灌淤土在形成过程中就产生附加成土过程——潮化过程和盐化过程,进而形成潮化灌淤土和盐化灌淤土。

13.1.4　剖面形态

灌淤土剖面一般可分为灌溉淤积层和埋藏层。灌淤层包括耕作层和心土层。

在耕作层的表面,灌溉后常见到很薄的新近灌溉的淤积层。其中质地黏重的,干后龟裂;质地较轻的,多形成覆沙。耕作层厚20~25 cm,主要由新近的灌溉淤积物组成,质地多为壤质土,以块状或碎块状结构为主,根系较多,也较疏松,持水性和透水性均较好。耕作层下为心土层,由相对较老的灌溉淤积物组成,厚度均在30 cm以上,其质地、结构同耕作层基本一致,常含有因施肥和灌溉而带入的瓦片、炭屑、骨片等侵入体,一般比较紧实,颜色较浅,质地稍黏,多为中壤至重壤土,结构以碎块状和块状结构为主,结构面上多有胶膜,一般常有较多蚯蚓洞穴和粪便,根系较耕层大为减少。再下则为底土层,大部分系被灌淤层所覆盖的原先土壤("异源母质"层),紧实且质地变化较大。由于灌淤土是在逐年灌淤、施肥、耕翻的条件下形成的,灌淤层逐年增厚,因而犁底层不明显,甚至没有犁底层。

灌淤层纯系人为生产活动的产物,其厚度在50 cm以上,质地均一,层次分化不明显,土壤有机质含量常高出原来土壤若干倍,这是鉴别和划分灌淤土的主要标志之一。

因灌淤土所处地形部位相对较高,地下水位埋深在4~5 m以下,分布在冲积扇中部的灌淤土,地下水位深达10 m至数十米,因而不受地下水影响。只有少量发育在洪积-冲积扇下部的或现代冲积平原上的灌淤土,地下水在高水位季节可以影响到土体中下部位,使土体产生潮化现象。灌淤土的灌淤层厚度一般在0.5~1 m,其厚度随耕种年限和灌淤速度而异。耕种历史愈长,灌淤速度愈快,灌淤层愈厚。一般上游灌区夹带泥沙,含沙量高、淤积速度快,所以冲积扇中部的灌淤土其灌淤层厚度可达1~2 m以上。

13.1.5　理化性状

灌淤土的颜色取决于灌溉水中泥沙的颜色。其质地取决于灌溉水中的泥沙颗粒组成。

灌淤土的土壤容重平均多在1.28~1.36 g/cm³,孔隙度49.06%~52.22%,通透性比较好。

灌淤土虽处在漠境环境内,但因大量河水进入,使土壤所获得的水分远远超过降水量,因而改变了土壤水分运动状况,产生了水分下移的淋洗过程,使易溶性盐遭到淋洗,且灌溉历史越长,淋洗深度越深,易溶性盐一般可淋洗至2~3 m或更深,故土壤普遍脱盐。碳酸钙的溶解度较低,在灌溉过程中,也能淋洗一部分,在土壤剖面中可见到不同量的白色斑点存在。但因河水的携带补充和作物根系的富集作用,使灌淤土碳酸钙含量仍能维持较高水平,在灌淤层中的分布也较均匀,没有明显的表聚和淀积现象。由于灌溉水的化学组成和携带悬移物质的性质不同,使碳酸钙含量随流域不同而有很大差异。

灌淤土的化学组成分析结果表明:土壤中 SiO_2 的含量较高,硅铁铝率变化范围较宽,铁、铝移动现象均不明显。但因其母质来源不同,各种氧化物含量的差异都较明显。

根据风化淋溶系数(BA)来看,在耕作层以下有淋溶趋势,这可能和大量灌溉水的引入有关。

长期的人工培肥和大量根茬、枯叶的残留,使灌淤土肥力大为提高,养分含量远远超过处于同一地带的漠土。土壤有机质含量平均10 g/kg以上,高者可达20 g/kg,比漠土的有机质含量高1~2倍,且在剖面中分布较均匀。腐殖质累积层深达50 cm或更深,这是灌淤土有别于漠土的一个显著特点。在土壤腐殖质的组成中,胡敏酸碳占总碳量 10％以上,耕层胡敏酸与富里酸之比多在 1 左右。胡敏酸的光密度(E4/E6)也较处在相同地带的土壤大为提高。腐殖酸大部分与钙结合,而与铁铝结合的很少。

由此可见,在灌溉熟化过程中,灌淤土的腐殖质组成不仅发生了变化,而且其芳构化程度也有明显提高,使灌淤土具有较高的肥力基础。

灌淤土在形成过程中,因受母质、耕作制度和培肥程度的影响,靠近城镇、村落周围的灌淤土,因耕种年代长,施肥水平高,所以土壤熟化程度和养分也都较高,且灌淤层厚度也较远离村落的大,其肥力水平具有似同心圆分布规律。河谷上的灌淤土由于地势高、气温较低,有利于养分的累积,所以其养分含量明显高于平原灌淤土。同时,因土壤母质的来源不同,使各流域间土壤肥力也有很大差异。

灌淤土的阳离子交换量比较低,大多在 10 cmol(＋)/kg 以下。在土壤微量元素方面,有效铜、铁较丰富,而有效锌、锰普遍较缺乏。

由于水、肥、气、热等条件的改善,使土壤的生物活性也有显著变化,其微生物数量的群体组合比漠土要丰富和复杂得多。在灌淤土中蚯蚓活动十分频繁,在剖面中可以看见大量蚯蚓粪便,并形成许多管状孔道。据分析测定,灌淤土中有六种生物酶的活性均比漠土高,并且在土壤剖面中分布也较均匀,尤其是蛋白酶的活性达到了较高水平。

总的来说,灌淤土形成于极为干旱的荒漠气候条件下,在成土过程中灌溉耕作熟化过程占主导地位,同其前身漠土比较,在剖面形态特征和理化特性方面有很明显的区别,但是灌淤土有机质的分解仍然较快,阳离子交换量也很低,土壤中的碱金属元素和碱土金属如 K、Na、Ca、Mg 等盐基含量仍很富余,土壤风化淋溶系数(BA)较大,表明其风化淋溶强度甚弱,并呈微碱性反应,这与处在同一区域的其他土壤特性是一致的。

灌淤土是在悠久的农业历史下,通过人为灌溉耕作,逐渐使原来的土壤发生演变而形成。因其独特的形成特点,故在剖面构造、形态特征、理化性状等方面都与原来土壤和其他人为土壤有明显区别。

灌淤土在分布地区上受一定条件的限制,仅分布在富含泥沙的大河流域的耕地内。

灌淤土剖面上部均为深厚的灌溉淤积物所组成,成为灌淤土层;其下为埋藏层,即"前身土壤"的原始地表,它与灌淤土的联系已大为削弱,也没有亲缘关系,致使其前身土壤变为"异源母质"层;同时灌淤层经逐年的耕翻搅动,结构近似,已看不出层次,而且整个灌溉淤积层的机械组成、物理特性和颜色也相当一致,质地多为壤质土,并以块状结构为主。

灌淤土的肥力沿剖面分布比较均匀,土壤有机质含量在剖面上下基本一致,有相当一部分灌淤土其有机质含量在 100 cm 土层中,各土层间的变幅仅在 1.0 g/kg 左右,这是其他土壤没有或不常见的。同时石膏和碳酸钙都没有淀积现象,沿剖面分布也相当均匀,而且石膏含量很少,均小于 2.0 g/kg,pH 7～8。

因大量灌溉水的引入,使灌淤土的脱盐现象明显,特别是处于地貌部位较高的垄岗地或冲积平原上部的灌淤土,其剖面中均没有盐分累积。

灌淤土 是人为形成的原始土壤,位于费尔干纳河谷南部,占据大面积冲积扇。潘柯夫(Панков M. A.,1957)利用吉姆贝尔格(Кимберг H. B.)和吐尔逊别托夫的部分资料,把索赫斯克冲积扇的淤灌土壤归入灰褐色荒漠带。

索赫斯克冲积扇是费尔干纳河谷中比较大的冲积扇,有宽阔的集水流域,位于土尔克斯坦山峰北部坡地。冲积扇有对称的扇形形状,地表逐渐从高到低降到扇缘。索赫斯克冲积扇由砾石—砂砾和砾石—砂土沉积而成,在北部地区有不同厚度的细土覆盖。

　　冲积扇呈现出低地和高地交替延伸的辐射状地面。有些低地是以前的河道,由碎石和砂土构成的陡峭的堤岸。在北部边缘与冲积平原连成一片。

　　冲积扇上部地表由砾石和沙土混合交替而成。这里有许多沟渠,顺着这些沟渠分布着大片的淤灌土壤。索赫斯克河水富含固体悬浮物,逐渐减弱成为淤积的砾石。正因为如此,比较多的淤灌土壤广泛分布在索赫斯克冲积扇典型地貌的变种之中,地下水比较深。

　　淤灌层由壤土和砂壤土交替叠加组成,厚度在15 cm到100～150 cm波动。有些地方淤泥细土层厚度达到200 cm。下层是带有洪积砂土的粗砂—砾石。原始土壤的剖面差别很小,土壤是无结构的,趋向于形成结皮,腐殖质层不厚,很少显露在冲积环境中。碳酸盐层或者不出现,或者以黏土和凝结物状态显露在卵石层。当长期灌溉时碳酸盐完全消失。

　　淤灌土有很高的过滤能力,这是加速灌溉所要求的,有助于植物营养元素冲洗到砾石层。索赫斯克冲积扇上层和中部土壤都没有盐渍化,也没有见到石膏。

　　淤灌细土壤见于伊斯法林冲积扇,冲积扇上层由均匀的碎石和沙土组成。在冲积扇上部,淤灌土壤没有出现,它们沿着碎石层周围伸展成细长条状。冲积物厚度0.5～1m,轻机械成分由沙土和砂壤土组成,下面是黏土和砾石。有时候这里可遇见起伏的小沙丘。

　　在开挖费尔干纳大运河之前,这里发育的都是自型盐土,现在地下水抬升到1～2 m处,因此,土壤按照水成—草甸土过程形成。虽然地下水矿化度不高,土壤仍然被盐渍化。在有些情况下,剖面上层含盐量达到4%。盐渍化类型是硫酸盐型。盐渍化有可能很快被灌溉消除。腐殖质含量在这些层位不超过0.8%～0.9%,氮含量为0.03%～0.05%(表13.1)。

表 13.1　灌溉淤灌土化学分析结果/%

深度/cm	腐殖质	氮	物理黏土	碳酸盐	石膏
			伊斯法伊冲积扇		
0～10	0.9	0.03	0.09	10.4	3.4
30～40	0.6	0.03	0.09	8.7	9.1
70～80			0.08	86.7	14.8

　　小块淤灌土壤见于马尔格兰—伊斯法伊冲积扇的淡灰钙土带,属于壤土和砾石—砂壤土,下层是0.5～1 m砾石。

13.2　高山(亚高山)草甸土

　　高山草甸土分布的海拔高度随各大山系各个山区的差异而有所不同,在阿尔泰山区一般在2800～3000 m;天山北坡大部分为2800～3000 m,部分为3300 m;天山南坡一般为3000～3200 m,部分为3500 m。

　　据推算出阿尔泰山在海拔2900～3200 m高山带的年平均气温为−9～−12℃,年降水量为650～800 mm。植被多以薹草(Carex)、嵩草(Kobresia)、羊茅(Festuca ovina)为主,通常伴生有马先蒿(Pedicularis)、珠芽蓼(Polygonum viviparum)、堇菜(Viola verecunda)、委陵菜(Potentilla chinensis)、罂粟(Papaver somniferum)、龙胆(Gentiana scabra)等,草高20～

30 cm。成土母质通常以坡积物、残积物为主,部分为冰碛物或冰水沉积物,极个别的为黄土母质等。

高山草甸土的形成过程有生草过程、有机质累积过程(包括腐殖化过程)、淋溶过程、淀积过程(包括钙化过程)和高山冻融过程等。

在高山带的降雨量远比平原地区为大,加以融冰化雪,给予土壤充足的水分,使土壤产生生草过程,在地表生长着茂密的高山植被,特别是高山禾本科植物和高山豆科植物,为土壤有机质的累积提供了充分的物质来源。因此,在高山草甸土区,一般都具有一定厚度(3~5 cm)的生草层。在高山带气温较低和水分较多的条件下,能累积较多的有机质,形成有机质层,一般厚度为20~30 cm或30~40 cm,但也有更深厚的,包括腐殖质过渡层在内,可达80~90 cm。

由于高山草甸土发育的地区不同以及各地区水热条件的差异,产生不同程度的淋溶过程,从而形成不同厚度的淋溶层,即把一些可溶性或易溶性物质以及黏粒等转移到淋溶层以下的淀积层(如钙积层)。

淋溶过程的强弱,随各山系的水热条件不同而异。例如阿尔泰山山系的淋溶过程较强,土体中的淋溶层深厚,形成呈酸性或弱酸性的高山草甸土。盐基饱和度也与淋溶过程有关,它常随淋溶过程的加强而减少,从而形成盐基不饱和的高山草甸土,而在天山山系的高山带,特别是天山南坡的高山草甸土,通常是淋溶层不厚,形成盐基饱和的高山草甸土。

高山草甸土一般具有下列4个主要发生层次,即有机质层(包括生草层)、淋溶层、钙积层和母质层。

亚高山草甸土广泛分布于阿尔泰山的阿勒泰和富蕴山区、天山山系南北坡等海拔较高的山间盆地以及天山南坡的局部地段。

亚高山草甸土常与高山草甸土相毗连而分布于其下限,部分地区的亚高山草甸土的下限可下延到中山带的1500 m或1800 m,而与灰色森林土、灰褐土呈犬牙交错的分布,部分下延至与黑钙土相接。大部分上限接高山草甸土。

亚高山草甸土均发育在亚高山地带,随着海拔的降低,植物的种类和它们的生长高度以及草被盖度与高山草甸土相比较,都有很大程度的增加。

亚高山草甸土的植被,属亚高山草甸类型,由嵩草、薹草、羊茅等为主的多种草类组成。还伴生有许多艳花植物,如罂粟、芍药(Paeonia lactiflora)、马先蒿、珠芽蓼、龙胆、千叶蓍(Achillea millefolium)、金莲花(Trollius chinensis)、银莲花(Anemone cathayensis)等,这些植物的种类之多,在某些亚高山带,可达40~50种以上。草层的高度也比高山草甸土内的植物为高,一般可达50~60 cm。

成土母质在亚高山草甸土上通常以坡积物、残积物为主,部分为冰碛物或冰水沉积物,个别还有黄土母质。

亚高山草甸土区的雨水远比平原地区为多,土壤为地表水(包括融化雪水)的补给,比较湿润,对亚高山植被的生长发育带来了十分有利的条件。

亚高山草甸土的主要形成过程同高山草甸土基本一致,主要有生草过程、有机质累积、有机质腐殖化过程、$CaCO_3$的淋溶淀积过程和山地冻融过程等。亚高山草甸土一般具有下列五个发生层次,即生草层、有机质层、淋溶层、钙积层和母质层。有机质层和腐殖质层厚度各地不一。

亚高山草甸土在草的种类、草质或草量等方面,都比高山草甸土为好,因此亚高山草甸土是中亚最好的夏季牧场,部分还可以作割草草场。

13.3　高山(亚高山)草原土

高山草原土是半湿寒高山土亚纲中的一个土类。其下可分为高山草原土、高山荒漠草原土和高山草甸草原土三个土类。该土类主要分布在帕米尔高原的高山带。随山体的坡向不同,部分与高山寒漠土呈复区分布。

高山草原土的分布地区气候比较干旱而又寒冷,年平均气温均在零度以下,最热的7月则在零度以上。海拔在4000~4500 m以上,季节性融冰化雪水湿润着土壤和供应植物,伴生蓼科和部分高山禾本科植物。覆盖度60%~70%。成土母质为坡积物,质地通常较轻,一般为细砂、粉砂质物质。土壤形成过程有有机质累积过程和高山冻融过程等。

高山草原土成土作用比较弱,全剖面分异不甚明显,一般可分为生草层、弱腐殖质层和心土层。生草层厚度多在10 cm左右,多为黄棕色,土壤有机质含量在15.0 g/kg左右,为团块状结构;弱腐殖质层为灰棕色,土壤有机质含量10 g/kg左右,多为块状结构;心土层多为黄棕色,块状结构。土壤全剖面含砾石较多,含石膏极少,石灰反应强,pH多在8.5以上。

该土上限与高山草甸土或亚高山草甸土相毗连,而下限部分从亚高山地带下延伸到中山带内与灰色森林土、灰褐土呈犬牙交错的复区分布,部分与黑钙土等毗连。

亚高山草原土发育在亚高山的生物气候地带,气温高于高山草甸地带而低于中山带,雨量高于中山带或近似于高山带(随地区不同而异)。植被类型远比高山带为多,生长高度和茂密程度均比高山带为好,因而草质和草量均比高山带优越。成土母质一般与高山草甸土一致,以坡积物、残积物为主,部分为冰碛物、冰水沉积物或洪积物,黄土母质只在局部地区出现。

亚高山草原土的形成过程也基本与高山草甸土相近似,具有较强的有机质累积过程、腐殖化过程;而淋溶过程、钙积过程(或称钙化过程)以及冻融过程等,都比高山草甸土要稍微弱一些。

亚高山草原土一般同高山草甸土一样而具有下列五个发生层次,即生草层、有机质层、淋溶层、钙积层和母质层。

13.4　高山寒(漠)土

高山漠土是干寒高山土(亚纲)中的一个土类。它是发育在气候非常干旱而又极为寒冷的山地荒漠气候地带内的土壤。

高山漠土在中亚广泛分布于帕米尔高原、西昆仑山的外缘山脉的高山带或亚高山带,部分分布在高山寒漠土的下缘,而与寒漠土相毗连。

在帕米尔高原的塔什库尔干山区、西昆仑山外缘山脉的金格套山区等,都有大面积的分布,其海拔高度大多在3800~4200 m或4000~4500 m不等。

高山漠土广泛分布在干旱寒冷的高山或亚高的荒漠地带,其成土母质有坡积物、洪积物、冰积物和残积物等,质地大都偏轻,为轻壤或砂砾质,且大多夹有碎石、粗砂及带棱角的小石块。

　　高山漠土与平原上的漠土及其在山地上的延续部分(或称山地漠土),有某些基本相同的土壤形成过程,如除有机质累积过程、残积盐化过程、石膏移动淀积过程等外,还有高山冻融过程和高山干寒地带的物理风化和化学风化过程等。由于气候干旱和寒冷,一般植物的生长和发育受到了严重的限制,因而地面植物极为稀少,只有极少数的耐寒和耐旱的高山垫状植物,如驼绒藜(*Ceratoides latens*)、红景天(*Rhodiola rosea*)、蚤缀(*Arenaria serpyllifolia*)等外,未见其他高等植物,总覆盖度常小于 5%～8%,所以在高山漠土中的生物过程作用极为微弱,累积的有机质含量不高。

　　其剖面表现为:地表有较薄的荒漠结皮,有少量干面包状的气孔,土色较浅,微灰,部分地区还混有少量盐分,石膏也有少量的累积。

　　高山漠土的剖面层次发育较为原始,层次分化没有平原上的漠土那样明显,特别是表土层的鳞片状层次和其下由黏化铁质化过程所形成的紧实层次,不甚明显,只有一些可识别的雏形。

　　高山寒漠土是寒冻高山土(亚纲)中的一个土类。它发育在极端干旱、极端寒冷、年内冻结时间较长、解冻时间较短、冻层深厚的高山寒冻荒漠地带,是分布海拔最高的一个土类。

　　高山寒漠土分布于中亚地区的西南部和南部的高山区,比较集中地分布在帕米尔高原、塔什库尔干山区、西昆仑山外缘山脉山区。高山寒漠土发育在极端干旱而又极端寒冷的高山寒漠地带中永久雪线下缘冰雪活动带内,位于高山漠土的上缘或部分与高山漠土交错呈复区,部分在永久雪线或冰川的外围呈环状分布。

　　高山寒漠土区的气候是以干旱寒冻为其主要特征,年降水量少,年平均气温低,结冻时间长,可达 8～9 个月以上,解冻时间短,一般均<3 个月,甚至在炎热的夏季,也常有冰雪纷飞。土壤水分主要由融冰化雪水补给,水质清澈寒冷,地表植物极端稀少,仅生长有耐寒性能极强的高山垫状植物,如红景天、蚤缀等以及一些高山菌、藻类和地衣等,覆盖度通常小于 1%～2%。

　　高山寒漠土的形成过程,除具有同平原或山地中的漠土以及平原的龟裂土某些基本过程而外,还有寒冻物理风化过程和高山冻融过程,这也是其土壤形成中的最大特点。从高山寒漠土的形成过程的综合作用而赋予它的属性来看,它具有漠土和龟裂土的基本过程,但都表现得极为微弱,部分仅可见到一些雏形特征。在其风化过程中,与平原上的漠土和龟裂土相比较,只有物理风化过程相对强烈,而化学风化过程和生物风化过程就极为微弱。

　　高山寒漠土在年复一年的高山冻融过程中,形成地面龟裂,裂片大、裂缝深,特别是地面碎石聚集于裂缝边缘,形成了图案式的"石环"。它是高山冻融过程所形成的。

第三编

土壤资源保护及利用

第 14 章　土壤肥力与作物生产力

14.1　保持和提高土壤肥力的途径

　　土壤的肥力取决于土壤结构的表层、土壤的矿物质成分、可被植物吸收的水分和土壤空气条件,以及植物根部生长的必要条件等指标。土壤的肥力水平不是仅取决于土壤中腐殖质的含量,还取决于土壤中可交换的供植物吸收的营养物质含量,以及土壤的农业物理和生态指标(Куришбаев А. К.,1996)。

　　世界农业实践证明,在 20 世纪耕作系统高度集约化的前提下,土壤中的腐殖质含量减少了 15%～25%,有个别地区达到 40%,甚至大于它的原始含量(Жуков А. И.,Попов П. Д.,1998;Федорин Ю. В.,1998;Державин Л. М. и др.,1988)。在开垦后 10 至 15 年内,腐殖质含量由于土壤中不稳定有机物的分解而急剧下降,然后分解过程减缓,并相对于新的种植条件达到一个相对稳定的状态。根据吉柳辛和列别杰娃的资料(Кирюшин В. И.,Лебедева И. Н.,1972),在哈萨克斯坦北部的南方黑钙土种植层中,在轮作种植不施用化肥的第一个 10 年,腐殖质的年均损失约为 10 t/hm²;在第二个 10 年约为 0.5 t/hm²;在第三个 10 年为 0.4 t/hm²。在随后的 30 年间腐殖质的损失几乎一为 0.3 t/hm²。由这些数据可确定腐殖质在一定的地貌条件下损耗的规律性。其中,碱性黑钙土向南部及向北部区域延伸。如果在 50～300 年间碱性黑钙土中的腐殖质含量仅减少 3%～14%,则在 10～60 年间,南方黑钙土中的含量为 10%～21%,在灰化土壤中为 14%～19%(相当于生荒地来说)(Кирюшин В. И.,2000)。罗布希认为,在近来的 30～40 年内,腐殖质及全氮在土壤中的含量降低的情况大致是这样的:在后贝加尔湖区 25%～40%,蒙古中部农业区 20%～36%,在西伯利亚每年土壤腐殖质流失约为 1.0～2.5 t/hm²。

　　根据资料,腐殖质含量降低不只在耕作层出现,还发生在其他土壤结构层中。在 0～20 cm 黑土层中腐殖质含量减少 27%;20～50 cm 土层中减少 23%;50～100 cm 土层中减少 16%。每年腐殖质损耗约 0.8～1 t/hm²(Джаланкузов Т. Д.,1997)。在土壤中游离态的腐殖质减少 48%,水解氮减少 45%。土壤中腐殖质含量降低,常伴随土壤防水结构的破坏性能下降(7～10 倍)。容重升高(约 0.2g/cm³),1 m 土层的含水量下降(30mm),物理蒸发量增加(30%～50%)。

　　熟土中的水力性质恶化,宏观结构遭到破坏,微量团粒的数量增加,表下层的容重因受重型农业机械行走系统的影响而升高(1.4～1.5 g/cm³)。耕地的风蚀、侵蚀和盐渍化现象日趋严重。在一些草原地区未灌溉的农业用地也因对低产和受侵蚀土地的耕作及土壤保护的农业技术不完善,出现了土地退化现象。

　　在这种情况下,不仅腐殖质总含量降低,还有游离腐殖酸及水解氮,在黑钙土中损耗为 22%～25%,在栗钙土及灰钙土中为 14%～30% 以上,在灌溉土壤中为 40%～50%(Аханов Ж. У.,Елешев Р. Е. и др.,1998)。

1960—1995 年间,哈萨克斯坦土壤中(0～30 cm)腐殖质的流失情况如图 14.1 所示。

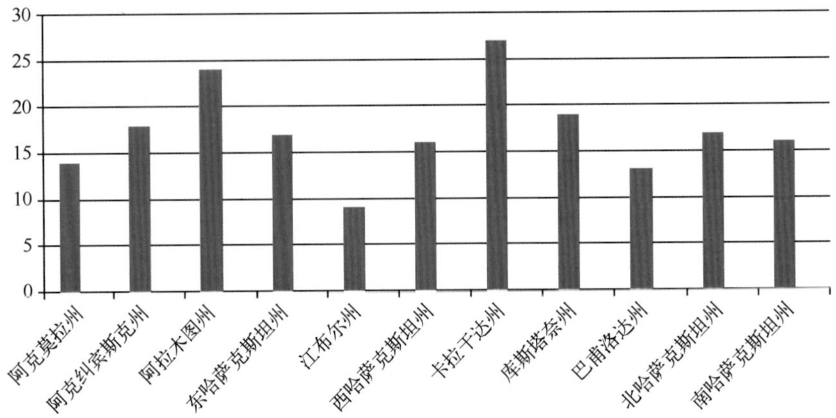

图 14.1　哈萨克斯坦土壤种植层腐殖质流失(%)示意图

现在哈萨克斯坦境内观测区域的主要部分中,腐殖质含量低的地块约占 61%,含量中等的面积约为 35.5%,腐殖质含量高的地块为 3.5%。腐殖质含量最低的是克孜勒奥尔达州,巴浦洛达尔州,江布尔州,南哈萨克斯坦州和西哈萨克斯坦州的土壤(Сюсюкин В. и др.,2005)。

在哈萨克斯坦大部分地区,土壤中腐殖质和营养元素出现逆差。每年平均流失腐殖质约为 0.6～1.2 t/hm²,而这种流失在冲蚀土壤中表现尤为明显。因此,土壤肥力水平在低度冲蚀土壤中降低约 30%,在中等强度冲蚀土壤中降低 50%,在强度冲蚀土壤中降低约 70%。

土壤的矿质化作用在各类土壤中都有表现,表 14.1 很好地反映了这种进程(Давлятшин И. Д. и др,1996)。

表 14.1　哈萨克斯坦耕地 0～30 cm 土层矿质作用/t/hm²

原始土壤及亚种土壤	矿质化作用(荒漠化)			
	缺乏	弱	中等	强烈
普通黑钙土	216	195	158	95
南方黑钙土	131	120	100	57
暗栗钙土	99	91	87	42
栗钙土	89	82	70	46
淡栗钙土	59	51	44	28
普通灰钙土	53	44	39	19
淡灰钙土	45	41	33	17

由于矿质化作用,在强度较弱的地方有 4.50×10^6 hm² 土壤荒漠化,中等强度的地方有 5.20×10^6 hm² 土壤荒漠化,强度高的地方有 1.50×10^6 hm² 土壤荒漠化。

所有这些都要求改良现有的耕作方式,寻找更为合适的方式。根据哈萨克斯坦的行政区划和自然生产区的状况,制定并完善耕作系统如下:

在哈萨克斯坦西部和中部,对适宜种植春播作物的旱地,实行土壤保护耕作系统;

在哈萨克斯坦西部和东部,对适宜种植春播作物和秋播作物的未灌溉土地实行农业用地土壤保护耕作系统；

在哈萨克斯坦东南部，对适宜种植冬小麦、大麦、玉米和多年生草种的旱地上实行农业用地土壤保护系统；

在哈萨克斯坦东南部海拔 1200 m 以上的地区，对种植粮食和饲料作物的土地实行水土保持山地耕作系统。

这些区域的耕作方式在一定程度上提高了农作物的产量，不仅防止了土壤侵蚀，同时也稳定了土壤肥力。但是不足之处在于在各区域及针对其他类型的土壤都套用这种耕作系统，降低了该系统的实效性。

农业种植时，连种某种单一的农作物会导致后一年的耕地肥力降低，农作物收成减少，农田杂草增多以及病虫害的传播。推荐的短期轮作耕种方式并没有完全被采用；矿物营养成分没有完全被吸收，土壤肥力降低，农作物产量减少，最终导致农产品收成不稳定。土壤中有机物流失量，依据轮作的情况大致如下：休闲地 $1.2\sim1.6$ t/hm²，中耕作物 $0.7\sim1.5$ t/hm²，秋小麦 $0.4\sim0.7$ t/hm²，过冬粮食作物 $0.5\sim0.6$ t/hm²。

根据资料，在被侵蚀的黑钙土中腐殖质的损耗，比在非侵蚀的土壤中的损耗少 24%，也就是说，如果在生荒地 $0\sim10$ cm 土壤层里腐殖质的储量大概为 55 t/hm²，50 年种植后储量为 40 t/hm²，那么在被侵蚀的土壤中的储量为 33 t/hm²。随之而来的是土壤的团粒结构恶化和土壤密度变差（Аханов Ж. У.，1996）。

在适宜自然条件的耕作方式基础上，对被植物吸收的营养成分进行恢复和添加，是调节土壤肥力最迫切需要解决的问题，其最终目的是达到最适宜的土壤农业物理、农业化学、生物和生态指标。

调节土壤肥力的主要标准是在哈萨克斯坦各农业生产区，严格按科学的耕种方式以保证农作物的最高产量。

表 14.2　哈萨克斯坦耕地土壤生态状况

土壤类型,位置	腐殖质含量/%			耐水团聚体含量 >0.25 mm /%			容重/g/cm³			0～30 cm 土层中腐殖质储量(腐殖作用)/(t/hm²)		
	荒地	熟地	降低	荒地	熟地	减少	荒地	熟地	提高	缺乏	中等	强烈
普通黑钙土(库斯塔奈州)	8.30	6.30	24.0	70	51	19	1.08	1.22	0.14	215	158	95
普通黑钙土(东哈州)	7.02	5.41	23.0	76	56	20	1.06	1.23	0.17	210	143	90
南方黑钙土(阿克莫拉州)	5.30	4.22	20.0	65	38	27	1.17	1.39	0.16	131	100	57
暗栗钙土(乌拉尔州)	4.10	3.4	17.0	60	32	28	1.19	1.33	0.14	99	87	42
普通灰钙土(阿拉木图州)	1.40	1.10	21.0	23	13	10	1.23	1.34	0.11	53	39	19
灌溉淡栗钙土(阿拉木图州)	2.59	2.00	23.0	28	14	14	1.21	1.39	0.18	59	44	28

管理土壤肥力，保持和再生土壤，以及保证土壤中腐殖质和营养物质的平衡，并且提高农作物的产量，一个非常重要的因素就是肥料。由于土壤肥力再生过程遭到破坏，矿物营养成分

的循环出现中断,如果不使用矿物质肥料就不可能消除这种现象。农作物产量锐减和土壤肥力降低就可以充分地证实这一点。

多年的研究表明,保持有效的土壤肥力,使农作物获得稳定的高产,耕地土壤中的矿物营养指标应该是:

在普通黑钙土里,有效磷的含量为 $25 \sim 30$ mg/kg,硝酸氮 30 mg/kg;

在南方碳酸盐黑钙土里,有效磷的含量为 $25 \sim 30$ mg/kg,且硝态氮不小于 15 mg/kg;

在暗栗钙土里,有效磷的含量为 30 mg/kg,硝酸氮 $15 \sim 20$ mg/kg。

由于在农业生产中矿物质肥料的生产和供应量锐减,成本高涨等因素,有机肥成为土壤中积累腐殖质的来源,这更具有重要的意义。根据资料,为预防腐殖质的流失必须每年按 $7 \sim 10$ t/hm² 的量施用有机肥。由于哈萨克斯坦的畜牧存栏数量急剧减少,现在平均 1 hm² 土地里施加的有机肥仅有 4 kg。这些都要求我们寻找新的增加土壤中有机肥的途径。这可以通过种植多年生草用植物和绿肥植物作为绿肥,种植后作物的残留部分、秸秆及其他地方肥(如腐泥、矿煤、氧化煤、各种腐殖质盐等)来实现,而这些都是保证生态的、环保的、安全的农业用地的基础。

根据哈萨克斯坦巴拉耶夫国家粮食生产研究院的资料,将收获后的秸秆留在土地里(粮食产量在 $15 \sim 20$ t/hm²),可以保证 $4 \sim 6$ 次优质粮食轮作所需的腐殖质。每年在 3 轮 4 茬粮食作物轮作后,土地里留置 2 t/hm² 的秸秆,这样把在 $0 \sim 10$ cm 土层里的腐殖质含量提高了 0.17%,在 $0 \sim 20$ cm 土层里的提高 0.1%。在哈萨克斯坦西部的土壤条件下得到了相类似的观测结果。

使用绿肥可显著提高农作物的产量。种植豌豆并在收获后将秸秆深翻入田地,也会使甜菜和大豆增产 11%,种植苜蓿可以保证种植层土壤里的腐殖质含量增到 $2.06\% \sim 2.14\%$。

在哈萨克斯坦西部的干旱草原上种植 12 年鹅观草(*Roegneria kamoji*),其暗栗钙土里腐殖质的含量为 3.07%,在五次粮食轮作种植时,腐殖质含量为 2.82%,在长期耕种的土地中腐殖质的含量为 2.50%(Чекалин и др.,2005)。

作为腐殖质的形成和转化的条件,人为因素对土壤影响的一个重要因素就是农用机械的使用。由于农用设备和人类活动使土壤变得超密实,从而导致土壤农业物理特性的改变和土壤退化,土壤肥力降低。只有根据土壤气候条件和自身特性来区别对待土壤耕作,才能有效地降低机械耕作对土壤产生的副作用,保持土壤的肥力。

与此同时,哈萨克斯坦国家观测局的资料证明,尽可能少地对土地作业,尽量减少能源的消耗来有效地防止土壤侵蚀,保护土壤水分和土壤肥力。在非灌溉地的合理整地方法是,在土地休耕后第二茬作物整地时,翻 $10 \sim 12$ cm 而不用翻到 $20 \sim 22$ cm 深度,在旱季时,旱地休耕期整地深度从 $27 \sim 30$ cm 减少到 $10 \sim 12$ cm(Киреев А. К. и др,2005)。

在哈萨克斯坦北部,一个有效降低能耗的方法是秋季免耕,如果杂草不多的话,种植过冬作物在留茬地上。在哈萨克斯坦南部、东南部和东部的坡地上,更为有效的耕地方法是,平均耕地深度为 $28 \sim 30$ cm,并开 $50 \sim 60$ cm 的槽,这样耕地的墒情平均可提高 $20 \sim 40$ mm,粮食收成提高 $1.5 \sim 3.0$ t/hm²。

因此,必须根据不同的条件来种植不同的农作物。遵循多样化的原则,根据哈萨克斯坦各区域的土壤、气候及农业条件等,甄选轮作作物和品种等。根据国家农业研究院的学者建议,应该在哈萨克斯坦北部和中部种植谷类农作物。在巴甫洛达尔州中部和南部地区,种植秋小麦的同时,应该扩大稷和荞麦的种植面积。应该在哈萨克斯坦东南部、西部和东部地区种植秋播作物,如小麦、黑麦、大麦。应在南部地区种植玉米、黄豆,以改善饲草情况。在旱地应种植耐旱油用植物。

由此,保证合理利用土地资源、防止土地侵蚀、保持并提高土壤肥力、获得稳定的产量、适宜的植被状况、农业生产质高量优等这一系列的技术就更加具有了现实意义。

为了改善土壤状况,保持并提高土壤肥力必须做到:

首先对土壤状况进行细致的分析,弄清土壤的肥力,侵蚀情况,耐侵蚀性,盐渍化,过于致密性及其被污染情况等。在这些工作的基础上,根据各个区域的耕作条件,采用同一标准的研究方法对范围内的农用土地进行区域划分;完全掌握科研机构推荐的科学的耕种方式。在未遭受侵蚀的土壤,主要是粮食作物和多年生草本植物的轮流种植。在遭受水蚀的土壤,完全采用保持水土的轮作方式,并按 30%～50% 的比例种植多年生草本植物。在遭受风蚀的土壤,应该进行作物休耕,种植多年生草本植物。

严格遵守耕地制度,防止土壤侵蚀和进一步退化。可用不同深度的浅耕(小麦 20～22 cm,大麦 10～12 cm)对旱地和非浇灌地进行耕作,在杂草地深耕,尤其在雨水较多的季节更应该如此。

在遭受水蚀的土地,应该采取深耕(28～30 cm)并开槽(40～50 cm),或者在坡度大于 5° 的地段筑堤。

在休耕地,为了有效保持水土,应每年覆盖禾秸,种植高秆作物。

在粮食轮作地段(干旱地和非浇灌地),在休耕期施肥(20～30 t/hm²),施加 40～80 kg/hm² 的磷肥以保证土壤充分的磷元素。施加 30～45 kg/hm² 的氮肥在种植 2～4 茬农作物后,翻耕压禾秸,增加固氮。

为恢复浇灌田地的肥力,种植 2～3 年的苜蓿,并根据农作物营养成分的状况在第二茬轮作时施 40～60 t/hm² 的无机肥。

为加速土壤肥力的恢复,应该增加 2～3 倍的无机肥和其他有机肥。

为改善盐碱地的肥力,除以上方法外,还应按 3～6 t/hm² 施加磷石膏。

为改善所有耕地,特别是浇灌田的土壤的农业物理状况,防止地块板结,应定期开槽,深度 40～50 cm,并进行松土(每 3～4 年 1 次)。

14.2 矿质营养及其在提高土壤肥力中的作用

农作物的产量取决于自然及农业技术等诸多因素,其中最主要的是保证土壤中供给植物的矿物元素。满足植物需要的矿物质主要来源于土壤中的储备和施加肥料。土壤肥力的一个重要指标,就是有机物的含量和有效成分,只有了解耕地有机物的交换规律才可能调整其含量。有机物可向植物提供较高水平和稳定含量的氮营养,同时为营养物质在土壤中的储存和平均分配创造了有利条件。最广泛而有效地改善土壤中腐殖质含量的方法是系统地使用有机肥,如果在轮种时再种植多年生的草用饲料,效果会更好。

矿质肥决定现代农业的质量水平和效率,保证收获优质高产的农作物。随着耕作化学化,经常出现一些粗放式的生产方式,即为了达到最大产量经常增加矿物质肥的用量,而未经科学实验随意增加矿物质肥的用量,在一些农业生产区常常会引起一系列的环境生态问题。所以农业科学的首要任务是研究生态平衡地使用肥料的一套理论,找出调整农业群落里微生物循环的合理方法,从而保证植物所需的各种营养元素,以获得高产,并尽量将其所产生的生态负面影响降到最低。最后仍然需要将农业化学理论真正应用到实践中去。这时,所指的并不是无机肥料的最大用量,而是为提高植物对各种营养元素的吸收率,减少其在土壤里的损耗而使用的最合理的用量。尽管土壤是一个相对封闭的系统,但化合物的浓度某种程度上不会对其产生特别大的影响。因此,必须要清楚合适的用量,首先要保持土壤肥力,并尽可能地根据农作物的生物特性及土壤气候条件,在利用化学方式的基础上来改善土壤的自然属性。在耕作实践当中经常可以遇到这种情况,即在使用肥料时没有考虑到农作物的生物特性,土壤自身的特性及计划产量,从而导致无为地消耗肥料,营养元素在土壤和农作物间的关系被破坏,产量降低,农作物的质量和贮藏性能下降等现象产生。因此,合理使用作物矿物质营养在农业生产中起着举足轻重的作用。

14.2.1　氮肥及氮在土壤中的存在状态

植物营养所需的氮主要来源是硝酸盐和铵盐。对氮肥进行的首次实验是在英国罗达姆斯杰特斯实验站进行的,该实验开始于 14 世纪,接着一位普良尼施尼科夫科学院的院士在萨马伊洛夫肥料与杀虫剂科学研究所的实验田里做过实验,在多尔卡普鲁特农业科学实验站里也进行过同样的实验,直到现在仍然有许多学者在进行类似的研究(Щерба С. В.,1953;Любарская Л. С.,1968;Кореньков Д. А.,1976)。

氮肥在所用类型的土壤中效能都很高,在提高农作物产量方面也起着重要的作用。但也有学者提出不同意见。与此同时氮肥的肥效在一定程度上也取决于矿物质肥料中的营养元素,还有浇灌条件,天气条件,土壤类型,施肥面积等其他因素。

诸多研究者(Державин Л. М. и др,1988)的观察证明,植物能吸收利用肥料中氮的30%～70%,20%～30%被土壤同化,15%～25%由于反硝化作用和氨化作用以气体的形式挥发,5%～15%在土壤密根分布层流失,20%矿物质肥料中的氮由于灌溉而流失。

使用硝化作用抑制剂是一种减缓氮肥流失的方式,可以暂时将氮、氨态氮、尿素贮藏在土壤里。也可以使用化学方法减少氮肥的流失,即缓释肥料(在肥料颗粒表面覆被不溶于水或难溶于水的膜)或者复合肥料(在生产肥料过程中添加一定物质)(Янишевский Ф. В.,1977)。这样,包膜肥料中的营养成分通过扩散透过覆膜进入土壤中,在覆膜完全消失后,肥料中的营养成分直接进入土壤。这样在土壤里形成了微小的可被植物吸收利用的氮肥来源,并能在相对较长的时间内调节氮肥的浓度和分布,从而减少施肥的次数。一次施用较多量的氮肥不至于损害到农作物,而使氮肥肥效起作用的时间与农作物大量吸收氮肥的时间相吻合。

包膜肥料的溶解度比普通肥料要低,且随着时间增长而变得易溶解。根据卡普切涅利,卡珊切娃(Капцынель Ю. М.,Казаццевой О. Ф.,1989)的资料表明,普通尿素在 30～60 min 内完全溶解,而包膜肥料在 20 d 内才溶解 30%～50%。

包膜肥料的肥力在一定程度上取决于农作物的耕种技术和其生物特性。用高浓度的标准氮肥(392、560、729 kg/hm²)包膜后施用于西红柿田时,发现低用量的包膜氮肥比普通磷肥更加有效(Капцынель Ю. М.,Казаццева О. Ф.,1989)。由此可见,这是由于肥料在农作物生长期内平均释放的结果。

氮肥不仅对农作物的产量有影响,而且对农作物的质量也有影响。许多学者的研究都证明了肥料用量与农作物质量的关联性（Церлинг В. В.，1979；Борисов В. А. и др.，1982；Семенов В. М. и др.，1986；Амиров Б. М.，1990；Сапарова У. Ж.，1992；Рамазанова С. Б.，1993；Сапаров А. С.，1997；Айтбаев Т. Е.，1997；Мамышов А. М.，1998），特别是肥料用量与蔬菜作物中硝酸盐含量的关系。如果增加 2～3 倍氮肥的使用量，则卷心菜球茎中硝酸盐的含量会升高 6 倍，黄瓜和西红柿的果实以及马铃薯块茎的中硝酸盐的含量会升高 2～6 倍。这种情况在缺少磷和钾的土壤中尤为普遍。而蔬菜作物对氮的吸收最明显。因此，在浇灌田里种植蔬菜作物时，必须使用单项或者复合包膜的氮肥，因为这种氮肥作用时间较长，且在水浇地里流失较少。除此之外，降低蔬菜作物中硝酸盐的含量，以及减少氮肥的毒副作用对植物生长具有巨大的意义。

农作物营养物质的不均衡一定程度上可导致农作物产品的质量下降以及硝酸盐在农作物里的积累。因此，根据阿格耶夫及其他学者的数据（Агеев В. М. и др,1988），在施用适量氮肥的情况下，增加磷肥和钾肥的用量，可降低菠菜中 3.6 倍硝酸盐的含量。而在氮肥含量较高，而钾肥不足时，可提高 7.5％的硝酸盐；磷肥不足则相反，可降低 8.2％的硝酸盐含量。

氮肥作为聚集硝酸盐的一个因素，其作用常常被错误地高估。大多数情况下，不施氮肥所获取的产品中硝酸盐的含量也会升高，这是诸多因素共同作用的结果，诸如硝酸还原酶中的微量元素不足，天气状况、光照、土壤类型等其他因素。普良尼什尼科夫院士（Прянишников Д. Н.，1973）曾指出，在植株生长初期，游离氮、磷、钾对植物的供给越好，收成就会越高。为保证植株正常的生长发育，重要的不仅是各种营养成分的含量，还有这些营养元素在生长期的动态分布情况。因为，作物在各个生长期对营养元素的要求不完全一致。拉特涅尔（Ратнер Е. И.，1965）发现，了解土壤中营养成分的数量（植物生长发育的最根本依据），可以判断植株这样或那样的生长时期中营养成分的供给情况。

植株氮营养的首要来源是土壤本身，被植株吸收的氮以有机聚合物的形式存在于腐殖质、植物或动物的剩余物中，由于微生物活动而使得其中的一部分聚合物转化为游离态。

土壤中的游离氮大部分是易水解氮，含易水解聚合物的成分，同时也有矿物质形式，如以铵或硝酸的形式，这对植株都起着同样的重要作用（Прянишников Д. Н.，1976；Смирнов П. М.，1977）。

我们在伊犁后部阿拉套山地带的土壤里进行过观察，这里的矿物氮主要是以硝酸盐的形式存在的。所以，土壤肥力的主要指标是土壤的硝化进程。据巴利萨夫的研究表明，种植喜氮作物时（卷心菜、甜菜），80％～90％的氮聚集在 0～60 cm 的土层，而种植胡萝卜时，氮聚集在 0～80 cm 的土层中。

在哈萨克斯坦东南部的暗栗钙土里种植卷心菜前，在 0～60 cm 的土层中施不同分量的氮肥（N_{60-240} kg/hm^2），和施加 $P_{90}K_{90}$ 相比，在 3～5 片叶期时，矿物氮在土壤中的含量增加 62～173 kg/hm^2，硝酸盐的含量增加 51～151 kg/hm^2（表 14.3）。施加氮肥时，土壤中氮的含量变化主要是因硝酸盐的含量变化引起的，而碳酸氨的含量几乎没有变化（Амиров Б. М.，1990；Сапаров А. С.，1997；Пономарева А. Т.，1970）。

表 14.3　暗栗钙土种植卷心菜时施加氮肥的氮含量表(1985—1988)/(kg/hm²)

测试模式	植物生产过程								植物生长中期	
	3～5 片叶		8～10 片叶		卷心期		成熟期			
	$N-NO_3$	$N-NH_4$	$N-NO_3$	$N-NH_4$	$N-NO_3$	$N-NH_4$	$N-NO_3$	$N-NH_4$	$N-NO_3$	$N-NH_4$
对比试验 (不施氮)	132	73	122	54	97	55	78	64	107	62
$P_{90}K_{90}$	136	70	123	60	94	56	78	64	108	62
N_{60}	187	81	180	63	115	66	100	78	146	72
N_{120}	232	78	197	77	135	66	96	77	165	74
N_{180}	260	87	232	70	139	68	110	80	185	76
N_{240}	287	92	249	70	149	75	113	84	180	80

　　土壤中自身含有的氮和施加的氮肥使土壤中氮的含量不尽相同。这可以看出施加无机肥时土壤中硝酸氮含量增加的规律。由此我们确定 0～60 cm 土壤中氮含量(X, kg/hm²)和土壤中硝态氮含量(Y, kg/hm²)是紧密联系的($R=0.878$):$Y=144.8+0.63X$。据此可以得出结论,种植前每施加 100 kg 氮肥,在作物 3～5 片叶时 0～60 cm 土层中硝态氮的含量增加 63 kg。

　　种植卷心菜的土壤中亚硝态氮的含量在 3～5 片叶期最高,然后逐渐减少,这表明了植物对氮的吸收。值得注意的是,如果施加氮肥,在农作物的整个生长期内,土壤中的亚硝态氮的含量要比不施加氮肥要高。

　　已经证实,正确施加氮肥的方法是:播种期时首先施加 2/3 分量的氮肥,到第一次追肥时再施加 1/3 的氮肥。这样在农作物的生长前期就能提供良好的氮肥营养,以保证农作物的生态特点,确保农作物的高产。

　　我们确定了土壤中亚硝态氮的含量(X, kg/hm²)与卷心菜的产量(Y, kg/hm²)之间的相关系数($R=0.919～0.973$),根据不同时期的采样得到下列公式:

播种前　　　　　　　　$Y=1.36X+151.0$
3～5 片叶期　　　　　$Y=1.34X+128.9$
8～10 片叶期　　　　 $Y=1.48X+134.4$
卷叶期　　　　　　　　$Y=2.93X+55.1$

　　这些公式可以用来预测卷心菜当年的产量。研究在播种前或 3～5 叶期时土壤中亚硝态氮的含量与产量之间的关系有着很重要的现实意义。因为在这一时期,可以表现出土壤中亚硝态氮的理想含量与实际含量之间的最大差距,其不足可以通过施加氮肥来补充,补充的系数为 0.63。

　　根据数据可以计算出符合预计产量所需的土壤中亚硝态氮的理想含量(表 14.4)。

表 14.4　土壤中亚硝态氮(X)的理想含量和卷心菜的预计产量(Y)

预计产量(Y) /(kg/hm²)	土壤(0～60 cm)中亚硝态氮(X)的理想含量(X)/(kg/hm²)			
	植物生长期			
	播种前	3～5 片叶期	块茎形成期	成熟期
350～400	146～183	165～202	145～179	100～118
450～500	220～257	240～277	213～247	135～152
550～600	293～330	314～351	280～314	169～186

研究的结果表明,要使卷心菜的产量达到 550～600 t/hm²,必须保证在 3～5 片叶期时亚硝态氮在土壤中的含量达到 314～351 kg/hm²。

在哈萨克斯坦东南部的暗栗钙土里种植黄瓜就印证了这个结论(表 14.5)。

表 14.5　种植黄瓜时暗栗钙土种植层中亚硝态氮的含量(1989—1991)/(mg/kg)

项目	植物生长期			生长中期
	播种前	雌花开花期	大量挂果期	
$P_{75}K_{60}$	34.3	25.0	18.3	25.9
N_{90}	38.3	28.3	23.0	29.9
N_{180}	46.3	34.7	40.0	40.3
$N_{90}+KM\Pi_1$	34.3	31.7	37.7	34.6
$N_{90}+KM\Pi_2$	29.3	35.0	32.0	34.5
$N_{180}+KM\Pi_1$	40.6	25.0	38.0	34.5
$N_{180}+KM\Pi_2$	32.7	34.7	27.3	31.6
$K\Phi Y+N_1$	40.0	38.0	28.7	33.9
$K\Phi Y+N_2$	42.7	39.7	38.7	40.4
$C\Pi Y+N_1$	46.7	33.7	42.7	41.0
$C\Pi Y+N_2$	51.0	38.3	30.3	39.9

在黄瓜的生长期,0～60 cm 暗栗钙土层里的亚硝态氮含量对施加氮肥的量有很大的关系($R=0.875～0.965$),尤其是在 3～5 片叶期。具体可以用下列公式表述:

$$Y=144.6+0.40X \quad (R=0.965)$$

根据上述公式可以得出,在播种前每施加 100kg 氮肥,在 3～5 片叶期 0～60 cm 土壤中亚硝态氮的含量增加 40kg,在农作物生长末期增加 10 kg,可提高农作物产量 6.3 kg/hm²。

观测的结果确认了在农作物生长期土壤中(0～60 cm)亚硝态氮的含量和黄瓜产量(Y, t/hm²)之间的关系,具体可以用下列等式表示:

播种前　　　　　$Y=137.84+0.63X$　　　　　$R=0.736$

3～5 片叶期　　　$Y=98.72+0.73X$　　　　　$R=0.820$

雌花开花期　　　$Y=98.5+0.80X$　　　　　$R=0.796$

大量挂果期　　　$Y=119.37+0.61X$　　　　　$R=0.778$

根据上述等式我们可以确定,为达到预计的黄瓜产量,土壤中所必需的亚硝态氮的最佳含量(表 14.6)。

表 14.6　计划产量和土壤中(0～60 cm)亚硝态氮的最佳含量

黄瓜产量 /(t/hm²)	亚硝态氮的最佳含量/(kg/hm⁻²)			
	植物生长期			
	播种前	3～5 片叶期	雌花开花期	大量挂果期
150～200	20～100	70～139	63～127	50～132
250～300	178～257	207～276	189～252	214～296
350～400	337～400	344～413	314～377	378～460

在种植黄瓜时,按 1～2 kg/hm² 的分量施加硝化作用抑制剂,同时施用不同分量的氮肥,可以在一定程度上降低土壤中亚硝态氮的含量,尤其在 3～5 片叶期,这种消减在施加抑制剂分量为 2 kg/hm² 时尤为明显。与此同时,仍然可观测到持续的硝化作用。施加氮肥时,比施加尿素时土壤中硝态氮的含量高。氮肥的施肥方法和种类不同也能引起土壤中亚硝态氮含量的变化。种植黄瓜时,施加大颗粒肥料,如大颗粒尿素、氮磷肥时,土壤中的亚硝态氮含量明显升高(表 14.7)。

表 14.7　氮肥不同施肥方法下种植黄瓜时暗栗钙土中亚硝态氮的含量/(mg/kg)

项目	施肥方式	植物生长期			
		3～5 片叶期	雌花开花期	大量挂果期	生长中期
$P_{75}K_{60}$	撒播	38.0	25.0	7.0	23.3
N_{M90}(100%)	撒播	41.0	28.0	14.0	27.7
N_M(75%)	局部	39.0	33.5	29.0	33.8
N_M(50%)	局部	38.7	34.0	28.5	33.7
N_{ctm}(75%)	局部	37.5	32.7	30.7	33.6
N_{ctm}(50%)	局部	36.2	31.5	21.5	29.7
$N_{AФУ}$(75%)	局部	39.0	36.9	24.5	36.8
$N_{AФУ}$(50%)	局部	39.7	37.2	34.5	37.1

有关种植马铃薯的研究表明,在施加氮肥时不断增加计量的情况下,亚硝态氮的含量也会有所变化。

在各种类型的土壤里进行的种植番茄的研究表明,在施加含氮肥料时土壤中亚硝态氮的含量,比在黑土里的检测所得的数据高 4.3～8.9 mg/kg;比在暗栗钙土里的高 4.0～8.5 mg/kg;比在灰钙土里的高 4.0～11.0 mg/kg(表 14.8)。

分析表 14.8 的数据时应注意的是,在所有类型的土壤中亚硝态氮的含量都很高。特别是在施加了易溶于水或者溶于水的氮肥,如硝酸铵和尿素之后。而在施加尿素甲醛类肥料时,土壤中的亚硝态氮含量是最低的。这是因为,和其他形式的氮肥相比其溶解性差些。在所有观测土样中,3～5 片叶期时土壤中亚硝态氮的含量最高,然后随着农作物的生长发育而逐渐减少。

磷肥对土壤中亚硝态氮的含量也有一定的影响。因此,种植卷心菜时施加磷肥,土壤中亚硝态氮的含量为 48.4～59.2 mg/kg,比不施加磷肥时高 11.5～16.8 mg/kg,比施加氮钾肥时高 0.7～5.9 mg/kg。

表 14.8　哈萨克斯坦东南部各种土壤种植番茄时亚硝态氮的含量取决于
含氮肥料的形式(1989—1991)/(mg/kg)

项目	黑土			暗栗钙土			灰钙土		
	植物生长期								
	3～5 片叶期	花期	大量挂果期	3～5 片叶期	花期	大量挂果期	3～5 片叶期	花期	大量挂果期
不施肥	40.5	32.4	18.6	34.6	27.5	18.0	26.5	22.5	17.0
PK	49.4	40.3	27.0	42.8	34.6	24.5	37.5	29.5	19.4
N_{aa}	49.0	41.0	28.5	43.1	34.4	24.0	37.0	30.5	21.0
N_m	46.5	38.5	25.3	39.8	33.0	23.4	33.4	27.8	19.0
$N_{стм}$	47.2	38.0	26.0	41.5	32.0	21.0	32.5	26.5	18.5
$N_{КАПСМ}$	47.2	38.0	26.0	41.5	32.0	21.0	32.5	26.5	18.5
$N_{КФУ}$	44.8	36.0	23.5	38.6	30.3	22.4	30.5	25.6	17.5
$N_{СПУ}$	46.1	37.7	27.0	40.5	33.7	23.5	31.5	26.5	18.0

亚硝态氮在土壤中的聚集从生长初期到卷心期都可以观测到,而后在花期结束时含量逐渐减少。在施加磷酸铵时,土壤中亚硝态氮的含量最高。

种植卷心菜时,施加各种有机肥并配合添加矿物质肥料,土壤中亚硝态氮的含量增加的情况类似。在生长中期土壤中亚硝态氮的含量,比不施肥时高出 4.4～9.4 mg/kg,施矿物质肥时达到 7.4 mg/kg,施有机矿物肥时达到 10～12 mg/kg。

暗栗钙土种植马铃薯和卷心菜时,单独施有机肥比配合施有机矿物肥肥力更加明显。种植卷心菜时,按照 10 t/hm² 的比例施有机肥时,土壤中的亚硝态氮的含量增加 4.7 kg,而在添加农家肥和矿质肥时,土壤中的亚硝态氮含量增加 2.7 kg。

这种关系可以通过下列公式表示:

$$Y=133.23+0.47X(R=0.984) \tag{14.1}$$

$$Y=176.18+0.27X(R=0.978) \tag{14.2}$$

公式(14.1)是施有机肥时的情况,公式(14.2)是施有机矿物肥时的情况。

类似的肥料作用关系在种植马铃薯时可以用下列公式来表示:

$$Y=177.92+0.85X \qquad (R=0.987) \tag{14.3}$$

$$Y=203.71+0.68X \qquad (R=0.991) \tag{14.4}$$

对轮作种植蔬菜作物的土壤种植层中亚硝态氮的含量变化的监测表明(1988—1990 年),土壤中亚硝态氮的含量在很大程度上,取决于肥料的种类和作物的类别(表 14.9)。在所有轮作种植农作物时,生长过程初期土壤中亚硝态氮的含量最高,然后缓慢减少,而在生长末期含量明显降低。很明显,这种变化和植物生长的需求以及硝化作用的进程有关。种植马铃薯和番茄的土壤中亚硝态氮的含量最高,而种植黄瓜和卷心菜的土壤中亚硝态氮的含量最低。

在 1 hm² 的土地上施 60 t 粪肥,比不施肥对改善土壤中氮的含量更有意义。种植卷心菜时这样施肥可增加 1.4～2.9 mg/kg 土壤的亚硝态氮含量。在施粪肥 60 t/hm² 的基础上,在

3～5片叶期,给卷心菜施氮肥(N_{120})、磷肥(P_{60})、钾肥(K_{60})时,土壤中亚硝态氮的含量分别为 29.6 mg/kg、28.1 mg/kg 和 25.7 mg/kg 土壤。而同时施氮肥和磷肥($N_{120}P_{60}$)时,土壤中亚硝态氮的含量为 33.6 mg/kg;同时施氮肥和钾肥($N_{120}K_{60}$)时,土壤中亚硝态氮含量为 29.4 mg/kg;同时施钾肥和磷肥($P_{60}K_{60}$)时,土壤中亚硝态氮的含量为 29.0 mg/kg。

表 14.9 轮作种植蔬菜时暗栗钙土耕层中亚硝态氮的含量取决于含磷肥料的形式/(mg/kg)

项目	轮作种植蔬菜作物															
	卷心菜(1987)				马铃薯(1988)				黄瓜(1989)				番茄(1990)			
	植物生长期															
	3~5片叶期	叶球形成期	叶球成熟期	平均含量	大量幼芽期	花期	块茎形成期	平均含量	3~5片叶期	雌花开花期	大量挂果期	平均含量	3~5片叶期	花期	大量挂果期	平均含量
NK	26.0	20.5	15.0	20.5	31.0	33.5	24.0	29.5	27.5	24.5	17.0	23.0	30.0	26.5	16.0	24.4
$P_{ат}$	27.5	24.0	15.0	22.5	37.5	34.5	26.5	32.8	28.5	25.7	22.0	25.4	44.5	34.5	20.0	33.0
$P_{амф}$	27.5	20.0	15.0	21.0	37.0	40.0	28.0	35.0	37.5	27.5	23.0	29.3	39.0	35.5	17.5	30.7
$P_{нфа}$	28.0	19.5	14.0	20.5	37.0	38.0	27.0	34.0	30.0	23.0	23.0	25.3	38.5	35.0	18.5	30.7
$P_{жку}$	29.0	24.5	18.5	24.0	37.0	35.0	27.5	33.2	33.0	30.0	23.0	28.7	38.0	35.5	20.5	31.3
$P_{фп}$	22.0	20.5	17.0	19.8	36.0	34.0	23.0	31.0	33.0	31.5	24.0	29.7	38.0	35.0	20.5	31.2
$P_{фш}$	22.5	17.5	17.0	19.0	38.5	33.5	23.0	31.7	30.5	30.5	25.0	28.7	37.0	28.5	22.5	29.3
$P_{ппф}Ca$	23.5	16.5	14.0	18.0	37.5	27.5	23.5	29.5	31.0	31.0	26.0	29.3	36.0	32.5	23.0	30.5

注:给卷心菜和番茄施加 $N_{120}K_{90}$,给黄瓜和马铃薯施加 $N_{90}K_{60}$

施加氮肥的同时,施加全效复合肥 $N_{120}P_{60}K_{60}$,土壤中的亚硝态氮含量为 34.5 mg/kg。而在施加氮肥的同时,若施加全效复合肥 $N_{180}P_{90}K_{90}$,则土壤中的亚硝态氮含量为 36.8 mg/kg。这样的规律在种植卷心菜的整个生长过程中都可以观测得到。

在种植食用甜菜和黄瓜时,不同分量和配比的矿物质肥,也可有效地改善土壤中亚硝态氮的含量。

亚硝态氮含量的变化表明,矿质肥料施加量以及配比的不同,对种植黄瓜和食用甜菜时,土壤中的亚硝态氮含量的影响。尤其是在氮肥作用下,与其他营养成分及硝化作用一起对亚硝态氮的含量的影响最为明显。这各种剂量的粪肥以及矿物质肥料的作用下,亚硝态氮在土壤中的含量水平,在农作物的整个生长过程中都保持着一个相对较高的数值(60 kg/hm² 粪肥)。

由此我们得知,在种植卷心菜和黄瓜时按 100 kg/hm² 的量施加氮肥,可提高亚硝态氮含量5～11 mg/kg。在种植食用甜菜时按上述的量施肥,可提高亚硝态氮的含量 10～12 mg/kg。

使用农作物土壤分析的方法,可以细致地研究矿物质肥的适用条件和氮肥的使用方法。这些研究对使用肥料的技术产生了根本性的改变:肥料的剂量、期限、使用方法和使用时间不同,结果也就不同。所以如何合理使用氮肥仍然是一个值得深入研究的课题。尤其对于蔬菜作物而言,这样的研究不仅可以提高肥效,还可以促进合理、安全、生态地使用肥料。

为了分析播种前土壤中亚硝态氮的聚集和扩散规律,我们对比了春秋季的降水量和土壤肥力状况的变化(表 14.10)。

表 14.10 播种前暗栗钙土中亚硝态氮的含量取决于天气条件(1985—1988)

年份	前一季降水量/mm			不同土壤层里亚硝态氮的含量/(kg/hm²)				
	10—3 月	4 月		0~20 cm	20~40 cm	40~60 cm	60~80 cm	80~100 cm
		上旬	下旬					
1985	213	56	2	29	19	17	31	21
1986	218	—	62	43	38	43	36	29
1987	346	37	44	39	38	58	39	31
1988	234	14	32	46	36	36	29	47

从表 14.10 中可以看出,亚硝态氮向土层下转移主要发生在 0~60 cm 的土层,含量大致为 65~135 kg/hm²。56%~66% 的亚硝态氮分布在 1m 左右的土层中。最明显的向下转移发生在 1987 年。这一年 10—3 月间降水量达到了 346 mm。而且 1986 年 4 月下旬的降水量增多加速了亚硝态氮向下层土壤的转移,同时 10—3 月的降水量比 1987 年少 1.6 倍。

观测的结果表明,通过最可靠的统计数据来判断氮肥的剂量,即 0~60 cm 土层中亚硝态氮的储量,氮总量以及植株生长早期氮磷比例(N:P₂O₅)。使用这些数据可以调节当年的氮肥使用量。春节播种前土壤中氮含量不足可以在播种前、中耕时施氮肥。使用比例为:播种前施总量的 2/3,3~5 片叶期施总量的 1/3。农作物生长早期氮肥不足可以进行根部追肥来补足。

根据土壤中(0~60 cm)亚硝态氮的聚集规律、使用氮肥的剂量和亚硝态氮的合理水平,来预计蔬菜作物及马铃薯的产量,并计算所需的氮含量。推荐使用土壤及植物相互关系的公式和比例(表 14.11)。

表 14.11 预计蔬菜作物及马铃薯的产量所需的氮肥剂量的计算公式

农作物和不同时期	氮肥剂量的计算公式
卷心菜	
播种前	$N_y = Y_n/0.84 - 1.6N_n - 186$
3~5 片叶期	$N_y = Y_n/0.84 - 1.6N_n - 154$
黄瓜	
播种前	$N_y = Y_n/0.25 - 2.5N_n - 551$
3~5 片叶期	$N_y = Y_n/0.29 - 2.5N_n - 340$
马铃薯	
播种前	$N_y = Y_n/0.35 - 2.3N_n - 257$
大量挂果期	$N_y = Y_n/0.20 - 1.9N_n - 742$

N_y—氮肥剂量,kg/hm²;Y_n—预计产量;N_n—亚硝态氮在 0~60 cm 土壤层里的含量,kg/hm²

使用表 14.12~14.14,在通常的哈萨克斯坦东南部的水文条件下,合理施用磷肥和钾肥,我们在植物生长早期就可以精确地预计产量。这些公式可以帮助我们计算达到计划产量所需的氮肥数量。实际使用这些数据用于预计肥效的时候,必须知道氮的肥效系数。肥效系数可以用最小的氮肥施加量对农作物产量的影响之间的比值来表示:40%——很低,30%~40%——低,20%~30%——中等,10%~20%——较高,10%——高。

表 14.12　（根据晚卷心菜对氮肥的需求）土壤及植物之间的比例关系

氮对土壤的供给水平	特征指数				用于卷心菜预计产量/(t/hm²)的氮肥的建议剂量/(kg/hm²)		
	含量						
	亚硝态氮在 0~60 cm 土壤层里的		氮在地面上的				
	播种前		3~5 片叶期		350~400	400~500	550~600
	(mg/kg)	(kg/hm²)	N/%	N P₂O₅			
很低	<4.2	<30	<2.9	<2.2	130~160	200~230	280~310
低	4.2~12.6	30~91	2.9~3.3	2.2~2.8	90~120	170~200	250~280
中等	12.6~21.1	91~152	3.3~3.8	2.8~3.3	30~60	100~130	180~210
较高	21.1~29.6	152~213	3.8~4.3	3.3~3.9	无需	40~70	120~150
高	>29.6	>213	>4.3	>3.9	无需	无需	80~110

表 14.13　（根据黄瓜对氮肥的需求）土壤及植物之间的比例关系

氮对土壤的供给水平	特征指数				用于黄瓜预计产量/(t/hm²)的氮肥的建议剂量/(kg/hm²)		
	含量						
	亚硝态氮在 0~60 cm 土壤层里的		氮在地面上的				
	播种前		3~5 片叶期		150~170	200~230	250~280
	(mg/kg)	(kg/hm²)	N/%	N/P₂O₅			
很低	<8	<59	<2.5	<2.2	无需	180~220	400~440
低	4.2~12.6	30~91	2.9~3.3	2.2~2.8	无需	100~140	300~340
中等	12.6~21.1	91~152	3.3~3.8	2.8~3.3	无需	20~60	210~250
较高	21.1~29.6	152~213	3.8~4.3	3.3~3.9	无需	无需	130~180
高	>29.6	>213	>4.3	>3.9	无需	无需	60~90

表 14.14　（根据马铃薯对氮肥的需求）土壤及植物之间的比例关系

氮对土壤的供给水平	特征指数				用于马铃薯预计产量/(t/hm²)的氮肥的建议剂量/(kg/hm²)		
	含量						
	亚硝态氮在 0~60 cm 土壤层里的		氮在地面上的				
	种植前		大量幼芽期		150~170	200~230	250~280
	(mg/kg)	(kg/hm²)	N/%	N/P₂O₅			
很低	<10	<73	<2.3	<2.1	60~90	200~230	310~340
低	10~14	73~100	2.3~2.9	2.1~2.7	30~60	140~170	280~310
中等	14~17	100~126	2.9~3.5	2.7~3.3	无需	80~110	220~250
较高	17~21	126~152	3.5~4.1	3.3~3.9	无需	30~60	160~190
高	>21	>152	>4.1	>3.9	无需	无需	90~110

　　在哈萨克斯坦东南部暗栗钙土灌溉区和其他类似土壤的地区种植蔬菜及马铃薯，根据推荐的比例系数来计算其对氮肥需求量，更能保证纯生态产品的种植及预计产量的提高。

14.2.2　磷肥和土壤中磷的构成

哈萨克斯坦在 20 世纪 30 年代就开始使用磷肥。随着磷肥在农业生产中的广泛使用,对磷肥的全面研究也成为必然。依曼卡兹耶夫(Имангазиев К. И.,1966)、斯多普尼卡科娃(Сдобникова О. С.,1966)、巴诺玛列娃(Пономарева А. Т.,1970)、叶列舍夫(Елешев Р. Е.,1984)在这一领域做了很多实质性的研究。现在磷肥的使用技术,正是建立在这些研究成果的基础上的。

为了产生能保障农作物的整个生长期、尤其是关键生长期所需要的足够量的营养物质,生产新型的高效磷肥产品是其必定的要求。以瓦里夫卡维奇(Вольфковича С. И.,1960~1971)和雅尼舍夫斯基(Янишевского Ф. В.,1975~1989)为主导的萨马洛夫化肥与灭菌剂研究所在这一研究领域倾注了大量心血,以期生产出更高效的磷肥。进行此类研究的还有哈萨克斯坦教育和科学部化学科学研究院。

研究新型磷肥并将其导入实际生产环节,这个工作激发了科研人员极大的兴趣。同时也改变了农作物的耕作方式以及生态、农业经济的关系。磷肥的种类在很大程度上决定了磷肥的使用方式和农作物的耕作方式(Елешев Р. Е.,Иванов А. Л.,1991)。

如今,人们已经可以用含磷量很低的原料生产出诸如磷铵粉、硝酸铵等一些区别于其他普通化肥的高效浓缩磷肥。除此之外,哈萨克斯坦的学者们研究出从卡拉套的磷钙土中提取高浓度磷酸盐的方法。这种磷酸盐对各种土壤和农作物都很有效。在中性土壤中起到的作用最为明显。这表明了它在土壤中的吸附能力较弱,以及易吸收磷酸盐,比水溶性磷酸盐更易聚集。国内外的大量经验表明,单一磷肥的肥效甚至可以和复合肥的肥效相提并论(Кондратье И. Г.,Мельник Л. В.,1967;1968;1973)。

独联体境内外的很多研究结果表明,磷肥和土壤之间的相互作用持续的时间,对磷在土壤中的转化和植物的吸收起着重要的作用。玛奇吉恩(Мачитиным Б. П.,1952)所做的实验表明,土壤里施入磷酸钙(1 kg 土壤 200 mg P_2O_5)5 个月后,50％的磷被析出。在 0.2N CH_3COOH 处理后的土壤析出液里发现了所有施入的磷。

叶列舍夫(Елешевым Р. Е.,1984)就哈萨克斯坦土壤对磷的吸收做了详细的研究,并确定在黑土中施磷肥,在第 10 d 完全熟化并以矿物磷的形式聚集,其组分比例为:30％~31％——Ca—P_I,39％~40％——Ca—P_{II},29％~30％——高基磷灰石。在浅褐色土和浅灰色土里,所施入肥料中的磷与土壤的相互作用时间持续很长(1 年),所有的磷都转化为可以被植物吸收的有效磷。

叶列舍夫和图克图古洛夫(Елешев Р. Е.,Тукгугулов Е. А.,1976)进行实验,3 年里每年长期向轮作苜蓿和食用甜菜的淡栗钙土里施肥,磷在土壤中的状态反而变差了。在种植苜蓿时施铵磷粉,变化最大的是单体磷,这时,磷酸铝、磷酸铁以及磷酸钙的含量都降低了。土壤中磷的含量增加时,单体磷的绝对数值也增加了。在苜蓿种植的第 3 年(磷和土壤相互作用的第 3 年)矿物磷含量和磷的总量明显增加。显而易见,未被植物吸收利用的磷转化为有效磷,难于溶解的复合磷肥可以转化为易溶于水,并能被植物吸收利用的肥料,进而保证了磷肥的后期肥力。

在龟裂土和灰钙土里进行的实验证明(Зеленин Н. Н. и др.,1976),在施用普通过磷酸钙时,土壤中磷的固化最明显,而施用氢磷钾肥、磷酸氢二铵和聚磷酸盐时,磷的固化最不显著。

试验进行一昼夜后,普通过磷酸钙中的磷 65% 被土壤吸收,而氢磷钾肥、磷酸氢二铵和聚磷酸盐中的磷只有 51.0%～52.8% 被土壤吸收。在施肥后 180 天再进行观测,结果表明,氢磷钾肥、磷酸氢二铵和聚磷酸盐中约 24% 的磷,转化为易被农作物吸收的磷,而普通过磷酸钙(溶于 1% 的碳酸铵提取液)中的磷,有 21.8% 转化为易被植物吸收的磷。

在种植蔬菜植物(番茄和卷心菜)的生长期时发现,在阿塞拜疆的草地栗钙土里施入水溶性的肥料 30 d 后,在施入普通过磷酸钙时,只观测到 3.5% 的磷;在施入重过磷酸钙时,观测到 4.7% 的磷;在施入氢磷钾肥时,观测到 6.3% 的磷;在施用磷酸钾铵时,观测到 7.4% 的磷。由此可见,普通过磷酸钙中的磷的固化最为明显,而施用氢磷钾肥和磷酸钾铵时磷的固化程度最低。大部分磷肥中的磷(55%～70%)被土壤吸收,磷肥中的磷最后转化为溶解于 0.5 N 的醋酸的聚合物,这种聚合物是植物生长的营养储备。

古赛诺夫(Гусейнов Г. К.,1967)也注意到,在阿塞拜疆的土壤条件下,浓缩磷肥和复合磷肥中的磷,相对于普通的粉状过磷酸钙来说,被土壤吸收的最少。土壤对于高效磷肥和复合肥中的磷,比过磷酸钙中的磷吸收的少,从而保证了植物对这些肥料中营养成分的吸收。

很多的观测(Корицкая Т. Д.,1958;Прокошева М. А.,Янишевский Ф. В.,1971;Сургучева М. П.,1980)表明,在向土壤中施聚磷酸盐时,经过一系列物理和生物化学反应后,肥料中的磷大部分转化为正磷酸盐。

阿斯明基娜和玛扎耶娃(Осминкиной Л. А.,Можаевой Г. М.,1976),在哈萨克斯坦东南部的暗栗钙土里进行的试验表明,经过一个昼夜与土壤的相互作用后,正磷酸盐的磷在迅速恢复。在施入过磷酸钙和聚磷酸盐时,这个时期里能溶解于碳酸盐的磷的含量是施加总量的 19.8%～25.4%。经过 120 个昼夜后,游离磷 P_C 的含量从 37.4% 减少到 22.5%,游离磷 P_{KH2PO4} 的含量从 32.6% 减少到 25.2%。与此同时,聚磷酸盐的含量从 19.8% 增加到 32.1%,最终由于聚合物存在及聚磷酸盐中的正磷酸析出,相对于正磷酸盐中的磷,其固化维持在一个较低的水平。萨尔扎诺夫(Саржанов С. Б.,2005)在淡栗钙土里也得到了相似的观测结果。由此可知,游离磷的含量变化在整个肥效作用期间(1 个昼夜后和 120 个昼夜后)变化是这样的:P_C——64.8～38.0 ,НПФСа——32.8～53.2,ППФСа——30.6～47.3,硫酸聚磷酸盐 1——26.7～50.2,硫酸聚磷酸盐 2——29.0～48.0 ,ПФКСа——32.4～48.2 ,ПФ $NH_4 Kca$ 36.0～49.0 mg/kg。由此可以证明,浓缩磷肥中的正磷酸的固化进程,比重过磷酸钙中的磷要缓慢。成分报告显示,和暗栗钙土相似,磷以磷酸钙和磷酸镁的形式存在。在实验初期,肥料中的磷大多数以可溶性磷的形式存在($Ca-P_I + Ca-P_{II}$),其中重过磷酸钙含有 39.8%,НПФСа 为 24.4%,ППФСа 为 21.4% ,硫酸聚磷酸盐 1 为 30.8%,硫酸聚磷酸盐 2 为 27.0%,ПФКСа——27.1% ,ПФ $NH_4 Kca$——17.2%。在经过 120 昼夜实验结束时,土壤中游离磷的含量在施用这几种肥料后的结果基本类似,НПФСа 为 52.6%,ППФСа 为 46.7% ,硫酸聚磷酸盐 1 为 76.1%,硫酸聚磷酸盐 2 为 50.7%,ПФКСа 为 61.9%,ПФ $NH_4 Kca$ 为 43.7%。

在暗栗钙土中进行的实验表明,向土壤中添加各种磷肥和复合肥,比不施加肥料能显著提高土壤中游离磷的含量。经过一昼夜磷肥和土壤的相互作用后,可以发现土壤中磷的含量比不施加磷肥明显升高。

在土壤中施不同种类的磷肥,经过一昼夜,施加 15%～46% 的磷转化为可溶于 1% 碳酸提取液的形式。

在土壤与磷肥相互作用的期间,可以观测到土壤中溶解于碳酸铵的磷的含量不断减少,而且磷的吸收也比施肥初期缓慢。施用磷酸钙的时候,磷酸钙里的磷以枸溶性的磷的形式存在,游离磷的含量比正磷酸盐形式的磷肥含量低。实验进行 30 d 后,磷酸铵和过磷酸钙中的游离磷含量最高。磷酸钙中的游离磷大部分以枸溶性的磷为主,施用后,土壤中游离磷的含量比水溶性的磷肥在土壤中磷的含量要低得多。

经过 60 d 的堆肥后,可以观察到水溶性的磷肥由于和土壤的相互作用而导致游离磷的含量降低,而由于水解作用,施加枸溶性磷肥后土壤中游离磷的含量升高。

经过 120～180 d 堆肥后,施加水溶性磷肥和复合肥的土壤中游离磷的含量降低不明显,施加枸溶性磷肥的土壤中的游离磷的含量升高也不明显。

表 14.15　磷肥种类、施用时长和溶于碳酸溶液的磷和施用肥料的比例/%

项目	选择试验的时间,昼夜							
	1	5	30	60	90	120	150	180
P_c	31.5	28.6	25.3	23.6	21.7	20.9	19.9	18.7
$P_{cд}$	35.7	30.6	26.1	23.9	22.1	21.1	20.3	19.5
$P_{ппфса}$	15.4	19.4	22.9	23.1	24.2	24.9	25.0	26.3
$P_{ам}$	44.2	41.9	33.8	42.8	31.6	30.1	28.3	27.4
$P_{дам}$	46.0	42.6	34.2	33.0	32.0	30.8	28.6	27.7

水溶性磷肥和复合肥中,过磷酸钙被土壤吸收的最为迅速,在整个实验过程中都可以观测到(表 14.15)。施肥后 30 d,74.7% 的过磷酸钙中的磷被土壤吸收,而与此同时,氨磷钾肥和磷酸氢二铵中只有 65.8%～67.2% 被土壤固化。

磷酸铵和磷酸二铵中的磷,比普通过磷酸钙中的磷有效存在时间更久。观测在施用 180 d 后,磷酸铵和磷酸二铵中超过 27.0% 的磷以有效磷的形式存在。而在施加过磷酸钙和重过磷酸钙时,有效磷含量(可溶解于 1% 碳酸铵浸液)为 18.7%～19.5%。

实验室的分析结果表明,施用磷肥后,自磷肥和土壤相互作用开始磷的固化,比不施用磷肥明显地提高了土壤中游离磷的含量。实验进行一昼夜后,根据磷肥的种类和溶解性不同,15%～46% 的施加磷,转化为可溶解于 1% 碳酸铵浸液的形式。随着堆肥时间加长,土壤中游离磷的含量逐渐降低。在 180 d 后,土壤中可以被作物吸收的磷的含量为施入量的 18.7%～27.7%。

水溶性磷肥的特点是有效磷的含量由于磷在土壤中的固化而逐渐减少,枸溶性磷肥(磷酸钙)正相反,由于磷肥的水解作用,游离磷的含量逐渐升高。

一个重要的事实是,决定农作物的产量,包括蔬果作物的产量的一个重要因素是对磷肥的使用。使用磷肥有效改善了土壤中的可被作物吸收的磷的含量,从而改善了植物的磷营养状况(Имангазиев К. И. и Агишев М. Х.,1964;Сдобникова О. С. и др,1966;Самойленко Б. С.,1976;Столяров А. И.,Андреев Л. В.,1978;Елешев Р. Е.,1984,1990,1991;Саржанов С. Б.,2005)。

我们测量晚熟卷心菜种植层土壤中的磷含量,在实验开始前为 20～52 mg/kg 土壤,这对于农作物的丰产来说,是一个较低的含量。

实验结果表明,使用磷肥(氨钾肥)可有效改善山前地带暗栗钙土中磷元素的状况(表

14.16)。

表 14.16　山前地带暗栗钙土种植卷心菜时有效磷含量/(mg/kg)

项目	植物生长期			植物生长中期
	3～5 叶期	块茎形成	块茎成熟	
未施肥	20.7	23.0	20.7	21.4
$N_{120}P_{90}$	23.0	25.7	22.3	23.7
P_c	29.0	26.0	23.3	26.1
$P_{сд}$	28.3	28.0	23.7	26.7
$P_{ппфса}$	25.7	30.0	23.0	26.3
$P_{ам}$	25.3	28.7	25.0	26.3
$P_{дам}$	29.0	29.0	25.0	26.6

在进行种植卷心菜实验的年份里,施加磷肥时,土壤中的游离磷的平均含量,比不施加磷肥时的含量(21.4 mg/kg)高,增加到 26.1～26.7 mg/kg。施加氮钾肥时,含量为 23.7 mg/kg。观测期间,种植卷心菜的土壤中游离磷的含量受不同种类磷肥的影响不大。

在种植黄瓜时,施磷肥 $N_{90}P_{60}$ 的同时施其他的磷肥,土壤中的游离磷的平均含量,比不施磷肥的土壤游离磷的含量(40.5 mg/kg)高,也比施氮钾肥时的含量(41.9 mg/kg)高,增加到 46.1～50.4 mg/kg。

种植黄瓜的土壤耕作层里,在施加重过磷酸钙、氢磷钾肥和磷酸氢二铵时,游离磷的含量有所增加(40.1～50.4 mg/kg)。在施加普通过磷酸钙和磷酸钾时,增加的量较少(46.1～47.2 mg/kg)。磷肥的后期肥效对土壤中磷元素的状况起正面的影响。

1978—1980 年间,种植洋葱的土壤中的游离磷含量在不施肥的情况下为 37.2 mg/kg,在施氮钾肥时含量为 40.1 mg/kg,在施不同种类的磷肥时,这一数值为 44.4～47.8 mg/kg。聚磷酸钙、氢磷钾肥和磷酸氢二铵等肥效较为缓慢的磷肥在后期使土壤中的游离磷含量增加明显(表 14.17)。

表 14.17　在轮作蔬菜植物时土壤层的有效磷含量受磷肥的影响(1987—1990)/(mg/kg)

项目	黄瓜(1977—1979)				葱(1978—1980)			
	植物生长期							
	3～5 叶期	雌花初期	大量挂果	中期	3～5 叶期	葱头形成	成熟期	中期
未施肥	42.0	40.7	39.0	40.5	42.3	38.3	31.0	37.2
$N_{90}P_{60}$	45.0	41.0	39.3	41.8	43.7	43.3	33.3	40.1
P_c	48.7	45.3	44.3	46.1	46.3	49.0	38.0	44.4
$P_{сд}$	55.0	47.0	46.7	49.5	47.0	49.0	40.0	45.4
$P_{ппфса}$	51.0	47.0	43.7	47.2	48.7	46.0	43.7	46.1
$P_{ам}$	54.0	48.7	48.7	50.4	51.0	51.3	42.0	48.1
$P_{дам}$	56.0	47.7	44.3	49.3	48.0	51.0	41.3	46.7

施磷肥可以显著提高轮作农作物土壤耕层中有效磷的含量,这在暗栗钙土中表现尤为明显。值得注意的是,水溶性磷肥比枸溶性磷肥能更为显著地提高了有效磷的含量。在种植黄

瓜和番茄时,植物生长期时有效磷的含量最高,而种植卷心菜和土豆时此时含量最低。在同时施氮钾肥的情况下施加水溶性磷肥,在农作物生长期时,有效磷的含量从 6% 提高到 35%,而施加枸溶性磷肥以后,有效磷的含量从 6% 提高到 25%。

从种植蔬菜作物土壤中的有效磷含量分析可以清楚地看到,在施氮钾肥的同时所施磷肥的剂量与有效磷的含量成正比。我们可以确定土壤中有效磷含量和磷肥分量的比例关系($R=0.50 \sim 0.919$)。由此可知,在种植卷心菜时,施 100 kg/hm² 磷肥,可增加有效磷 10 kg/hm²,马铃薯 35 kg/hm²,黄瓜 31 kg/hm²,番茄 17 kg/hm²。

在土壤中每增加 10 kg/hm² 的有效磷,就可提高卷心菜产量 27.7 t/hm²,马铃薯 5.10 t/hm²,黄瓜 18.3 t/hm²,番茄 38.40 t/hm²。

蔬菜作物产量(Y, t/hm²)和有效磷在土壤中的含量(X, kg/hm²)关系可以用下列公式表示:

卷心菜	$Y=2.77X-40.95$	($R=0.827$)
马铃薯	$Y=82.1+0.51X$	($R=0.797$)
黄瓜	$Y=1.83X-77.8$	($R=0.913$)
番茄	$Y=3.84X-226.2$	($R=0.643$)

上列公式可以帮助我们计算出要达到计划产量时,土壤中有效磷的最合适含量。

对氮肥的用量、氮肥和硝化作用抑制剂与微量元素之间的关系,以及对不同种类氮肥在种植蔬菜和土豆时的研究表明,这些方法可以改善磷元素的分布,但与施加磷肥相比作用不太明显。与磷肥作用类似的还有有机肥,它同样可以改善土壤的营养状况。

长期使用单一种类矿物质肥会降低土壤肥力,随着用量的增加,农作物的产量会降低,同时环境也会遭到污染。因此,为维持生态环境,必须使用正确的施肥方法。在很多情况下,不一定要使用矿质肥料,使用有机肥可以保持土地肥力,并能改善生态环境。施用有机肥后,有机肥会分解产生很多碳酸,分布在土壤空气中和地下水环境中,从而改善土壤的空气状况,使土壤富含氧气,补充土壤中的腐殖质(Бодрова Е. М.,Озолина З. Д.,1961;Пономарева А. Т.,1964;Лукьяненков И. И.,1982)。

施用有机肥,首先可以聚集可溶性腐殖质。腐殖质的聚集可以有效地改善土壤的水文物理、化学和生物特性。并且腐殖质比土壤中的矿物质成分有更强的吸附能力,可保持土壤中的阳离子,吸收土壤中渗透的有毒物质和重金属,从而阻止这些有毒成分进入地下水和作物里(Лукьяненков И. И.,1982)。

正确合理地利用有机肥是土壤熟化、提高矿物质肥料的效力、获得高质量农作物稳定高产的一个重要条件。

矿质肥料和有机肥如果能够补充作物所需要的元素,则其效力会明显增强。在水浇地里,农家粪肥的效果也很好,尤其在轮作田地上施粪肥效果更好。在轮作田里施半腐蚀粪肥,不仅可以提高作物产量和质量,而且还保证了后一轮农作物及整个轮作的产量。

通过施肥来改善土壤的营养状况有着非常重要的意义,这可以有针对性地改善土壤状况,提高土壤肥力。而只有通过对土壤变化过程和土壤中各种矿物质在农业生产中的作用做细致的研究才可以实现(Простаков П. Е.,1964;Панников В. Д.,Минеев В. Г.,1977)。

研究确定了有效磷含量(Y, kg/hm²)和农作物产量(X, t/hm²)之间的紧密联系($R=0.928 \sim 0.978$),以卷心菜和马铃薯为样本,可以用下列公式来表示:

卷心菜	$Y=162.98+0.43X$	$(R=0.978)$	(14.5)
	$Y=181.26+0.22X$	$(R=0.924)$	(14.6)
马铃薯	$Y=190.19+0.59X$	$(R=0.970)$	(14.7)
	$Y=209.69+0.59X$	$(R=0.978)$	(14.8)

其中:公式(14.5)和公式(14.7)是施用有机肥的情况;

公式(14.6)和公式(14.8)是同时施用矿质肥和有机肥的情况。

1984—1990年对种植卷心菜和马铃薯的地块进行观测,结果表明,暗栗钙土中的有效磷含量增长情况是:

只施矿物肥的情况下,增长 5~6.3 mg/kg,或者 8.6~11.9%;

厩肥施加量在 30~90 t/hm² 的情况下,增长 2~13.3 mg/kg;

同时施加有机肥和矿质肥时,增长 8~14 mg/kg,或者 11%~25%。

可吸收的磷在土壤里的状态取决于下列几个方面,首先是土壤的温度和湿度(Простаков П. Е.,1964;Кук Ж. У.,1970;Пономарева А. Т.,1970;Янишевский Ф. В.,Кожемячко В. А.,1978)。随着土壤湿度的增加,土壤中可溶解于水的磷的数量也增加,农作物的磷营养状况得以改善。所以在湿润的年份,农作物对磷肥的需求比在干燥的年份要低。普良尼施尼科夫院士(Прянишников Д. Н.,1952)指出,湿度除了直接影响农作物的根系之外,还对农作物在生长过程中土壤里营养成分的转化速度和方向等一系列生物和化学进程起着重要的作用。温度升高使得土壤中的微生物活性增强,同时加速分解土壤中的氮、磷等营养成分。除此之外,还有其他很多重要的因素对磷的状态产生影响,这些因素加强或者削弱土壤的生物活动,所以这些反应会对硝酸盐的分析结果产生影响,得出不正确的结果。

通过生物生长期里土壤中的有效磷的含量研究可以知道,天气条件在某种程度上也会对土壤中的有效磷产生一定的影响。分析在种植蔬菜和马铃薯的土壤中有效磷的含量变化时,应该注意到,在干旱年份,春季土壤中的有效磷含量最低,然后随着温度和湿度的增加(灌溉的结果),有效磷聚集;在农作物生长期结束时由于农作物的吸收,土壤中的有效磷含量慢慢降低。在气候条件较好的年份里,气温和降水在年平均值内或者高于年平均值时,春夏季的土壤中游离磷的含量最高。

14.2.3　钾营养和钾在土壤中的分布

在农业生产中,包括蔬菜种植,除了需要氮肥和磷肥以外,还需要钾肥。土壤中交换性钾的含量和其他的肥料一样,也起到关键作用。

有文献表明,速效钾在土壤中的含量,不一定总是能正确反映出农作物对钾元素的需求。很多研究者对速效钾在土壤中的含量和钾肥的肥效之间的关系表述并不一致。在大多数情况下,钾肥只有在土壤中的速效钾含量居高时,才对农作物的丰产有影响,但当土壤中钾的含量中等甚至很低的时候,效果并不明显(Пчелкин В. И.,1966;Ониани О. Г.,1981)。

蔬菜作物由于根系发达,在灌溉的条件下可获得丰产,而这个时候需要相对较多的钾,甚至可以导致土壤中的钾匮乏。所以,为及时补充土壤中流失的钾素,保持土壤肥力,需要系统地使用钾肥。

交换性钾在土壤中的含量比土壤中的磷的含量变化明显,这也取决于一系列因素。许多学者都对此有所表述(Барбалис П. Д. и др,1970;Пономарева А. Т. и др,1970;Рейнфельд

Л. Б. ,1974)。

多年以来,对哈萨克斯坦东南部的山前地带的研究表明,交换性钾在土壤中的含量根据种植条件和施用肥料的不同而有所变化。在加大施用氮肥分量后,种植卷心菜、黄瓜、马铃薯等的田地里交换性钾的含量增加 17、21、32 mg/kg,分别占 4.6%、6.5%和 9.1%。

当施用各种磷肥时,交换性钾的含量从 15 mg/kg 升高到 70 mg/kg,比例为4.4%～22.9%。

在种植蔬菜和马铃薯时,施用有机肥,交换性钾的含量在土壤中的含量最高。按 30～90 t/hm² 施有机肥时,交换性钾的含量升高为:

种植马铃薯时:20～100 mg/kg,或者 5.8%～29.8%;

种植卷心菜时:13～41 mg/kg,或者 3.6%～11.5%。

当在种植马铃薯的土壤里同时施用有机矿物肥时,钾的含量增加 20～60 mg/kg,占6.2%～18.7%,种植卷心菜时增加 37～56 mg/kg,占 10.3%～15.7%。

观测数据显示,施用有机肥和施用矿质肥对土壤中交换性钾含量的变化关系。交换性钾(Y, kg/hm²)和有机肥用量(X, t/hm²)之间的关系可以用下列公式来表示:

卷心菜:　　　　　　　$Y=1072.49+1.45X$　　　　　$(R=0.979)$　　　　　　(14.9)

　　　　　　　　　　　$Y=1163.39+0.83X$　　　　　$(R=0.99)$　　　　　　(14.10)

马铃薯:　　　　　　　$Y=938.97+0.33X$　　　　　$(R=0.97)$　　　　　　(14.11)

　　　　　　　　　　　$Y=989.97+0.30X$　　　　　$(R=0.958)$　　　　　(14.12)

其中:公式(14.9)和公式(14.11)施用有机肥;

公式(14.10)和公式(14.12)在施矿质肥的基础上同时施用有机肥。

根据上面的公式可以发现,按 10 t/hm² 的用量施加农家肥,交换性钾在卷心菜耕层土壤中的含量增加 8.3～14.5 kg/hm²,马铃薯为 3.0～3.3 kg/hm²。根据交换性钾在土壤中的含量对产量的影响关系可以知道,增加 10 kg 交换性钾可使马铃薯增产 15.1%～18.9%, 3.1～3.2 t/hm²。

氮肥(合适的用量、施用方式和时间,以及氮肥的肥力)可以有效地改善蔬菜和马铃薯土壤中的养分聚集,为丰产打下基础。

使用硝化作用抑制剂可以控制土壤中的氮含量,提高农作物对氮的吸收率,以得到纯净环保的农作物。同样,也可以选择更高效的磷肥,来改善土地的氮元素的分布状况。

根据土壤中亚硝态氮的含量,随施加氮肥的分量不同而产生变化的规律,以及对土壤和农作物的分析,我们得出,蔬菜作物和马铃薯施氮肥的用量表。施用磷肥和有机肥,不仅对于当季作物,而且对于轮作作物都能有效改善土壤磷元素的状况。施用新型磷肥,比不施磷肥时,提高游离磷的含量 5.3～9.9 mg/kg,比施用普通矿肥及氮钾肥时提高土壤游离磷的含量 3～8.6 kg/hm²。在蔬菜轮作土壤里,水溶性游离磷在 15.5 mg/kg,按比例为 35%,而枸溶性为9.5 mg/kg,按比例为 20%。

使用有机肥和有机矿物肥时,在种植卷心菜的土壤里游离磷的含量从 6.7 mg/kg 升高到13.3 mg/kg,在种植马铃薯的土壤中游离磷的含量从 2 mg/kg 升高到 14 mg/kg。与之类似的是,氮肥添加时,钾含量升高 17～32 mg/kg;施加磷肥时钾的含量 15～70 mg/kg,有机肥可提高钾含量 13～100 mg/kg,有机矿物肥可以提高钾含量 20～60 mg/kg。

相关回归分析法的结果说明了蔬菜作物和马铃薯的产量与来自于氮肥、磷肥和有机肥的各种养分的含量之间的紧密联系。这样,就可以建立土壤营养条件和农作物产量关系的数字模型,确定达到预计产量的合适肥料用量。

因此,根据多年以来的数据分析,可以做出这样的结论:在哈萨克斯坦东南部种植蔬菜作物和马铃薯时,施用矿质肥料、有机矿质肥料、有机肥,并同时采取其他的农业技术,可以有效地改善土壤结构,提高农作物的产量。

参考文献

陈曦,罗格平. 2013. 亚洲中部干旱区生态系统碳循环,北京:中国环境科学出版社.

陈曦.2010. 中国干旱区自然地理. 北京:科学出版社.

陈曦,姜逢清,王亚俊,等. 2013. 亚洲中部干旱区生态地理格局研究. 干旱区研究,30(3):385－390.

胡汝骥,陈曦,姜逢清,等.2011. 人类活动对亚洲中部水环境安全的威胁. 干旱区研究,28(2):189－197.

胡汝骥,姜逢清,王亚俊. 2002. 新疆气候由暖干向暖湿转变的信号及其影响. 干旱区地理,25(3):194－200.

胡汝骥. 2004.中国天山自然地理.北京:中国环境科学出版社.

胡汝骥. 2013. 中国积雪与雪灾防治. 北京:中国环境出版社.

胡振华. 2006. 中亚五国志. 北京:中央民族大学出版社.

黄秋霞,赵勇,何倩. 2013. 基于 CRU 资料的中亚地区气候特征. 干旱区研究,30(3):396－403.

吉力力·阿不都外力. 2012. 干旱区湖泊与沙尘暴. 北京:中国环境科学出版社.

李恒海,邱瑞照. 2010. 中国五国矿产资源勘探开发指南. 北京:中国地质大学出版社.

李江风.1991. 新疆气候. 北京:气象出版社.

李世英,张新时.1966. 新疆山地植被垂直带结构类型的划分原则和特征. 植物生态学与地植物丛刊,4(1):
132－141.

林培均,崔乃然. 2000. 天山野果林资源. 北京:中国林业出版社.

王树基.1986.试论阿尔金－东昆仑山构造地貌的发育问题.干旱区地理,9(2):1－8.

王树基.1998. 亚洲中部山地夷平面研究. 北京:科学出版社.

文振旺,等.1965.新疆土壤地理.北京:科学出版社.

肖文交,杨发相,周可发.2013.中亚地质地貌. 北京:气象出版社.

谢自楚,等.1996. 天山积雪与雪崩. 长沙:湖南师范大学出版社.

新疆荒地资源综合考察队.1985.新疆重点地区荒地资源合理利用.乌鲁木齐:新疆人民出版社.

新疆维吾尔自治区科学技术委员会.1992. 中亚五国手册. 乌鲁木齐:新疆科技卫生出版社(K).

熊毅,李庆逵.1990.中国土壤(第二版).北京:科学出版社.

姚海娇,周宏飞,苏风春. 2013. 从水土资源匹配关系看中亚地区水问题. 干旱区研究,30(3):391－395.

张元明,李耀明. 中亚植物资源及其利用,北京:气象出版社.

中国科学院新疆地理研究所.1986.天山山体演化.北京:科学出版社.

中国科学院新疆综合考察队.1978.新疆地貌.北京:科学出版社.

Агеев В М и др. 1988. Включение азотных удобрений в нитраты растений//Известия АН СССР. Сер. Биол.
No 5. С.15.

Айтбаев ТЕ. 1997. Продуктивность, качество и лежкость столовой свеклы при выращивании с применением
удобрений на юго-востоке Казахстана. [M]. Автореф. канд. дисс. п. Кайнар. 25 с.

Амиров Б М. 1990. Эффективность азотных удобрений и диагностика азотного питания белококанной капусты
на орошаемой темнокаштановой почве юго-востоке Казахстана//Автореф. докт. дисс. Алматы. 17с.

Ассинг И А., Орлова М. А., Серпиков С. К., Соколов С. И., Стороженко Д. М. 1967. Почвы
Джамбулской области. [M]. Алма-Ата.

Аханов Ж У,Елешев Р. Е. и др. 1998. Проблемы воспроизводства плодородия почв Республики Казастан//
Состояние и рациональное использование почв Республики Казахстан. Алматы. С. 8－14.

Аханов Ж У. 1996. Теоретические основы воспроизводства плодородия почв Казахстана//Известия Министерства Науки-Академии Наук Республики Казахстан. Серия биологическая. № 3. С. 13—24.

Бабушкин Л Н. 1957. Агроклиматический справочник по Узбекской ССР. [М]. Л.

Бабушкин Л Н. 1964. Агроклиматическое районирование Средней Азии//Тр. ТашГУ, вып. 236. С. 128—149.

Бабушкин Л Н. 1964. Климатическое районирование Средней Азии. Научн. [М]. Тр. ТашГу, новая серия, вып. 236, Географ. науки, кн. 28, Т.

Барбалис П Д. , Веверс Э. В. 1970. Влияние агрохимических свойств почвы, минеральных удоблений и других факторов на урожай картофеля//Химия в сельском хозяйстве. №8. С. 63—68.

Батулин С Г. 1970. Некоторые особенности древних почв среднеазиатских пустынь в полеогеографической аспекте. [J]. -Проблема освоения пустынь. № 4.

Бикмухаметов М А. 1960. Серо-бурые почвы Кзыл-Ординской области. [М]. -Изв. АН КазССР. 1960. Серия ботан. и почвовед. , вып. 2.

Бикмухаметов М А. 1962. Пустынные почвы северо-западной части Кзыл-Ординской области. [М]. -Труды Ин-та почвовед. АН КазССР, т. 13.

Блинов Л К. 1951. О влиянии моря на засоление почв и вод суши. [С]. Вопросы географии, сб. 26, М.

Блинов Л К. 1951. О влиянии моря на засоление почв и вод суши.[С]. Вопросы географии, сб. 26, М.

Богданов Н М, Грязнова Т П. 1984. Географичесие процессы на осушенном дне Аральского моря. [М]. В кн. Природные условия и ресурсы пустынь СССР, их рациональное использование. Ашхабад, Изд-во Ылым.

Бодрова Е М, Озолина З Д. 1961. Органические удобрения и их использование. [М]. М. С.10—37.

Большев Н Н. 1972. Происхождение и свойства почв полупустыми. [М]. М.

Борисов В А и др. 1982. Картофель овощи. [J]. №2. С. 18—19.

Боровский В М, Джамалбеков Е У, Файзулина А Х, Молдабеков А Ш, Усачов А Г, Туркова Т П. 1974. Почвы полуострова Мангышлак. [М]. Алма-Ата.

Боровский В М, Успанов У У, Шувалов С А. 1964. Основные черты почвенного покрова и земельные ресурсы Казахстана. [М]. -В кн. : Почвенные исследования в Казахстане. Алма-Ата.

Боровский В М, Успанов У У, Шувалов С А. 1969. Почвы. [М]. -В кн. : Казахстан. М.

Боровский В М, Успанов У У. 1969. Общие черты почвенного покрова Казахстана//Казахстан. М.

Боровский В М, Успанов У У. 1971. Почвы Казахстана и пути их народно-хозяйственного использования. [М]. Алма-Ата.

Боровский В М, Фаизов К Ш, Левицкая З П, Ропот Б М. 1976. Почвенно-мелноративные условия развития орошения в Казахстане в связи с переброской части стока сибирских рек.-В кн. : Охрана почв и рациональное использование замельных ресурсов Казахстана. [М]. Алма-Ата.

Боровский В М. 1978. Геохимия засоленных почв Казахстана. [М]. М. : Наука, 192с.

Брауде И Д. 1959. Закрепление и освоение оврагов, балок и крутых склонов. [М]. М. 283с.

Бродская Н Г. 1952. Донные отложения и процессы осадкообразования в Аральском море. [М]. Тр. Ин-та геологических наук АН СССР, серия геологическая, вып. 115.

Буцков Н А, Муравьева Н Т. 1965. Почвы Юго-Западного Узбекистана. [М]. В кн. Природные условия и ресурсы Юго-Западного Узбекистана. Т.

Быков Б А. 1975. Региональный анализ флоры и ботанико-географическое районирование Казахстана. [J]. -Проблемыосвоения пустынь, № 6.

Быков Б А. 1978. Потенциальная продуктивность растительности пустынной зоны. [M]. -В кн. : Структура и продуктивность растительности пустынной зоны Казахстана. Алма-Ата.

Bennet H H. 1939. Soil conversation. New York; London.

Гвоздецкий НА, Николаев В А. 1971. . Казахстан. [M]. М. : Мысль, 296с.

Генусов А З, Горбунов Б В, Кимберг Н В. 1960. Почвенно-климатическое районирование Узбекистана в сельскохозяйственных целях. [M]. Т. , Изд-во УзАСХН.

Генусов А З, Горбунов Б В, Кимберг Н В. и др. 1975. Почвы Узбекистана. [M]. Т. , Изд-во Фан УзССР.

Генусов А З, Горбунов Б В. 1955. Почвы кунядарьинского массива. [M]. Тр. Ин-та почвоведения АН УзССР, вып. 1. Т.

Генусов А З. 1957. Автоморфные почвы пустынной зоны. [M]. В кн. Хлопчатник, т. 2, Т. , Изд-во АН УзССР.

Генусов А З. 1958. Развитие такыров и такыровых комплексов на древнеаллювиальных равнинах. [M]. В кн. О развитии почвенного покрова на древнеаллювиальных равнинах Средней Азии. Т. , Изд-во АН УзССР.

Герасимов И П. 1947. Государственная почвенная карта СССР. -Почвоведение, № 1.

Герасимов И П, Чихаев Л К. 1931. Географический очерк Кызылкумов. [M]. Отчет о работах 1927-1928 гг. Тр. ГГРУ, вып. 82.

Герасимов И П. 1930. Почвенный очерк Восточного Устюрта. [M]. В кн. Отчет о работах почвенно-ботанического отряда Казахской экспедиции АН СССР, вып. 4, ч. 1. Л.

Герасимов И П. 1931. О структурных сероземах Туркестана. [M]. -Труды Почв. ин-та АН СССР, Вып. 4, Л. , вып. 5.

Герасимов И П. 1931. О такырах и процессах такырообразования. [J]. Почвоведение, № 4, ная карта СССР, [J]. -Почвоведение, № 1.

Глазовская М А. 1973. Почвы мира. [M]. М.

Глинка К Д. 1909. К вопросу о классификации туркестанских почв. [J]. -Почвооведение, № 4.

Глинка К Д. 1923. Почвы Киргизской Республики. [M]. Оренбург.

Глинка К Д. 1932. Почвоведение. [M]. М. -Л.

Горбунов Б В, Кимберг Н В, Кудрин С А, Панков М А, Шувалов С А. 1949. Почвы Узбекской ССР. [M]. т. Ⅰ. Т. , Изд-во АН УзССР.

Горбунов Б В, Кимберг Н В. и др. 1975. Почвы Узбекистана. [M]. Т. , Изд-во Фан УзССР.

Горбунов Б В, Конобеева Г М. 1975. Богарные почвы Узбекистана и их качественная оценка. [M]. Т. , Изд-во Фан УзССР.

Горбунов Б В, Конобеева Г М. 1980. Природно-сельскохозяйственное районирование Узбекистана. [M]. Тр. НИИПА, вып. 19, Т.

Горбунов Н И. 1974. Минералогия и коллоидная химия почв. [M]. М.

Грабаров П Г, Квитко Б Я, Путро ЛК, Солодникова Е А, Султанбаева У М, Харитонова А Ф. 1975. Содержание микроэлементов в почвах Казахской ССР и эффективность микроудобрений. [M]. -В кн. : Успехи почвоведения в Казахстане. Алма-Ата.

Гусейнов Р К. 1967. Применение сложных, концентрированных и жидких удобрений в Азербайджане// Агрохимия. № 5. С. 3-10.

Давлятшин И Д, Христенко А Ф, Науменко А А. 1996. Почвы степной пашни Казахстана накануне третьего тысячелетия. [M]. Алматы. 40с.

Дегтярева Е Т, Жулидова А М. 1970. Почвы Волгоградской области. [M]. Волгоград. 320с.

Державин Л М，Поляков А Н，Фроринский М А и др. 1988. Содержание гумуса в пахотных почвах СССР// Химизация сельского хозяйства. №6. С. 7.

Джаланкузов Т Д. 1997. Изменение природных свойств черноземов Северного Казахстана при сельскохозяйственном использовании. ［М］. Авторер. докт. дисс. Ташкент. 49 с.

Димо В Н，Розов Н Н. 1974. Термические критерии как основа фациально-провинциального разделения почв. ［J］. -Почвоведение，№ 5.

Димо Н А，Клавдиенко К М，Надежин А М. 1930. Богарные земли Средней Азии в пределах республик и округов. ［М］. Богарное земледелие Средней Азии，Изд-во Среднеазиатский Госплан，Т.

Димо Н А. 1915. Почвенные исследования в бассейне р. Аму-Дарьи. ［М］. -В кн. : Ежегодник отдела земельных улучшений за 1914 г. Т. 4. ч. 2. М.

Докучаев В В. 1886. Материалы к оценке земель Нижегородской губернии. ［М］. Вып. 1. Спб.

Доленко Г И. 1930. Краткое описание ландшафтных районов Западного Устюрта и равнинного Мангишлака. Отчет о работах почвенно-ботанического отряда Казахстанской экспедиции АН СССР. Исследования 1926 г. , ［М］. вып. 4, ч. 2. Л.

Доленко Г И. 1953. Почвы Северных и Центральных Каракумов. ［М］. М. , Изд-во АН СССР.

Евстифеев Ю Г. 1977. Почвы крайне аридных территорий Монгольской народной республики. ［М］. -В кн. : Тезисы докладов V делегатского съезда почвоведов ВОП. Вып. 4. Минск.

Елешев Р Е，Иванов А Л. 1990. Фосфорный режим почв Казахстана (Проблемы управления，оптимизаци, экономика，экология). ［М］. Алма-Ата: Наука，159с.

Елешев Р Е，Иванов А Л. 1991. Фосфор в земледелии: управление и экология. ［М］. Алма-Ата. 348 с.

Елешев Р Е. 1984. Фосфорные удобрения и урожай. ［М］. Алма-Ата: Кайнар，154с.

Елешев Р Е. 1984. Фосфорные удобрения и урожай. ［М］. Алма-Ата: Кайнар，154с.

Емельянов И И. 1956. К вопросу об органическом вещевтве почв Северного Прикаспия. ［М］. -Труды Ин-та почвовед. АН КазССР，т. 4.

Жуков А И，Попов П Д. 1998. Регулирование баланса в почве. ［М］. М. : Росагропромиздат. 40с.

Захаров П С. 1965. Пыльные бури. ［М］. Л. : Гидрометеоиздат，164с.

Зеленин Н Н，Тилябеков Б Х，Болтаев Х. 1976. Действие высококонцентрированных фосфорных удобрений на типичном сероземе и такыро-луговой почве//Агрохимия. №4. С. 37－39.

Зубенок Л И. 1977. Испаряемость в пустынях земного шара. ［J］. -Проблемы освоения пустынь, № 4.

Имангазиев К И，Агишев М Х. 1964. Определение запасов усвояемых фосфатов в почвах с применением изотопа 32Р//Вестник АН КазССР. №12. С. 16－24.

Имангазиев К И，Сдобникова О С. 1966. Применение удобрений в Казахстане. ［М］. Алма-Ата: Кайнар，119 с.

Имангазиев К И，Сдобникова О С. 1966. Применение удобрений в Казахстане. ［М］. Алма-Ата: Кайнар，119 с.

Исмнов А Ж，Попов В Г. 1997. Природные условия，краткая характеристика почвенного покрова. ［М］. В кн. Почвы Республики Каракалпакстан，Караузякский район, кн. 6，Т. ，Изд-во Агропид，Т.

Исмнов А Ж，Сектименко В Е. 2002. Диагностическая характеристика богарных почв бассейна Аральского моря. ［С］. Сб. статей и докладов научнопракт. конференции Актуальные проблемы повышения плодородия почв и их мелиорации в процессе опустынивания бассейна Аральского моря (25－26 ноября 2002г.). Т. ，Изд-во нац. Университета им. Улугбека.

Исмнов А Ж，Сектименко В Е. 2005. Орошаемые почвы Сырдарьинской и Джизакской областей. 1 и 2 главы монографии. ［М］. Т. , Изд-во Фан УзССР.

Капцынель Ю М，Казаццева О Ф. 1989. Условия эффективного пртменения длительно действующих азотсодержащих удобрений. ［М］. М. 45с.

Каримова М У. 1968. Серо-бурые и песчаные пустынные почвы Каршинской степи и характеристика их плодородия. ［М］. Автореф. канд. дис. Фрунзе.

Кашкаров Д Н. 1933. Среда и сообщества (основы синэкологии). ［М］. М. ，СаоГИЗ.

Ким А В. 1958. О солончаках совремрнной дельты Амударьи. ［С］. Сб. работ аспирантов АН УзССР. Отделение биол. наук，вып. 1. Т.

Кимберг Н В，Кочубей М И，Шувалов С А. 1964. Почвы Каракалпакской АССР. ［М］. В кн. Почвы Узбекской ССР，т. 3. Т. ，Изд-во Узбекистан.

Кимберг Н В. 1957. В кн. Хлопчатник，т. 2. Т. ，Изд-во АН УзССР.

Кимберг Н В. 1974. Почвы пустынной зоны Узбекистана. ［М］. Т. ，Изд-во Фан УзССР.

Кимберг Н В. 1975. Характеристика почввенных типов. ［М］. В кн. почвы Узбекистана. Т. ，Изд-во Фан УзССР.

Киреев А К，Шимшиков Б Е，Жусупбеков Е К. 2005. Влияние приемов минерализации обработки почвы на богарных землях юговостока Казахстана на агрофизические свойства и плодородие светло-каштаковой почвы//Состояние и перспективы развития почвоведения. Материалы международной конференции，посвященной 60-леиию образования Института почвоведения им. У. У. Успанова. Алматы. С.75−76.

Кирюшин В И，Лебедева И Н. 1972. Опыт изучения изменения органического вещества в черноземах Казахстана при их сельскохазяйственном использовании//Почвоведение. №8. С. 128−133.

Кирюшин В И. 2000. Экологизация земледения и технологическая политика. ［М］. М. : Изд-во МСХА，473с.

Ковда В А，Егоров В В，Морозов А И，Лебелев Ю П. 1954. Закономерности процесса соленакопления в пучтынях Арало-Кастийской низменности. ［М］. Тр. почвенного ин-та АН СССР，т. 44. М.

Ковда В А. 1946. Происхождение и режим засоленных почв. ［М］. т. I ; т. 2.

Ковда В А. 1973. Основы учения о почвах. ［М］. М. : Наука，кн. 1. 448с.

Ковда В А. Минеральный состав растений и почвообразование. ［J］. -Почвоведение，1956，№ 1.

Колходжаев М К，Котин Н И，Соколов А А. 1968. Почвы Семипалатинской области. ［М］. Алма-Ата.

Кондратьев И Г，Мельник Л В. 1967. Действие диаммофоса на урожай сельскохозяйственных культур// Агрохимия. №4. С. 22−26.

Кондратьев И Г，Мельник Л В. 1968. Эффективность аммофоса в полевых опытах//Агрохимия. №1. С. 3− 18.

Кондратьев И Г，Мельник Л В. 1973. Эффективность диаммофоса в полевых опытах//Агрохимия. № 12. С. 123−137.

Кореньков Д А. 1976. Агрохимия азотых удобрений. ［М］. М. : Наука，224с.

Корицкая Т Д. 1958. Усвояемость и эффективность метафосфатов и полифосфатов//В сб. : Фосфорные удобрения. Труды НИУИФ. Вып. 159. М. С. 38−80.

Коровин Е П. 1962. Растительность Средней Азии и Южного Казахстана. ［М］. Т. ，Изд-во АН УзССР，кн. 1，1961；кн. 2.

Кугучков Д М. 1953. О карбонатном соленакоплении в почвах Узбекистана. ［J］. Известия АН УзССР，№ 3.

Кудрин С А，Розанов А Н. 1938. Материалы к характеристике сероземов с высоким содержанием поглощенного магния. ［J］. Почвоведение，№ 6.

Кузиев Р К. 1977. Пустынные песчаные почвы Центральных Кызылкумов. ［М］. Тр. ИПА АН УзССР. Т.

Кузиев Р К. 1978. Генетико-производственная характеристика основных почв Ценьральных Кызылкумов. [M]. Тр. ИПА АН УзССР, вып. 16. Т.

Кузиев Р К. 2000. Проблемы плодородия почв Узбекистана. [M]. В кн. Доклады и тезисы Ⅲ съезд почвоведов и агрохимиков Узбекистана, Т.

Кук Дж У. 1970. Регулирование плодородия почвы. [M]. М. : Колос, C. 32—47, 302—327.

Куришбаев А К. 1996. Органическое вещество пахотных почв Казахстана. [M]. Алматы. 193c.

Лавров А П, Толстолыткин И Г. 1968. Почвы подгорной равнины Большого Балхана. [J]. -Проблема освоения пустынь, № 3.

Лавров А П. 1969. Почвы Заунтгузья. [J]. -Проблемы освоения пустынь, № 1.

Лазарев С Ф. 1954. Микробиологическая характеристка почв. [M]. В кн. Агрономическая характеристка почв Каракалпакии. Т. , Изд-во САГУ.

Лапухин Г. П. , Бахаев Ю. Р. , Пьянкова Н. А. 1999. Влияние длительного применения удобрений на гумусное состояние каштановых почв Бурятии // Тр. Бурят, гос. сельхозакадемии, 1999, Вып. 39, ч. 2. C. 30—32.

Летунов П А. 1956. Принципы комплексного природного районирования в целях развития сельского хозяйства. [J]. -Почвоведение, № 3.

Лобова Е В, Островский И М, Хабаров А В. 1977. Об определении засушливости аридных областей мира. [J]. -Проблема освоения пустынь, № 4.

Лобова Е В. 1960. Почвы пустынной зоны СССР. [M]. М. ,Изд-во АН СССР.

Лобова ЕВ, Хабаров А В. 1977. Почвенные ресурсы аридных и полуаридных зон мира. [M]. -В кн. : Аридные почвы, их генезис, геохимия, использование. М.

Лукьяненков И И. 1982. Приготовление и использование органических удобрений. [J]. М. №10. C. 46—50.

Любарская Л С. 1968. Влияние длительного систематического применения удобрений на урожай культур и свойства почвы (обзор результатов некоторых опытов европейских стран). Влияние длительного применения удобрений на плодородие почвы и продуктивность севооборотов//Труды ВАСХНИЛ. вып. 11.

Мамытов А М, Аширахманов Ш. 1976. Почвы каменистых пустынь Тянь-Шаня и перспективы их освоения. [M]. -Труды КиргизНИИ почвоведения, вып. 8.

Мамышов А М. 1998. Научные основы и рациональные приемы использования удобрений в овощеводстве юго-востока Казахстана. [M]. Автореф. докт. дисс. Алматы. 41c.

Махмудова Д Г. 1971. К исследованиям по гумусообразованию в некоторых почвах пустынной зоны Каршинской степи. [M]. В кн. Вопросы динамического почвообразования Научн. тр. ТашГУ, вып. 416, Т.

Махсудов Х М. 1981. Эродированные сероземы и пути повышения их продуктивности. [M]. Т. , Изд-во Фан УзССР.

Минашина Н Г. 1974. Орошаемые почвы пустыни и их мелиорация. [M]. М.

Минашина Н Г. 1975. Гипсоносные почвы, особенности их освоения и анализа. [J]. -Почвоведение, № 8.

Минашина Н Г. 1975. Гипсоносные почвы, особенности их освоения и анализа. [J]. -Почвоведение, № 8.

Мирзажанов К. М. 1964. Ветровая эрозия в Узбекистане. [J]. Сельское хозяйство Узбекистана, № 3.

Мирзоев С. 1969. Влияние освоения на некоторые физические и химические свойства серо-бурых почв и их плодородие. Автореф. [M]. Канд. Дис. Самарканд.

Митрофанова Н С. 1971. Микрофлора зональных почв Казахстана. [J]. -Изв. АН КазССР. Серия биол. , № 6.

Мишустин Е Н. 1972. Микроорганизмы и продуктивность земледелия. ［М］. М.

Момотов И Ф. 1953. Растительные комплексы Устюрта. ［М］. Т. , Изд-во АН УзССР.

Неуструев С С. 1910. К вопросу о нормальных почвах и зональности комплекса сухих степей. ［J］. -Почвоведение, № 2.

Неуструев С С. 1911. Первовский уезд Сыр-Дарьинской области. ［М］. -В кн. : Предварительных отчет об организации и исполнении работ по исследованиям почв Азиатской Росии. СПб.

Неуструев С С. 1911а. О геологических и почвенных процессах на равнинах низовьев Сыр-Дарьи, ［J］. - Почвоведение, № 2.

Неуструев С С. 1912. Краткий географический очерк Перовского уезда и характеристика его естественых районов в связи с почвами. ［М］. -В кн. : Материалы по Киргизскому землепользованию. Сыр-Дарьинская область. Перовский уезд. Ташкент.

Неуструев С С. 1925. Об аридных почвах. ［М］. -Географический вестник, т. 2, вып. 3 -4.

Неуструев С С. 1926. Опыт классификации почвообразовательных процессов в связи с генезисом почв. ［М］. -Изв. Геогр. ин-та, вып. 6.

Неуструев С С. 1930. Элементы географии почв. ［М］. М.

Неуструев С С. 1931. К вопросу о географическом разделении степей и пустынь в почвенном отношении. ［М］. -Труды Поч. ин-та. АН СССР, вып 5.

Неуструев С С. 1931. Почвенно-географический очерк Шерабадской долины. ［М］. Тр. ин-та почвоведения им. В. В. Докучаева, вып. 5. Л. , Изд-во АН СССР.

Никитин В В. 1926. К характеристике почвообразовательного процесса в каменистой пустыне Устюрт. ［М］. Известия биол. ин-та при Пермском Госуниверситете, т. 4, приложение 8. Пермь.

Ногина Н А, , Евстифеев Ю. Г. , Уфимцева К. А. , 1977. Почвы низкогорных и равнинных степей и пустынь Монголии (систематика, диагностика). ［М］. -В кн. : Аридные почвы, их генеис, геохимия, использование, М.

Ониани О Г. 1981. Агрохимия калия. ［М］. М. : Наука, 190с.

Панков М А. 1957-а. Гидроморфные почвы. ［М］. В кн. Хлопчатник, т. 2, Т. , Изд-во АН УзССР.

Панков М А. 1957-б. Почвы Ферганской области. ［М］. В кн. Почвы Узбекской ССР, т. 2, Т. , Изд-во АН УзССР.

Панков М А. 1957-в. Почвы Голодной степи. ［М］. В кн. Голодная степь. Материалы СОПС Узбекистана, вып. 6, Т.

Панков М А. 1970. Почвоведение. ［М］. Т. , Изд-во Укигувчи.

Панков М А. 1974. Мелиоративное почвоведение. ［М］. Т. , Изд-во Укитувчи.

Панников В Д, Минеев В Г. 1977. Почва, климат и урожай. ［М］. М. : Колос, 416с.

Пеньков О Г. 1974. Состав воднорастворимых солей в растениях засоленных почв Арало-Каспийской низменности. ［J］. -Почвоведение, № 1.

Перельман А И. 1967. Геохимия ландшафта. ［М］. М.

Першина М Н, Ли П В. 1965. Состав гумуса бурых пустынно-степных почв правобережья р. ［М］. Урал. Доклады ТСХА, вып. 109, ч. 2.

Петелина А М. 1950. Почвы Тургайской столовой возвышенности. ［М］. Алма-Ата.

Полузеров Н А, Ассинг И А, Андреева Н П, Кутняков А Я, Русак А А. 1975. Геохимия и минералогия пустынно-степных почв Казахстана. ［М］. Алма-Ата.

Полынов Б Б. 1956. Избранные труды. ［М］. М. : Изд-во АН СССР, 752с.

Пономарева А Т. 1964. Навоз и навозно-земляные компосты. ［М］. Алма-Ата. 35с.

Пономарева А Т. 1970. Фосфатный режим почв и фосфорные удобрения. [М]. Алма-Ата. 204с.

Пономарева А Т. 1970. Фосфатный режим почв и фосфорные удобрения. [М]. Алма-Ата. 204с.

Попов В Г, Сектименко В Е, Попова Т М, Разаков А М, Гринберг М М. 1984. Почвы Каракалпакского Устюрта. [С]. В сб. Природа, почвы и проблемы освоения пустыни Устюрт. Пущино.

Прасолов Л И. 1926. Почвы Тукестана. [М]. Л. ,Изд-во КЭПС АН СССР.

Прокошева М А, Янишевский Ф В. 1971. О превращении полифосфатов аммония в дерново-подзолистой почве//Вестник сельскохозяйственной науки. М. №12. С. 51—55.

Простаков П Е. 1964. Агрономическая характеристика почв Северного Кавказа. [М]. Т. 1. Водный режим и режим азотных соединений предкавказских черноземов в условиях сухого и орошаемого земледелия. М. : Россельхозиздат, С. 10—192, 214—259.

Прянишников Д Н. 1952. Избранные сочинения. Агрохимия. [М]. М. : Изд-во АН СССР, Т. 3. 683с.

Прянишников Д Н. 1973. Избранные сочинения в 3-х томах. [М]. Т. 1. Агрохимия. М. 735с.

Прянишников Д Н. 1976. Азот в жизни растений и в земледелии СССР. [М]. Избр. тр. М. :Наука, 196с.

Пчелкин В И. 1966. Почвенный калий и калийные удобрения. [М]. М. 335с.

Рамазанова С Б. 1993. Азотное питание и продуктивность риса. [М]. Автореф. докт. дисс. М. , 56с.

Расулов А М. 1976. Повышение плодородия почв хлопковой зоны. [М]. М.

Расулов А М. 1976. Почвы каршинской степи, пути их освоения и повышения плодородия. [М]. Т. , Изд-во Фан УзССР.

Ратнер Е И. 1965. Питание растений и применение удобрений. [М]. М. : Наука. 223с.

Рафиков А А, Тетюхин Г Ф. 1981. Снижение уровня Аральского моря и измениение природных условий низовий Амударьи. [М]. Т. , Изд-во Фан УзССР.

Рейнфельд Л Б. 1974. Изменение агрохимических свойств почв на стационарных участках при их сельскохозяйственном использовании//Агрохимия. №9. С. 47—49.

Родин Л Е, Базилевич Н И. 1965. Динамика органического вещества и биологический круговорот в основных типах растительности. [М]. М. -Л.

Розанов А Н. 1951. Сероземы Средней Азии. [М]. М. , Изд-во АН СССР.

Рубанов И В. 1977. Особенности солелзерного этапа развития Аральского моря. [С]. Сб. Проблемы соленакопления, т. 1, Новосибирск, Изд-во Наука.

Самойленко БС, Ложкина Е Н, Шейко В Н. 1976. Влияние удобрений на качество пшеницы, сахарной свеклы, картофеля и овощей в Казахстане//Труды ЦИНАО. Вып. 4. ч. 1. С. 133—139.

Сапаров А С. 1997. Оптимизация азотного и фосфорного питания овощных культур и картофеля на предгорных орошаемых темнокаштановых почвах юго-востока Казахстана//Автореф. докт. дисс. Алматы. 46с.

Сапарова У Ж. 1992. Продуктивность картофеля в зависимости от применения азотныхудобрений и микроэлементов на темнокаштановых почвах юго-востока Казахстана//Автореф. канд. дисс. Алматы. 24с.

Саржанов С Б. 2005. Химизм и агрохимическая оценка конденсированных фосфатов на орошаемых почвах юго-востока Казахстана. Алматы. [М]. 212с.

Саржанов С Б. 2005. Химизм и агрохимическая оценка конденсированных фосфатов на орошаемых почвах юго-востока Казахстана. Алматы. [М]. 212с.

Сектименко В Е, Попов В Г, Таиров Т М, Наумов А Н. 1987. Краткая характеристика почвенно-мелиоративных условий западной части обсохщего дна Аральского моря. [М]. В кн. Проблемы Аральского моря и природоохранные мероприятия. Сб. научн. тр. САНИИРИ, Т.

Сектименко В Е, Попов В Г, Турсунов А А, Таиров Т М. 1991-б. Особенности засоления почв дельтовых равнин и осущенного дна Аральского моря, подверженных антропогенному опустыниванию (на англ. языке). [М]. Тр. Междунар. симпозиума. Генезис и управление плоородием засоленных почв (Волгоград, 1991). М.

Сектименко В Е, Исманов А Ж. 2004. Особенности опустынивания почв Приаралья. [М]. Материалы Междунар. научно-проакт. конференции Теоретические и прикладные проблемы географии на рубеже столетий, Қазахский нац. Университет, Алматы.

Сектименко В Е, Таиров Т М, Наумов А Н. 1991-а. Почвенный покров и почвоохранные мероприятия в зоне обсхощего дна Аральского моря. [J]. Информ. сообщение, № 507. Т., Изд-во Фан УзССР.

Сектименко В Е. 1990. Изменение гранулометрического состава и засоления морских песчаных отложений при эоловой обработке. [М]. Тезисы доклалов I делег. съезд почвоведов Узбекистана. Т.

Семенов В М и др. 1986. Накопление нитратов растениями при интенсивном применении азотных удобрений// АН СССР. Изв. Сер. Биологическая №2. С. 201—210.

Смирнов П М. 1977. Проблемы азота в земледелии и результаты исследований и N15//Агрохимия. №1. С. 3—25.

Соболев Л. Н. 1969. Растительный покров и его использование // Казахстан. М., 1969. с. 227—248.

Соколов А А, Ассинг И А, Курмангалиев А Б, Сврпиков С К. 1962. Почвы Алма-Атинской области. [М]. Алма-Ата.

Соколов А А. 1959. О зональности почв и почвенных зон Казахстана. [J]. -Почвоведение, № 9.

Соколов А А. 1968. Основные почвенно-георафического разделения территории Казахстана. [J]. -Почвоведение, № 4.

Соколов А А. 1968. Природные зоны Казахстана. [М]. -В кн.: Агрохимическая характеристика почв СССР. М,

Соколов А А. 1978. Почвы средних и низких гор Восточного Казахстана. [М]. Алма-Ата.

Столяров А И, Андреева Л В. 1978. Влияние удобрений на содержание питательных веществ в лугого-черноземной почве и урожай овощных культур и картофеля//Агрохимия. №8. С. 77—84.

Стороженко Д М. 1952. Почвы мелкосопочника Центрального Казахстана. [М]. Алма-Ата.

Стороженко Д М. 1960. Почвы Центрального Казахстана и возможности их сельскохозяйственного использования. [М]. -В кн.: Проблемы водообеспечения Центрального Казахстана. Алма-Ата.

Стороженко Д М. 1967. Почвы Карагандинской области. [М]. Алма-Ата: Наука, 330с.

Сургучева М П. 1980. Полифосфаты как источник фосфорного питания и их влияние на обмен веществ в растениях. [М]. М. 54с.

Сюсюкин В, Подлесная Т, Черявская Е. 2005. Результаты агрохимического обследования почв Республики Казахстан за 2000—2004 гг//Агрониформ МСХ РҚ. №5. С. 13—24.

Таиров Т М. 1993. Галохимическая характеристка почв обсохщего дна Аральского моря и их природоохранная мелиорация (в пределах Каракалпакстана). [М]. Т.

Тюремнов С И. 1927. Почвы восточной закавказской равнины. Материалы по районированию АзССР. [М]. -Труды Азерб. почв. ин-та, т. 2, вып. 2.

Умаров М У. 1974. Физическте свойства почв районов нового и перспективного орошения Узбекской ССР. [М]. Т., Изд-во Фан УзССР.

Успанов У У, Фазинов К Ш. 1971. О бурых почвах пустынной зоны Казахстана. [J]. -Изв. АН СССР. Серия бтол., № 2.

Успанов У У, Фазинов К Ш. 1977. Географо-генетические особенности бурых пустынных почв Казахстана. [J]. -Пробл. освоен. пустынь, № 3.

中亚土壤地理

Успанов У У，Фазинов К Ш. 1977. Географо-генетические особенности бурых пустынных почв Казахстана. [J]. -Пробл. освоен. пустынь，№ 3.

Успанов У У. 1975. Географо-генетические исследования почв и качественный учет земель Казахстана. [M]. -В кн. : Успехи почвоведения в Казахстане. М.

Успанов У У. 1975. Географо-генетические исследования почв и качественный учет земель Казахстана/В кн. Успехи почвоведения в Кахзахстане (к X Международному конгрессу почвоведов). Наука КазССР. Алма-Ата. С. 9—34.

Фазинов К Ш，Курмангалиев А Б. 1963. Почвенный покров в подгорной равнине Кетменя и прилегающего левобережья Или. [M]. -Труды Ин-та почвовед. АН КазССР，т. 15.

Фазинов К Ш. 1970. Почвы Гурьевской области. [M]. Алма-Ата.

Федорин Ю В. 1998. Гумусное состояние почв пахотных угодий/Земледелие. № 3. С. 25.

Федорович Б А. 1969. Геоморфологическое районирование. [M]. -В кн. : Казахстан. М.

Федорович Б А. 1969. Рельефообразующие процессы//Казахстан. М. , С. 74-77.

Федорович Б А. 1981. Нерешенные проблемы динамики рельефа песков в пустынях. [M]. В кн. Актуальные вопросы освоения и преобразования пустынь СССР. Ашхабад，Изв-во Ылым.

Фелициант И Н，Конобеева Г М，Горбунов Б В，Абдуллаев М А. 1984. Почвы Узбекистана (Бухарская и Навоийская области). [M]. Т. , Изд-во Фан УзССР.

Фелициант И Н. 1964. Почвы Хорезмской области. [M]. В кн. Почвы Узбекской ССР，т. 3. Т. , Изв-во Узбекистан.

Фелициант И Н. 1964. Почвы Хорезмской области. [M]. В кн. Почвы Узбекской ССР，т. 3. Т. , Изв-во Узбекистан.

Филатов М М. 1945. География почв СССР. [M]. М.

Хабаров А В. 1977. Минералогический состав и выветривание в песчаных почвах и песках Кызылкумов и Каракумов. [M]. -В кн. : Аридные почвы，их генезис，геохимия，использование. М.

Церлинг В В. 1979. Нитраты в растениях и биологическое качество урожая//Агрохимия. №1. С. 147-156.

Шашко Д. И. 1962. Агроклиматическое районирование СССР М. : Колос，— 335с.

Шувалов С А. 1949а. К вопросу о комплексности почвенно-растительного покрова Устюрта. [M]. -В кн. : Труды Юбил. сессии，посвящ. 100-летию со дня рождения В. В. Докучаева. М. -Л.

Шувалов С А. 1949а. Серо-бурые пустынные почвы. Солончаки и процессы засоления почв. [M]. В кн. Почвы Узбекской ССР，т. 1, Т.

Шувалов С А. 1949б. Почвенный очерк Устюрта в пределах Каракалпакской АССР. [M]. В кн. Устюрт Каракалпакский，его природа и хозяйство. Т. , Изд-во АН УзССР.

Шувалов С А. 1957. Почвы Наманганской области. [M]. В кн. Почвы Узбекской ССР，т. 2. Т.

Шувалов С А. 1966. Географо-генетические закономерности формирования пустынно-степных и пустынных почв на территории СССР. [J]. -Почвоведение，№ 3.

Щерба С В. 1953. Эффективность минеральных удобрений на дерновоподзолистых почвах. [M]. М. 296с.

Янишевский Ф В，Кожемячко В А. 1978. Эффективность конденсированных фосфатов и их превращение в основных типах почв СССР//Проблемы почвоведения. М. С. 120—126.